색판 1 지구로부터 37,000 km의 거리에서 본 푸른 행성 지구이다. 아프리카, 남극대륙, 대서양 그리고 태평양이 분명하게 알아볼 수 있다. 이 사진은 1972년에 아폴로 17호의 우주인들이 달로 향하는 과정에서 찍은 것이다. NASA.

색판 2 수평선 가까이에 푸른 하늘이 밝게 보인다. 푸른색의 채도는 수평선에서 위로 올라갈수록 증가한다.

색판 3 천구(天球). 나무테이블에 그려진 그림이다. 1533년에 독일의 울름(Ulm) 태생 화가 샤프너(Martin Schaffner)가 그렸다. 이 그림은 어안렌즈로 보이는 광경으로 배치되어 있는데, 행성, 유머, 계절, 그리고 색이 서로 충(衝)에 위치에 있다. 여기서 눈을 끄는 것은 수평선을 향해서 하늘빛이 밝아지는 것이다. 카셀(Kassel) 국립미술관.

색판 4 날씨가 맑으면 낮에만 하늘이 푸른(위) 것이 아니라 밤에 달빛이 있어도 하늘은 푸르게(아래)보인다. 달빛은 태양을 대신해서 대기를 밝게 한다. 이 사진은 장시간 노출하여 찍은 사진이다. 별의 겉보기 위치가 빛이 지나간 직선 흔적을 따라 변한다.

색판 5 고도가 높아짐에 따라 하늘의 밝기가 감소하는데, 그것은 외계 공간의 어두움으로 일치될 때까지 감소한다. 이 광경은 민간 항공기 창문에서 보이는 것을 고도 10,000 m에서 찍은 것이다.

색판 6　무지개 색.

색판 7　지는 해가 나타내는 색.

석판 8 '푸른 성모' 또는 '아름다운 글라스의 성모'(노트르담 사원)는 샤르트르 성당에 남쪽 복도에 있는 스테인드글라스이다. 이 창문의 연대는 1180년대로 거슬러 올라간다.

색판 9 프랑스 남쪽지방 프로방스의 풍경으로 먼 구릉 앞이 밝아지며 엷은 푸른색으로 되어가고 있다.

색판 10 암굴의 성모(1506). 어린 세례자 요한이 천사들과 함께 자리하고 있는 아기 예수를 경배하고 있다. 여기서 주목할 것은 멀리 있는 풍경이 푸르게 표시된 것이다. 런던 국립미술관 / 브릿지먼(Bridgeman) 미술도서관.

색판 11 검은 배경 앞에 있는 연기가 태양이 비치면 푸른색으로 나타난다.

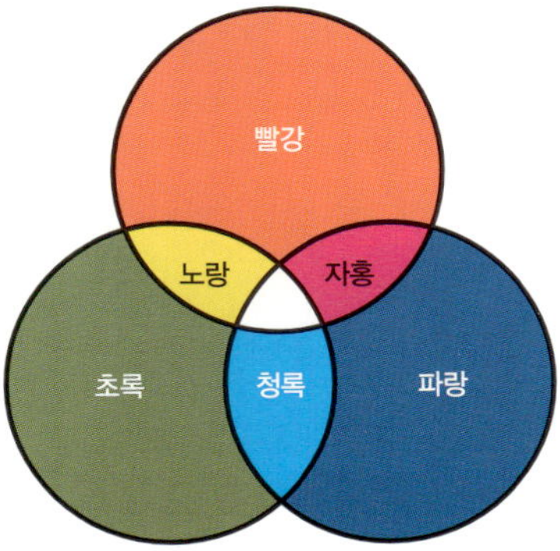

색판 12 가색혼합.

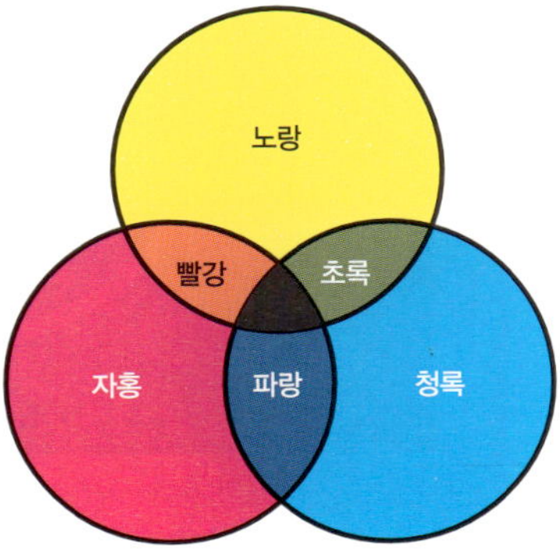

색판 13 감색혼합.

색판 14　1차 파란색은 비누 거품 막에서 분명히 보인다. 만약 비누 막을 수직으로 들면 비누 막이 터지기 바로 직전에 나타나는 색이다.

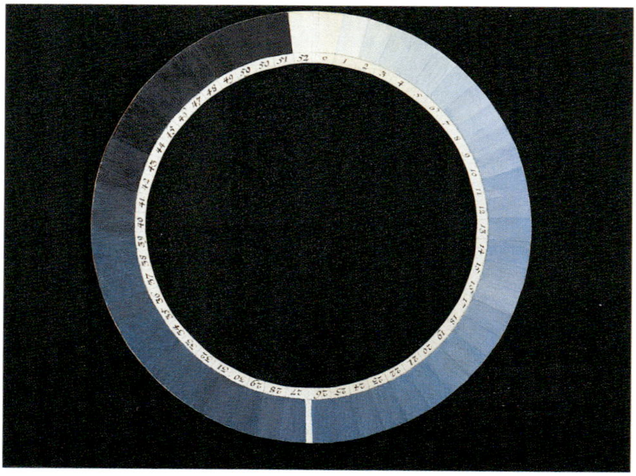

색판 15　소쉬르(Horace-Bénédict de Saussure)가 만든 청도계로 하늘색을 측정하기 위해 푸른색을 52단계로 나누었다. Bibliothéque Publique et Universitaire, Geneva.

색판 16 괴테가 색 이론에 의해 유도한 것으로 뉴턴의 분광색에 대한 설명을 대신하고자 한 것이다. 만약 프리즘을 통해서 검은 배경에 흰 면적을 보면 검은 면적의 가장자리가 흰색 위로 천이된다. 반면에 흰색 배경은 검정색 면적 위로 천이된다. 괴테에 따르면 이것은 색 발생의 근원 현상의 두 가지 시나리오에 해당한다. 그는 분광색은 근원 현상으로 유도될 수 있다고 주장한다. 이 해석은 물리학자들에 의해 가차없이 거부당했다. Reproduced from Johann Wolfgang von Goethe, *Zur Farbenlehre*(Tübingen: J.G. Cotta'sche Buchhandlung, 1810), Plate V.

색판 17 브뤼케의 탁한 매질의 색에 관한 실험은 피스타치오 용액을 알코올에 용해시켜서 물 컵에 부어 넣으면 쉽게 얻을 수 있다. 결과적으로 생긴 현탁액은 뒤에 검정색 바탕 앞에서 푸르게(오른쪽) 보이지만, 흰색(왼쪽) 배경 앞에서는 약간 붉은 기가 있게 보인다(여기서 왼쪽에 흰색 두꺼운 종이를 물컵에 담아서 흰색 배경을 만들었다).

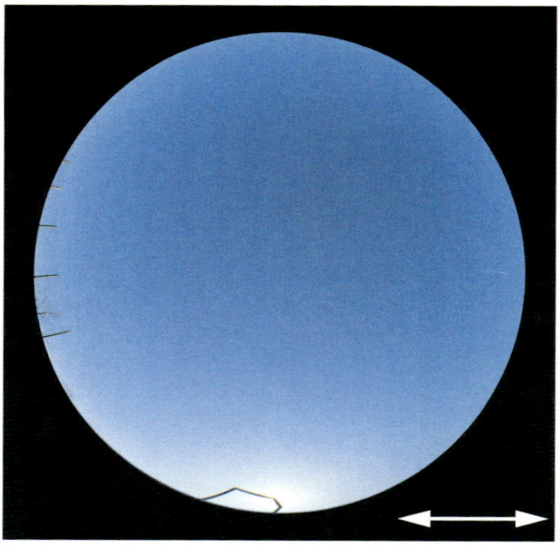

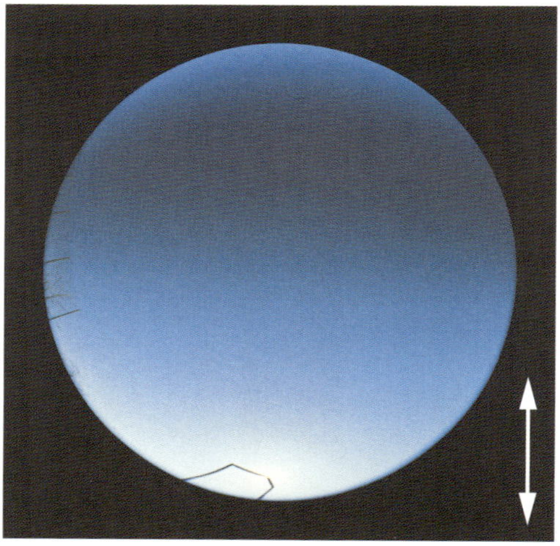

색판 18 어안렌즈로 찍은 사진으로 편광필터를 이용했다. 편광 방향은 사진 아래쪽에 있는 흰색 화살표 방향으로 나타냈다. 이 방향으로 진동하는 빛이 편광필터를 통해 투과된다. 직사광선은 아래에 보이는 호에 의해서 차단된다. 위의 사진은 육안으로 보는 하늘의 밝기 분포이다. 편광필터를 90도로 회전하면 어두운 띠가 생긴다. 이것은 화살표 방향에 수직으로 진동하는 빛이 필터에 의해 차단되기 때문이다.

색판 19 존 윌리엄 스트러트가 맥스웰의 색 인식에 관한 실험을 반복하기 위해서 사용했던 색종이 디스크이다. 이 작업으로 스트러트는 푸른 하늘색의 근원을 다시 생각하게 되었다.

색판 20 물에 우유를 떨어트리는 간단한 실험으로 다중 산란을 보여 줄 수 있다. 우유가 한 방울 떨어진 경우는 검정색 배경 앞에서 푸르게 나타난다(왼쪽). 우유방울을 많이 떨어트리면 우유는 하얗게 나타난다(오른쪽).

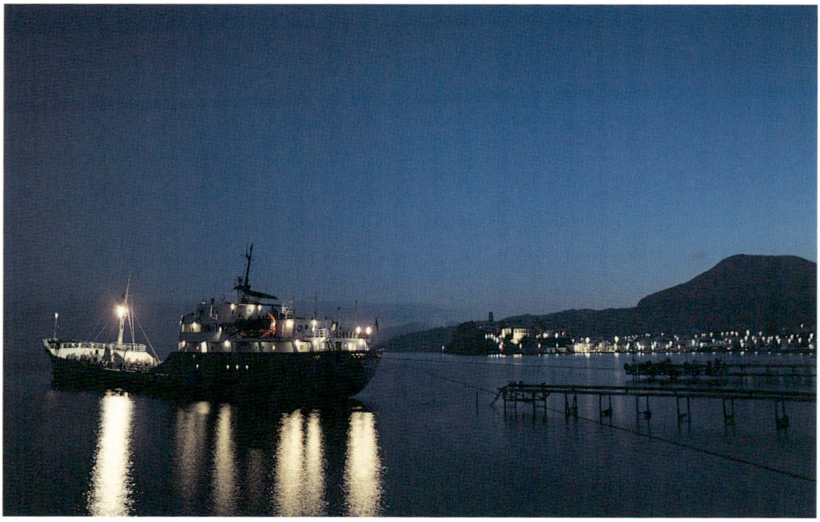

색판 21 박명의 맑은 하늘은 여전히 푸르다. 비록 해가 졌지만 그래도 하늘은 푸르다. 푸른 시간은 성층권에 있는 오존층의 효과이다.

색판 22 어안렌즈로 본 맑은 박명 하늘 광경. 달은 남쪽 수평선 위에 하얀 점으로 보인다(왼쪽).

색판 23 해가 진후 동쪽 박명 하늘에서 나타나는 지구 그림자. 로케 데 로스 무차초스(Roque de los Muchachos) 정상에서 본 광경이다(라 팔마(La Palma), 카나리아 제도).

색판 24 우리 태양계에서 지구만이 푸른 행성은 아니다. 그러나 천왕성과 해왕성의 푸르고 초록빛이 도는 대기는 메탄 분자에 의해 태양빛이 흡수되어서 생기는 것이다. 이 해왕성의 사진은 우주선 보이저(Voyager) 1호가 찍은 사진이다. NASA.

하늘은 왜 푸를까?

- 고대로부터 이어 온 하늘색에 대한 의문들 -

ISBN : 9783827404855
Translated Edition ISBN : 9788991215900
Publication date in Korea : 2009.3.30

Translated by Bookshill Publishing Co., Inc.(Ichi Publishers)
Printed in Korea

BLAU DIE FARBE DES HIMMELS

하늘은 왜 푸를까?

– 고대로부터 이어 온 하늘색에 대한 의문들 –

괴츠 횝페 지음 장경애 옮김

ELSEVIER

이치 ichi SCIENCE

옮기면서

일 년여 전 늦은 봄 어느 날로 기억한다. Blau(푸른색)라는 독일책을 들고 중년의 한 남자가 나를 찾아왔다. 이 책과의 필연적인 만남이 시작된 것이다. 과학적 현상을 묘사하는 독일인의 시각이 훌륭하여 모두가 읽을 수 있는 기회를 만들었으면 좋겠다는 생각을 하였다. 그래서 번역이 되면 좋을 것 같다고 말씀드린 것이 그만, 내가 이 책에 지금까지 발목이 잡힌 계기가 되고 말았다.

겨울방학과 함께 번역 작업이 시작되었다. 번역을 하면서 이 책에 열거된 수많은 철학자, 화가, 과학자들의 감정에 몰입된 적이 한 두 번이 아닐 정도로 이 책에 푹 빠졌다.

본래 문장을 최소한 저자가 전달하고자 하는 범주 안에서 철저하게 우리말로 옮겨야 한다는 자신과의 약속은 때때로 번역에 엄청난 걸림돌이 되었다. 현대 우리말로 옮김에 있어 표현의 미숙함은 더더욱 나를 무력하게 만들었다. 그러나 자연의 본질을 추구하고자 하는 많은 과학자들의 끊임없는 노력을 접하면서, 이런 자세를 오늘날 젊은 학생들은 물론 현대를 살아가는 많은 이들이 본받아야 하리라는 강한 신념으로 다시 용기를 내어 읽고 또 읽어 다듬고 또 다듬었다. 읽으면 읽을수록 번역의 어려움을 절감했고, 옮겨 놓은 표현에 만족하지 못해 국어사전을 손에서 떼어 놓지 못했다.

하늘은 푸르다는 관념적인 현상론 앞에서 이렇게 많은 사람들이 그렇게 오랜 시간 동안 고민을 했고, 그것을 바탕으로 엄청난 자연의 진실이 과학이란 수단으로 파헤쳐졌다는 역사적 과정을 책 한 권에 거침없이 기술할 수 있었던 젊은 저자 횝페(Götz Hoeppe) 박사의 저력에 감탄하지 않을 수 없었다. 이 책을 저술하는 동안 그는 수없이 많은 책을 읽었고, 많은 이들의 고증을 거쳤으며, 상당한 시간을 투자하였다고 한다. 과학을 하고자 하는 이들이 과학을 하는 행위는 엄청나게 신비한 것을 추구하는 데서 시작되는 것이 아니며, 나타나는 현상이나 본질을 가식 없이 있는 그대로 바라볼 수 있는 눈을 키우는 것이라는 것을 이 책을 통해 깨달았으면 하는 것이 나의 바람이다.

하늘은 여전히 맑지만 연무가 드리워져 예전처럼 상큼하게 푸르지는 않다. 자외선에 노출되는 것이 염려되어 밖으로 나가지는 않았지만 연구실로 들어오는 햇살은 눈부시게 따갑다. 이 책을 통해 푸른 하늘은 물론 우리 행성 지구의 소중함을 깨닫는 계기가 되었으면 한다.

끝으로 이 책을 접할 수 있는 계기를 마련해주신 조승식 사장님과 여러 번에 걸쳐 교정과 조언을 아껴주지 않았던 편집장님께 감사의 말씀을 드리고 싶다. 번역 도중에 발견한 오타나 내용적인 착오 등에 대한 번역자의 지적을 흔쾌히 받아들여 질문에 성실히 답변을 해주고 번역의 내용을 바로잡아 준 이 책의 저자 횝페 박사에게도 감사한다. 이렇게 좋은 책을 더 많은 사람들과 함께 하고픈 욕심이 생긴다.

2009. 3.

장 경 애 씀

감사의 글

이 책은 1999년에 출간 된 푸른색: 하늘색(Blau: Die Farbe des Himmels)을 실질적으로 개정한 것이다. 하늘색인 푸른색의 근원을 설명하려고 했던 역사적 시도들을 추적함으로서 하늘의 푸른색을 탐구하고자 한다. 고대 신화에서 시작하여 그리스 철학과 광학, 대기(공기), 그리고 시각에 관한 지식의 개발을 거쳐 통계물리학에 이르는 우리의 여정을 통해 나는 푸른 하늘색이 생겨나는 경위를 이해하기 위해 서로 연관된 여러 분야들이 이 문제를 다루는 것은 유익하고 꼭 필요한 것이었다는 것을 보여주려고 한다.

하늘의 푸름을 바라보며 무엇이 그렇게 만들었는지를 궁금해 하는 것은 우리가 살고 있는 세상에 대한 인류 호기심의 긴 역사의 주요한 요소가 되게 한다. 푸른 하늘을 집필하기 시작하면서 끝을 맺을 때까지 나는 많은 이들에게 신세를 졌다. 이 책을 완성하는 데는 처음 이 책을 쓰기 시작 했을 때 생각했던 것보다 훨씬 더 많은 시간이 걸렸다. 많은 친구들과 동료들이 그들의 의견을 제시하고 라틴어와 이태리어로 된 원문들을 번역하고 원고를 읽고 개정하고 역사, 철학, 예술, 그리고 물리학을 함께 토론하면서 수년에 걸쳐 도움을 주었다. 나는 특히 브란드뮐러(Karin Brandmüller), 비그(Charlotte Bigg), 브라운(C.N. Brown), 브뤼케(Hans Brücke), 부크칠로프스키(Ulrich Buczilowski), 디그(Hans-Jörg Deeg), 엘베르트(Georg Elwert), 헤르만

(Boris Hermann), 케네디(Joanie Kennedy), 리(Raymond Lee), 린덴라우프(Astrid Lindenlauf), 뤼그(Ute Luig), 뤼첼슈바브(Ralf Lützelschwab), 메르클린(Stefanie Märklin), 마우어스베르거(Konrad Mauersberger), 뮐러트한(Carmen Müllerthann), 니켈(Susanne Nickel), 외텐(Tina Otten), 파세트(Eveline Passet), 펫취너(Raimund Petschner), 퀘츠(Axel M. Quetz), 레일리 경 부처(Lord and Lady Rayleigh), 사브라(Abdelhamid Sabra), 슈라이버(Jürgen Schreiber), 슈바르츠(Ingo Schwarz), 스트러트(Hon. Guy Strutt), 페호프(Stefan Vehoff), 빈센트(Guillemette Vincent), 포크트(Hans-Heinrich Voigt), 베너(Bärbel Wehner), 와일러(Almut Weiler)에게 감사를 표한다. 국립도서관(베를린), 미술도서관(Kunstbibliothek)(베를린), 민속박물관 부설 도서관(베를린), 바이레른 국립도서관(뮌헨), 독일박물관 도서관(뮌헨), 영국도서관(런던), 하이델베르크 대학교 도서관 직원 여러분들에게 특히 감사한다. 특히 스펙트럼 아카데미 출판사의 편집장 노이저 폰 외팅겐(Katharina Neuser-von Oettingen), 프린스턴 대학교 출판부 편집장 그널리히(Ingrid Gnerlich)에게 이 작업을 끝까지 지켜보면서 보내준 그들의 성원과 조언, 그리고 충고에 심심한 감사를 표한다. 리브스(Eileen Reeves)는 친절하게 이 원고를 꼼꼼히 살펴 수많은 값진 논평을 해주었다. 파넬(Marjorie Pannell)의 인내심 있는 원고정리와 이 책이 나오기까지 오' 프레이(Terri O' Prey)의 헌신적인 노고에 감사한다. 9장을 번역한 벤슨(Judy Benson)과 나머지 대부분의 문장들을 번역하고 다듬어준 스튜어트(John Stewart)에게 감사한다.

수개월에 걸쳐 이 책이 완성되는 동안 메르클린(Stefanie Märklin)은 변함없이 지켜 봐주었다. 그녀의 사랑과 인내와 이해심에 대해 진심으로 감사한다.

이 책을 부모님(Brigitte and Carl Hoeppe)께 바친다.

차례

하늘을 바라보며

하늘색의 푸른색은 진짜 색일까? 또는 우리가 바라보는 곳이
무한히 먼 곳이라서 그렇게 보이는 걸까?[1]-장자(莊子), 기원전 4세기

내가 여섯 살이 되었을 때, 아버지는 나에게 독일의 과학 잡지인 《우주》라는 책 한 권을 주셨다. 그 잡지에는 짙은 푸른색 하늘 바탕에 성도(星圖)와 별자리가 실려 있었다. 어느 날 밤 우리는 별과 별자리를 찾아보고 초승달을 보려고 쌍안경을 가지고 밖으로 나갔다. 멀리 있는 하늘의 아름다움은 황홀하였다. 밤하늘이 맑을 때는 항상 부모님은 늦게 자도 된다고 허락하셨다. 그래서 나는 밤에 하늘을 관측할 수 있었다. 아버지의 쌍안경을 가지고 달과 행성, 그리고 은하수를 관측할 수 있었고 뿌옇게 퍼진 작은 조각으로 보이는 멀리 있는 성운도 관측할 수 있었다.

그러나 중앙유럽에서는 별들이 휘황하게 반짝이는 밤하늘을 만나는 것은 그렇게 흔한 일이 아니다. 때문에 나는 대낮에 우리가 쉽게 볼 수 있는 하늘에 대해서 관심을 가지게 되었다. 낮에도 하늘에는 관측할 만한 현상들이 수도 없이 많이 있었다. 나는 다양한 형태와 색깔의 구름, 무지개, 얼음 헤일로, 그리고 석양을 눈여겨보았다. 밤하늘의 규칙적인 변화에 비하면 낮의 하늘은 엄청나게 급격한 변화를 겪는다. 구름은 떠다니면서 모양을 바꾸고 비가 오고, 안개가 끼고, 움직이는 태양은 대기를 통해 다양한 종류의 빛

을 쏟아낸다. 그러나 이런 하늘 무대의 배경은 항상 변하지 않고 똑같이 남아 있는데, 그것이 바로 푸른 하늘이다. 하늘은 많은 시간 동안 구름 뒤에 숨어 있지만 하늘이 보이게 되면 언제나 그 모습은 장엄하게 아름다워 바라보지 않을 수가 없었다.

한참 후에야 나는 이런 황홀한 모습의 하늘에 대해 궁금해 하며 하늘의 아름다움에 푹 빠져 있는 사람이 나뿐만이 아니라는 것을 깨달았다. 어느 시대를 막론하고 사람들은 하늘의 아름다움에 사로잡혀 하늘의 신비로움을 깊이 생각했으며 하늘의 막강한 위력 앞에서 두려워했다. 모든 문명권의 사람들은 하늘이 가진 푸른색이 특히 주목할 만하다는 것을 알고 있었다. 고대 이집트를 예로 들어보자. 고대 이집트 문명은 하늘과 지구의 창조자인 아문(Amun)과 직접 관계되어 있다. 태양을 찬양하는 노래에서 다음과 같은 구절을 읽을 수 있다.

> 찬양하리라! 태초의 물에서 솟아오르는 너
> 신들은 너를 바라보기를 즐기리니.
> 너의 바크(barque) 안에서 나타나라.
> 하늘이 너를 향해 비출 때,
> 청금석(靑金石; lapis lazuli) 색으로.[2]

구름 없는 맑은 하늘을 이렇게 보석의 색깔과 관련짓는 것은 고대 근동 아시아에서는 아주 흔한 일이다. 유태계 전통은 그들의 율법에서 자손들에게 푸른색 실로 옷을 장식하도록 명령했다. 하늘의 푸른색은 청금석 원석과 같이 사파이어를 지칭했고, 성경은 사파이어를 천구의 상징으로 한층 격상시켰다. 예를 들어 출애굽기(Exodus)에서 사파이어는 신의 왕관으로 하늘을 상징한다고 생각하였다. 그런 주제는 신약에서도 다시 언급되었다. 사파이어와 푸른 하늘은 둘 다 종교적인 순수성에 대한 은유로 아주 순박하고 청렴한 것으로 생각되었다. 동쪽(중앙아시아)으로 오면 이와 비슷한 것을 접할 수 있다. 힌두교나 티벳의 대승불교에서 푸른색은 하늘색(gaganavarna 또는 akasavarna)과 영혼의 색으로 영혼의 계몽을 나타내는 색이다. 더 북쪽(중앙아시아 북부)으로 가면 몽고의 고대 종교에 나타나는 가장 강력한 영혼의 신 텡그리(Tengri)는 그 자신을 푸른 하늘과 동일시했다. 칭기즈칸의 정권은 의식을 통하여 텡그리를 찬양해야 됨을 알았다. 칭기즈는 그 자신을 신의 정당한 후계자로 부름으로서 그의 막강한 세력을 정당화 하였다. 좀 더 최근의 과거로 가면 시베리아의 무속신앙에서 푸른 하늘을 상징적으로 취급한 흔적이 발견된다. 비슷하게 아프리카에서도 에웨(Ewe) 족, 즉 지금의 가나에 근거를 둔 사람들로 그들은 하늘의 마부(Mavu)가 푸른색으로 된 길고 품위 있는 옷을 입었다고 생각했다.

> 그들은 다양한 하늘의 신들을 알고 있다. 그 신들 중에서는 마부가 가장 월등하다.
> 사람들은 마부가 하늘 뒤에서 살고 있어 보이지 않으며, 푸른 하늘은 그의 긴 옷이고 구름은 그의 장식품이라고 생각한다.[3]

유럽의 신화에서도 하늘을 강력한 힘으로 여겼다. 전장의 신이자 폭풍우의 신인 오딘(Odin)은 푸른색 외투를 입었다고 생각했다.

이와는 대조적으로 현대의 서양문명에서는 푸른 하늘을 오히려 무시하는 경향이 있다. 오늘날 많은 사람들은 자연에서 보다는 광고에서 더 많이 하늘이 푸르다는 것을 알게 되는 것 같다. 여러분이 의식적으로 하늘을 주시하고 있는 동안 얼마나 오래 하늘이 푸른 채로 남아 있었나? 당신이 맑은 하늘을 보기 위해서 공원에서 아니면 해변에서나 또는 휴대용 의자에 등을 기대고 앉아 있었던 적이 마지막으로 언제이었나?

영국의 미술 평론가 러스킨(John Ruskin)은 그에게 그림 지도를 받는 학생들에게 푸른 하늘을 자연이 만들어낸 하나의 거대한 그림이라고 생각하라고 했다.

> 맑은 하늘의 푸른빛을 아주 심도 있게 바라보면 그 안에 다중성과 다양성이 완벽한 조화를 이루고 있는 것을 알 수 있다. 그 색은 그냥 칙칙한 색이 아니라 공기를 침투해 들어간 깊은 곳에서 진동하는 투명한 것(또는 물체)인데, 그래서 하늘에서 여러분들은 먼지처럼 보이는 떨어지는 작은 물방울들을 상상할 수 있다.[4]

러스킨은 우리가 하늘을 안다는 암묵적 가정은 환영이라는 것을 상기시킨다. 우리는 하늘을 알지 못한다. 그냥 그것을 바라보지만 우리는 고루 분포되어 있는 푸른색 이외에 하늘에서 어떤 다른 것을 볼 것이라는 기대를 하지 않는다. 그래서 푸른색의 다양한 빛깔과 색상들을 감지하지 못했다. 만약 우리가 러스킨의 충고를 따라 하늘을 그냥 자연적인 배경이 아니고 하늘 자체가 자연이 만들어 낸 한 폭의 그림인 것처럼 생각하고 바라본다면 우리는 하늘을 재발견할 것이다. 우리는 또 러스킨이 지적한 푸른색의 채도가 하늘에 임의적으로 분포되어 있는 것이 아니고 어떤 규칙적인 패턴으로 분포되어 있다는 것을 발견할 수 있다. 기상학자인 켐츠(Ludwig Friedrich Kämtz)는 이 패턴을 다음과 같이 기술했다.

일반적으로 하늘은 천정(天頂)이 제일 짙푸르다. 천정에서 밑으로 내려와서 수평선의 흰색과 합쳐질 때까지 푸른색이 점차 빠져 나간다. 그러나 천정 가까이에는 비록 분명한 형태의 구름이 없다고 해도, 상당히 많은 흰색 혼합물이 있으며 그것은 대기 중에 밀집되어 있는 수증기의 함유량에 따라 달라진다.[5]

이에 비해 천정을 향해서 우리 머리 바로 위로는 가장 짙은 푸른색인 것 같으나 이런 양상은 수평선으로 향해갈수록 없어진다(색판 2와 3). 만약 우리가 아주 맑은 날 하늘을 자세하게 조사하면 이런 일반적인 견해에 약간의 잘못된 점이 있다는 것을 인식하게 된다. 가장 짙은 푸른색은 태양과 직각 방향에서 나타난다. 동시에 색상과 색의 순도는 날마다 상당히 변한다. 가끔 하늘 전체가 농밀해 보이고 최상의 푸른빛을 띠고 있다. 아주 짙은 푸른색은 켐츠가 지적한대로 폭풍우가 지나간 바로 직후이거나 겨울에 더 잘 나타나는데, 특히 하늘이 먼지가 없는 공기로 채워져 있거나 분명하게 구별될 만한 구름이 없을 때이다.

우리는 구름의 흰색과 푸른색만이 하늘에서 볼 수 있는 색이 아니라는 것을 알고 있다. 박명의 하늘은 아주 빼어난 따뜻한 색상계열로 특히 노랑, 주황과 빨간색으로 가득 찬 팔레트처럼 보이고 밤에는 하늘이 까맣게 보인다. 그러나 이처럼 그럴듯하고 자명한 이치는 엄격하게 따지면 진실이 아니다. 아주 최적의 조건에서, 예를 들면 보름달이 있을 때 우리는 하늘이 그렇게 까맣게 또는 회색으로 보이지 않고 오히려 푸른색으로 보이는 것을 알 수 있다. 우리 눈은 일반적으로 이런 아주 희미한 색상에는 민감하지 못하다. 그러나 아주 장시간 노출하여 촬영한 천연색 사진에서는 이들 색의 존재에 대해 전혀 의심의 여지가 없다(색판 4).

맑은 날 높은 산을 등산하는 동안에 산 정상을 향해서 앞으로 올라 갈수록 하늘의 색이 어두워지는 것 같다. 즉, 높은 고도에서 하늘은 밝기를 잃어버리고 하늘의 푸른색은 검정색이 포함되어 있는 어두운 푸른색이 된다(색판 5). 이런 효과는 열기구에서나 비행기에서 훨씬 더 분명해진다. 열기구나 비행기를 직접 타보지 않고도 스위스의 수학자 오일러(Leonhard Euler)는 1760년에 어떻게 하늘이 보이는지를 정확하게 예측했다.

만약에 우리가 지구의 표면을 넘어 위로 올라가 볼 수 있다면 높이 올라갈수록 하늘의 아름다운 푸른빛은 점점 흐려지는 것을 보게 될 것이고, 결국 그 푸른빛은 에테르 영역에서 사라져 버릴 것이다. 에테르 영역에서는 하늘이 밤하늘처럼 까맣게 나타난다. 이것은 사람이 어느 쪽을 바라보든지 어둠만이 있기 때문인데, 그것은 어느 곳에서도 들어오는 빛이 없기 때문이다.[6]

20세기 초에 스위스의 지리학자 하임(Albert Heim)은 열기구를 타고 6,000 m나 올라가서 오일러가 단지 꿈꾸었던 항해를 하였다.

해발 4,000 또는 5,000 m에서 지구는 푸른색이나 푸른 보라색 먼지로 두껍게 덮여있는 것처럼 보였다. 숲과 목장들은 여전히 색깔이 있어 보이고 거리와 강들도 보였지만 지붕꼭대기는 거의 분간하기 어려웠다. 그리고 강이나 호수는 오로지 빛이 물 표면에서 반사될 때만 볼 수 있다. 그 외의 다른 모든 것들은 회색이 섞인 푸른색으로 칠해 놓은 것처럼 나타났다. 우리는 그냥 푸른 하늘을 횡단했다. 우리 머리 위로는 바깥의 까만 공간이 있고 아래로는 땅과 우리 사이에 푸른 하늘이 있다. 태양에 의해 빛을 내

는 장막처럼 하늘은 지구를 숨기고, 지구로부터 바깥 공간을 볼 땐 하늘이 바깥 공간을 숨겼다.[7]

하임은 지구 대기가 우리의 행성을 둘러싸고 있는 얇은 장막일 뿐이라는 것과 그것이 우리와 외계 공간을 분리시킨다는 것을 인식했다. 지구 대기는 푸른 하늘의 근원지이다. 그가 위험한 항해를 통해 한 이 관측은 우리들 대부분에게는 아주 상식적인 경험이 되었다. 현대의 탐험가들은 비행기를 타고 하늘을 횡단하면서 그 위의 어두운 공간을 본다. 제트비행기 창밖으로 보이는 광경은 간단하지만 경이로운 진실을 말해준다. 지구의 대기는 단순히 우리행성의 겉피부라는 것이다. 그것은 또 태양이나 다른 외계천체로부터 들어오는 강렬한 복사에너지로부터 우리를 보호해주는 반드시 필요한 보호막이다.

푸른 하늘이 지구 위의 생명에게 보호막이라는 믿음은 새로운 것이 아니다. 시베리아의 부리아트(Buriat)와 오스티아크(Ostiak) 방랑자들의 전설에서 하늘은 세상을 둘러싸고 있는 거대한 텐트라고 묘사하고 있다. 이 텐트에 있는 구멍들은 밤에만 보이는데, 그것은 그 구멍으로 쏟아져 들어오는 별빛으로 알 수 있다. 플레이아데스는 황소자리에 있는 성단인데, 해마다 10월부터 겨울 동안 내내 보인다. 플레이아데스가 있는 곳이 바로 이 상상의 텐트에 뚫려 있는 가장 큰 구멍이고 그곳으로 찬바람이 밀려들어 온다고 생각했다. 그래서 플레이아데스의 출현은 방랑자의 경험상 아주 추운 겨울철과 관련된다고 믿어왔다.

푸른 하늘과 관련된 또 다른 대중적 해석은 근동(近東)에서 전해오는 것이다. 카프(Kâf) 산의 전설로 페르시아의 백과사전 편집자인 알-쿠아즈위니(Zakarija al-Qazwînî)가 13세기에 쓴 것이다.

해설자의 말: 이 산은 지구세계를 완벽하게 둘러싸고 있는 산이다. 그것은 하늘을 청록색으로 만드는 원인이 되는 초록색 에메랄드로 이루어져 있다. 이 산 뒤에는 신에게만 알려진 사람들과 신의 창조물들이 살고 있다.[8]

이 전설에 따르면 산의 색깔이 하늘에 반사되어서 지구에서 하늘을 볼 수 있다. 보통사람들은 지구가 편평하고 엄청나게 큰 바다로 둘러싸여 있으며, 뒤로 카프 산이 솟아 있다고 상상했다. 지상세계에는 인류와 동물이 거주하게 된 반면에 카프 산 너머에 있는 황금의 땅은 신들과 신화적인 창조물들의 주거지(home)였다. 이들 창조물 중 하나가 시마(Simurgh)로 산 위에 살고 있는 새인데 왕과 황제들을 충고하기 위해서 남아 있는 것이다. 에메랄드 초록빛 산이 하늘을 푸르게 보이게 만들 것이라는 상상은 고대 아랍어의 특이한 양상으로 나타난다. 그것은 푸른색과 초록색을 나타내는 색상 용어가 아다(ahdar)라는 단 한 단어라는 점이다.

방랑자의 푸른 하늘색 상상의 텐트나 우리가 거주하는 이 세상을 둘러싸는 길게 늘어져 있는 산은 각각의 문명권의 개념적인 틀 안에서 의미가 있는 것 같다. 그러나 하늘이 푸른 것에 대한 과학적인 근거는 다른 쪽으로 가닥을 잡아나가야 했다. 먼저 합리적으로 사고하여 색의 본질과 하늘의 구조와 조성 성분에 관해 개발하였다. 그런 다음에야 비로소 푸른색의 근원에 대한 이유를 설명할 수 있게 되었다. 어떻게 인류가 하늘색이 푸르다는 것을 이해하기 시작했는지에 관한 이야기는 고대 그리스에서부터 시작되었다. 기원전 4세기에 철학자 아리스토텔레스는 색에 대한 체계적 공식을 최초로 개발했고, 그것을 이용해 무지개와 일몰에서 생기는 색의 변화를 설명했다. 그는 구의 형태를 한 천체의 개념을 자세히 설명했다. 공기와 불로 된 구 안에 자연스럽게 위치한 하늘을 볼 수 있다고 말한다. 그의 제자인 테오프라스토스(Theophrastus)는 최초로 색에 대해 과학적인 설명을 한 사람이다.

푸른색에 대한 설명을 시도했던 이런 초창기 그리스인들은 오늘날에도 계속 의문시 되고 있는 푸른색의 근원에 관한 관심을 야기했다. 푸른색은 암흑의 공간 앞에 놓여 있는 대기를 이루는 공기를 햇빛이 비추기 때문에 생긴다고 생각하였다. 하늘의 푸른색은 물질의 색이 아니고 대기권의 공간적 깊이에 관계되어 나타나는 현상으로 생겼다는 것이다. 만약 이것이 사실이라면 푸른색은 우리 눈과 대기권 공기의 가장 상층한계(대기권 밖의 공간과 경계를 이루는 곳) 사이 어디에서 만들어지는 것이다. 그렇다면 푸른 하늘의 역사는 우리의 시각적 인식력, 공기의 광학적 효과, 태양에 의한 조명도, 그리고 암흑이란 공간배경에 관한 이야기가 될 것임에 틀림없다. 이것은 어쩌면 역설(逆說)일 수 있다. 결국 가까이 다가가서 보면 공기는 색이 없고 완전히 투명하다. 하늘을 보일 수 있게 하기 위해서, 그리고 하늘에서 색이 나타나게 하기 위해서는 많은 양의 공기가 필요하다. 이것은 우리에겐 축복이다. 왜냐하면 이런 성질이 없이는 낮에도 태양은 까만 하늘에서 빛을 내게 될 것이기 때문이다.

> 대기가 빛을 반사하고, 태양에서 나오는 빛을 모두 다 완전히 투과시키지 않는다는 것은 인류에게는 어느 것과도 견줄 수 없을 만한 유익한 점이다. 이런 성질이 있어서 우리는 대기 중에서 태양이 직접 비추기 때문이 아니라 빛이 반사되기 때문에 보이는 공간들을 볼 수 있을 것이다. 빈 공간의 암흑과 밝은 광선 사이의 눈부심은 눈을 피곤하게 하고, 어쩌면 시력을 파괴할 수도 있다.[9]

1825년에 저술된《물리학 개요》에서 나타난 생생한 기술은 우주비행사에 의해 진실로 입증되었다. 공기가 없는 하늘은 까맣게 보인다. 낮 동안에 퍼지는 햇빛은 비록 구름이 많이 낀 날이라도 푸른 하늘색과 관련되어 있다. 그리고《물리학 개요》의 저자는 대기로부터 반사된 빛에 관해 쓸 때, 이미 푸른색에 대한 현대적인 설명을 첨부했다. 이런 설명들을 포함한 이론들은 그리스인들에 의해 최초로 만들어진 간단한 명제로부터 발달되어 지금은 아주 정예 전문가들의 작은 모임 안에서만 이해할 수 있는 전문적인 개요를 만들어 내고, 이론을 보다 상세하게 기술하게 되었다. 이런 발달은 탁월한 연구자들, 예를 들어 아랍의 과학자 알-킨디(al-Kindi)와 알-하이탐(al-Haytham), 그리고 중세의 수도사들인 리스토로(Ristoro d'Arezzo)와 베이컨(Roger Bacon), 레오나르도(Leonardo da Vinci), 뉴턴(Isaac Newton), 괴테(Johann Wolfgang von Goethe), 레일리 경(Lord Rayleigh), 그리고 아인슈타인(Albert Einstein)인데 여기서는 단지 몇 사람만 소개했다. 이 모든 과학자들이 하늘색이 푸른 것에 대해 탁월한 연구를 했고 영향력 있는 발견을 했으며, 그들 각자가 다양하고 구분되는 뛰어난 방법으로 주제에 접근했다. 그들의 연구를 공부하는 것은 거기에 포함된 설명을 다시 생각하고 그 의미가 시대가 변천하면서 어떻게 변했는가를 곰곰이 생각하게 한다. 예를 들어 레오나르도에게는 만족할만한 논증으로 구성된 설명이라도 아인슈타인에게는 그렇지 못할 수도 있다.

"하늘이 왜 푸른가?"라는 질문 대신에 "어떻게 해서 하늘이 푸른가?"라고 묻도록 제안한다. 그렇게 함으로써 하늘이 푸른 것에 대한 설명을 명확하게 이끌어내기 위해 다양한 사고범위로 우리의 주의를 돌려보자는 것이다. 이와 같은 방법으로 이 책을 전개해 나가려고 한다. 그러므로 하늘의 색과 빛을 모든 세대에 걸쳐 온 인류가 마음속으로 느낄 수 있도록 하는 방법에 초점을 맞추도록 한다.

비평가들은 과학이 우리의 세상을 철저하게 마법에서 깨어나게 한다고 종종 나무래 왔지만, 그래도 위에서 언급한 사람들 대부분은 세상이 마법에서 깨어나는 것을 걱정하지 않고 푸른 하늘의 아름다움에 사로잡혀 있었을 것이라고 확신한다. 나 자신만 해도 자연에 관한 인간의 풍부한 상상력에서 나온 지식은 가시적 우주 현상을 바라보는데 가끔 놀랄만한 통찰을 더 할 수 있다고 확신한다. 그리고 내가 행운아라면 이 책이 여러분들로 하여금 하늘을 새로운 안목으로 그리고 새로운 경이로움으로 바라볼 수 있게 할 것이다.

1장

철학가들과 푸른색에 관하여

1996년 후반에 아테네 도심에 있는 리질리스(Rigillis) 가(街) 인접지역에서 한 건의 발견이 있었다. 아테네에 현대미술 박물관을 새로 건립하기 위해서 땅을 파다가 쭉 뻗은 흙투성이 주차장 부지 밑에서 고대 도시 건물의 토대를 발굴했다. 아테네에서는 어디서고 이런 고대 유적을 발견하는 것은 흔한 일이다. 그러나 이 지역에서는 전혀 고고학적 차원의 발굴이 없었다. 고대 문헌에 의하면 이 지역은 2,500년 전에 아리스토텔레스가 철학을 가르치던 학원이 있었던 곳이라고 했다. 고대 그리스어로는 리케이온(Lykeion)이라고 하는데, 이것은 일반 사람들을 위해 만든 공공정원이었다. 그 정원에는 군사 행진을 하는 운동장, 체육관, 신전, 그리고 묘지가 함께 있었다. 기록에 의하면 가로수가 있는 산책로가 있었는데, 거기에서 아리스토텔레스가 학생에게 철학을 가르치며 토론했다고 한다. 1997년 초에 그리스의 중앙 고고학 위원회의 고고학자들은 그 유적이 틀림없이 학원의 일부분이라고 결론을 내렸다. 마침내 아리스토텔레스의 학원이 발견되었다는 소식은 온 세상으로 퍼졌다.

아테네 학원(Lyceum)은 아리스토텔레스의 이름과 관련되어 있는 아주 일반적인 장소이다(그림 1.1). 왜냐하면 그는 생애 대부분을 방랑자로 더 많이 보냈기 때문인데, 그의 철학은 길거리에서 군중을 모아 놓고 이야기하며 토론을 통한 경험에서부터 우러나온 것이라는 것을 여러분들도 잘 알 것이다. 아리스토텔레스는 아테네의 원주민이 아니었다. 그는 기원전 384년에 그리스와 마케도니아의 경계에 있는 그리스 북쪽의 도시 스타기라(Stagira)에서 태어났다. 그의 아버지는 마케도니아의 왕 아민타스 II세(Amyntas II)의 주치의로 일을 했는데, 그것은 아리스토텔레스가 성장하는 데에 특혜를 받는 조건으로 작용하기도 했으나, 항상 분쟁이 끊이지 않았던 두 인접국가 사이에서 그의 불안한 입지를 예시하기도 했다. 아리스토

그림 1.1 로마 국립박물관에 있는 아리스토텔레스의 흉상. 베를린 프러시아 문명 소장품.

텔레스는 17세에 플라톤 학술원의 학생이 되기 위해 아테네로 보내졌다. 플라톤은 당대의 유명한 철학자이자 소크라테스의 제자였다. 아리스토텔레스(Aristotle)는 20년 동안 학술원에 남아서 마침내 플라톤(Plato)의 조교가 되었다. 플라톤이 기원전 347년에 죽었을 때, 아리스토텔레스는 아테네에 남아서 에게(Aegean) 해(海)와 소아시아(오늘날의 터키) 주변을 두루 여행하면서 공부를 했다. 당시에 그는 대부분 생물학에 대한 공부를 했다. 섬에 오랫동안 머무르면서 해양생물에 상당한 흥미를 갖게 되었다. 그는 스스로 관찰하면서 어부와 농부 그리고 의사들로부터 정보를 모았다. 그런 다음 그는 다시 마케도니아(Macedonia)로 돌아갔는데 거기서 왕 아민타스의 손자인 알렉산더(Alexander) 왕자(그는 후에 알렉산더 대왕이다)를 가르쳐달라는 요청을 받았다. 기원전 335년에 이르러 아테네는 마케도니아에게 정복당하고 아리스토텔레스는 다시 아테네로 돌아갔다. 그는 학원(Lyceum)에 철학학교를 세웠고 학술원과 대등한 경쟁상대로 부상하게 되었다(그림 1.2).

리질리스 가의 유적지가 발견된 후 몇 년 동안 많은 고고학자들이 아직 다 발굴되지 못한 학원과 주변 유적지를 찾기 위해서 몰려들었다. 그 건물은 아테네의 로마제국 강점기 때의 빌라로 2세기의 것으로 판명되었다. 그 시기는 대략 아리스토텔레스가 죽고 난 뒤 400년 된 때이다. 따라서 그가 산책했던 가로수가 있는 산책로는 아직 발견되지 못했다. 그러나 현대 학자들은 아테네의 학원이 그 근처에 위치해 있을 것이 분명하다는데 동의하고 있다.

아리스토텔레스는 그리스인들이 자연은 매우 빨리 변화한다는 생각을 하고 있을 무렵의 사람이다. 수세기에 걸쳐 사람들은 자연은 신, 특히 모든 신의 아버지로 잘 알려진 제우스가 혼자서 만들어내는 것이라고 알고 있었다. 그러나 기원전 5세기에 학자들은 모여서 의문 나는 점들을 토론하고 배우기 시작했는데, 예를 들어 어떻게 행성운동을 이해할 수 있을까를 수학을 이용해서 풀어보려고 했고, 별들 사이의 공간에는 어떤 물질이 채워져 있을까를 연구했다. 기상학적 현상도 그들의 주의를 끌었는데, 그것은 아마 변덕스러운 날씨 변화와 폭풍에 의해 황폐화되는 것은 농경사회에 특별한 관심거리였기 때문이다.

그때부터 그리스 기상학은 두 개의 전통이 분명하게 구별되었다. 하나는 일기예보를 취급하는 것인데, 그것은 대부분이 농부에게 전래되는 규칙들과 책력에 의해서 이루어졌다. 고대로부터 시는 정보 전달에 중요한 매체였다. 정보에는 기술적인 자료들과 교육적 지침 그리고 날씨 예보를 할 수 있는 규칙이 포함된 시 등이 있는데, 이것들은 농부나 항해하는 뱃사람들에게

그림 1.2 고대 그리스(기원전 4세기)의 아테네에 대한 스케치로 중요한 철학학교들의 위치가 표시되어 있다. 스미스(Candace H. Smith)의 삽화.

그리고 그런 정보에 매우 밀접하게 관련되어 있는 사람들에게 전달되었다. 아라토스(Aratos)의 현상은, 즉 시가 수천 행이 넘는 것은 이런 장르에서 아주 유명한 예이다.[1] 다른 전통은 기상학 자체를 설명하려고 하는 것으로 자연에서 관측된 현상을 그것을 이해할 수 있는 포괄적인 이론 범주 안에서 이해하려고 하는 것이다. 이것은 당시에 존재했던 많은 학술원에 의해 서로 다른 문제 접근 방법으로 서로 다른 결론에 도달하게 만들었다. 혹자는 인간이 인지할 수 있도록 신들이 실로 자연에 막대한 영향을 미쳤다고도 했다. 그러나 혹자는 그 중에서도 특히 소위 그리스 밀레토스(Milesian) 학교의 구성원들은 어떤 인지할 만한 자연의 작용도 조물주의 탓으로 돌리기를 거부했다. 이것은 새로운 것이었다. 밀레토스 사람들은 우주는 한 가지 물질로부터 만들어졌다고 추측했다. 그러나 그 한 가지 물질이 무엇인지에 대해서는 서로 합의점을 찾지 못했다. 탈레스(Thales)는 그것이 물이라고 추측했고 이에 비해 아낙시미네스(Anaximenes)는 공기라고 주장했다.

이렇게 서로 모순되는 여러 가지 생각에 직면해서 아리스토텔레스는 걱정이 되었다. 그는 자연현상을 명백하게 설명할 수 있는 틀을 만들어 줄 수 있는 체계적인 철학을 계획하고 있었다. 이와 같은 배경에서 그가 감각적 인지 능력에 특별한 중요성을 부과한 것은 그렇게 놀라운 일은 아니다. 결국 자연에 대한 우리의 지식은 우리가 인지한 것, 예를 들어 냄새를 맡고, 느끼고, 듣고, 맛을 알고, 보는 것 등에 대한 믿음에 그 바탕을 두는 것이다. 특히 빛과 색은 우리 눈으로 인지할 수 있는 세계를 만들어준다. 아마 그것이 우리가 인지할 수 있는 감각의 중심이 되는 것일 수도 있다. 아리스토텔레스는 몇 권의 저술에서 특히 《영혼에 관하여(De anima)》와 《감각기능과 인지능력에 관하여(De sensu et sensibilia)》에서 감각에 대해 다루었다.

아리스토텔레스의 생물학적 연구에 대한 헌신적 노력을 통해 추론해 보건대, 자연의 역사는 그가 가장 애착을 가지고 수행하고자 하는 연구 중의 하나이다. 그래서 그는 정말로 기상학과 날씨에 관해서도 마찬가지로 많은 흥미를 가졌다. 다시 한 번 그는 모순되는 의견들과 교리들이 너무 많다는 것을 인식했고, 새로운 제도가 필요하다는 것을 깨달았다. 그러나 그는 기상학이 그중에서도 특히 어려운 분야라는 것을 깨달았다. 아리스토텔레스는 기상학적 현상이 하늘의 완벽한 규칙성과 지구 위에 존재하는 불규칙성 중간에 놓여 있다고 생각했다. 그럼에도 불구하고 그는 하늘에서 관측된 현상들을 가지고 사실을 파악하려고 노력했고, 그 현상들이 가지고 있는 색에 대해 설명하려고 했다. 그의 저서 《기상학》에서 그런 노력들을 엿볼 수 있다.

그리스인들은 푸른색에 대해 색맹이었을까?

그리스 사람들이 하늘의 색을 어떤 색으로 보았을까 하는 데 대한 근거를 찾기 위해 그리스 작가들의 작품을 찾아보면 불가사의한 신비로움에 직면하게 된다. 휴가차 그리스에 온 사람들은 하나 같이 그리스 하늘의 강렬한 푸른색과 에게 해의 짙푸른 물색에 익숙하다. 예를 들어 호머의 오디세이에서 이 색에 대해 언급되었을 것이라고 추론하려고 한다. 그러나 그렇지 않다. 그리스 문학작품에서 푸른 하늘에 대해서 언급한 것은 매우 드물다. 호머(Homer)는 《오디세이(Odyssey)》의 제3권에서 태양의 신 헬리오(Helios)의 솟아오름을 다음과 같이 기술한다.

> 그리고 지금 태양은 황홀할 정도로 아름다운 물을 뒤로하고
> 놋쇠 빛 하늘로 튀어 오르네.
> 지구 위에 존재하는 불멸의 것들에게
> 그리고 죽어야할 운명을 가진 사람들에게 빛을 주기 위하여...[2]

호머의 바다는 푸른색도 아니다. 오디세우스가 바다의 신 칼립소(Calypso)에게 잡혔을 때 그의 아내 페넬로페(Penelope)와 그의 먼 고향 이타카(Ithaca)를 간절히 그리워하며 생각한데 대해 호모는 다음과 같이 썼다.

> 그가 용골(龍骨)에 다리를 벌리고 홀로 서 있을 때 나는 그를 구했노라,
> 거침없이 빠르게 달리고 있던 그의 배를 제우스가 번개로 내려쳐
> 짙은 포도주색 바다 한 가운데에서 산산이 부스러뜨렸기 때문이네.[3]

호머의 오디세이에서 바다는 항상 검거나 희고, 회색이고, 그리고 어둡거나 자주빛으로 기술되어 있다. 다른 그리스 작가들의 작품을 읽어 보아도 우리는 역시 바다와 하늘에 대해서 푸르다고 기술한 것을 읽을 수가 없다.

학자들은 19세기 초 이래로 거기에 신비로운 비밀이 있다는 것을 알아냈다. 1858년에서 1877년 사이에 영국의 정치가 글래드스톤(William Gladstone)은 몇 편의 논설을 투고하고 몇 권의 책을 출판했는데, 거기서 그는 고대 그리스인들은 어쩌면 시각적으로 색을 분별하고 인지하는 감각기능에 문제가 있었다고 추측했다.[4] 다른 말로 하면 그는 고대 그리스인들은 푸른색에 대한 색맹이라고 추측했다. 그러나 푸른색에 대해 문학 작품에서 아주 드물게 언급되었음에도 불구하고, 그때부터 우리는 고고학적 연구로부터 그리스인들의 그림에서 노란색 다음으로 많이 사용했던 색이 푸른색이라는 것을 알았다. 그리스인들은 푸른색에 대한 색맹이 아니었다.

아주 조심스러운 언어학적 연구에서 이 수수께끼가 풀렸는데, 그것은 고대 그리스인들에게는 물론 아리스토텔레스를 포함해서 색을 특성화하는 색상보다 조도가 더 중요했다는 사실이다. 예를 들어 그리스어로 멜라스(melas)와 레우코스(leukos)는 '검정색' 과 '흰색' 도 되지만 '어두운 색' 과

'밝은 색' 으로 번역될 수 있다. 색상 용어로 사용하는 키아노스(kyanos)도 애매하게 해석되는데 이것도 '푸른색' 으로 보통 번역되지만 이것이 오늘날 사용하는 현대 색상 용어인 사이안(cyan; 청록색)이란 말을 생겨 나게 하였다. 키아노스(kyanos)는 일반적으로 어두운 색깔을 말하는데 에메랄드를 묘사할 때 사용되었다. 그러나 그것 역시 푸른색으로 정의하는 것이 더 분명할 수 있고, 더 나아가서는 검정색을 의미할 수도 있다. 검정색과 푸른색 사이의 차이는 그리스인들에게는 그렇게 분명하지 않았다. 그들에게는 푸른색이 검정이나 또는 아주 짙은 색깔 경계에 놓여 있었다. 그리고 그 색들은 색상도에서 보면 거의 똑같이 짙은 색 구성성분으로 되어있다. 만약 우리가 키아노스라는 단어의 의미를 염두에 두고 그리스 문학작품 속에서 그 단어를 음미한다면 뜻은 분명해진다. 《보석》이라는 책에서 아리스토텔레스의 제자 테오프라스토스는 청금석(lapis lazuli)이 키아노스색을 띠고 있다고 기술한다. 이에 비해 호머(Homer)의 《일리아드(Iliad)》에서는 금속색으로 기술될 뿐만 아니라 왕 프리아모스(Priam)의 아들 헥토르(Hector)의 머리색(아마 검정색이었을 것인데)은 검정(kyanos)색으로 기술했었을 것이다. 망토도 역시 검정(kyanos)색이었을 것이다. "어두운 색상을 가진 몸을 감싸는 것으로, 그보다 더 검은 의상은 없다."[5]

'투명한 것' 을 비추는 것

그리스 철학자들에 의해 발표된 가장 오래된 성명서에는 빛(phos)과 색(chroma)의 성질에 관한 사고가 포함되어 있다. 기원전 5세기 초로부터 전해오는 시에서 크로톤(Croton)의 시인 알크메온(Alcmaeon)은 색의 근본은 밝고 어두움의 대비라고 주장했다. 이와 같은 추측은 엠페도클레스(Empedocles)와 데모크리토스(Democritus)의 색 이론과 같이 자연철학에서 여전히 억측으로 남아 있다. 엠페도클레스는 네 가지 기본 색, 즉 검정색, 흰색, 빨간색, 오크론(ochron; 대략 노란색이나 흐릿한 초록색이다)을 4원소, 즉 흙, 물, 공기, 그리고 불과 관련시켰다. 데모크리토스는 그리스의 원자이론의 창시자로 색을 물체의 표면 성질로 해석했으며, 표면이 매끄러운 것은 흰색으로 나타나고 표면이 거친 것은 검정색으로 나타난다고 주장했다.

소크라테스의 제자 플라톤은 빛의 성질과 색의 성질을 인간의 지각 기능으로 설명하려고 노력했다. 그는 눈은 밝은 매질을 형성하기 위해 일광(日光)과 결합할 수 있는 가시광선을 방출한다고 추측했다. 이런 매질은 보이는 물체에서 나온 물질을 눈으로 전달해서 보이는 물질을 알게 할 수 있다고 생각했다. 플라톤은 시각(視覺)을 역학적 감각, 즉 만져서 느끼는 것 같은 것으로 단순화하려고 시도하였다. 그래서 그는 색의 다양성을 물체에서 방출되어 나온 크기가 서로 다른 입자들에 의해 만들어지는 것이라고 설명했다. 만약에 가시광선 입자들보다 큰 입자의 경우 물체는 검게 나타날 것이고, 그보다 작은 입자들의 경우 우리는 흰색으로 볼 것이라고 설명했다. 그는 우리가 보는 다양한 색들을 만들어 낼 것이라고 추측되는 여러 가지 조합을 상세하게 기술했으며, 데모크리토스가 제안한 규칙을 사용했다. 그러나 끝에 가서 플라톤은 자기 주장에 대해 불안해하기 시작했고 결국은 포기했다. 왜냐하면 색을 이해하려고 시도하는 것이 조물주의 작업에 방해하는 것이라고 생각했기 때문이다.

그런 양심의 가책들에도 굴하지 않고 아리스토텔레스는 처음으로 시각에 관한 심도 있는 연구를 기원전 340년경에 시작했다. 플라톤과는 달리 그는 우리들의 눈이 가시광선을 방출한다는데 의심을 가졌고 눈이 수동적으로 물체에서 빛을 내는 것을 받아들인다고 확신했다. 아리스토텔레스는 시각의 인트러미션(intramission)* 이론의 제안자였다. 시각의 엑스트러미션

(extramission)•• 이론의 제안자들처럼 그는 감각적 느낌을 전달해주는 매질의 존재가 필요하다고 예상했다. 그래서 눈으로 물체를 볼 수 있게 한다. 아리스토텔레스는 이 매질에 대해 많은 연구를 했고 그는 이것을 '투명한 것(diaphanos)' 으로 불렀다. 그에게는 투명하다는 것은 반투명한 것 보다 더 투명하거나 덜 투명한 상태를 의미하며 그것을 모든 매질의 성질로 보았다. 그것은

> 보인다는 것은 단지 전적으로 본질적인 것만 아니라 색이라는 특별한 것이 있기 때문이다. 이런 특성은 공기와 물 그리고 다른 단단한 물체들에도 있다. 물이나 공기가 투명한 것이 물이나 공기로서가 아니라 영원불멸한 천계(天界)에 있는 똑같은 성질이 이들 두 종류의 매체에도 있기 때문이다.[6]

라는 것이었다.

아리스토텔레스는 만약에 불(4원소 중 하나)이 투명한 매질(공기나 물 같은 것)에서 발생하면 빛이 나올 것이라고 설명했다. 반면에 어두움은 불이 없다는 것을 의미할 것이다. 색은 오로지 투명한 매질과 작용이 일어날 때만 나타난다. 오로지 빛이 있는 곳에만 색이 있다. 왜냐하면 어두움이란 것은 색이 없기 때문이다. 아리스토텔레스는 색은 모든 물체와 그 물체를 둘러싸고 있는 매질의 성질이지 빛의 성질은 아니라고 주장했다. 이것은 우리가 일상생활에서 시각으로 경험하고 있는 것과 일치한다. 왜냐하면 우리는 우리 주위에 있는 물체의 표면에서 색을 본다고 생각하기 때문이다. 흥미롭게

• 역자 주: 보이는 물체에서 방출된 빛이 매질을 통과한 다음 눈 표면에 부딪칠 때 시각(視覺)이 생기는 것.

•• 역자 주: 눈에서 방출된 빛에 의해서 보이는 물체의 성질을 느낄 수 있는 시각이 생기는 것.

도 아리스토텔레스는 빛이 어떤 특정한 속력으로 전파한다는 것은 알지 못했다. 오히려 그는 빛이 나는 물체는 투명한 매질 전체를 잠정적으로 투명한 상태에서 즉시 실질적으로 투명한 상태로 변화시켜 관측자의 눈에 순간적으로 도달하는 인지능력이라고 상상했다.

그러나 색이 어떻게 생길까? 아리스토텔레스는 《감각에 관하여》에서 세 가지의 가능성을 제시했다. 먼저 주위 환경은 작은 검정 입자 알갱이와 흰 입자 알갱이에 의해 눈이 감지할 수 있는 색이란 느낌을 만들 수 있다.

> 한 가지 가능성은 흰 입자와 검정 입자 알갱이가 아주 작기 때문에 각각 따로 따로는 번갈아서 보이지 않지만 이들 두 종류 입자 알갱이들의 혼합물은 눈으로 보인다는 것이다. 그것은 흰 것으로나 검은 것으로 나타나지 않지만 어떤 색을 가져야만 한다. 그러나 그 색은 이들 둘 중의 어느 색인 흰색이나 검정색이 아니고 혼합된 색을 가질 것이 분명하다. 즉, 다른 종류의 색이다. 그래서 흰색과 검정색만 있는 것이 아니고 그 이상의 색들이 있을 수 있다는 것을 생각할 수 있다. 그렇다면 이들 색의 종류가 얼마나 될 것인가는 검정색과 흰색 성분의 조합비율에 따라 달라진다.[7]

색은 검정색과 흰색의 비율에 따라 밝은 색에서 어두운 색 순으로 배열될 수 있다. 비교적 어두운 색들은 푸른색 같은 것으로 대부분은 검정색을 포함하고 있고 흰색은 아주 적은 양만 들어 있다. 반면에 색이 밝을수록, 예를 들어 노란색과 주황색 같은 것은 흰색 비율이 압도적으로 많다(그림 1.3). 상보적인 쌍 검정색-흰색으로부터 이와 같은 모든 색의 유도는 아리스토텔레스 자연철학의 회귀적 주제를 예시해주는 좋은 모형이다. 뜨겁고 추운 것, 젖은 것과 마른 것이거나 또는 가볍고 무거운 것 같이 서로 반대 되는

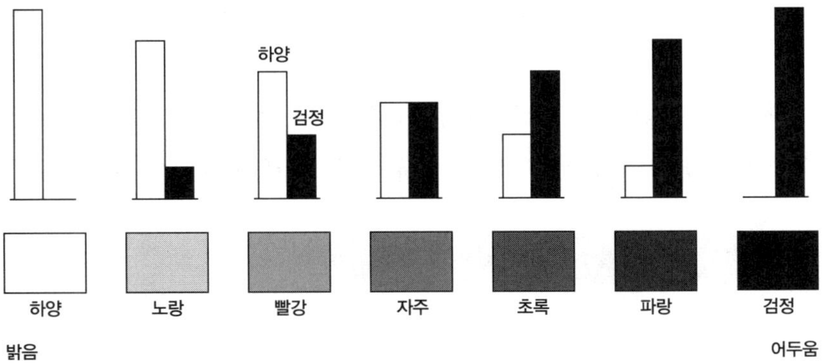

그림 1.3 아리스토텔레스의 《감각에 관하여》에 의하면 색은 검정색과 흰색이 서로 다른 비율로 합성되어 만들어진다.

것들의 쌍들은 흔히 현상을 체계적으로 정렬하는 데 사용한다. 아리스토텔레스는 흰색과 검정색 사이에 다섯 가지 색을 이름 붙였는데, 노랑, 빨강, 자주, 초록, 그리고 파랑이다. 흰색 입자 알갱이들의 비율이 이 순서대로 줄어든다. 이들 색의 밝기인 명도 역시 같은 순서대로 줄어든다. 파란색은 검정색 다음으로 어두운 색이며 흰색이 거의 들어있지 않다. 그래서 아리스토텔레스는 기본 색을 일곱 가지로 나열했는데 거기에는 흰색과 검정색이 포함되어 있다. 그는 특히 순색(純色)들은 검정색과 흰색의 총 양을 각각 작은 수로 잡고 검정색과 흰색의 비율이 전체수에 낮은 비율(예를 들어 3:2나 4:3)로 섞였을 때 생긴다고 주장한다. 여기서 그는 피타고라스(Pythagoras)를 넌지시 암시하고 있다. 피타고라스는 음악에서 음계와 음정의 높이가 협화음 관계에 있는 음조(音調)의 올바른 간격들을 추론하였다. 실제로 색깔들은 소리의 음계와 관계되어 있기 때문에 이러한 비교는 놀라운 것이 아니라고 아리스토텔레스는 기술한다.

아리스토텔레스에게는 색을 만들어 내는 두 번째 방법은 색이 있는 물질의 물리적인 투과 현상을 통해서인데, 색이 있는 물질로부터 혼합된 색이 나온다는 것이다.

새로운 색들은 밝은 색이 투명한 매질을 통해 빛을 낼 때 나타날 수 있을 지도 모른다. 《감각에 관하여》에서 아리스토텔레스는 다음과 같이 기술한다.

> 다른 이론은 색들은 화가들이 그림을 그리면서 만들어 내는 것처럼 서로 합해져서 나타나는데, 화가들은 선명한 색 위에 다른 색을 덧칠해서 그들이 원하는 색을 만들어낸다. 예를 들면 화가들이 물체를 물이나 안개를 통해 보이는 것을 그리고자 하는 경우이다. 직접 보이는 태양은 희지만 안개나 연기를 통해서 보이는 태양은 붉게 보이는 것과 같은 경우이다.[8]

이것은 색이 생길 수 있는 세 번째 방법이다. 연기와 안개의 효과가 한 예이다. 어떻게 공기가 안개나 연기를 통해서 태양빛이 비치면 색의 발현을 변화하게 할 수 있는 가를 보여주는 것이다. 아리스토텔레스는 매질을 통과한 빛의 투과로 시각적으로 알아 볼 수 있는 효과가 있는 하늘에서 일어나는 상황을 규명한다. 즉, 태양이 붉은색으로 나타나는 것을 말한다. 하늘의 푸른빛에 대해서도 비슷한 설명을 찾을 수 있을까?

공기로 된 천구(공기의 구)와 불로 된 천구(불의 구)

답을 얻기 위해서 우리는 그리스 철학자들에게 '하늘' 이 의미하는 것이 무엇인지 생각해야만 한다. 아리스토텔레스가 빛과 색에 대해 사고하기 약 1세기 전에 엠페도클레스는 우주는 흙, 물, 그리고 불 이외에도 한 가지 더해서 네 번째 원소인 공기로도 만들어졌다고 주장했었다. 아리스토텔레스는 《하늘에 관하여(De caelo)》에서 이에 대한 생각을 보완했는데, 우주를 지구의 영역, 즉 지구 주위를 공전하는 달의 궤도 안쪽의 영역과 천구, 즉 달의 궤도 바깥에 있는 영역으로 나누었다. 그의 관점에서 흙, 물, 공기, 그리고 불은 지구의 영역에 기본 요소들이다. 이들은 그것들 특유의 자연운동에 따라 특정 공간을 차지하는 추세에 맞추어 특성화 된다. 무거운 요소들, 즉 흙이나 물은 가라앉는 경향이 있다. 가벼운 원소인 공기와 불은 위로 올라가는 경향이 있다. 아리스토텔레스에 의하면 우주는 유한한 것이며 중심을 가지고 있다. 이 중심은 이들 4원소 중에 가장 무거운 원소가 있는 자연계에 위치한다. 즉, 흙(지구)이 위치하고 있는 곳이 중심이 된다. 그들의 무게에 따라 다른 원소들은 지구 주위 가까이에 구의 껍질을 만들어 물, 공기, 그리고 불의 구 껍질 층을 만든다(그림 1.4). 아리스토텔레스에 의하면 불의 구 껍질 층은 달의 궤도까지 다다르고 그곳이 지구의 영역의 상한 경계이다. 이것은 그곳에서 모든 물질들이 한데 모이기도 하고 그곳을 지나쳐 자체의 흐름에 따라 흘러가는 영역이다. 이 네 가지 요소들은 거기서 서로를 변환시킬 수 있다. 반면에 그는 천구는 불변하고 영원한 것으로 간주한다. 거기에는 달, 태양, 행성 그리고 붙박이별이 지구 주위를 원 궤도를 그리며 돌고 있다. 그들 사이에 있는 천체와 공간은 우주 생성 근본의 5원소, 즉 에테르로 구성되는데 이것은 완벽하게 투명한 하늘의 영구불변 원소이다.

한 물체가 그것의 자연적인 위치를 향해 움직일 때 아리스토텔레스는 그 운동을 자연적인 운동의 실례로 생각한다. 이런 운동의 힘은 오로지 물체의 내부성질(물리)에 있다. 만약에 물체가 그것의 자연적인 위치를 향해 움직이지 않을 때는 강제운동의 경우이다. 이 운동에 대한 힘은 외부의 움직이는 물체에 있다. 자연적인 운동은 발전하는 특성을 가지고 있고 목표 지향적이다(목적론).

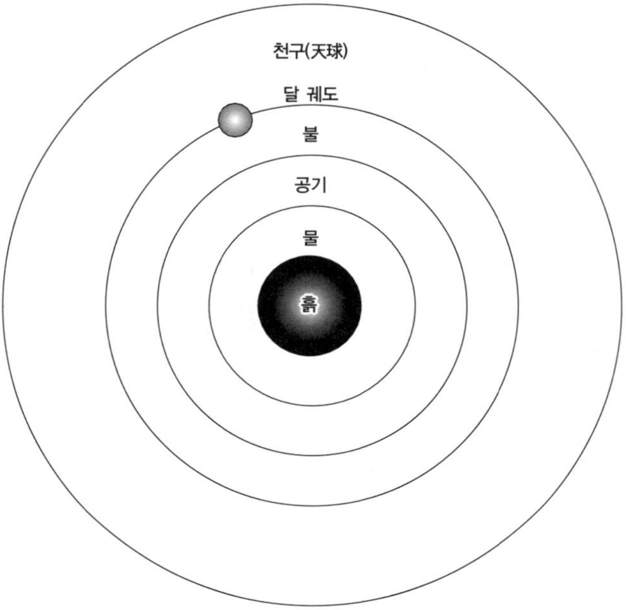

그림 1.4 아리스토텔레스의 우주론에서 4원소, 즉 흙, 물, 공기, 그리고 불은 우주의 중심 주위로 같은 중심을 갖는 구를 형성한다. 달의 궤도 바깥에는 태양, 행성, 그리고 별들이 이 중심점 주위를 완벽한 원 궤도를 따라 움직인다.

사람들은 천구는 완벽한 다섯 번째 원소, 즉 에테르로 이루어졌다면 왜 움직이는 것일까라고 물을 수 있다. 아리스토텔레스는 형이상학에서 그들의 궤도는 특별하다고 답을 한다. 왜냐하면 그것은 오로지 일정하고 영원불멸의 유일한 것이기 때문이다. 그러나 그들은 스스로 움직이지는 않지만 그냥 정지 상태로 남아 있는 창시자를 가지고 있다. 아리스토텔레스는 이 존재를 움직이지 않는 발동기(發動機) 또는 원동력이라고 부른다. 운동의 근원은 살아있는 신이어야만 한다. 신은 물리적인 힘으로 밀어서 천구를 움직인다기 보다는 오히려 내면에서 완벽한 운동을 하고자 하는 욕구에 근접하고

자하는 욕망을 불러일으키도록 해서 천구를 움직인다.

이에 비해 아리스토텔레스는 천구와 천체를 천문학에 연구대상으로 간주하고 먼저 공기의 구와 불의 구에 이들 연구대상 물체들을 위치해 놓았다. 즉, 그것들을 지구와 달의 궤도 사이에 놓았다. 그렇게 하여 그는 문자 그대로 그리스 용어인 기상학(meteorologica)이란 말을 따왔다. 그것은 이상(meta), 공기(area), 그리고 ...에 관한 연구(logos)를 조합한 단어이다. 그러나 아리스토텔레스에게는 기상학적 현상 또는 대기현상(meteora)은 비, 증발, 바람, 구름, 그리고 무지개를 포함할 뿐만 아니라 혜성들, 은하수, 지진, 그리고 화산 분출까지도 포함한다. 만약 이러한 대기현상의 목록이 오늘날 우리에게 기상학, 천문학, 지리학에서 생기는 현상들과 뒤범벅된 것으로 보인다고해도 이것은 아리스토텔레스에게는 상당히 논리적인 현상을 분류한 모음이었다. 그는 그것을 지구가 뿜어내는 것을 알아내기 위한 기상학의 주요 업무로 생각했다. 마찬가지로 그는 태양의 열과 별들이 그런 현상들에 어떻게 영향을 미치는 것인지를 파악하는 것도 기상학의 주요 과제라고 생각했다. 우주의 4원소인 흙, 물, 공기, 그리고 불 사이의 변환은 여기서 특별한 의미를 가진다. 왜냐하면 공기의 구와 불의 구는 지구와 상호작용을 하기 때문에 또는 보다 인접한 구에 있는 물체들에게 영향을 미치기 때문에 체계적인 연구에서 그들을 무시하면 안 된다. 이것이 아리스토텔레스가 《기상학》에 부여했던 의제이다.

이전의 책 《하늘에 관하여》처럼 《기상학》은 아리스토텔레스가 학원에서 강의했던 강의 노트의 일부분이다. 강의들은 모든 자연 세계에 대한 포괄적인 단면을 설명하는 의미를 가지고 있다. 아리스토텔레스는 모든 우주에 적용되는 물리가 딱 한 가지만 있다고 가정하지 않는다. 오히려 천구 내의 영역과 지구의 영역 안에 적용되는 법칙들은 서로 관계하지 않는다고 가정한다. 그러므로 그는 천구의 완벽성을 가정하지 않는 영역에서 일어나는 현상들에 대한 설명을 찾아내야만 한다. 아리스토텔레스는 지상에서 발생하는 여러 가지 기상학적 현상을 하나의 체계적인 구조에 짜 맞추어 넣느라고 많은 고통을 감수하지만 당시의 상황으로 미루어 보면 지구 표면이나 지상의 대기영역에 대한 지식이 완벽하지 못하던 터라 아리스토텔레스가 학문으로서 기상학의 체계성을 이끌어낸다는 것은 어느 정도 밖에는 이루어질 수 없는 일이었다. 그러므로 그가 만들어낸 기상학 지식은 모두 다 정확하다고는 볼 수 없다.

아리스토텔레스는 그의 관찰을 통해 특기할만한 주요한 점과 대기현상(meteora)의 보고내용에 근거를 둔다. 이와 같은 발췌목록은 무궁무진하다. 그는 많은 관측을 했을 뿐만 아니라 다른 사람들을 통해 아주 희귀한 사건들에 대한 보고를 몇 다리 걸쳐서 들었다. 더욱이 그는 초기에 시도된 기상학적 설명들을 기록했고 그것들의 대부분에 대해서 맹렬히 비평했다. 오늘날 우리는 이런 이념적 비판전술의 덕을 본다. 왜냐하면 아리스토텔레스를 추종하는 이들의 많은 저서를 잃어버렸기 때문이다. 실질적으로 어떻게 보면 초창기 고전 기상학을 재구성하는 것은 불가능할 것이다.

아리스토텔레스는 기상학을 과학적 지침으로 확신했다. 그렇지만 그의 모든 포괄적인 사고가 그렇지는 않았다. 그의 스승인 플라톤은 기상학을 '고귀한 것' 으로 특성화해 그대로 남겨 두었다.[9] 그 당시 기하학과 천문학은 이미 체계적인 이론으로 발달되어 있었지만 어떤 이들은 공기를 연구하거나 또는 그런 연구를 하는 것은 웃음거리라고 논박하였다. 소크라테스와 같은 세대 사람인 극작가 아리스토파네스(Aristophanes)는 그의 대중적인 희곡인 《구름》에서 다음과 같이 썼다.

> 기상학적 현상에 관해 정확한 분석을 하기 위해서 왜 연구자의 사고에 공기와 뒤섞인 소량의 혼탁액의 상태를 염두에 두어야 하는 것이 기본이 되어야 하는가 — 적어도 내 생각에 공기는 혼탁액과 매우 유사한 물리적 성질을 가지고 있을 것 같다. 그래서 땅에서 쳐다보면서는 결코 어떤 발견도 할 수 없다 — 생각건대 흙과 공기에 포함되어 있는 습기 사이에는 강력히 끌어당기는 힘이 있다.[10]

우리는 이것을 당시 기상학적 현상에 극소수의 사람들 보다 많은 이들이 관심을 가지고 있었던 명백한 증거로 삼을 수 있다. 만약 그렇지 않으면 이런 연설이 청중들 사이에서 익살스러운 효과를 자아낼 수는 없었을 것이다.

증발

《기상학》에서 아리스토텔레스는 공기의 구와 불의 구로 층을 나누고 그것들이 무엇으로 이루어져 있는지 조성성분에 대한 그의 생각을 설명하고 있다.

> 지구를 둘러싸고 있는 공기라고 부르는 부분은 습하고 뜨겁다. 그것은 수증기와 지구로부터 뿜어져 나오는 증기로 이루어져 있다고 이해하여야만 하는데, 수증기 윗부분은 건조하고 뜨겁다. 그 이유는 수증기는 자연적으로 습하고 차가우며 증기는 뜨겁고 건조하여 수증기는 물과 같고 증기는 불과 같기 때문이다.[11]

공기로 된 구와 불로 된 구의 물질은 태양에 의해 지구가 데워질 때 생기는 증기이다. 아리스토텔레스는 이렇게 지구로부터 뿜어져 나오는 두 가지 종류의 증기들 사이에 차이점을 분명히 기술한다. 하나는 수증기와 비슷해서 지구에 있는 습기로 되돌아 갈 수 있다. 그것은 뜨겁고 습하고 그리고 매우 무겁다. 다른 것은 연기와 비슷하다. 그것은 지구 자체에서 나오는 것으로 뜨겁고 건조하며 바람과 같다.

증기가 위로 올라가는 것은 순환의 한 과정인데, 그것은 올라가면 되돌아 내려오는 과정으로 지구의 영역을 특성화 하는 것이다. 거기서 우주를 만든 원소들의 각각은 서로 다른 것으로 변환할 수 있는데, 물은 증발하여 공기가 될 수 있고 공기는 물이 되어 비로 내릴 수 있다. 이런 변환들은 그 원소들의 구성 성분을 다스리는 규칙에 따라 이루어진다. 아리스토텔레스는 4원소들 각각은 젖은 성질, 또는 마른 성질이거나 뜨겁거나 차가운 성질이 조합해 있다고 추측한다. 만약 여러분이 물을 공기로 바꾸기를 원한다면 여러분은 물에 열을 가하면 된다. 반대로 공기를 물로 바꾸려면 공기를 차갑게 식히면 된다(그림 1.5).

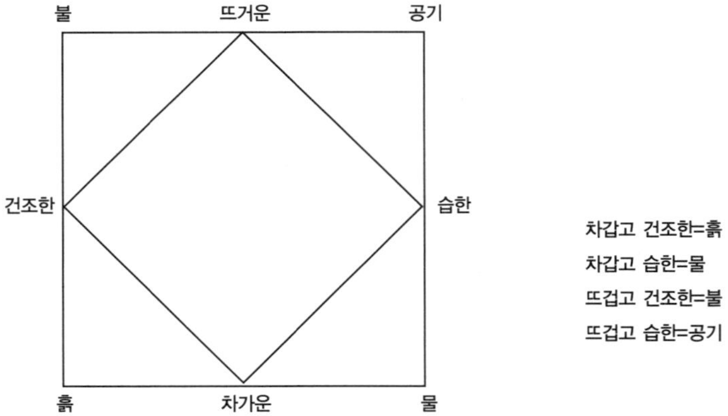

그림 1.5 아리스토텔레스는 뜨겁거나 차갑고 습하거나 건조한 성질의 조합으로부터 4원소인 흙, 물, 공기 그리고 불을 유도해냈다.

이런 모든 과정들이 명백하게 오늘날 우리가 말하는 지구 대기라고 하는 것에서 일어나는 과정이며 그런 현상들은 정확하게 대기현상, 즉 기상학으로 규정할 수 있을 것 같다. 아리스토텔레스가 대기현상이라고 생각했던 다른 현상들은 기상학 분류에 적절하지 않은 것 같다. 예를 들어 지진이나 은하수 같은 것이 그것들이다. 은하수를 설명하기 위해서 아리스토텔레스는 천구의 작용을 설명의 수단으로 끌어들였다. 천체 자체는 뜨겁지 않다. 그러나 그것들의 운동은 불을 낼 수 있고 아래쪽에 있는 공기를 희박하게 할 수 있다. 이런 열은 천구와 공기의 구 사이에서 일어나는 마찰에 의해 생기는 열에 더해진다. 그것은 그들의 회전 속도의 차이로 인해서 생기는 효과이다. 그렇게 해서 생긴 열은 공기를 뜨겁게 하고 그것이 은하수로 보이는 것이다.

《기상학》을 통해서 아리스토텔레스는 지구와 우주를 사람의 몸에 비유한다. 예를 들어 지진에 대해 그는 인체의 내면에서 일어나는 바람과 지구의 내면에서 일어나는 바람 사이에 유사점을 이끌어 냈는데 둘 다 격렬한 운동을 유발하는 원인이 된다는 것이다.

> 지구에서 생기는 바람은 우리가 내면에서 울적하면 생길 수 있는 가슴 두근거림과 진동을 유발하는 힘으로 우리 인체 내에서 생기는 바람과 비슷한 효과를 가지고 있다고 가정하여야만 한다. 어떤 지진은 심장이 두근거리는 것과 비슷하고 어떤 것은 땅이 진동하는 것과 같다.[12]

아리스토텔레스가 이와 같은 비유법을 사용한다고 해서 지구나 우주를 거대한 동물이나 살아있는 존재로 생각한 것은 아니다. 대신에 그것은 과학자로서 패배를 인정한 신호이다. 어떤 기상학적 현상은 그냥 당시의 상황으

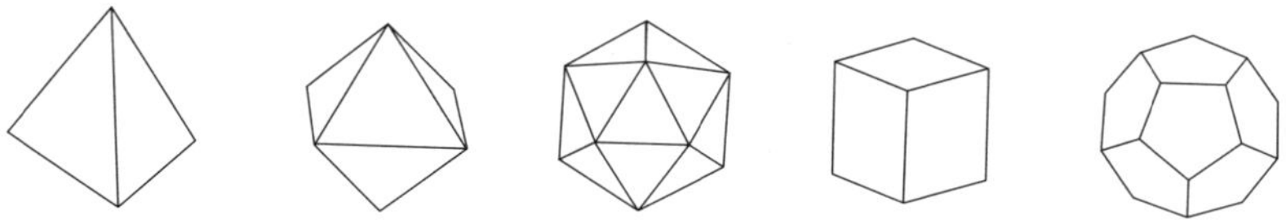

그림 1.6 플라톤은 우주를 구성하는 4원소들이 원자로 구성되어 있다고 상상했다. 원자들은 아주 작고 기하학적으로 규칙적인 형태를 한 것으로 생각했다. 그는 불의 원자는 사면체, 물은 정이십면체, 흙은 정육면체, 공기는 팔면체로 상상했다. 십이면체는 규칙적인 고체로 거의 구에 가까운 것으로 우주 전체와 관련되어있다고 상상했다.

로는 물리적 현상자체로 파악하기가 너무 요원하고 이해하기도 어려워서 의도적으로 그런 유사성을 잡아내어 현상을 파악하려고 한 것으로 그 당시 사람이 희망할 수 있는 최상의 선택이라고 본다.

아리스토텔레스는 4원소의 거시적인 성질과 그들의 변환 과정을 기술하는데 만족하여 이 네 가지 원소 각각이 어떤 미시적 구조를 가지고 있는지에 대해서는 추측을 하지 않았다. 이것은 스승인 플라톤과 아주 다른 양상이다. 플라톤은 이들 4원소가 작고 규칙적이며 기하학적인 형체를 한 원자로 구성되어 있다고 상상했다. 플라톤은 불의 원자는 사면체로 상상했고, 물의 원자는 정이십면체, 공기의 원자는 팔면체로 상상했다(그림 1.6). 아리스토텔레스는 이와는 관점을 달리했지만 본질적으로 이들이 색이 없다는 데에는 플라톤과 의견을 같이했다.

공기를 느낀다는 것

기상학적 현상과 인체를 대등한 관점에서 이해하려고 한 사람이 아리스토텔레스 혼자만은 아니었다. 고대 그리스 사람들이 전체적으로 인체의 지식에 바탕을 둔 공기의 성질을 이해하려고한 것은 매우 흔한 일이었다. 이것은 꼭 그렇게 쉬운 일은 아니었다. 왜냐하면 공기는 보이지 않는 것이고 맛이나 냄새도 없기 때문이다. 게다가 만질 수도 없다. 오로지 우리가 공기를 인지할 수 있는 것은 간접적으로 우리 몸에 닿아 감각으로 느끼는 공기를 경험하는 것이 전부이다. 우리가 숨을 쉬거나 바람을 느끼기 때문에 공기를 인지할 수 있는 것이다. 기원전 6세기에 밀레투스의 아낙시미네스(Anaximenes of Miletus)는 공기(aer)가 응축하고 희박하게 되는 과정을 기반으로 공기를 상상했으며 그것으로부터 모든 사물의 발달을 유도해내었다. 역사학자 플루타르크(Plutarch)는 아낙시미네스가 최초의 과학적인 실험들 중 하나를 수행했다고 보고했다. 아낙시미네스는 잠자는 사람에게서 이완된 입술 사이로는 따뜻한 공기가 나오고 오무린 입술 사이로는 찬바람이 나온다는 것을 실험을 통해 알아냈다. 결론적으로 아낙시미네스는 수면과 이완 상태는 따뜻한 것으로 생각했고 긴장과 압력은 차가운 것으로 해석했다. 즉, 두 가지 종류의 공기가 있다는 것이다.[13]

호머(Homer)는 이런 두 가지 형태의 공기를 구분했다. 빛을 내는 하늘 아래에는 맑은 공기가 떠 있는데 그것을 에테르라고 했고, 지구 근처에 안개와 연무는 뿌옇게 흐린 탁한 공기인데 그것을 공기(aer)라고 하고, 키가 매우 큰 나무는 공기 밖으로 어렴풋이 나와 에테르 속으로 드러내고 있다고 했다.[14] 에테르와 공기의 구분은 오랜 시간 동안 그대로 유지되었다. 그러나 이런 용어가 의미하는 것은 몇 번이고 변했는데, 극적인 변화는 기원전 5세기에 있었다. 데모크리토스는 기원전 5세기의 후반부에 살았던 사람으로 오래된 기도를 언급했다. 그 기도에서 신자들이 손을 "그리스인들이 공기(aer)라고 부르는 곳"[15] 으로 높이 들어 올렸다고 언급했다. 결국 그는 그들이 손을 안개나 뿌옇게 흐린 연무 상태 속으로 내뻗친 것을 말하지 않으려고 했다. 그것은 그가 현대 그리스인들의 언어로 신자들이 단순히 공기 중으로 손을 높이 들어 기도했다는 것을 강조하고자 했기 때문이다.

엠페도클레스는 우주의 기본원소들인 흙, 물, 불에 네 번째로 공기를 첨부했을 때 여전히 공기와 에테르를 번갈아가며 사용했다. 후에 그는 공기에 대해서 'aer' 를 사용하기로 결정했다. 에테르는 하늘의 물질이 되었고 그래서 2,000년 동안 그대로 사용되었다.

공기를 본다는 것

바로 위로 하늘을 보면 공기가 맑고 색깔이 없으며 완전히 투명한 것 같다. 그러나 그것이 응축하면 아리스토텔레스가 《기상학》에서 쓴 것처럼 그것은 하늘에 여러 가지 서로 다른 색을 만들어낸다.

> [그것은] 동일한 공기가 응축되는 과정에서 모든 종류의 색이 생긴다고 추정할 수 있다. 왜냐하면 빛이 두꺼운 매질을 매우 어렵게 뚫고 나가기 때문이고 반사가 일어날 수 있을 때 공기는 모든 색을 만들어 낼 수 있으며 특히 빨강과 자주색을 만들어낼 수 있다. 이런 색들은 불의 색과 흰색이 겹쳐지고 합해질 때 흔히 나타나는 색들로, 예를 들면 무더운 날씨에 별들이 지거나 떠오를 때 연기가 자욱한 매질에서는 별들의 색이 붉게 나타나는 일이 생기는 것과 같다.[16]

따라서 대기 중에서 색이 생기는 경우는 두 가지가 있다. 하나는 빛이 약해져서 생기는 것이고 다른 하나는 반사에 의한 것이다. 두 가지 다 응축된 공기를 미리 가정한 것이다. 반면에 희박한 공기는 물체의 색을 변하게 하지 않고 그대로 투과시킨다. 공기의 반사층이 모든 종류의 색을 만들어내는 원인이 된다고 가정한 생각은 그의 무지개 이론에서 암시한 것으로, 기상학의 실질적인 부분으로 볼 수 있다. 아리스토텔레스는 무지개를 습기를 가진 포화된 구름에 의해 태양빛이 반사되어 생기는 하나의 광학적 현상으로 설명하고 그것을 관측하는 관측자는 자신의 뒤에 태양이 있어야만 한다고 설명한다(색판 6). 그의 의견으로 무지개는 오직 세 가지 빛깔만으로 이루어져 있는데, 즉 (안쪽으로부터 무지개 호의 바깥쪽으로) 보라, 초록, 빨간색이다. 아리스토텔레스는 무지개에 나타나는 노란색은 광학적 착시현상으로 생각한다. 이 세 가지 색 계열은 모든 무지개에서 같이 나타나므로 무지개 이면에 숨어 있는 원리로 간주한다.

세 가지 색을 설명하기 위해서 아리스토텔레스는 처음으로 구름 속에 있는 수증기 알갱이들을 햇빛을 반사하는 마치 작은 거울처럼 가정한다. 반사는 색을 만드는 것과 태양빛을 감소시키는 것, 그리고 먼 거리에서 시력을 약하게 하는 원인들 중 하나이다. 이것은 가시광선이라는 것이 없다고 하던 그의 주장에 모순되는 것임을 지적하고 넘어가자. 아리스토텔레스는 계속해서 다음과 같이 말한다. 시력이 좋은 눈에는 반사되는 빛이 빨간색으로 나타나고, 그보다 시력이 약한 눈은 초록색으로 보고, 그보다도 더 약한 눈은 보라색으로 본다고 한다. 《감각에 관하여》에서 색의 척도에 따르면 더 약한 눈은 모든 것을 보다 어두운 색으로 볼 것인데 그것은 빨강에서 보라까지 세 가지 색에 걸쳐 명도가 차례로 줄어들기 때문이다.

《기상학》의 일반적인 틀을 벗어나려고 아리스토텔레스는 태양과 관측자 사이에 놓여 있는 구름의 상대적 위치를 명료하게 설명하는 데에 그림을 사용한다(그림 1.7). 그는 관측자를 반원의 중심에 놓는다. 그리고 태양과 구름을 원의 둘레에 놓았다. 그는 천체로서 태양은 지구에 있는 관측자로부터 구름보다도 훨씬 더 멀리 있다는 것을 알고 태양을 공기의 구에 놓았다. 그래서 그는 실제적인 비례로 거리를 나타내는 것 대신에 그림에서 하늘을 하나의 둥근 천장으로 묘사했고 그곳에 태양과 구름을 놓았다.

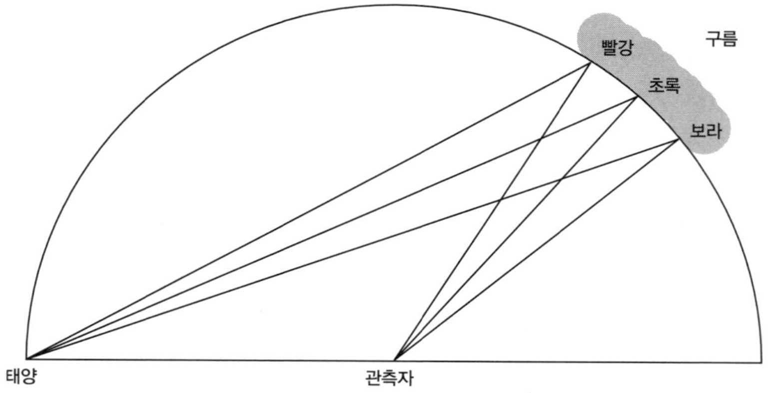

그림 1.7 무지개에 대한 아리스토텔레스의 설명.

이러한 묘사와 지금까지 말한 것을 바탕으로 아리스토텔레스가 색의 계열을 설명하는 것은 어렵지 않다. 우리는 그림으로부터 구름의 상층부의 앞면이 중간부분 보다 특히 아랫부분은 다소 태양과 가까이 있는 것을 알 수 있다. 동시에 전면 전체는 관측자로부터 동일한 거리에 있다. 구름으로부터 반사되어 관측자에게 도달하는 태양으로부터 관측자까지의 광선의 경로는 구름 전면의 가장 위의 가장자리에서 반사된 빛이 경로가 제일 짧다. 그리고 가장 긴 광선 경로는 구름의 밑면 가장자리에서 반사된 빛에 대한 것이다. 모든 가시광선에 대해서는 광선 경로는 모두 똑같다. 여기서 아리스토텔레스는 놀랍게도 가시광선의 존재를 가정하였다. 그것은 관측자로부터 태양까지 뒤로 퍼져나간다는 것이다. 빛과 가시광선을 약하게 하는 두 가지 요소가 있는데, 하나는 반사이고 또 다른 하나는 빛이 먼 거리를 이동하는 것이다. 후자에 해당하는 빛의 세기 감소는 빛의 이동거리가 증가함에 따라 점점 더 증가한다. 빨간색은 가시광선의 세기에 약간의 감소가 있을 때에 해당하며 반사에 의해서는 구름의 가장 상단부에서 출발한 광선이 진행하는 경로가 가장 짧아 무지개의 상단은 빨갛게 나타난다. 다른 두 가지 색, 즉 초록색과 보라색의 경우도 빨강의 경우와 비슷하게 설명할 수 있다. 아리스토텔레스는 빛의 진행경로가 점점 길어지면 빛의 세기 감소가 증가하는 것을 이유로 들어 설명한다.

무지개와 관련지어 가시광선에 대한 이와 같은 창의적인 응용은 대기 중에서 생길 수 있는 어떤 종류의 색도 설명할 수 있는 방법일 것 같다. 그러나 아리스토텔레스는 이런 쉬운 방법에 안주하지 않는다. 그는 무지개 색을 낮게 떠 있는 별들의 색과 구별한다. 증기를 통해서 볼 때는 별들은 붉게 나타난다. 이것의 가장 좋은 예가 일출과 일몰이다. 이 두 현상은 인류에게 언제나 환상적이었다(색판 7). 《감각에 관하여》에서 아리스토텔레스는 가시광선에 대한 가정을 거부했는데, 그는 이미 색에서는 밝은 색을 어두운 무언가에 대비해서 보면 훨씬 더 효과적으로 보인다고 인식했다(그림 1.8). 따라

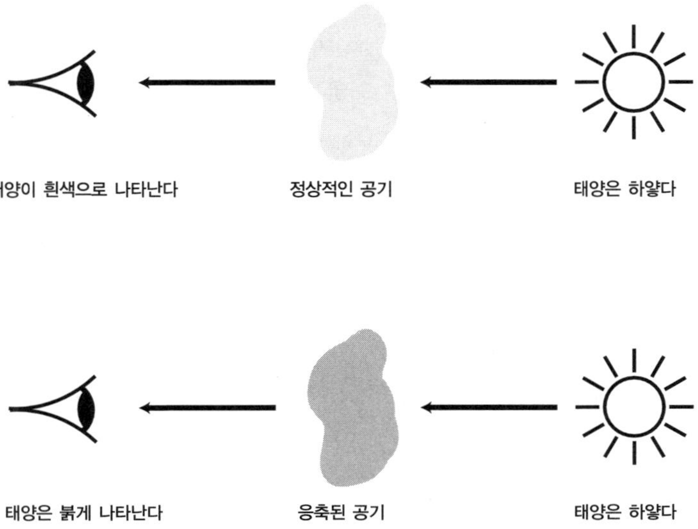

그림 1.8 아리스토텔레스의 태양의 겉보기 색에 대한 응축된 공기의 효과에 관한 해석.

서 가시광선이 있고 없고는 관계치 않고 대기 중에서 색의 발현(發顯)을 위해서는 공기의 응축이 필요조건이 된다.

스며드는 어두움의 농도

아리스토텔레스는 기원전 322년에 죽었다. 죽기 바로 직전에 그는 사형을 피하기 위해 망명했었다. 알렉산더 대왕은 그 전 해에 전쟁 중 뜻밖에 사망하였다. 알렉산더는 집권 초기에 아테네를 정복했었기 때문에 그가 죽은 직후에 반 마케토니안 지향은 바로 생겨났다. 이와 같은 경향은 바로 스승이었던 아리스토텔레스에게 겨냥되었다. 전해지는 말에 의하면 아리스토텔레스는 철학에 반대하는 또 다른 죄악을 범하는 것을 막기 위해 아테네를 떠나지 않겠다고 주장했다고 한다. 77년 전에는 유죄 판결을 받은 소크라테스가 억지로 사약을 마셨었다.

아테네 학원을 세우기에 앞서 에게 해로 여행하는 도중에 아리스토텔레스는 에레수스의 테오프라스토스(Theophrastus of Eresus)를 알게 되었다. 그는 아리스토텔레스가 생물학 연구를 하는데 도움을 주었다. 테오프라스토스는 아리스토텔레스와 아테네로 동행했다. 아리스토텔레스가 죽은 후에 학원의 원장으로 취임했고 그 자리를 35년 동안 계속해서 지켰다. 테오프라스토스는 아리스토텔레스가 관심과 흥미를 가지고 있는 기상학 분야에 동참했다. 그와 같은 사실은 그의 책 《기상과학(Metarsiology)》에서 알 수 있다. 그 책은 '하늘에 있는 것들' 에 대한 것이다. 아직도 남아 있는 내용에서 보면 테오프라스토스는 지구 위에서 생기는 현상들을 구별했는데, 그것들 가운데는 천둥, 번개, 구름, 비, 눈, 우박, 이슬, 서리, 바람, 그리고 해무리나 달무리 등이 있고 땅 밑에서 일어나는 것들이 있는데 그중에는 지진도 포함되어 있다. 지금은 그가 《색에 관하여(De coloribus)》란 책의 저자로 생각되고 있다. 그 책은 20세기까지도 아리스토텔레스의 것으로 전해왔었다.

색에 관한 것이 명백하게 아리스토텔레스 식의 색 이론에 의존하고 있지만 테오프라스토스는 모든 색에 관한 상세한 것들을 아리스토텔레스의 이론을 따르지 않았다. 두 철학자는 투명한 매질이 시각과 검정색과 흰색의 혼합에서 모든 색깔이 생겨난다는 것에는 동의하고 있다. 아리스토텔레스와는 반대로 테오프라스토스는 4원소들과 관계지어 색을 배열하였다. 불(태양도 마찬가지)을 황금색으로, 공기와 물은 흰색으로 나타냈다. 흙도 역시 흰색이지만 여러 가지 색들로 얼룩진 것 같이 보이게 표시했다. 반면에 테오프라스토스에게 검정색은 물질의 어떤 성질에 의해 생길 수 있는 색으로 간주하였는데, 그것은 원천적으로 색이 없음을 대신한다. 그는 바다 거품과 눈은 공기의 흰색을 증명하는 것으로 생각했고, 그 둘 다 공기의 아주 응축된 상태로 해석하였다.

물질의 자연적인 순수함 속에서는 색을 볼 수 없다고 테오프라스토스는 저술한다. 왜냐하면 그것들은 항상 빛과 그림자에 의해 변경되기 때문이다. 모든 물체의 색깔은 광선이 복사하는 매질의 성질에 따라 달라지는데, 조도와 물질이 놓여 있는 곳의 배경에 영향을 받는다. 그래서 태양빛에서 볼 때와 대비해서 그림자에서 볼 때 그리고 강한 빛 또는 부드러운 빛에서 물체를 볼 때 물체의 색은 서로 다르게 나타난다. 밀도가 높고 투명한 매질의 예로서 테오프라스토스는 물과 유리, 그리고 밀도가 높은 공기를 기술하고 있다. 이런 매질의 밀도는 그것을 투과하는 빛의 강도를 줄어들게 한다.

> 공기의 경우에 이런 것이 일어날 수도 있다고 가정할 수 있다. 그래서 모든 색은 세 가지 것의 혼합이다. 먼저 빛과 매질을 들 수 있고 빛은 매질을 통해 보여지는 것으로 여기서 매질은 물과 공기이다. 세 번째 것이 땅

을 형성하는 색인데 거기서 빛이 반사된다. 흰색과 투명한 것은 아주 얇으면 색에 안개가 낀 것으로 나타난다. 그러나 밀도가 높은 것은 뿌옇게 연무가 낀 것 같이 변화가 없는 상태로 나타난다. 물과 유리, 그리고 공기의 경우처럼 밀도가 높을 땐 모든 방향으로부터 나오는 광선이 밀도 때문에 고루 나오지 못해 속 부분까지 정확하게 볼 수가 없기 때문이다. 그러나 공기는 가까이에서 보면 색이 없는 것 같지만(공기의 희박성 때문에 공기는 광선에 의해서 조절되고 나누어진다. 왜냐하면 광선들이 더 밀도가 조밀하고 광선을 통해서 공기가 보이기 때문이다), 깊이가 있는 공기층을 보면 매우 가까이에서 공기는 푸른색(kyanos)을 나타낸다. 그것은 공기의 밀도가 매우 낮기 때문이다. 빛이 투과하지 못하는 곳에서는 어두움이 스며들게 되어 푸르게 나타난다. 그러나 공기가 물처럼 밀도가 높으면 모든 사물 가운데서 가장 하얗게 보인다.[17]

여기서 테오프라스토스는 희박한 공기층이 푸른색으로 나타나는 것을 설명하고 있지만은 않는다. 공기가 응축되어 만들어진 구름을 상상하면서 그는 역시 구름의 흰빛에 대해 생각했고 마찬가지로 바다의 푸른색을 생각했다. 이 푸른색은 검정이 배어든 빛의 색으로 《감각에 관하여》에서 아리스토텔레스가 기술한 색의 척도를 따른다. 그것은 검정색에 근접한다. 테오프라스토스는 이 색을 창출하는데 결정적인 요소로 공기의 밀도를 언급하는데 아리스토텔레스와 합류했다. 그러나 검정색의 우월성을 이끌어내는 상호작용을 따지는 그의 방법은 새로운 것이다. 공기의 밀도는 엄청난 깊이 때문에 근본적으로 누적되며 그런 깊이에서는 푸른색만 나올 수 있다. 이것은 공기를 가까이에서 보면 색깔이 없다는 일상 관측에 동조한다. 그리고 하늘은 오직 푸른색만 나타난다. 아주 거대한 깊이에서는 검정, 즉 암흑이 압도적이다. 왜냐하면 빛이 깊은 공기층을 통과하면서 광선이 빛의 세기를 잃어버리기 때문이다. 그래서 테오프라스토스는 가시광선을 가정하는 것을 자제하고 빛의 세기가 줄어듬에 따르는 검정색의 농도만을 고려하기로 한다.

테오프라스토스는 이 논법으로 하늘색을 설명하고자 한 것을 분명하게 기술하지는 않는다. 그러나 그가 그렇게 했다는 것에 대해서는 전혀 의심의 여지가 없다. 왜냐하면 그의 우주관에서 공기는 공기의 구의 요소이고 불의 구에서도 기본 요소이며 이것들은 하늘에서 볼 수 있는 것이다. 이들 두 개의 구의 거대한 깊이는 달의 궤도까지 이어지지만 이들 구의 어두움을 뚫고 태양빛이 투과하는 것은 충분할 것임에 틀림없다.

2장

푸른색으로의 혼합 빛과 어두움

파리에 있는 몽파르나스(Montparnasse) 기차역에서 기차를 타고 한 시간 반 안에 여러분은 고급 중세시대를 만날 수 있다. 여러분이 해야 하는 것은 단지 통근열차를 이용하고 좀 걷고 눈만 뜨고 있으면 된다. 파리의 외곽에 있는 기차역을 떠나서 거대한 콘크리트 주거지들이 여기저기 흩어져 있는 곳을 지나 구릉이 있는 풍경으로 접어들면 숲과 들에서 바람이 불어오고 마을과 농가를 지나게 된다. 그러면 샤르트르(Chartres)에 도착하는데, 프랑스의 수도 파리에서 남쪽으로 90 km 떨어져 있는 시골 마을이다. 도착 전에 이 작은 마을을 압도하고 있는 두 개의 첨탑과 첨두아치, 초록색 지붕을 볼 수 있다. 이것이 샤르트르 성당(Chartres Cathedral)이다(그림 2.1). 기차역에서 걸어서 갈수 있는 곳이다. 12세기 후반에 새겨진 조각물로 유명한 서쪽 문을 통해 성당으로 들어서면 여러분은 곧바로 이 오래된 교회의 깊은 어두움에 먼저 눈이 적응할 필요가 있다. 그런 다음에는 위에 있는 스테인드글라스에 주목하라. 중세 전성기의 세계관이 170여개의 색상이 화려한 스테인드글라스에 파노라마로 펼쳐진다. 여러분들은 이 광경에서 우주의 창세기와 노아의 대홍수에서 예수의 일생까지 그리고 중세풍의 예술과 솜씨를 발견한다. 거기에서도 주를 이루고 있는 색은 푸른색이다. 그중에서도 가장 밝은 푸른색은 제단 남쪽 가까이에 있는 것으로 '아름다운 글라스의 성모(Notre-Dame de la Belle Verrière)', 일명 '푸른 성모'라고 부르는 창이다(색판 8).

창문의 짙은 푸른색은 초기 고딕 양식의 상징이다. 샤르트르 성당은 가장 대표적인 것 중 하나로 8세기 동안이나 건재하고 있다. 색이 들어있는 유리는 1140년에 파리의 근교 북쪽에 있는 성 데니스(Denis)의 애비(Abbey) 교회가 복원될 때 처음으로 광범위하게 사용되었다. 푸른색이 상징하는 의미에 대해서는 미술사 전문가들 사이에서 여전히 논쟁거리가 되고 있다. 그

그림 2.1　남동쪽에서 본 샤르트르 성당.

러나 푸른색이 맑은 하늘을 상징하는 것에 대해서는 추호도 의심의 여지가 없다. 흔히 푸른색은 신성하고 종교적인 성스러운 순수성과 연관되어 있으며 천상의 빛을 내는 것으로 영적인 신비스러움을 의미한다.

샤르트르 성당의 창문을 바라보면 12세기 후반에 자연을 어떻게 받아들였는지에 대해 어느 정도 감을 잡을 수 있다. 샤를마뉴(Charlemagne) 대제가 은하수를 바라보는 것을 묘사한 그림판이 있는데 거기에는 많은 식물이나 동물들의 그림이 그려져 있다. 다수의 그림판에 자연은 고전적인 4원소, 즉 흙, 공기, 불, 물로 이루어져 있다는 것을 암시하고 있다. 그림판에는 노아가 대홍수가 끝난 뒤 무지개 호의 안쪽으로부터 바깥쪽으로 초록, 노랑, 그리고 빨간색으로 묘사한 무지개를 바라보고 있는 것이 있다. 이것은 아리스토텔레스가 《기상학》에서 기술한 것에서 벗어나는 순서이다. 《기상학》에서 무지개는 안쪽으로부터 자주, 초록, 빨강 순으로 바깥쪽으로 이어진다. 두 계열 모두 실제 무지개 색깔과 일치하는데, 거기에는 노란색이 초록과 빨간색 사이에 나타난다. 이 차이점은 창문 유리를 만드는 사람들이 그리스 철학자들의 의견에 동의하지 않았다는 것이거나 그들이 그리스 철학자들의 이론을 모르고 있었을 수도 있다. 창문 그림전반에 걸친 작업 어디에도 아리스토텔레스의 자연에 관한 철학을 묘사한 곳은 하나도 없다. 오늘날 우리는 창문 만든 사람들이 어찌되었던 그리스 철학자들의 자연에 대한 관점에 관해 알고 있지 못했다는 것을 알고 있다. 왜냐하면 중세기 중반에는 유럽 학자들은 그리스 철학가들의 업적을 전적으로 도외시 하는 경향이 있기 때문이다.

기원후 84년에 샤르트르 성당의 창문이 만들어지기 1,000년 훨씬 이전에 아테네에 있는 아리스토텔레스의 학원은 폐쇄되었다. 기원후 529년에 로마의 황제 유스티니아누스(Justinian)는 도시의 마지막 철학 학교를 폐쇄하였고 그로부터 암흑시기는 시작되었다. 6세기에 서 로마제국이 훈(Hun) 족과 독일부족들에게 정복당하고 당시 콘스탄티노플(오늘날의 이스탄불)의 도서관들에 고대 그리스 철학가들의 업적을 보존하였는데, 그곳에서 그리스 철학가들의 업적은 망각 속으로 사라졌다.

아테네에서 바그다드까지

고대 그리스 철학가들의 업적은 9세기까지 아랍 학자들에 의해 다시 빛을 보게 되기까지 망각되었었다. 7세기 초에 예언자 모하메드에 의해 이슬람 종교가 창시되는 동안 수없이 많은 전쟁과 정복이 있었다. 근동(近東)에서 정치적 상황은 8세기에나 안정을 찾았다. 이런 여유로운 상황은 철학을 다시 추구할 수 있는 계기를 만들었다.

아랍의 황금기는 8세기 중반에 시작되었다. 그때 아바스 왕조가 다시 바그다드에 터를 잡게 되었다. 모하메드의 백부 알-아바스(al-Abbas)의 후손만이 왕조의 구성원으로서 예언자의 정당한 후계자라고 주장했다. 그들 왕실 분위기는 범세계적이어서 치료를 위해서는 기독교 의사들을 허용했고, 시리아 사람들과 페르시아 학자들과의 교류를 허용했다. 그 뿐만 아니라 거기에는 인도의 영향도 빼놓을 수 없이 중요했다. 아라비안 나이트의 전설적인 칼리프(모하메드의 후계자)이자 주인공인 하룬 알-라시드(Harun al-Rashid)는 미술과 문명을 후원했다. 학자들 사이에 그리스 철학이 널리 알려졌을 무렵 하룬(Harun)은 콘스탄티노플에 보관되어 있는 플라톤과 아리스토텔레스의 문집(文集)을 익히고 있었다. 하룬은 대사를 파견해 그들의 업적을 찾도록 했다. 수개월 후에 사막의 대상들이 소중한 문서들을 가지고 바그다드에 도착했는데, 그들이 가지고 온 문서는 아라비아어로 번역되기 시작했다. 번역을 위해 하룬의 아들 중 하나가 지혜의 집을 설립했다. 그곳은 연구기관으로 그리스 문서들을 번역했고 주석을 달았다. 학자들은 그들이 책임지고 맡은 일의 막중함을 잘 알고 있었고 실질적으로 철학과 의학 그리고 자연과학에 대한 그리스 문헌의 총체적인 집성(集成)을 번역하는데 거의 200년이 걸렸다. 그러므로 우리는 아랍 학자들에게 오늘날까지 그리스 문집들이 전해내려오게 해준데 대해 감사해야 한다. 아랍 과학자들은 고전을 그냥 번역한 것만이 아니라 그것을 바탕으로 그들 나름대로의 연구도 하였다. 그것들 중에는 하늘색이 왜 푸른가에 대해서도 상세하게 숙고한 것이 있다.

지상에 희뿌연 연무 현상의 약한 광도

지혜의 집에서 최초의 중요한 철학자는 알-킨디(Abu Yusuf Ya'qûb Ibn Isḥâq al-Kindi)였다. 알-킨디는 오늘날의 이라크에서 800년경에 태어났다. 쿠파(Kufa)와 바그다드에서 공부를 마친 후 칼리프 알-마문(al-Mamun)으로부터 그리스 문집에 대한 아랍어 번역을 재검토하라는 임무를 받았다. 알-마문은 후계자로 아들의 선생인 알-킨디를 정했다. 알-킨디는 높은 존경을 받았으나 결국은 칼리프 알-무타와킬(al-Mutawakkil)의 신임을 잃어 말년에는 고독하게 보내다가 866년경에 죽었다.

알-킨디의 저술은 철학과 신학, 의학, 천문학과 광학에 관한 의문점을 취급하는 것이었다. 그는 고전 철학가들의 업적에 대해 충만한 정렬과 경의를 쏟아내었다. 동시대 사람들은 그에 버금가는 것을 성취하는 것은 거의 불가능 한 일이었을 것이라는 것을 인정한다. 오히려 그는 오래된 고전을 보존하고 복원하는 것이 그의 임무이라고 생각한다. 그래서 그는 여기 저기 약간의 수정과 보완을 한다. 알-킨디 철학의 핵심은 자연 속에 있는 모든 것은 에너지 광선을 분출하고 그것이 온 세상을 가득 채운다고 하는 가정이다. 우주 구성 성분들은 그들이 자체적으로 복사하고 받아들이는 에너지로 인해 서로 일정한 상호작용을 하고 있는 거대한 망상 조직으로 우주를 보는 관점 때문에, 그는 과학의 당연한 기본인 이들 광선에 관한 연구를 생각한다. 그는 가시광선의 존재를 가정하는데, 그것은 유클리드(Euclide)에 의해 주창된 것이다. 유클리드는 기원전 300년경에 가시적인 과정을 통한 수학적 이론을 개발한 사람이었다. 아리스토텔레스와는 반대로 알-킨디는 사람의 눈은 보이는 물체에 부딪치는 광선을 방출해서 이들 물체를 우리가 인지할 수 있도록 한다고 주장한다.

그다지 많이 알려지지 않은 알-킨디의 업적 중에는 "감청색의 원인에 관하여(아랍어로는 lazward)인데 이 색은 하늘을 향해서 바라볼 때 나타나는 색으로 하늘색으로 불리는 것"에 대한 것이 있다. 이것은 하늘이 푸른 것에 대해 기록한 가장 오래된 문서이다. 이 저서의 필사본(筆寫本)이 옥스퍼드 대학교 보들레이안(Bodleian) 도서관에 소장되어 있다. 이 책의 중요성을 동양학자 비데만(Eilhard Wiedemann)이 인식하여 1915년에 아랍어를 독일어로 번역했다. 또 다른 필사본이 몇 년 후에 이스탄불 박물관에서 발견되었다.

이 논문 속에 아랍 학자들은 시각에 관한 아리스토텔레스의 이론을 인용하는데 거기서 가시광선에 대한 개념을 잠시 옆으로 물려 놓았으나 그는 그것에 대한 맹렬한 옹호자였다. 그는 어떤 것이 보이는 것인지 공기는 보이는 것에 속하는지에 대해 생각하기 시작한다. 알-킨디는 분명하게 범위가 정해진 물체들은 빛을 낼 수 있고 색을 가질 수 있다고 주장한다. 그러나 공기와 불의 구의 원소는 실체가 없는 비정형적인 것이다. 그러므로 그것은 본래의 성질이 검고 색이 없다. 이것은 하늘색을 설명하려는데 문제점을 안고 있는데, 알-킨디의 주장은 공기의 광학적인 효과가 하늘색을 나타내는 원인이 될 것이라고 짐작한다. 반면에 아리스토텔레스는 공기는 응축되었을 때 색을 가질 수 있다고 썼고 테오프라스토스는 공기를 흰색으로 규명하는 것으로 한 걸음 옆으로 물러섰다. 그러므로 알-킨디는 공기에 의해 빛이 가려지는 새로운 방법을 모색하기 시작했다. 그는 근동지방에 있는 사막에서 일어나는 현상으로부터 방법을 찾아냈다. 그는 가끔 모래 폭풍이 공기 중으로 엄청난 양의 지상의 작은 알갱이들을 운반하는 것을 보았을 것이다. 모래 폭풍은 하늘을 뿌옇게 만들었다. 이런 하늘의 뿌연 현상을 알-킨디는 지상에서 어느 정도의 높이까지만 일어나는 것으로 기술하고 있다. 그것은 표면이 딱딱한 아주 작은 알갱이들로 이루어져 있다. 이것들의 성질은 수동적인 방법으로 뿌옇게 빛을 낼 수 있다. 결과적으로 공기가 어둡다는 설은 효력이 없어지고 공기가 빛을 내게 된다. 이런 빛은 태양광선이 지구 표면에서 열을 반사해 내는 것과 같이 뿌연 연무를 조명해서 나오는 빛이다.

지구를 둘러싸고 있는 공기는 지구상의 작은 알갱이들에 의해 약한 빛을 내고 작은 알갱이들은 공기 중에서 용해되고 지구로부터 반사되어 나온 열을 받아 뜨겁게 된다. 우리들 머리 위에 그림자로 흐려진 공기는 지구의 빛과 그림자 중간색과 혼합된 별들의 빛 때문이며 이것이 감청색(lazward)이다.[1]

지상의 입자가 뜨거운 알갱이들로 변환되는 것에 관해 말하기 위해 알-킨디는 잠시 아리스토텔레스를 언급한다. 아리스토텔레스는 빛은 어떤 투명한 매질 내에 존재하는 뜨겁게 달아오른 입자의 존재라고 설명했다. 알-킨디에 따르면 지상의 입자들은 태양빛을 받아 복사되고 지구로부터 반사되어 나오는 열을 받아 공기를 달아오르게 만든다. 그래서 공기는 '빛과 그림자 중간에 놓여있는 색' 으로 뜨겁게 달아오른다. 광도는 약하고 밝은 것

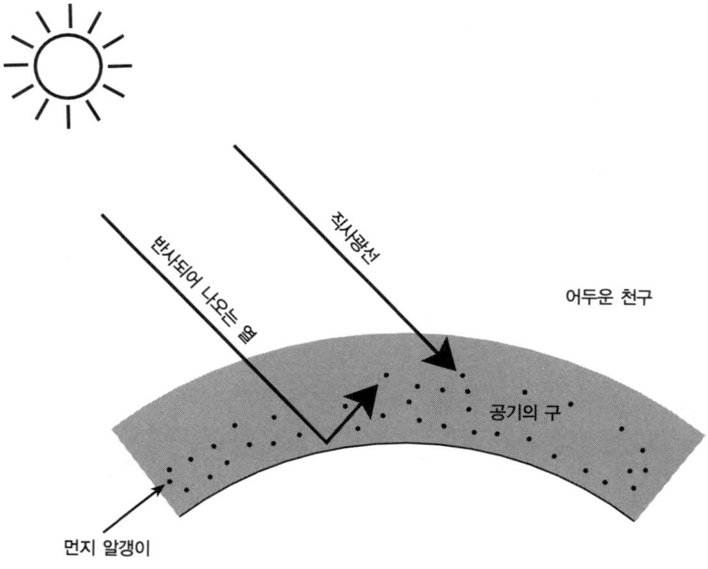

그림 2.2 알-킨디는 공기의 구에서 서로 혼합되어 있는 뿌연 알갱이들은 태양빛에 의해 자극을 받고 마찬가지로 지구로부터 반사되어 나오는 열로부터 자극 받는다고 추측했다.

보다 어두운 것에 가깝다. 그러므로 그 둘의 혼합은 검정색의 경계에 있는 색을 만드는데 그것이 푸른색이다(그림 2.2).

이 결정적인 때에 알-킨디는 아리스토텔레스에게 의지한다. 그는 《감각에 관하여》란 아리스토텔레스의 저서에서 주어진 공식에 의해 푸른색을 설명하는데 그것은 그의 저서 보다 1,000년이나 앞서서 저술된 것이다.

이런 설명들은 아랍 철학자 알-킨디가 밝은 데서 어두운 데까지 아리스토텔레스 식의 색단계에 기여했다는 것을 보여준다. 같은 식으로 고대 아랍어에서 밝고 어두움의 대비는 색이름을 붙이는 데 결정적이었다. 그들은 밝은 흰색인 아브야드(abyad)와 어둡고 검정색 아스와드(aswad)를 극으로 그 둘의 극 사이에서 그들의 밝기에 따라 순서를 정했다(그림 2.3). 색에 대한

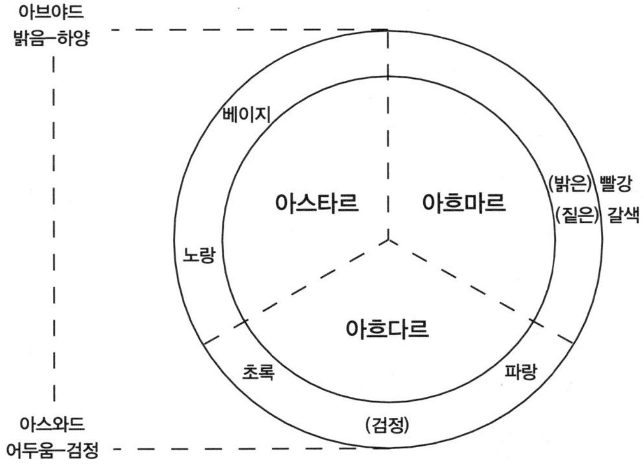

그림 2.3 고대 아랍 문헌에 기초를 둔 색 이론에 관한 도표. 그리스 모델에서처럼 검정과 흰색의 대비가 색 체계에 기본을 형성했다. After Wolfdietrich Fischer, *Farb- und Formbezeichnungen in der Sprache der altarabischen Dichtung: Untersuchungen zur Wortbedeutung und zur Wortbildung* (Wiesbaden: Harrassowitz-Verlag, 1965), 237. Courtesy of Harrassowitz Verlag, Wiesbaden.

일반적인 저작물에서 페르시아 사람인 알-투시(Nasir al Din al-Tusi)는 흰색으로부터 검정색까지 여러 가지 경로를 묘사했다. 이것은 아리스토텔레스와 반대되는 것이다. 아리스토텔레스는 흰색과 검정색의 비율만으로 그들의 혼합비에 따라 색을 결정한다고 했다. 알-투시에 의해서 제안된 경로는 푸른색으로 가는 경로이다. 이 색은 검정색의 비율을 증가함으로써 최초로 하늘색인 푸른색이 된다. 그런 다음 터키석(turquoise), 아주르(azure(lazward)), 쪽빛 파랑(indigo blue), 그리고 마지막으로 암청색이다. 알-킨디 시절의 시에서 푸른색과 초록색 사이의 관계는 푸른색과 짙은 갈색 사이의 관계처럼 이미 강조되었었다. 푸른색과 초록색 사이의 차이는 아주 드물게 만들어졌었다는 사실에서 어떻게 전설의 카프 산의 에메랄드 초록색으로 하늘의 푸른색을 대신 할 수 있었을까를 설명한다.

공기와 빛 그리고 색의 형태

알-킨디 이후 2세기 지나서 알-하이탐(Ali al-Hasan Ibn al-Haytham)은 오늘날의 이집트에 살았다. 알-하이탐은 유럽에서는 중세이후에 알하젠(Alhazen)으로 알려져 있고, 고대에서 17세기 사이에 있었던 광학분야에서 가장 중요한 연구자로 생각되었다. 그는 시각 감지 과정에 대한 이해와 공기 중에서의 광학적 성질에 대한 체계적인 연구를 수행하여 탁월한 업적을 남겼다. 후대의 이와 같은 명성에도 불구하고 13세기에 이반 알-키프티(Ibn al-Qifti)가 쓴 알-하이탐의 전기에서 당대 과학자들의 삶이 얼마나 호된 것이었나를 잘 보여주고 있다. 알-하이탐은 965년경에 바스라(Basra; 이라크 남동부 항구도시)에서 태어났다. 이미 수학자로 명성을 얻은 그는 칼리프인 알-하킴(al-Hakim)에 의해 이집트로 오도록 초청되었다. 알-하이탐은 나일 강의 수위를 조절하기 위해 댐을 건설해서 둑을 따라 견실한 추수를 보장할 수 있도록 할 것이라고 주장했다. 그러나 그가 나일 강을 여행할 때 이집트 왕정시기에 완성되었을 것이라고 추정되는 거대한 축조물을 보았고 그는 그런 것이 가능했더라면 이미 댐은 과거에 세워졌을 것이라는 것을 깨달았다. 그는 자신의 주장을 철회했으며 칼리프의 총애를 잃었다. 알-하킴은 예측할 수 없고 잔인한 사람으로 알려졌으므로 알-하이탐은 자신의 생명에 위협을 느꼈다. 그는 자신을 방어하기 위해서 미친척 했다. 왜냐하면 당시 법에 의하면 미친 사람은 처형할 수 없도록 되었기 때문이다. 그러나 그는 모든 소유물을 박탈당하고 집안에 연금 상태로 남아 있게 되었다. 1021년에 알-하킴이 죽기 전까지는 알-하이탐은 그렇게 지냈는데, 20년 동안의 구금생활 후에 그는 기적적으로 온전한 육체를 다시 얻었다. 그는 재활치료를 받았고 여생을 저술과 가르치는 일로 보냈다. 그는 카이로에서 1040년에 죽었다.

반면에 알-킨디 시절에 플라톤과 아리스토텔레스의 저술에 대한 번역은 막 시작되었고 아랍어로 번역된 그리스 철학자들의 중요한 대부분의 저서들은 이미 읽혀지고 있었을 것이다. 이것은 확실히 아주 큰 장점으로 알-하이탐이 그리스 선구자들의 저술과 문헌을 알고 있었을 것에 대해서 의심할 여지가 없었다. 그의 책 《광학(Kitab al-Manazir)》에서 그는 시각의 엑스트러미션(extramission)에 이의를 제기했고 아주 확신 있게 어떤 사람도 또 다시 가시광선의 존재를 믿는 경향은 없을 것이라고 주장했다. 알-하이탐은 자신을 빛과 빛의 전파에 대한 실험을 했던 실험자연과학자로 보았다. 광학 이론에서 그는 기하학과 물리학을 시각 과정이 포함된 생리학에 결부시켰다. 이것은 시각 연구에 대한 전적으로 새로운 접근이었다.

그의 이론의 기본적인 개념은 빛과 색의 '형태' 에 관한 것이다. 그는 형태(아랍어로 sura)라는 것으로 그리스 철학자 데모크리토스가 환영(eidola)으로 일컫는 것에 아주 가까운 어떤 것을 의미한다. 즉, 투명한 매질을 통과한 물체의 상으로 우리 눈에 축적되어 감지되는 것을 일컫는다. 그는 스스로 빛을 내는 물질과 빛을 받아서 반사하여 빛을 내는 모든 물질은 모든 방향으로 복사의 형태로 빛을 방사한다고 설명한다. 알-하이탐의 광학에서도 아리스토텔레스와 같이 투명한 매질의 성질은, 예를 들면 공기, 물 그리고 유리 같은 것으로, 빛이나 색을 낼 수 있는 것이다.

알-하이탐은 공기가 투명할 뿐만 아니라 약간의 밀도를 가지고 있다고 생각했다. 그는 공기의 밀도 때문에 볼 수 있다고 믿었다.

> 그러므로 태양이 공기를 비추면 공기의 투명도에 따라 빛이 공기를 통과하고 아주 작은 빛의 양은 공기의 근소한 밀도와 일치하여 공기 속에 고정된다. 따라서 공기 부피가 아주 작은 데에 고정되어 있는 빛은 거의 없는데, 그것은 공기가 투명하기 때문이며 [단지] 약간의 밀도가 있기 때문이다. 그리고 그 안에 고정되어 있는 빛의 특성이 아주 약하기 때문이다. [2]

다른 말로 공기는 빛의 일부를 그대로 가지고 있다. 그렇기 때문에 빛이 나오는 것이다. 이에 비해 직사광인 태양빛은 공기를 통과하므로 약해진다. 이와 같은 두 가지 효과 모두는 공기에 연무 입자들이 없을 때도 생긴다. 이것은 아주 흐린 날에도 우리가 주변 사물을 볼 수 있도록 하는 희뿌옇게 분산된 햇빛에 대해 설명한다. 더욱이 공기는 아주 먼 거리에 있는 물체를 색이 없어 보이게 한다.

> 보이는 물체가 멀리 이동해 가면 그 물체의 색의 형태는 흐려지고 약해진다. 왜냐하면 그것이 물체가 빛을 방사하는 데서 멀어져 갈수록 물체가 가지고 있는 색의 형태가 약해지기 때문이고, 빛의 형태에서도 그것은 마찬

가지로 적용된다.[3]

이런 말들은 아리스토텔레스의 어록을 상기시킨다. 알-하이탐도 증기는 증기 뒤에 놓여 있는 물체의 겉보기 색을 변화하게 한다는 그리스 철학자 아리스토텔레스의 추종자이다. 불행히도 그는 어떻게 그렇게 될 수 있는지는 알지 못했다. 알-하이탐은 빛에 관한 공기의 효과에 대해 특별히 관심을 가진다. 그는 색에 관한 효과에는 거의 관심이 없다. 무지개에 관한 분석에서도, 예를 들면 거의 형태에 대해서는 자세하게 고찰하였지만 무지개가 가지고 있는 일련의 색의 발현에 대해서는 거의 언급하고 있지 않다. 그가 단지 색에 관해 말한 것은 하늘의 푸르름에 대한 것으로 그것은 광학적 착시일 수 없다고 말한다. 색에 대한 증명은 물에 의해 상당한 변화 없이 그대로 반사되는 것이라고 주장한다.

알-하이탐의 이론은 하늘이 푸른 이유에 대한 설명에 아무런 진전도 이끌어내지 못한 반면에 동료 중 하나는 대기를 아주 상세하게 관찰하였다. 이 사람이 바로 알-비루니(Abu Rayhan Muhammad Ibn Achamad al-Biruni)로 오늘날의 아프카니스탄에 있는 가니(Ghasni)의 칼리프에 고용되었던 천문학자이다. 때때로 그는 중동에서 인도를 여행했다. 거기서 산스크리트어를 공부했다. 최초의 탐험 중 하나는 995년에 있었을 것이다. 22세에 페르시아에 가서 거기서 가장 높은 산인 데마벤드(Demavend; 오늘날의 테헤란 근처)를 등반했다. 2세기 후에 페르시아의 학자인 알-쿠아즈위니(Zakarija al-Qazwînî)는 데마벤드를 너무 높아서 마치 별에라도 닿을 듯하다고 비유했다.[4] 그러나 알-비루니는 서슴없이 그 산에 올랐다. 당시 그것은 아주 드문 위업이었다. 그러나 그가 정상을 정복했는지는 알려져 있지 않다. 거기서 푸른 하늘빛이 산 아래에 있는 평야에서 보았던 하늘빛보다 훨씬 더 검었다고 언급하는 것으로 미루어 보아 그가 아주 높은 고도까지 올라갔다는 것을 짐작할 수 있다(색판 5 참조).[5] 그는 이런 상황은 모든 높은 산에서 다 그렇다고 가정한다. 이 관측은 마치 테오프라스토스와 알-킨디가 정확하게 추측한 것과 같이 광채를 내는 스크린 속에서 하늘빛이 발원되는 것이 아니고 공기의 구에서 발현되는 것이라는 사실을 지적한다.

어두움(검정색)과 순수(흰색)

알-킨디와 알-하이탐에 걸쳐서 광학과 하늘의 색에 대해서 생각하고 있는 동안 13세기에 생존했던 보통 사람인 알-쿠아라피(Ahmed Ibn Idris al-Qarafi)도 같은 의문을 가졌다. 알-쿠아라피는 카이로에 있는 코란 학교에서 이슬람 율법을 가르치는 것으로 생계를 이어갔다. 그는 아마추어 과학자로 자연과 학사에 대한 논문을 저술했다. 그의 논문 중에는 눈이 볼 수 있는 것에 대한 자세한 관찰이 포함되어 있다. 그는 논문에 다음과 같이 기술했다.

> 질문: 천문학자들은 하늘은 색이 없다고 하는데 왜 하늘이 푸른가?
> 답: 사람들은 하늘을 전혀 보지 않는다. 우리가 보지 못하는 것은 어두움(색이 없는 것으로)이라고 본다. 예를 들어 장님에게 당신이 보는 하늘이 무엇이냐고 묻는다면 그는 하늘은 깜깜한 어두움이라고 답할 것이다. 물론 하늘은 까맣다. 그렇지만 하늘 밑 공기는 투명하고 빛이 난다. 우리가 공기를 응시하고 하늘을 배경으로 그것을 본다면, 말하자면 푸른 하늘색(lazward)은 공기의 순수함과 하늘의 어두움으로부터 생기는 것이다. … 왜냐하면 우리는 여기서 검정과 순수함의 혼합으로 취급하고 있으므로.[6]

아리스토텔레스의 색 이론의 간단하고 직접적인 응용으로 알-쿠아라피는 알-킨디가 공기의 상태와 그것을 구성하고 있는 입자들의 성질을 잘 생각하도록 했었던 질문에 답한다. 아마도 그는 아랍어로 된《감각에 관하여》라는 책을 접할 수 있었을지도 모른다. 왜냐하면 이 책은 이미 19세기에 번역되었다. 만약 그렇다면 아리스토텔레스가 색을 만들어내는 두 가지 방법을 열거했던 것과 같이 하늘에서 검정 앞에 밝은 것을 겹치는 식으로 알-쿠아라피는 검정색과 흰색을 실수로 섞는다. 하늘에서 검정 앞에 밝은 것을 포개는 것을 서술한 후에 그는 그것을 아리스토텔레스의 기본 색인 검정색과 흰색(순수함)의 혼합이라고 부른다. 알-쿠아라피는 공기가 어떻게 빛을 내는가에 대해서는 언급하지 않는다. 따라서 교묘하게 설명의 실질적인 핵심을 회피한다. 그 때문에 알-킨디는 집중적으로 그 문제에 대해 파헤치지 않으면 안 되었다.

1285년에 알-쿠아라피는 카이로에서 죽었는데, 그때는 벌써 지혜의 집이 설립된 지 5백년이 지났다. 이슬람 과학 문명의 황금기가 그 후 지금까지 쇠락해왔다. 1258년에 몽고가 바그다드를 정복했고 아바스 왕조의 칼리프 직위도 폐위되었다. 기독교가 스페인으로부터 완전히 이슬람교를 몰아내었다. 스페인은 수세기 동안 이슬람 문명의 중심부였다. 동시에 과학이 코란의 가르침을 융화시킬 수 있을 것이라는 의심 때문에 과학에 대한 회의론이 이슬람 문명권에서 전반적으로 일어나고 있었다. 이 시대에 출간된 많은 과학논문들은 그들이 코란과 조화를 이루고 이슬람교 실천에 기여하기를 외치는 포기자의 변명을 담고 있다. 전쟁과 종교적 통치자들의 불신은 자연철학을 추구할 수 있는 태평스러운 분위기를 전혀 만들어내지 못했다.

과학이 이슬람세계에서 증가하는 저항세력을 만났다고 한다면 유럽에서는 자연철학이 13세기에 발전의 계기를 얻었다고 본다. 유럽 학자들은 그들의 아랍 동료들이 수세기에 걸쳐 고전 철학의 유산을 보전해왔었다는 것을 알았을 때, 이 문헌들이 라틴어로 번역되기를 간절히 바라고 있었다. 아리스토텔레스가 막 유럽으로 되돌아 올 판이었다.

하늘색의 푸른 사파이어

아리스토텔레스의 문헌에 대한 첫 번역물이 12세기 말에 회람되기 전에, 유럽과학은 중대한 위기에 처해 있었다. 세상을 철학적으로 이해할 만한 어떠한 자료도 거의 없었다. 가장 중요한 자료가 성경이었다. 그것도 소수의 그리스인들과 로마인들이 저술해 놓은 것에 대한 논박들이다. 중세유럽을 통틀어서 색의 근원에 관한 유일한 고전 문헌은 플라톤의 〈대화편(Timaeus)〉으로 그것은 이미 4세기에 라틴어로 번역되어 있었다.

하늘의 푸른색을 설명하는 대신에 하늘색을 일종의 상징으로 해석하는 것이 중세기 초반에서 중반에 이르기까지 관례였다. 보석에 대한 상징은 기독교문화의 초창기부터 아주 대중적인 접근이었다. 보석의 성질, 즉 색깔, 광택, 단단함, 그리고 형태와 관련짓고, 의미는 성경에서 따왔다. 사파이어는 푸른색의 보석으로 색깔 때문에 맑은 하늘을 비유하는 데 사용하였다. 구약에 나오는 출애굽기에서 초기 관련문건을 발견할 수 있다. 거기서 모세가 시내(Sinai) 산에서 신과의 약속을 확인할 때를 묘사한 문구는 다음과 같다.

> 그때 모세와 아론, 나다브, 아비후가, 그리고 70명의 이스라엘 노인들이 올라갔다. 거기서 그들은 이스라엘의 신을 보았고, 그들의 발밑은 해맑은 하늘의 몸체와도 같은 사파이어로 포장되어 있는 것 같았다.[7]

여기서 사파이어는 신의 왕관을 상징한다. 그러한 상징은 예언자 에스겔

(Ezekiel)에 의해 비슷하게 사용되었다. 그는 하늘과 천상의 사람들에 대한 관점을 다음과 같이 묘사한다.

> 그들의 머리 위에 있는 천계(天界) 너머는 마치 사파이어 보석으로 된 왕관과 같았다. 그리고 왕관은 그 천계에 있는 사람의 풍채(風采) 같은 외관이었다.[8]

사파이어와 하늘의 관계는 성경에서 발췌된 이 두 구절에서 알 수 있다. 사파이어의 상징은 머리 위의 하늘과 영생의 장소인 천상계의 종교적인 희망 사이에 관계를 서서히 만들어 나갔다. 만약 이 보석이 특별히 순수하다고 생각되었다면 구름이 없는 푸른 하늘은 마찬가지로 순수하고 순결함으로 간주되었을 것이다. 이것은 18세기에 존경받았던 수도사 베데(Bede)가 어떻게 사파이어를 해석했는지를 보여준다. 후에 이 보석의 의미는 확대해석되었는데 때로는 천상과 관련되는 삶으로 해석되었다. 기독교인들의 권리는 천상의 시민이 되는 것이고 인간이란 존재를 영구불멸의 것으로 승화시키는 필요성을 추구하는 쪽으로 그들의 삶을 추구해나갔다. 성모 마리아의 옷은 많은 중세 풍 그림에서 이런 의미로 푸른색으로 그려졌다. 샤르트르 성당의 푸른 성모도 이런 점이 부각된 경우이다(색판 8). 12세기 후반에 샤르트르 성당 작업장에서 이 성모 그림이 있는 창문이 만들어지고 있었을 때 유럽 지식인들의 경향은 심각하게 변하려하고 있었다. 학자들은 아리스토텔레스의 저술을 발견하기 시작했고 플라톤이 〈대화편〉에서 남겨 놓은 것 보다 훨씬 더 수준이 높고 모순이 없는 이론을 발견하기 시작했다.

아리스토텔레스 돌아오다

지혜의 집을 통해서 조직적으로 번역작업을 이루어 냈던 것과는 달리 12

세기에서 13세기의 라틴어판은 개별적으로 학자들에 의해 이루어졌다. 그들 학자들은 서로 전혀 알지 못하는 경우가 대부분이었다. 아리스토텔레스의 문헌들의 가장 중요한 번역가는 크레모나(Cremona)의 제라르(Gerard)와 뫼어베크(Moerbeke)의 윌리엄(William)이다. 약 35년이란 기간에 걸쳐 제라르는 12건의 천문학 원문과 24건의 의학원문, 그리고 17권의 수학과 광학(유클리드의 《원론(Elements)》과 알-킨디의 《광학(Optics)》이 포함되어 있다) 책을 번역했다. 14건의 자연철학작품(그중에는 아리스토텔레스의 《물리학》, 《하늘에 관하여》, 그리고 《기상학》)이 포함되어 있다. 제라르는 아랍어 번역이 전문이었고, 윌리엄은 그리스 원전을 번역했으며, 아리스토텔레스의 총 저서를 완벽하게 수집하려고 노력했다. 13세기 초에 알-하이탐의 《광학》은 이름이 알려지지 않은 번역가에 의해 번역되었다. 짧은 시간 안에 새로운 번역본은 주요 수도원과 새로 설립된 대학으로 파급되었다.

아리스토텔레스에 대한 열광은 너무 지대해서 그의 문헌들은 곧 대학교에서 강독되었고, 13세기의 문화생활의 중심에 있던 수도원들은 밀려나게 되었다. 그러나 아리스토텔레스의 철학이 교회 교리에 모순이 된다는 것이 밝혀지는 데에는 그렇게 오랜 시간이 걸리지 않았다. 아리스토텔레스는 기독교를 신봉하는 철학자가 아니었다. 그는 간단히 신과 우주를 동일시했고 절대적이고 불멸하는 자연을 생각한다. 그런데 어떻게 기적이 있을 수 있는가? 더욱이 그는 우주를 시작이 없는 영원한 것으로 보았다. 그런데 그의 철학에 창조자를 위해서 남겨 놓을 수 있는 여지가 있었겠는가? 기상학에서 아리스토텔레스는 공기의 구 밖에는 물이 없을 것이라고 썼다. 그러나 창세기에서는 바로 성경의 시작에서 신은 "하늘 위에 있는 물과 하늘 아래 있는 물로 나누어 놓았다"[9] 아리스토텔레스와 성경이 조화를 이루게 하려는 시도로 학자들은 우주의 모형을 보완 했는데 고정된 천구에 물의 구를 삽입했다.

교회는 학자들의 논리적인 대안에도 전혀 강경한 태도를 누그러트리지 않았다. 쾰른(Cologne)의 마그누스(Albertus Magnus) 대주교와 켄터베리의 그로스테스트(Robert Grosseteste) 대주교는 아리스토텔레스를 전문적으로 연구하는 13세기의 탁월한 권위자들 사이에 포함되어 있었다. 그럼에도 그들은 파리 대학교에서 아리스토텔레스 철학을 가르치려고 시작했던 해인 1210, 1215, 1231년과 1277년 발표된 법령을 막을 수가 없었다. 1231년 법령 발표 후 아리스토텔레스의 철학을 가르치는 것을 금지했음에도 불구하고 1240

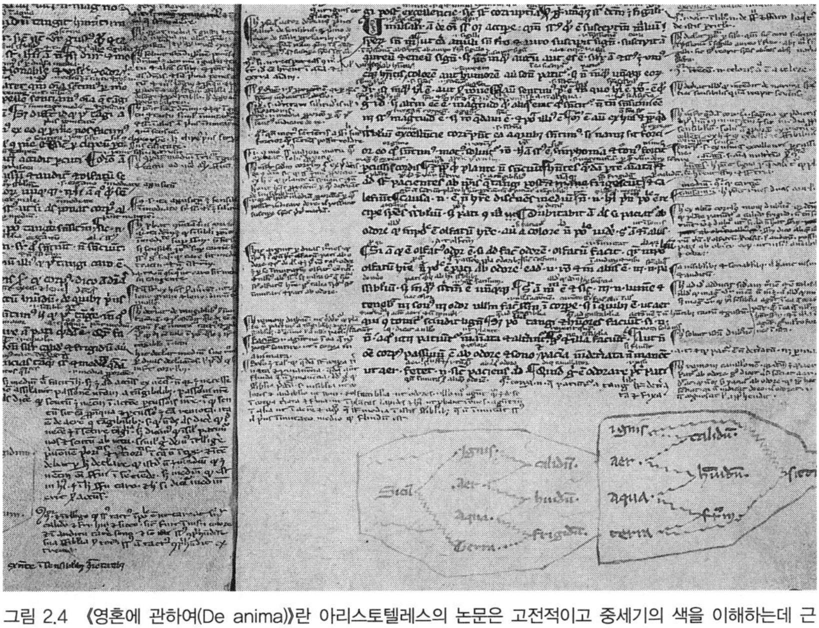

그림 2.4 《영혼에 관하여(De anima)》란 아리스토텔레스의 논문은 고전적이고 중세기의 색을 이해하는데 근본적인 자연철학의 기초가 되고 있다. 13세기의 이 필사본에 있는 많은 주석은 아리스토텔레스의 철학에 얼마나 많은 흥미를 가지고 있었는지를 잘 나타내고 있다. 아래쪽 여백에 표시된 도표는 4원소(그림 1.5 참고)의 변환들을 묘사하고 있다. 베를린 프러시아 문화유산 주립도서관; Ms. Lat. Qu. 341, fol. 66v–67r.

년에 들어서면서 바로 아리스토텔레스의 저서들은 교과과정에 다시 포함되었고 그의 책들은 여전히 읽히고 있었다(그림 2.4). 그러나 우리는 13세기에 그리스 철학가들의 문헌을 계속해서 연구하고자 했던 학자들에게는 그들에 대한 부정적인 교회의 눈총을 피한다는 것이 그렇게 쉬운 일이 아니었을 것이라는 것을 느낌으로 알 수 있다.

깊은 곳의 푸른색

1220년에 태어난 베이컨(Roger Bacon)은 이와 같은 불신(不信)의 희생자가 되었다. 그는 처음 교편을 잡은 파리 대학교에서 1247년까지 가르치다가 27세에 옥스퍼드로 옮겨가 거기서 프란체스코 수도회에 입회했다. 그는 옥스퍼드에서 가르치기 시작했지만 수도회의 상급자와 곧 어려움에 처하게 되었다. 그것은 어쩌면 그가 아리스토텔레스 저술과 문헌을 너무 열정적으로 연구한 것이 의심의 소지가 되었을 것이다. 그는 1275년에 다시 파리로 보내졌고 거기서도 관리 감독대상이 되었다. 그의 상전들은 베이컨의 재능을 인정해서 그에게 계속 연구할 기회를 주었지만 그가 발견한 것들은 그의 상전들로 하여금 그를 이단자로 몰리게 했다. 그는 자신의 생각을 발표할 수 없게 금지 당했고 그의 원고는 모두 로마 교황청에서 검열을 받게 되었다. 베이컨은 교황 클레멘스 4세(Clemens VI)에게 아리스토텔레스의 가르침이 유용한 것이라는 것을 호소했고 자연철학에 대한 포괄적인 종합체를 만들어 내야한다는 그의 목표를 발표했다. 그의 주요 관심사는 광학에 있었고, 그는 광학을 자신 보다 앞선 세대에 산 알-킨디와 같이 모든 과학의 어머니라고 생각했다. 클레멘스는 베이컨의 호소에 대해 상당히 호감을 가졌으나 베이컨의 계획을 승인하기 전에 죽었다. 그의 생전에 베이컨의 문헌들, 특히 《대서(大書; Opus maius)》, 《종의 증가(De multiplicatione specieorum)》,

그리고 《삼서(三書; Opus tertium)》는 비밀리에 유럽에 널리 퍼졌다. 베이컨은 1292년에 죽었다.

베이컨 역시 알-하이탐에게서 상당히 감명을 받았다. 광학에 관한 그의 저술은 아리스토텔레스의 문헌을 제외하고는 대부분이 아랍 학자들의 문헌을 바탕으로 했다. 데모크리토스가 '환영(eidola)'이라고 칭한 것을 알-하이탐은 '형태'로 규명했고 베이컨은 '종(개념); 시각적 영상'으로 불렀다. 그에게는 아리스토텔레스와 알-하이탐과 더불어 그들이 정의했던 것처럼 공기를 투명도에 따라 공기의 색이 정해지는 투명한 매질로 정의했다. 그는 아리스토텔레스와 알-하이탐과 같이 공기가 보이는 가시도는 공기의 깊이와 공기의 밀도에 달렸다는 데 동의하고 있다. 그리고 그는 겉보기 어두움은 상당한 깊이를 가진 투명한 매질에서 관측될 수 있다는 알-하이탐의 관점에 부정적이지 않았다. 그러나 베이컨은 알-하이탐으로부터 물려받을리 없었던 두 가지 논증으로 이 어두움을 설명한다. 베이컨은 물을 예로 들어 그것을 공기의 투명함에 견준다. 베이컨은 보다 깊은 층들은 보다 얕은 층들에 의해 그늘지게 되어 어둡게 나타는 것을 관찰할 수 있다고 말한다. 그는 이런 그림자들이 입자들에 의해 만들어지는 것이라고 추측한다. 똑같은 방식으로 공기층의 깊숙한 깊이까지 가로질러 어두움이 나타날 수 있다.

베이컨은 가시광선의 강도가 약해지는 것은 어두움의 두 번째 요인이라고 언급한다. 이런 모순된 관점들을 서로 조화시키려고 하는 시도는 아리스토텔레스의 《기상학》에서 언급했던 것을 상기시킨다. 거기서 아리스토텔레스는 무지개 색깔을 설명하기 위해 가시광선을 놀라울 만큼 잘 분류했다. 밀도가 높은 모든 물체는 가시광선(여기서 가시광선은 시각적 영상을 말한다)을 밀도에 함수로 제한한다고 베이컨은 기술한다. 거기다 이것은 반드시 공기 중에서 일어나야만 한다고 덧붙인다. 왜냐하면 공기의 밀도는 두터운 공기층 전체에 걸쳐 혼합되어 있기 때문이다.

> 여기서 나는 공기나 불의 구 또는 하늘의 구는 가깝건 멀건 감각적인 인지도를 감안할 경우에는 거의 비슷하게 밀도가 희박하다. 그러나 그 자체 성질 상 어느 정도의 밀도를 가지고 있어 밀도로 인해 아주 먼 거리에서 시각적인 영상을 맺게 할 수 있는데, 그것은 가까운 거리에서는 될 수 없고 아주 멀리 떨어진 거리에서는 보일 수 있게 만든다. 아주 가까이 손끝에 닿는 거리 정도에서는 그렇지 못하다.[10]

베이컨에 따르면 가시광선과 햇빛이 관측자와 아주 가까이 놓여 있는 방해 받지 않는 투명한 매질의 일부분에 도달할 수 있어서 투명한 매질(지표면 위의 대기)이 매우 밝게 보인다. 그러나 매질의 깊은 곳에서는 입자 알갱이들이 쌓여 흐리게 만들고 가시광선의 세기를 약하게 만들어 어두움이 증가하게 된다. 그래서 아주 두꺼운 층을 가진 공기나 깊은 물은 지배적으로 어둡게 나타나지만 얇은 층의 공기나 물이 밝게 나타나 보인다(그림 2.5). 베이컨을 위해서 아리스토텔레스의 색 이론은 직접적으로 이런 밝음과 어두움의 연속적인 겹쳐짐에 의한 결과인 것을 예측한다.

> 왜 색이 검정에 가까운, 즉 푸른색(aqua maris)으로 나타나는가는 깊은 물의 경우에서와 같이 설명될 수 있다. 물은 입자 알갱이들이 투영해서 만드는 그림자들 때문에 색이 나타나는 것과 같은 방법으로 색깔이 나타난다. 어두움은 이런 그림자들로 인해서 생기는 것이다. 그런 어두움은 거의 검정이다. 이것은 공기에서나 우리와 제일 끝에 있는 하늘 사이에 있는 매질에서 일어나는 것이다.[11]

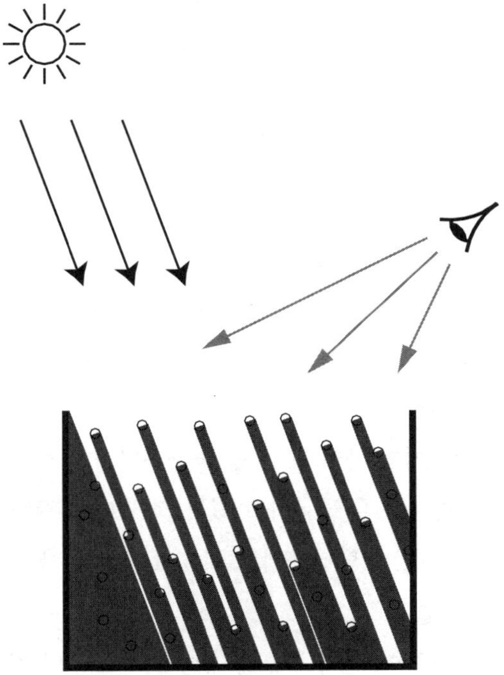

그림 2.5 베이컨은 하늘색을 깊은 물의 푸른색과 비교했다.

베이컨은 하늘색과 물의 색이 생기는 이유를 알았다. 그가 생각을 이끌어낸 것은 사고실험을 통해서이다. 왜냐하면 베이컨은 이런 매질들의 미세구조에 관해서 그냥 생각만으로 추측을 할 수 있었기 때문이다. 그는 알-킨디처럼 푸른색은 공기 중에 있는 작은 알갱이들에 의한 효과라고 원인을 더듬어 올라가서 추론한다. 반면에 알-킨디는 다른 물체의 존재를 추측했었는데, 영국 수도사 베이컨은 푸른색은 충분한 깊이를 가지는 순수한 공기에서 생기는 것이라고 논박한다. '검정에 가까운 색' 으로서 푸른색이란 개념을 가지고 있던 베이컨, 알-킨디, 그리고 알-쿠아라피는 아리스토텔레스의 《감각에 관하여》란 책의 영향을 받았다. 겹침이나 밝고 어두움의 혼합으로서 푸른색의 근원은 하늘이 왜 푸른가를 설명하고자 했던 초창기의 모든 시도들에서 아리스토텔레스 식 해석의 문제점으로 나타난다.

화가들의 푸른색

토스카나(Tuscany)에서 베이컨과 동시대 사람들 중 한 사람은 아리스토텔레스 식 해석의 문제점을 통해 다른 방법을 발견했다. 그 사람이 바로 수도사인 리스토로(Ristoro d'Arezzo)이다. 그는 대략 1210년과 1220년 사이에 아레초에서 태어나 대략 1290년에 죽었는데, 사후에서야 명성을 얻었다. 1282년 《우주의 구성에 관하여》란 책을 출간하면서 리스토로는 그가 생존해 있던 시대에 세계(우주)를 구성하고 있는 것에 대해 알려진 모든 지식을 요약하고자 노력했었다. 이탈리아어로 저술된 최초의 책으로서 중세 말엽까지 널리 대중화 되었다.

《우주의 구성에 관하여》는 우주론에 대한 오래 전부터 전해 내려온 관점을 요약한 책이다. 리스토로는 주로 아리스토텔레스의 저서(《기상학》과 《하늘에 관하여》)를 인용하고 그의 아랍 해설자 아베로에스(Averroes)를 인용한다. 의심의 여지 없이 그는 톨레미의 저서 《광학》에 대해 아주 잘 알고 있으며, 마찬가지로 아랍 저자들의 저술에도 매우 친숙하다. 그러나 그는 역시 자신의 생각을 책속에 섞어 넣었다. 이것은 그의 책에 하늘의 푸른색을 서술한 곳에서 명백해진다. 베이컨과 리스토로는 근본적으로 똑같은 출처를 인용하는데 있어서 그들 재량껏 했지만 그들의 설명에서 하늘색에 대해서는 엄청난 차이를 보여준다. 리스토로는 자연과 화가의 그림 사이에서 하늘색을 설명한다.

학자들이 언급한 것에 따르면 하늘은 실질적으로 색이 없는 것으로 생각된다. 그러면 하늘이 왜 푸른(azzurro)지를 요약해 보자. 그림을 유채화로 그리는 영리한 화가들이 푸른색을 얻으려고 할 때 그들은 밝고 어두운 서로 다른 두 가지 색을 혼합해서 푸른색을 얻었다. 하늘을 볼 때 나는 두 가지 반대 색이 혼합되어 있는 것을 알았다. 즉, 빛과 어두움이었고 이것은 공기층의 깊이 때문이다.[12]

아리스토텔레스조차 《감각에 관하여》에서 대기의 색과 화가의 색 혼합 기법 사이의 관계를 언급한다. 그리고 우리는 고대로부터 화가들의 색 혼합 기법 가운데 하나는 검정과 흰색 안료를 섞어 회색빛이 도는 푸른색을 만들어 냈었다는 것을 안다. 이 색을 만들어 내기 위해서 화가들은 흰색으로 바탕이 칠해져 있는데다 반투명의 검정색 안료를 발랐다. 이런 기법은 문예부흥기까지 널리 사용되었으며, 16세기 베네치아 화가인 티치안(Tizian)의 작품에서도 발견할 수 있다. 그러나 리스토로가 주장한 것처럼 푸른색은 안료가 겹쳐질 때만 생기고 혼합될 때는 생기지 않는다.

알-킨디나 베이컨과는 달리 리스토로는 어떻게 공기가 밝게 빛을 내는지에 대해서는 깊게 취급하지 않는다. 오히려 그는 하늘의 밝음과 어두움이 무엇인가를 규명하는 데 집중하였다. 그리고 하늘의 밝고 어두운 것은 그림에서 밝고 어두운 색의 혼합과 일치한다고 주장한다.

아리스토텔레스의 《우주론》에서 어둠은 규명하기가 쉽다. 어둠은 하늘과 불의 어둑어둑한 구이다. 우리가 맑은 하늘을 바라보면 우리의 시선은 반드시 이들 어두운 천구에서 멈춘다. 그러나 대기를 횡단하기 전까지는 아니다(그림 2.6). 낮에 태양이 대기에 빛을 내보내는 동안에는 대기는 맑고 밝다. 리스토로가 화가들의 밝은 색으로 이 시나리오를 규명하고자 한 것은

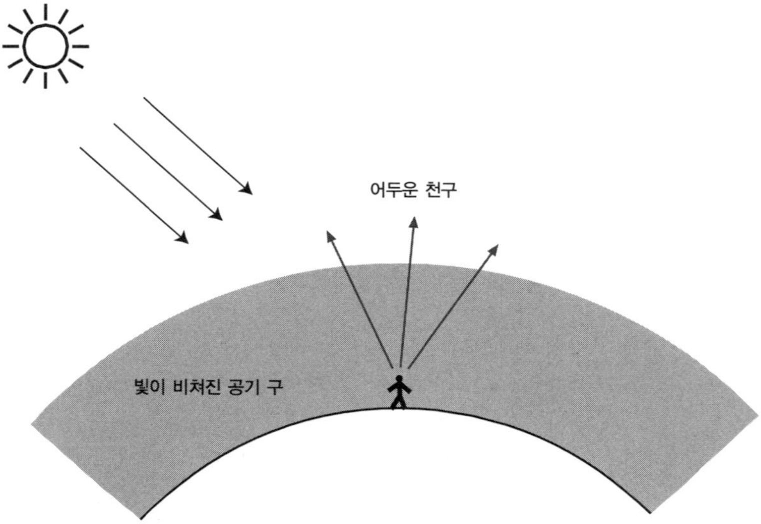

그림 2.6 리스토로는 하늘의 푸른색은 어두운 천구에 공기의 구가 빛을 내보내서 생긴다고 생각했다.

당연한 것 같다.

> 하늘을 바라볼 때 위에 놓여 있는 빛이 없는 어둠을 응시하면 나는 응시하는 시선을 따라서 밝은 빛이 어두움과 어떻게 혼합하고 있는지를 안다. 마치 흙탕물에서 맑은 물이 위로 떠오르는 것처럼 말이다. 이런 밝은 것과 어두운 것의 혼합의 결과는 눈으로 보면 푸른색(colore d'azzurro)이다.[13]

수도회에서 연설을 하며 리스토로는 푸른색을 띤 공기로부터 하늘색이 생긴다고 결론을 내렸다. 이것은 그 당시에 매우 대중적인 설명이었을 것임에 틀림없다. 왜냐하면 리스토로는 그것을 반박하는 의견에 대해 답변하는 어려움을 겪지 않았기 때문이다. 그는 이런 개념의 불확실성에 설득력 있는 이유를 제공한다. 리스토로는 색이 있는 공기의 경우에 일어나는 효과를 색이 있는 유리의 경우에 일어나는 효과와 비교한다. 만약 우리가 유리를 통해 본다면 모든 물체는 유리색을 띠고 나타나거나 또는 적어도 유리색과 물체의 색이 혼합해서 나타난다. 만약 공기가 푸르기 때문에 하늘이 푸르다면 대기 뒤에 있는 모든 물체는 푸르게 보여야 된다. 그럼 태양도, 달도, 별도 모두 푸르게 보일 것이다! 리스토로는 사실이 그렇지 않다는 것을 알았다. 태양은 한낮에는 하얗거나 누르스름하고 해가 질 때는 붉게 보인다는 것을 알았다. 더욱이 고대로 부터 별은 색이 있다고 지적해왔었다. 어떤 붙박이 별들은 푸르게 보이고 반면에 다른 별들은 하얗거나 붉게 보인다. 그리고 몇몇의 행성들의 색은 13세기에 이미 알려져 있었다. 금성은 창백한 초록색이고 화성은 붉은색이고 토성은 노랗다고 알려져 왔다. 적절하게 해석하면 그런 간단한 관찰은 공기의 성질을 간파할 수 있는 충분한 통찰을 생기게 한다.[14]

3장

공기 원근법

1994년 11월 11일 금요일. 뉴욕 크리스티의 경매장에는 긴장감이 감돌았다. 파크 애비뉴(Park Avenue)에 있는 이 회사의 경매장에는 사람들로 가득 메워져 있었다. 그 안은 흥분의 도가니였다. 아침에 희귀 문서들의 목록이 경매에 붙여졌지만 지금 입찰되는 것이 그날의 하이라이트였다. 목록 번호는 8030호로 풍화로 매우 퇴색된 72쪽으로 된 손으로 쓴 18세기의 원고이다. 매 쪽은 아주 빽빽하게 손으로 썼으며 거울에서 보이는 것처럼 오른쪽에서 왼쪽으로 써 나간 것이었다. 여기 저기 잉크로 그려진 그림이 원고에 점재(點在)해 있다. 다리도 묘사되어 있고 강에 물이 흐르고 달빛이 비친다. 입찰은 550만 달러에 시작되어 계속 가격이 올라가 지금은 거의 천만 달러까지 올라갔다.

목록 번호 8030호은 레오나르도(Leonardo da Vinci)의 성서의 사본인 코덱스 레스터(Codex Leicester)이다. 눈에 끌리지 않는 초라한 외양과는 달리 원고는 쪽마다 문예부흥기의 천재의 견해와 경지를 확인하는 것들로 채워져 있다. 그 사본에는 레오나르도가 1508년에서 1510년 사이에 밀라노에서 가끔 알프스로 여행을 한 기록들이 포함되어 있다. 이 여행에서 레오나르도는(그림 3.1) 우주 안에서 지구로부터 증발한 물이 구름이 되고 비가 되어 땅으로 억수같이 떨어지면 강이 되어 다시 바다로 들어가는 물의 회전을 연구하였다. 달에 대한 기록도 있는데 거기에는 희미한 달빛에 대한 내용도 들어 있다. 이 오래된 천문학적인 수수께끼는 가늘고 밝은 낫 모양의 달이 태양에 의해서 직접 빛을 받는 달 표면 전부를 나타날 때 지구의 동반자인 달의 원반이 왜 그믐을 전후해서 며칠 정도 아주 흐리게 보일까 이다. 먼저 그 성서 사본이 그와 같은 가격으로 오늘날까지 가치가 있는 것은 그 수수께끼의 답으로 태양빛이 지구로부터 반사되어 달의 어두운 면을 보이게 하여 우리 눈에 보이도록 한다는 레오나르도의 답이 기록되어 있다는 사실이다. 그

그림 3.1 약 1516년 붉은색 초크로 그린 레오나르도 자화상. 토리노 레알레 도서관. 베를린 프러시아 문명 소장품.

사본에 있는 내용 가운데 레오나르도가 깊이 생각한 것 중 하나는 낮 동안의 하늘색이다.

초대 레스터(Leicester) 경(卿)인 코크(Thomas Coke)가 1717년 레오나르도로부터 사들인 사본은 이후에 레스터란 이름이 붙여졌으며 영국의 홀크함 홀(Holkham Hall)에 있는 그 귀족의 도서관에 263년 동안 보존되었다. 그러나 코크의 상속인들이 하던 사업이 잘 풀리지 않자 그 사본을 1980년에 영국에 있는 크리스티 경매장에 내놓게 되었다. 그때 그 사본은 560만 달러에 낙찰이 되었다. 그것을 산 사람은 해머(Armand Hammer)라는 이탈리아계 미국인 사업가로 불같이 일어나는 사업체를 운영하는 석유 왕이자 미술 수집가였다. 그는 그것을 쿵푸를 익힌 사람들로 구성된 무사단에게 경호를 맡기었다. 1990년에 그가 죽은 후에 그의 미술 소장품들은 소유권 문제로 법정 송사 분쟁이 붙었다. 지금의 사본은 1994년에 로스앤젤리스에 있는 아먼드 해머 미술박물관에서 합법적인 자금으로 다시 사들였다.

곧 입찰가격은 2천만 달러를 넘었다. 그 당시 단지 두 입찰자만 남았다. 그 중 하나는 밀라노에 있는 은행 카리플로(Cariplo)이다. 카리플로의 대변인은 코덱스가 이탈리아로 반환하는 것이 국가적으로 중요한 일이라고 발표했다. 또 다른 입찰자는 개인 수집가로 경매장에는 나타나지 않았지만 전화로 입찰에 응했다. 마지막에 카리플로의 노력은 허사로 돌아갔다. 3천 8백만 달러에서 경매장 의사봉이 내려가고 코덱스는 개인 입찰자에게 팔렸다. 다음날 이 사람이 마이크로사의 회장 빌 게이츠였다는 것이 밝혀졌다. 코덱스는 개인 소장품으로 남은 지금까지 가장 비싸게 팔린 레오나르도의 원고이다.[1]

뉴욕 경매가 있기 500년 전 레오나르도가 코덱스 레스터를 작성했을 때는 50대 후반이었다. 그는 이미 그의 유명한 그림들, 예를 들어 〈모나리자의 미소〉와 〈최후의 만찬〉과 같은 것들은 대부분 그린 후였지만 자연에 대한 호기심은 여전히 어느 때 못지않게 활기를 띠었다. 성공한 서기와 하녀 사이에서 레오나르도는 1452년에 안치아노(Anchiano)에서 서자로 태어났다. 안치아노는 토스카나에 있는 빈치(Vinci) 마을 가까이에 있는 아주 작은 마을이다. 아주 어린 소년 시절에 레오나르도는 안치아노 주변으로 도마뱀과 개똥벌레, 그리고 무당벌레를 관찰하기 위해 긴 여행을 떠났다. 자연에 대한 그의 사랑은 빈치의 시장에서 살아 있는 새를 자연에 놓아 주기 위해 사가지고 온 것으로 분명해진다. 레오나르도의 예술적 경향도 어렸을 때부터 이미 나타났다. 1469년에 플로렌스로 이사했을 때 그의 아버지는 아들을 유명한 베로키오(Andrea del Verrocchio)의 공방에 입문시키기 위해 데려갔다. 베로키오는 유명한 화가이자 조각가이고 금세공장일뿐만 아니라 수학과 기하학, 그리고 광학에 정통했다. 그래서 레오나르도는 광학의 전통을 소개 받았고, 공방에서 견습생으로서 얻은 경험은 초창기 그의 작업에 엄청난 영향을 미쳤다. 베로키오와 더불어 4년을 보내면서 플로렌스의 승인받은 화가로서 레오나르도는 자신의 작업장을 열었다. 1482년에 레오나르도는 밀라노의 스포르자(Ludovico Sforza) 공작의 제안에 따라 군사용 기계를 개발하고 황제의 초거대 기념비를 세우기 위해 플로렌스를 떠났다. 그의 후반기 많은 작품들처럼 그 일은 미완성으로 남았다. 밀라노에 있는 동안 레오나르도는 그의 생각과 그가 관찰한 것을 공책에 기록하기 시작했다.

레오나르도는 일생을 통해 학자들과는 가까이 지내지 않았다. 그는 개인적인 경험을 통해 자신의 현명함을 직접 묘사할 수 있는 자신을 칭찬하면서 종종 그런 학자들은 다른 사람들의 작품을 뻔뻔스럽게 재탕한다고 비웃었다.

> 만약에 정말로 내가 그들처럼 작가들의 작품에서 인용할 능력이 없다면 스승에게 가르침을 받은 경험을 거울삼아 연구하는 것이 훨씬 더 중요하고 보다 값어치가 있다. 그들은 자신의 노력이 아니라 남의 노력으로 자신을 과장되게 부풀리고 거만하게 뽐내고 꾸미면서, 내 능력으로 만든 것을 가지고 내가 뽐내는 것을 허용하지 않는다. 만약에 그들이 내가 발명자라는 것에 대해 나를 경멸한다면 발명가도 아니면서 다른 사람의 작품을 가지고 자기 것처럼 떠벌리는 그들에게는 얼마나 더 많이 비난받아야 할 것들이 있을까?[2]

레오나르도는 자신이 가지고 있는 장점을 이해하고 있다. 왜냐하면 몇 년에 걸쳐서 그는 학자적인 전통의 인상적인 지식을 얻었기 때문이다. 그는 기록에서 아리스토텔레스의《기상학》을 읽었다고 밝히고 있다. 또 테오프라스토스의《색에 관하여》에서도 읽었고 베이컨(Roger Bacon)의《주요한 저술(Major Work)》, 페캄(John Pecham)의《보편적 원근법(Perspectiva communis)》, 그리고 리스토로가 쓴《우주의 구성에 관하여》도 읽었다고 기록하고 있다. 이런 저술들은 중세기의 정확하게 기술된 광학적인 문제들로 구성된 것이다. 레오나르도는 자신의 관찰과 이들 교재에서 정의하고 있는 전승되어온 광학적인 교훈과 일치감을 찾느라고 무한하게 노력했다.

푸른 원소

레오나르도의 색에 관한 이해의 최초의 근원은 무엇인가? 알베르티(Leon Battista Alberti)의 책인《그림 그리는 것에 관하여(Della pittura)》는 가장 좋은 후보이다. 그것은 1435년으로 거슬러간다. 알베르티는 고향 플로렌스(Florence)로 돌아오기 전에 볼로냐(Bologna)에서 법과 인문과학을 공부했다.

플로렌스에서 그는 유명한 건축가, 조각가, 화가 그리고 예술이론가이다. 당시에 메디치(Medici) 가(家)는 미술, 과학, 그리고 건축학에 아낌없이 후원했다. 알베르티는 부유하고 영향력 있는 건축가가 되는데 성공했다. 그의 책《그림 그리는 것에 관하여》는 원래 그림 그리는 실습과정을 묶어 놓은 교재로 사용될 목적으로 쓴 것이다. 회고하면 문예부흥 미술 이론에 대한 출발점이라고 생각한다. 아리스토텔레스의 철학은 볼로냐 대학교의 교과과정에 절대적으로 군림한 과목이다. 그것의 영향은《그림 그리는 것에 관하여》란 책에서 분명해진다. 그럼에도 불구하고 체계적으로 색을 취급할 땐 알베르티는 그리스 철학자들이 제안한 선형적인 척도를 따르지 않았으며 그리스 철학가들이 만들어낸 색 이론은 그림 그리는 데에 비실용적이라고 생각했다. 그것에 대한 대안으로 알베르티는 4원소인 흙, 물, 공기, 불을 특징지을 수 있는 색을 띠도록 한다.

> 불은 빨강이라는 색이다. 그다음 공기는 하늘색(라틴어로는 caelestis, 이탈리어로는 celestrino)이거나 회색이 섞인 푸른색이다. 물의 색은 초록색이다. 그리고 흙은 잿빛을 띠고 있다. 그 나머지 색들은 이들 색들의 혼합이다. ...[3]

15세기에 색과 4원소 사이의 관계는 새로운 것이 아니다. 오히려 그리스 고전의 엠페도클레스로 거슬러 올라갈 수 있는 전통성을 언급했다. 그때부터 많은 사색가들은 4원소와 색을 연관해서 생각하려는 노력을 기울였다. 그런 경향은 문예부흥기 내내 계속되었다(표 3.1 참조). 알베르티는 하늘의 푸른색과 4원소를 관련지어 생각한 최초의 사람인 것 같다. 앞서 테오프라스토스와 세빌랴(Seville)의 이시도르(Isidore)는 공기는 흰색이라고 단언했고 엠페도클레스는 공기를 연두색(ochron) 또는 빨강이라고 확신했다.

❀ 표 3.1

4원소인 흙, 공기, 물, 불에 대해 지정한 색들이 서로 혼합한 결과로 생긴 색을 만들어 내고자 하는 시도

흙	물	공기	불	연구가(연도)
연두(오크론) 또는 빨강	검정	연두(오크론) 또는 빨강	하양	엠페도클레스(기원전 450)
하양	하양	하양	노랑	테오프라스투스(기원전 300)
검정	하양	빨강	노랑	갈렌(180)
재색	초록	파랑	빨강	레온 바티스타 알베르티(1435)
노랑	초록	파랑	빨강	레오나르도 다 빈치(1492)
청록	보라	노랑	빨강	마리오 에퀴콜라(1526)
하양	초록	파랑	불꽃색	요세프 요스투스 슈칼리거(1600)
검정	파랑	노랑	하양	아테나시우스 키르헤(1646)

출처:

Empedocles: Hermann Diels, *Doxographi Graeci* (Berlin: G. Reimer, 1879), 315.

Theophrastus (Pseudo-Aristotle): *De coloribus* 793b34-794a15; Aristotle, *Minor Works*, trans. W. S. Hett, Loeb Classical Library (Cambridge, Mass.: Harvard University Press, 1952), 5.

Galen: John Gage, *Color and Culture: Practice and Meaning from Antiquity to Abstraction* (Boston: Little, Brown and Co., 1993), 29.

Alberti: Samuel Y. Edgerton Jr., "Alberti's color Theory: A Medieval Bottle Without Renaissance Wine," *Journal of the Warburg and Courtauld Institutes* 32 (1969): 122.

Leonardo: Maria Rzepinska, "Leonardo's Colour Theory," *Achademia Leonardi Vinci* 6 (1993): 19.

Equicola and Scaliger: Leon Battista Alberti, *Kleinere kunsttheoretische Schriften,* trans. into German by Hubert Janitschek (Vienna: Wilhelm Braumüller, 1877), 64.

Kircher: Martin Kemp, *The Science of Art: Optical Themes in Western Art from Brunelleschi to Seurat* (New Haven: Yale University Press, 1990), 280.

모든 물질은 4원소로 이루어져 있다는 것을 이유로 알베르티는 모든 물체의 색은 이들 4원소의 색을 반영하여 색깔을 가질 것이라고 했다. 물체의 색을 그림으로 그리기 위해서 4원소에 해당하는 기본 색들을 잘 혼합하여야 하는데 그렇게 하기 위해서는 이들 4원소의 구성성분을 잘 이해하는 것이 필요하다. 미술은 자연의 모방을 추구하는 것이라고 그는 기술한다. 그러나 그와 같이 모방을 할 수 있으려면 화가가 자연이 무엇으로 이루어져 있는지를 잘 이해하여야만 한다. 이 화가적 실습요소와 자연에 대한 관찰 사이의 관계는 알베르티에 의해 기록되었고 약 40년 뒤에 레오나르도에 의해 주석을 달게 되었다.

이런 색 체계 이외에 거리가 멀어짐에 따라 어두워지는 것이 증가하는 것에 대해서는 고대부터 중세에 이르기까지 광학적 이론에서 많은 주목을 받았다. 우리는 앞 장에서 이것이 대안으로 빛이 약해지는 것이나 또는 가시광선의 존재로 설명된 것을 알 수 있다. 알베르티는 그림에서 어두워지는 것은 상당히 중요한 의미를 가지고 있다고 생각한다. 그는 화가들에게 물체가 가까이 있는 것은 실체 색과 흰색을 혼합해서 그리고 멀리 있는 물체는 어두운 색, 즉 검정색을 섞어서 그릴 것을 충고한다. 알베르티는 그렇게 함으로써 그림에 공간적 깊이, 즉 원근을 살릴 수 있다고 주장한다. 예를 들어 초록색 나무가 멀리 있으면 매우 짙은 초록색으로, 가까이 있으면 밝은 초록색으로 나타날 것이다. 한편《그림 그리는 것에 관하여》라는 책에서 이런 그림 그리는 기본적인 기법에 대하여 명백하게 권고하고 있다. 이런 발상은 새로운 것은 아니다. 어떤 화가들은 이미 몇 년 전부터 이런 방법을 자신의 그림에 사용하고 있었다. 그중에서도 주목할 만한 화가는 본도네(Giotto di Bondone)로 파두아(Padua) 스크로베니 소성당(Scrovegni Chapel)에 있는 프레스코 화에서 이 기법을 발견할 수 있다. 그것은 1305년에서 1313년 사이에 그린 그림이다.

이와 같은 규칙을 소개함으로써 알베르티는 자신을 아리스토텔레스와는 별개로 보았다. 아리스토텔레스는 멀리 있는 물체는 어두운 색인 초록, 보라–그리고 푸른색으로 나타나고 가까운 데 있는 물체는 밝은 색인 노랑, 그리고 빨강과 같은 색으로 나타난다고 추측했다. 아리스토텔레스에게 거리는 모든 물체의 가시적 색상에 영향을 미치는 반면에 알베르티는 물체의 밝기에 영향을 미친다고 보았다. 따라서 알베르티는 아리스토텔레스와 달리 색의 색상과 밝기 사이를 구별했고 후에 반세기 늦게 레오나르도에 의해 개발된 원근법에 대한 필요조건이 되었다.

먼 거리에서 푸른색

공기가 푸른빛을 띤다고 주장하는 데서 알베르티는 표면상 하늘의 색을 설명하는 데 나타나는 모든 장애물을 극복했다. 문예부흥기를 통해 아리스토텔레스의 구로 된 우주의 모형은 널리 받아들여졌다. 그리고 그 모형은 지구 표면 위로 물의 구, 공기의 구, 그리고 불의 구로 둘러싸여 있다고 하는 확고한 지식으로 각인되었다. 그러므로 하늘에서 볼 수 있는 색은 공기의 구를 채운 푸른색 요소들이 만들어 내는 결과이다. 알베르티는 이런 것들이 일찍이 리스토로에 의해 논박되었던 것이라는 것을 알지 못했다.

레오나르도는 색에 관해 최초로 언급한 것 중 하나에서 알베르티의 기본색들과 원소들의 관련에 주의를 기울였으며 푸른색은 공기의 자연스러운 색이라고 추측한다(그림 3.2). 그는 다음과 같이 기록하고 있다.

> 흰색은 빛에 의해 주어진 것이다. 빛이 없이는 아무 색도 보이지 않는다. 흙에 의해서는 노랑으로, 물에 의해서는 초록색으로, 공기에 의해서는 푸

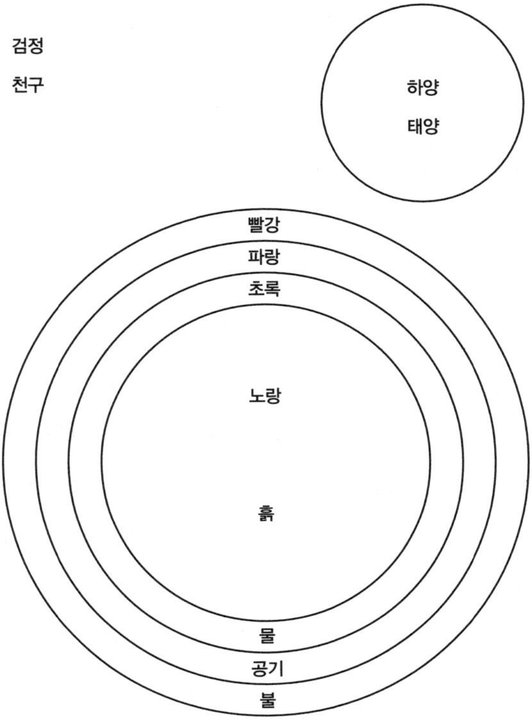

그림 3.2 알베르티에 따라 레오나르도가 1492년에 4원소와 색과 관련지은 것. After Martin Kemp, *The Science of Art* (New Haven: Yale University Press, 1990), 268.

른색으로, 불에 의해서는 빨간색으로, 불의 원소 이상에 있는 어두움에 의해서는 검정색으로 보인다. 왜냐하면 빛이 부딪쳐서 빛을 낼 수 있는 물체나 차원이 없기 때문이다.[4]

알베르티는 잿빛으로 흙을 표현했는데 흙을 제외하고 《그림 그리는 것에 관하여》에서는 4원소와 색의 상관관계를 정확하게 기술하였다. 이런 전제로 시작하여 레오나르도는 어떻게 푸른 공기가 자연에서 나타나는 색에 영향을 미칠까에 대해 궁금해 한다.

> 우리 눈과 보이는 물체 사이에 놓여 있는 매질은 물체를 매질 자체 색으로 바꾼다. 예를 들어 푸른 공기는 멀리 있는 산을 푸르게 나타나게 하고 붉은 유리는 그 유리를 통해서 눈으로 보이는 것은 모두 붉게 보이게 한다.[5]

공기는 마치 푸른색 필터와 같은 역할을 하여 물체가 멀리 있을수록 푸른색 얼룩이 번지듯이 물체에 색을 나타나게 한다. 사실주의 풍경화에 대한 그의 흥미 때문에 이것은 레오나르도에게는 아주 중대한 발견이다. 레오나르도는 이것을 그림 그리는 규칙으로 바로 변환하였다. 풍경화를 그리는데 화가들은 아주 먼 곳을 색으로 나타내기 위해서는 푸른색의 혼합을 점차적으로 늘려야한다. 그는 이 규칙을 서로 다른 거리에 있는 건물을 그리려면 어떻게 응용하여야 하는지를 실례를 들어 설명한다(그림 3.3).

> 공기의 여러 가지 양상을 이용해 우리는 서로 다른 거리에 있는 건물들을 단일 선상에 그려서 서로의 원근을 나타나게 할 수 있다. 이와 같은 경우는 많은 건물들이 담 밖에 있는 경우 그 건물들이 같은 크기로 담 가장자리 위로 모두 일직선상에 나타나있는 경우이다. 만약 그림에서 어떤 건물은 더 멀리 있고 어떤 건물은 더 가까이 있게 표현하기를 원한다면 공기를 좀

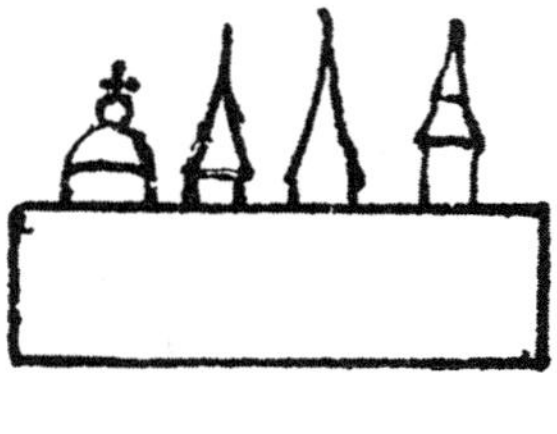

그림 3.3 공기 원근법의 규칙을 나타낸 레오나르도가 그린 스케치로 1487년에서 1490년 사이에 그린 것이다. Reproduced from Jean Paul Richter, *The Literary Works of Leonardo da Vinci* (London: Phaidon Press, 1883), 1:159.

더 진하게 그리면 된다. 그런 것은 여러분도 잘 알다시피 멀리 있는 물체, 예를 들어 산은 푸른색으로 나타나 보이는 데 그것은 태양이 동쪽에 있을 때 나타나는 공기의 색과 거의 같은 색이다. 그것은 산을 보고 있는 사람과 산 사이에 공기의 양이 많기 때문이므로 먼저 담 밖의 건물을 실제 색으로 그리고, 그 다음으로 건물 외곽선을 약간 더 푸른 기가 있는 색으로 그리면 건물이 훨씬 더 거리감이 있어 멀리 있는 것으로 나타난다. 더 멀리 있는 것으로 보이게 하려면 푸른색을 더 많이 섞어 사용하면 된다. 만약 그 상태에서 다섯 배 정도 더 멀리 있는 것으로 나타내 보이고 싶으면 푸른색은 다섯 배 더 진하게 해서 사용하면 그 건물이 다섯 배 정도 더 멀리 있는 것으로 나타나 보이게 된다.[6]

레오나르도는 실제로 풍경화를 그리는데 이 규칙을 사용했을까? 아마 아닐 수도 있다. 알베르티의 《그림 그리는 것에 관하여》에서 레오나르도는 자신이 사고의 변화를 일으키는 영향을 받았다고 생각하지만 푸른색이 퍼져 있는 공기에 대한 이론적인 가정으로 그와 같은 규칙을 유도했다. 실로 멀리 있는 풍경을 나타내는 것은 그렇게 쉬운 일이 아니라 복잡하다. 이와 같은 사실을 레오나르도는 잘 알고 있었다. 멀리 있는 산이라도 산을 바라보는 사람과 산 사이에 공기 때문에 푸른색이 퍼져 있지만 그래도 산들은 밝게 나타나 보이는 데 특히 산자락은 더욱 밝게 보인다(색판 9).

그래서 화가들이여! 여러분들이 산을 표시하려면 구릉 너머 구릉까지 산자락은 산 정상 보다 희미한 밝은 색으로 나타내고 그것에 비례해서 점점 멀리 있는 산은 정상 보다 더 창백하게 밝게, 반면에 산이 높아질수록 더 산의 실체에 가까운 형태와 색을 나타내야만 한다.[7]

그래서 공기는 멀리 있는 산의 형태에 세 가지 방법으로 영향을 미친다. 거리가 멀어질수록 산들은 더 푸른색을 띠게 된다. 반면에 산 밑 자락은 훨씬 더 희미한 색으로 나타나고 정상을 향해서 점점 더 푸른색을 띤다. 이런 주장들은 레오나르도에 의해 하나의 규칙으로 설정되었다. 이 주장은 공기 또는 색채 원근법(수평선 가까이에서는 푸른색에 흰색을 섞어 엷게 하여 아주 엷은 색으로 원근을 표현하는 것)과 블러링(blurring) 원근법(물체 가장자리 선을 분명하게 하지 않고 뭉겨서 입체감을 나타나게 하는 것)으로 알려졌다. 하나 또는 하나 이상의 소실점을 이용하여 화폭에서 3차원적 입체감을 만들어내기 위해 물체를 멀리 있을수록 점점 작게 묘사하는 선 원근법(투시도법)과 함께 문예부흥기에 가장 널리 사용된 화법이다. 이 세 가지 유형의 원근법을 모두 동시에 적용하여야만 가장 자연스러운 효과를 볼 수 있다*.

이런 연구들은 레오나르도 자신의 예술적 실습에 주목할 만한 영향을 미쳤다. 가장 유명한 예가 1506년에 그린 〈암굴의 성모〉인데, 이 그림은 그가 공기의 광학적 연구를 처음 시작한 지 30년째 되던 해에 그린 것이다(색판 10). 이 그림은 원거리에서 나타나는 밝은 색감과 푸른 기를 한꺼번에 포함하고 있다.

레오나르도는 그림에서 거리가 멀어짐에 따라 이런 효과를 사용한 베로키오 공방의 유일한 구성원은 아니었다. 레오나르도가 베로키오의 제자가 되기 전에 그의 스승도 1467년부터 그림에서 이런 효과를 사용했다. 그리고 1460년대에서 1470년대의 다른 플로렌스의 화가들도 이와 같은 기법을 사용했다. 흥미롭게도 이런 실습과정은 알베르티의 《그림 그리는 법에 관하

---

* 역자 주: 이 세 가지 유형의 원근법은 원저자가 벨(Jenis Bell)의 〈색 원근법(Color Perspective)〉 1492.' Academica Leonardi Vinci 5 (1992): 64-77을 참고하였으며 우리나라에서는 원근법을 대기(공기) 원근법과 선 원근법(투시도법)의 두 종류로 흔히 구분하고 있다.

여》란 책에 이미 확산되어 있었고, 그것은 최근에 그림 그리는 데 하나의 인증된 것으로 받아 들여 지고 있다. 아마도 이런 화법의 확산은 이 시기의 플로렌스 미술 사회를 지배하고 있던 혁신적인 분위기를 반영한 것이다. 그럼에도 불구하고 성모 그림의 배경은 레오나르도가 그 시기에 팽배한 편의주의적 묘사법을 얼마나 초월했는지를 잘 나타내고 있다. 동굴 뒤편에 나타나는 멀리 있는 풍경으로 두 줄의 산맥과 약간의 하늘 조각을 볼 수 있다. 동굴 뒤편의 바위들은 유형의 물질적인 색을 보여 주고 산은 먼 거리에서 사라질 것 같이 보인다. 첫 번째 산줄기는 푸른색을 띠고 있으며 여전히 그 산의 표면을 드러내고 있다. 그와 대조적으로 멀리 있는 산줄기는 아주 노련한 기교로 점점 더 밝게 칠하고 약간 분명하지 않게 칠하면서 강조하고 있다. 이렇게 멀리 있는 산들의 모습으로의 변환은 갑자기 나타나는 것이 아니라 점차적으로 나타난다. 그래서 그림에서 이 광경은 레오나르도가 공기(대기) 원근법과 색채 원근법을 동시에 사용했다는 것을 보여 준다. 그가 충고 했던 것처럼 우리는 물체가 거리가 멀어짐에 따라 더 푸른 기를 띠고 있는 것을 어디에서도 볼 수 없다. 그러나 멀리 있는 산들은 수평선과 가까이 놓여 있고 밝게 빛을 내는 산들을 표현한 색은 푸른색 농도를 능가한다. 수평선 가까이에 있는 푸른 하늘은 구름 한 점 없는 밝은 하늘이 잘 분리되어 있다. 이 그림을 그리면서 자신이 화가로서 누릴 수 있는 자유와 타협하지 않고 레오나르도는 그의 원근법 규칙을 이용하려고 노력하였다. 이 기간 동안에 그린 다른 그림을 보자. 예를 들어 모나리자에서 우리는 배경이 훨씬 더 복잡해지는 것을 발견한다. 이들은 울퉁불퉁한 풍경들이 포함되어 있는데 그것들은 레오나르도에게 빛과 그림자, 그리고 색의 효과를 실험하기 위한 좋은 기회를 부여했다.

아리스토텔레스의 발자취

레오나르도는 공기 원근법에 대한 체계적인 이론을 공기의 구의 구성과 구조를 상세하게 연구한 것을 바탕으로 개발할 수 있었다. 아리스토텔레스의《기상학》에서 이런 주제에 대한 공인된 기술은 계속되었다. 1490년에 레오나르도는 이 책의 필사본을 소장하게 되었다.《기상학》을 읽으면서 레오나르도는 고도가 올라갈수록 공기의 밀도가 희박해진다는 것을 알았다. 그는 태양빛에 의해 빛을 받고 있는 밀도가 높은 공기층은 얇은 공기층 보다 밝게 나타난다고 생각한 것과 멀리 있는 물체들이 이들 공기 때문에 흐릿하게 된다는 것을 그의 기록들에서 증명하고 있다. 이 두 가지 관점 모두 알-하이탐이 쓴《광학》이란 책을 떠올리게 한다. 그 책에 대해 레오나르도는 페캄의《보편적 원근법》을 통해 보았을 것이다.《광학》은 중세기에 가장 대중적인 광학교재로 도서관에서 아리스토텔레스의《기상학》옆에 늘 같이 소장되어 있었다. 레오나르도에게는 지표면 근처에 있는 공기는 밀도가 증가하고, 그것이 곧 태양이 비춰주는 것과 결합해 수평선 가까이에 있는 멀리 있는 풍경을 밝게 한다고 설명했다.

아리스토텔레스와 알-하이탐에 대한 지식은 레오나르도로 하여금 알베르티의 푸른 공기에 관한 것을 거듭 생각하게 하였고, 그러고 나서 푸른 공기에 대한 자신만의 의견을 가지게 되었다. 왜냐하면 아리스토텔레스와 알베르티는 모두 공기는 색이 없다고 생각했기 때문이다. 레오나르도는 알베르티의 주장 사이에서 갈등을 느꼈을 것임에 틀림없다. 알베르티 주장은 그림을 그리는 데에는 매우 유용한 것 같았다. 그리고 그것은 그의 시대에 통상적인 자연철학이다. 1490년경에 레오나르도는 새롭게 전통적인 광학적 사고에 익숙해지면서 딜레마에서 빠져나오게 되고 그는 더 이상 알베르티의 색 원리를 따르지 않았다. 이 기간에 쓴 원고를 보면 다음과 같이 기술되었다.

> 어두운 물체는 물체와 관측자 사이에 밝게 빛이 나는 공기가 많이 차 있으면 하늘색으로 나타나 보인다.[8]

'밝게 빛이 나는 공기' 와 물체의 배경의 역할을 말하면서 레오나르도는 알-하이탐을 언급했다. 알-하이탐은 빛을 내는 공기의 효과를 아주 장황하게 설명하였지만, 그것을 하늘색과는 거의 관련지어 말하지 않았다. 3년 후에 1493년인지 1494년에 레오나르도는 다음과 같이 기술한다.

> 공기 위의 층이 어둡기 때문에 푸른 데 그것은 검정색과 흰색을 합해서 푸르도록 만든다.[9]

이것은 아리스토텔레스의 푸른 하늘에 관한 설명을 압축한 것으로《우주의 구성에 관하여》란 리스토로가 쓴 책을 상기 시키는 대목이다. 14세기와 15세기에 걸쳐 이탈리아에서 이 책은 우주론에 대한 것으로 가장 잘 읽힌 책이었다. 리스토로처럼 레오나르도는 하늘이 푸르게 보이는 푸른색을 만들어 내기 위해서는 어두운 배경을 강조했다(리스토로는 아마도 테오프라스토스의《색에 관하여》에서 기술한 것을 언급했던 것 같다). 더욱이 레오나르도는 알베르티의 푸른 공기 색에 대해 의심이 증폭되었음이 명백하다. 왜냐하면 레오나르도는 테오프라스토스가 생각한 것처럼 공기는 하얗다고 생각되었기 때문이다. 알베르티가 주장하는 틀은 남겨 두고 채택하거나 아리스토텔레스의 개념인 푸른색은 검정색과 흰색의 혼합이라고 주장하는 것으로 다시 되돌아가야 한다. 레오나르도 전문가들은 그가 아리스토텔레스의 저서인《영혼에 관하여》나《감각에 관하여》를 읽지 않았다고 믿고 있다. 따라서 레오나르도는 아리스토텔레스로부터 직접적으로 배운 것이 아니라 분명히 아리스토텔레스 학풍의 전통으로부터 그리스 철학가들의 색에 관한 개념을 배웠을 것임에 틀림없다.

자연 속에서 물체에 나타나는 색을 염두에 두고 그림을 그리는 법을 언급하는 데 알베르티와 리스토로는 레오나르도의 초기 작품에 영향을 준 출전들이다. 그러나 알베르티는 이론적인 관점을 나타내 보였고 리스토로는 그의 작품이 실질적으로 그림 실습과 관계되어 있다고 주장한다. 리스토로는 레오나르도의 기호에 더 맞았음에 틀림없다. 왜냐하면 그림을 통해서 자연을 이해하고자 하는 레오나르도의 열망에 부합했기 때문이다. 두서너 해 전에 그는 알베르티의 주관적 견해를 아주 자세하게 연구했다. 1490년대에 레오나르도에게는 여전히 그 자신의 욕구를 충족시키는 체계적인 색에 관한 틀이 부족했던 것으로 나타난다.

알프스로의 여행

레오나르도는 공기 원근법에 관한 초창기 연구 중 대부분을 밀라노에서 완성했다. 스포르차(Sforza) 왕조가 1499년에 밀라노로부터 추방되었을 때, 레오나르도는 플로렌스로 다시 돌아와 플로렌스 지방의 명문인 메디치 가에 고용되었다. 플로렌스에 머무르는 동안 그린 그림이 유명한 〈모나리자의 미소〉이다. 그리고 플로렌스의 시청인 팔라초 베키오 안에 거대한 벽화를 그렸다. 그 벽화는 〈안기아리(Anghiari)의 전투〉라고 불리는 것으로 1440년에 플로렌스가 밀라노 군대를 제압하고 승리로 이끈 전쟁을 경축하기 위한 그림이었다. 레오나르도가 대중과 함께한 작품으로 가장 대중 친화적인 대작이었다. 그림이 그려지고 있는 도중에도 동시대 사람들은 가장 중요한 작품으로 생각하고 그 그림을 보러 왔다. 몇몇의 화가들은 그 그림을 베꼈고, 그런 모사(模寫)는 오로지 그 그림과 레오나르도의 초벌 스케치를 통해 이루어졌는데, 그와 같은 사실은 모사도(模寫圖) 위에 색이 덧칠로 입혀진 것을 보고 안다. 1506년에 그 그림을 끝내고 나서 레오나르도는 밀라노 공작의 집으로 되돌아갔고 레오나르도는 공작의 후계자들을 패배자들로 묘사했다.

그의 최초의 연구가 있은 지 10여년 이상 지나서도 레오나르도는 공기가 푸르다(알베르티)와 공기는 색이 없다(아리스토텔레스와 알-하이탐) 또는 햇빛에 의한 조명으로 하얀 것이다(리스토로) 사이에서 어떤 것이 옳은지 갈피를 잡지 못하고 있었다. 그러나 지금 이 문제를 극복할 수 있는 새로운 희망이 열렸다. 중간에 레오나르도는 테오프라스토스가 하늘이 푸른 것에 관하여 추측한 것과 공기가 조명에 의해 하얗다는 것이 적혀 있는 《색에 관하여》란 책의 라틴어로 된 필사본을 얻게 되었는데, 그것은 훨씬 후에 있을 리스토로의 주장과 같다. 그 보다 더한 것은 레오나르도는 어느 한 여름에 밀라노에서부터 알프스까지 여행을 하는 기회가 있었다. 아마 1508년 또는 1509년, 또는 1510년이었으리라고 여겨진다. 그는 이탈리아와 스위스의 경계에 있는 로사(Rosa) 산으로 갔다(그림 3.4).

여행 기간 동안에 레오나르도는 지상에 있는 물의 순환과정을 철저하게 조사했다. 그리고 달 표면에서 반사되는 빛과 하늘색을 철저하게 조사했다. 이 여행 기간 동안에 기록이 〈코덱스 레스터〉에 있다. 레오나르도가 미리 공부해서 가지고 있었던 지식은 이 여행을 통해 새로 얻은 지식과 함께 융화되었다. 자연을 바르게 인식하려는 힘을 기르기 위한 목적과 토론을 위한 참고자료로 몇 구절을 여기 소개하기로 한다. 〈공기의 색에 관하여(Del colore dell'aria)〉에서 레오나르도는 다음과 같이 기술한다.

1 공기에서 보이는 푸른색은 공기 자체의 색은 아니지만 열을 받은

그림 3.4 로사 산. 이탈리아와 스위스의 경계 사이에 있다. Stefan Vehoff.

습기가 증발한 아주 미세한 알갱이들에 의해 생기는 것이고, 태양광선의 빛살은 미세 알갱이들을 끌어당기고 그것들을 덮어주는 불의 영역의 짙은 어두움을 배경으로 하여 빛이 나는 것처럼 된다. 그리고 내가 봐도 그렇듯이 로사 산을 오르는 사람이면 누구나 사슬처럼 연결된 알프스 봉우리들이 프랑스와 이탈리아를 나누어 놓는 것을 볼 수 있다. 그 산자락 밑에는 네 개의 강의 원천이 있고 그것들은 여러 방향으로 여러 가지 모양으로 전 유럽에 걸쳐 흐른다. 그런 산자락을 가지고 그렇게 높은 산은 없다. 내 머리 위에 공기가 어두운 짙은 색을 띠고 있는 것을 보았다. 산에 부딪치는 태양광선은 산 아래서 보다 훨씬 밝은 데, 왜냐하면 산 정상 근처의 공기와 태양 사이의 두께가 얇기 때문이다.

2 공기의 색에 대한 또 다른 예로, 늙고 건조한 숲에서 만들어지는 연무와 같은 것을 들 수 있다. 왜냐하면 연기가 굴뚝에서 나오는 것처럼 어두움과 관측자의 눈 사이에서는 아주 푸른색으로 나타나 보인다. 그러나 연기가 올라 갈수록 밝은 공기와 관측자 사이에서 연기는 잿빛 회색으로 순식간에 변하고 사라지는 데, 그것은 그 이상에서는 더 이상 짙은 색이 아니고 거기에는 그것 대신에 밝은 공기가 있기 때문이다. 그러나 만일 이와 같은 연무가 녹색 숲에서 나온다면 그것은 푸른색이 아닐 수 있다. 왜냐하면 그것이 투명하지 않고 습기가 아주 많이 채워져 있기 때문에 그것은 마치 밀도가 높은 구름과 같은 효과를 가질 것이고 그래서 형체가 있는 물체처럼 빛을 받고 그림자도 생길 것이다.

3 공기에 대해서도 마찬가지이며 초과 습기는 흰색을 유발하고 반면에 열에 반응하여 습기가 전혀 없으면 공기를 어둡게 하고 짙은 푸른색을 가지게 한다. 이것은 공기 색의 정의로는 충분하다. 하지만 비록 공기가 자연적인 색으로 투명한 푸른색을 가지고 있다고 해도 사람의 눈과 활활 타는 원소 사이에 어떤 두께를 가진 공기의 양이 있는 곳이면 어디든지 공기는 깊은 색조를 띤 푸른색으로 나타날 것이라고 또한 사람들은 말할 수 있다. 그 푸른색은 푸른색 유리를 통해서 그리고 사파이어를 통해서 보이는 색으로 공기층의 깊이에 비례해서 점점 더 깊은 푸른색으로 나타날 것이다. 이런 조건 밑에서 공기는 정확하게 반대로 작용한다. 왜냐하면 불의 구와 관측자의 눈 사이에 들어오는 공기의 양이 많을수록 더 하얗게 보이기 때문이다. 그리고 이런 현상은 수평선에 가까이 다다를수록 더 분명히 나타난다. 그리고 비례해서 보다 적은 공기양이 관측자와 불의 구 사이에 있을 때는 우리가 비교적 고도가 낮은 평야에 있어도 공기는 더 깊은 푸른색으로 나타난다. 그러므로 내가 말하고자 하는 것은 태양광선을 포획

한 습기 알갱이들에서 대기는 푸른색을 얻는다는 것이다.

4 태양광선이 암실 벽의 갈라진 틈으로 들어오면 먼지 원자들과 연기의 원자들이 구분되는 것을 관찰할 수 있다. 그때 하나는 잿빛 색을 띠고 있고 다른 하나는 엷은 연기에서 아주 아름다운 푸른색을 나타내는 것 같다. 우리는 산의 짙은 그림자에서도 같은 상황을 볼 수 있다. 만일 그 산이 관측자로부터 아주 멀리 있을 경우 관측자와 산 그림자 사이에 있는 공기가 매우 푸르게 나타날 것이다. 빛을 받고 있는 산의 일부는 산이 가지고 있던 처음 색에서 그렇게 많이 변화하지 않을 것이다.

5 그러나 누구든지 최종 증명을 하고자 할 경우 넓은 판에 여러 가지 색으로 색칠을 하고 거기에는 짙은 검정색이 포함되어 있어야 하는 데 그 색칠된 여러 가지 색들 위에 얇은 투명한 흰색으로 덧칠하면 광택 있는 흰색이 검정색 위에 칠해진 것 이상으로 더 아름다운 푸른색을 나타내는 곳은 없다-그렇지만 매우 얇고 윤이 나도록 고루 잘 칠해져야만 한다.[10]

몇 쪽을 넘어가서 레오나르도는 푸른색이 보이도록 하기 위해 어두운 배경이 필요하다는 것을 확신 있게 강조한다.

6 공기 뒤에 어떻게 어두움이 있는지 게다가 어떻게 푸른색으로 나타나는지를 경험하라. 오래되고 건조한 숲의 작은 부분을 이용하여 연기를 만들어라. 그리고 이 연기에 태양빛이 비추도록 하고 그 뒤에 검정색 벨벳을 놓아라. 그러면 그것이 그림자 속에 있게 될 것이다. 그러면 눈과 벨벳의 검정색 사이에 연기가 나오는 것을 볼 수 있다. 그때 벨벳의 검정색이 아름다운 푸른색을 띠는 것을 볼 수 있다. 벨벳 대신에 하얀 천을 놓아 보라. 그러면 연기는 잿빛 색으로 나타날 것이다. 과다한 연기는 마치

베일과 같은 역할을 하고 적은 양의 연기는 이런 완벽한 푸른색을 나오게 하지 못한다. 그것은 연기의 적절한 혼합에 의해 이런 아름다운 푸른색이 만들어지는 것이다.

어두운 곳에서 물을 분무기로 뿌리고 그 분무된 물방울에 햇빛을 비추면 광선이 물방울을 지나가면서 푸른색을 만들어 낸다. 특히 이 물이 증류된 물일 경우 엷은 연기는 파랗게 된다. 공기의 푸른색이 공기 위에 있는 어두움에 의해 생기는 것이라는 것을 보여주는 것이다. 위에서 언급한 예들은 로사 산에서 경험한 것을 믿지 않는 누구에게도 확신을 줄 수 있는 예들이다.[11]

이런 체계적인 기록은 그것들이 레오나르도가 책을 만들기 위해 준비한 것의 일부라는 것을 암시한다. 그는 초기 밀라노 원고를 작성한 이래로 빛과 그림자, 그리고 색에 관한 책을 준비하고 있었다고 발표했다. 그러나 그와 같은 시기에 그의 스타일은 매우 복잡했다. 그가 가장 즐기는 주제는 먼 거리에서 생기는 푸른색의 농도, 연기의 연구, 그리고 자연의 현상을 감지할 수 있는 도구로써 그림 그리는 것이었다. 그러나 그는 문헌적 근원과 그가 관측한 것을 분명히 구분하고자 했다.

레오나르도는 몬보소(Monboso; 로사 산)을 올라갔다고 주장하지만 정상에 도달했는지는 알 수 없다. 빙하로 둘러싸여 있는 로사 산은 알프스에서 두 번째로 높은 산으로 높이가 4,630.m이다. 그렇지만 그는 그 산을 상당히 높은 곳까지 올라갔을 지도 모른다. 왜냐하면 그는 구름이 없는 아주 높은 곳에서는 맑은 푸른 하늘이 산 밑 평원에서 보이는 것보다 훨씬 더 짙은 푸른색라고 기록했기 때문이다.

그의 초기 기록은 1493-1494년에 작성 되었는데 거기서 레오나르도는 단순히 리스토로의 밝은 색과 어두운 색의 혼합으로 만들어진 푸른색에 대한 관점에 대해 더 이상 만족할 수가 없었다. 오히려 그는 공기와 불의 구에 밝음과 어두움이 각각 있다는 것을 선호했다. 그는 미세한 습기 알갱이들이 태양빛을 받아 공기를 하얗게 나타나게 한다고 추측한다. 레오나르도는 불의 어두운 구 전면에서 보면 빛과 어두움의 혼합은 푸른색이 나타나도록 한다고 주장한다. 이것은 테오프라스토스를 강하게 회상시키는 것이다. 테오프라스토스는《색에 관하여》에서 밀도가 높은 공기는 희고 그것이 아주 깜깜한 어두움 또는 짙은 검정 바탕을 투과하면 푸르게 보인다고 설명하고 있다. 그러나 테오프라스토스는 공기가 미세한 알갱이로 되어 있다거나 어두운 영역을 불의 구로서 지목하지는 않았다.

첫 번째 문단에서 레오나르도는 공기가 푸른색을 띠고 있다는 알베르티의 주장에 반박하고 있다. 대신에 그는 아리스토텔레스 사상을 토대로 한다.《기상학》에서 아리스토텔레스는 불의 구의 어두움과 따뜻함을 언급한다. 그리고 습도가 높은 수증기 방울이 공기 중에 부유하고 있어 그것이 햇빛에 의해 빛을 받으면 공기가 하얗게 보이게 된다고 기술하고 있다. 그리스 철학가들은 공기는 덥고 습기가 높은 성질을 가진 것들의 조합으로 이루어진다고 생각했다. 반면에 열을 받아 증발하는 습기의 미세한 알갱이들은 (1) 공기와 물 사이의 변환 상태에 있다. 공기의 응축은 공기의 구에서 색을 나타나게 하기 위해 필요한 것 같았다. 이런 수증기의 응축은 작은 공기거울 같은 역할을 하여 색을 반사할 수 있어 무지개를 만들어 낸다고 그리스 철학자들은 기상학에서 기술하고 있다. 레오나르도는 아리스토텔레스의 무지개에 대한 설명에서 하늘의 푸른색과 관련하여 그의 영감을 끌어내었다(1과 3).

하늘색이 푸른 것이 증발된 습기 알갱이들이 햇볕에 의해 빛을 받은 것이 원인이라고 결론을 내리면서 레오나르도는 다른 매질에서도 마찬가지로 같은 색을 감지한다. 예를 들어 오래 되고 건조한 숲(2)에서 그리고 분무해서 나오는 물의 예에서도 같은 색을 감지한다(6). 베이컨과 리스토로는 푸른색의 근원을 설명하기 위해서 생생한 비유법을 이용했다. 레오나르도는 이보다 훨씬 더 앞서가는 생각을 한다. 그의 예들은 영감적으로 순발력 있는 환영일 뿐 아니라 매일처럼 경험하는 추상적인 하늘 색과 관련되어 있다. 그의 실험은 누구라도 되풀이 할 수 있는 것들이다. 빛을 받은 연기의 색은 레오나르도에게 푸른색이 나타나게 하기 위해서는 반드시 검정 바탕

표 3.2

여러 가지 다른 물질들에 햇빛이 비쳐졌을 때 볼 수 있는 색깔에 대한 레오나르도의 관찰로 이것은 코덱스 레스터(1508)에 기록되어 있는 것이다.

태양빛이 비쳐진 물질	배경	겉보기 색(또는 가시 색)
오래된 건조한 숲에서 생긴 연기	어두운 공간	선명한 파랑
오래된 건조한 숲에서 생긴 연기	빛이 나는 공기	잿빛 회색
싱싱한 초록빛 숲에서 생긴 연기		밀도가 높은 구름의 효과
먼지 원자들	암실	잿빛
엷은 연기	암실	가장 아름다운 파랑
공기	어두운 산 그림자	새 파랑
공기	햇빛을 받고 있는 산 부위	색이 없음
건조한 숲에서 생긴 적은 양의 연기	그림자에 놓여 있는 벨벳 조각	아주 아름다운 파랑
건조한 숲에서 생긴 적은 양의 연기	흰 천	잿빛
스프레이 형태로 분사된 물	어두운 장소	파랑

출처: *Codex Leicester*, fol 4r and fol. 36r; Edward MacCurdy, *The Notebooks of Loenardo da Vinci* (London: Jonathan Cape, 1938), 1: 418–21.

(배경)이 있어야 한다는 증거를 제공해 주었다(표 3.2와 색판 11). 대기 안에서의 상황으로 이런 발견을 넓혀감으로서 레오나르도는 불의 어두운 구는 하늘의 푸른색을 만드는 데 필요한 요소라고 결론을 내린다.

레오나르도가 기술한 이해하기 쉬운 설명들을 읽으면 이것이 뛰어난 화가가 쓴 것이라는 것을 거의 잊어버리게 된다. 단지 한 구절(5)에서 하늘이 푸르다는 것을 미술가의 실습차원에서 기술하고 있다. 검은 바탕에 투명한 흰색을 덧칠하면 푸른색을 얻을 수 있다는 주장에서 그는 자신이 그림 그릴 때 사용하는 기교를 언급하고 있는 것이다. 그러나 그것은 레오나르도의 단순한 사고실험이라는 것이 판명되었다. 화가들은 실제로 흰색 위에 아주 좋은 검정색을 얇게 덧칠하면서 푸른색을 낸다. 그러나 이와 반대 방법으로는 푸른색을 내는 것이 쉽지 않다. 레오나르도는 납빛 회색을 언급했다. 이런 효과는 불가능하다. 왜냐하면 그 색은 특히나 불투명하고 농도가 높아서 색칠을 하면 다른 색이 나타나지 않는다. 그래서 그런 기교로 푸른색을 만든다는 것은 적절하지 않다. 레오나르도가 기술한 것 같은 기교로 충분한 효과를 얻고자 미술사 전공자들은 많은 시도를 했으나 결과적으로 회색이 도는 초록빛을 얻는 것뿐이었다. 결국은 푸른색을 얻는 데 실패했다. 〈암굴의 성모〉(색판 10)를 면밀히 조사해서 레오나르도가 푸른색을 내기 위하여 그가 제안한 방법을 사용하지 않았다는 것을 알아내었다. 왼쪽 하늘을 색칠하면서 레오나르도는 흰색과 파란 광물성 색을 혼합하여 흰색 바탕에 점차적으로 덧칠해 나갔다. 그렇게 해서 그는 얻고자 하는 색상의 효과를 그림에서 만들어 내지는 못했으나 그것을 회화적인 수단으로 모방한다.

무한한 어두움

레오나르도는 낮 동안에 하늘이 푸르게 나타나는 것은 공기의 구 너머에는 어두움이 있기 때문이라고 이해했다. 문외한(門外漢)의 관점에서 이런 어두움의 존재는 상당히 하찮은 것일지 모른다. 낮에 태양은 높이 떠오르고 빛을 낸다. 밤에 태양은 지고 분명히 어두워진다. 이처럼 대부분의 사고 능력이 있는 사람들은 아리스토텔레스의 우주론의 틀에서 생각을 시도하고 있다. 그러나 레오나르도는 어두움은 밤에 관련된 문제로 생각하지 않는다. 그의 우주관은 유한하고 물론 거기에는 행성이 있고 별도 있지만 그것들이 복사하는 에너지는 매우 적어 천구가 가지고 있는 본래의 어두움에 비하면 비교할 수 없을 만큼 적다.

수세기 동안에 걸쳐 이런 사고가 지배적이어서 아리스토텔레스의 고대 우주관조차 경쟁대상이 되지 못하였다. 아리스토텔레스에 앞서 그리스 철학가 밀레투스의 아낙사고라스는 우주는 무한하고 정적이며 물질이 아주 균일하게 채워져 있다고 주장했다. 이런 물질들이 별이라고 상상해보자. 그러면 당장 밤의 어두움을 이해하는 데 어려움을 겪을 것이다. 우리가 어디를 보던 상관없이 우주의 어떤 곳을 바라보아도 별빛을 보게 된다(그림 3.5). 이것은 안개 속에서 산을 등반하는 사람들이 어디를 보아도 똑같아 보이는 것과 같다. 안개 속에서 어느 곳을 바라보아도 그 사람은 나무의 몸통만 본다. 어떤 나무는 좀 더 멀리 있고 그의 시야에 잡히는 것은 거의 조금 밖에는 되지 않는다. 다른 것들은 인접해 있거나 아니면 아주 멀리 있어 거의 분명하게 보이지 않는 나무들이 있을 뿐이다. 이와 똑같은 현상이 우주에서 별들로 인해서도 일어난다. 우리의 시선은 별의 밝은 표면에 꽂히게 될 것이고 하늘의 모든 영역에서 밝은 빛이 흘러나올 것이다. 18세기와 19세기에 천문학자 셰소(Chéseaux)의 장-필리프(Jean-Philippe)와 올버스(Wilhelm Olbers)는 독자적으로 별과 별 사이에 있는 애매모호한 물질의 존재가 아낙사고라스의 우주론 모형을 뒷받침할 수 있을 것이라고 주장했다. 왜냐하면

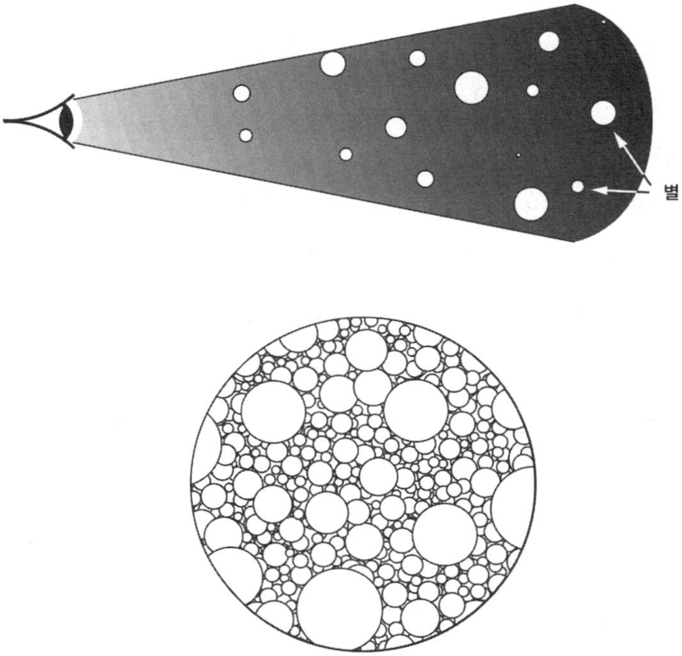

그림 3.5 모든 우주의 존재물이 밤의 어두움을 조화시키지 못한다. 무한히 크고 정적인 우주는 밝게 빛을 내는 반짝이는 별들로 채워져 있다. 그 별빛은 우주의 모든 방향에서 지구에 도달하게 된다. 망원경으로 보면 별의 작은 원반들이 서로 겹쳐져 있는 것을 볼 수 있다. After Edward Harrison, *Darkness at Night: A Riddle of Cosmology* (Cambridge, Mass.: Harvard University Press, 1987). 7.

그런 물질들이 대부분의 별빛을 흡수할 것이기 때문이다. 그러나 오늘날 열역학 법칙이 그런 해법을 용납하지 않는다는 것을 알고 있다. 별들이 그 주변에 한번 비쳐지면 그 물질은 별들 자체만큼 밝게 빛을 낼 수 있다는 것을 안다. 따라서 우리는 우주가 무한하고 정적이고 별들이 균일하게 분포되어 있다는 결론에서 벗어날 수가 없다. 그러나 이것은 필연적으로 아리스토텔레스의 우주론이 진실이라고 하는 것을 의미하는 것은 아니다.

유명한 학자들은 우주의 어두움에 대한 수수께끼를 풀려고 애를 쓰고 있는데(그림 3.6) 그들 중에는 케플러, 할레 그리고 켈빈 경이 있다. 놀랍게도 최근 해법에 가장 근접하게 생각했던 최초의 사람들 중 하나가 전문 과학자가 아닌 시인이었다. 〈까마귀(The Raven)〉와 〈어셔가의 몰락(The Fall of the House of Usher)〉의 저자인 포우(Edgar Allen Poe)이다. 그는 1848년 뉴욕에 있

그림 3.6 맑은 밤하늘에 별 사이의 공간은 까맣게 보인다. 이 사진은 히아데스성단(왼쪽)과 플레아데스성단(오른쪽)을 보여주는데, 이들 두 성단은 황소자리에 있는 산개성단이다. Sebastian Voltmer.

는 사교 도서실에서 강의를 했다. 우주의 모형론을 연설했는데 청중은 거의 없었다. 우주가 마치 심장의 박동과 같이 주기적으로 팽창과 수축을 반복하고 있는 것을 상상하는 포우는 동시대를 살고 있던 과학적으로 정신 무장이 된 사람들에게는 받아들여지지 않았다. 그러나 우주가 유한한 나이를 가지고 있다는 것과 빛의 속도가 일정하다는 것을 염두에 두고 포우는 왜 우주는 빛으로 가득 차 있을 수 없으며 반드시 어두워야만 하는지 두 가지 추정할 만한 이유를 제기했다.

1960년 이후에야 우리는 포우가 제안한 두 가지 제안을 포함하는 하나의 이론을 가지게 되었다. 그것은 방대한 천문학적 관측 자료와 일치하는 것으로 대폭발 모형이다. 우리의 우주가 140억 년 전에 형성된 이래로 팽창하고 있다는 생각을 뒷받침하는 명백한 증거에 상당히 수렴하는 모형이다. 그러므로 아주 늙은 별들이라도 140억 년 보다는 나이를 덜 먹었을 것이고 그 외의 대부분의 별들은 아주 젊은 별들일 것이다. 별들의 한정된 수효와 그들의 한정된 수명 때문에, 즉 빛이 항상 어느 특정한 속력을 가지고 있는 것과 마찬가지로 그 별들이 우주를 빛으로 가득 채울 수는 없다. 우주의 팽창은 별빛을 더 약하게 한다. 그래서 우주는 어둡다. 왜냐하면 우주를 빛으로 가득 채울 수 있을 만큼 별이 없기 때문이다.

만약 지구 대기 뒤의 어두움이 낮 동안에 하늘을 푸르게 하는 원인이 된다고 주장하는 레오나르도가 옳다면 푸른 하늘색은 전체로서 우주의 역사와 분명히 관계되어 있다.

결말 없는 발견들?

〈코덱스 레스터〉를 쓰고 난 후 얼마 되지 않아 레오나르도는 이탈리아를 떠났다. 그리고 그는 왕 프랑소아 I세의 초청으로 프랑스로 이주했다. 그는 루아르(Loire) 강 제방에 있는 앙부아즈(Amboise) 왕성 근교의 한 저택에 정착했다. 1519년 레오나르도는 뇌졸중으로 고생하다 죽었고 근처에 있는 지방 공동묘지에 묻혔다.

그는 공부하는 중에도 자유롭게 이동했는데 광학에 관해 전승되어온 다양한 문건들을 영감의 발상과 참고문헌으로 사용했다. 그것은 아리스토텔레스에서 알베르티에 이르기까지 그의 생각과 원고에 사용된 참고문헌의 출처는 거의 2천년에 걸친 것이다. 만족을 모르는 호기심은 그를 상당히 많은 원전(原典)을 탐독하게 하여 직업학자로서 학문적인 논박에 대해 상당히 해박하게 만들었다. 이것은 뛰어난 업적이고 그로 인해서 라틴어로 된 원전을 상당한 노력 끝에 해독할 수 있었다. 그러나 그의 공부의 놀랄만한 깊이와 학문적 영역은 상반되게도 많은 과학자들과 공학자들에게 미미한 영향을 미쳤다.

이와 같은 사실에 대한 이유는 그가 상당히 부적절한 시기에 있었다는 것이다. 쉽게 말해서 타이밍이 좋지 않은 때에 살았다는 것이다. 레오나르도는 중세 후반에서 문예부흥기 사이의 변환기에 살았다. 그 시기에 학문적인 생활은 먼지를 뒤집어쓰고 있는 고전 철학가들의 원고에 무미건조한 주석을 다는 것이 고작이었다. 확실한 것은 아리스토텔레스의 업적들은 14-15세기에는 이탈리아에서 언급 되지 않았다. 후에 17세기 과학혁명으로 알려진 일에 해당하는 선구자들은 문예부흥기까지 되돌아 갈 수 있다. 그러나 새로운 개념들에 도달하기 위해 앞으로 더 나가는 것 대신 레오나르도는 뿌리로 되돌아가서 아리스토텔레스의 전승학문 방향으로 향했다. 말년에 그는 사고의 체계를 추구하는 생각하는 사람으로 남았다.

그러나 레오나르도의 영향이 별로 미치지 못한 또 다른 이유는 자신의 완벽주의에 스스로 희생양이 된 것이다. 관찰과 실험에서 얻은 많은 상세한 자료들과 무엇이든지 모아두는 습관으로 쌓여 가는 정보가 너무 많아져서 그것을 다시 체계를 세우기는 점점 더 어려워지고 말았다. 1519년에 그가 죽었을 때 출간하리라고 말했던 책들 가운데 몇 권은 완성하지 못했다. 그의 기록에 포함되어 있었던 아주 중요한 미술에 관한 조언은 제자들이 수집하여 출간하여야 할 몫이 되어버렸다.

레오나르도가 프랑스로 이주할 때 동행 했던 멜지(Francesco Melzi)는 레오나르도의 기록 대부분을 물려받았는데, 그는 〈그림 그리는 것에 관한 논문(Tratato della Pittura)〉안에 모든 것을 모으기 시작했다. 그 논문에서 레오나르도는 하늘이 왜 푸른가에 대한 그의 생각을 요약해 놓았다. 그 논문이 처음 출간된 것은 1651년으로, 이미 16세기와 17세기 초반의 화가들 사이에서 너무도 잘 알려져 있었다. 그것에 대한 손으로 쓴 원고는 미술계에서 널리 회람되고 있었다. 17세기 후반과 18세기를 통틀어 그 논문은 모든 예술가들이 반드시 읽어야 하는 논문이 되었으며, 주요 유럽 언어로 번역되었다. 19세기 중반에 이르러 그 논문은 보다 완전하게 편집되었고, 그 결과 레오나르도의 방대한 사고의 지평이 모든 이들에게 분명해졌다. 그러나 동시에 그의 발견과 발명들은 다른 사람의 이름으로 재탕되어 반복해서 이루어졌으며 출간되었다.

4장

1차색이라는 색

1665년 여름, 케임브리지에 엄청난 전염병이 돌았다. 9월까지 시에서 모든 대중적인 결사와 집회를 금지했다. 그리고 10월에는 접촉에 의한 전염이 클 것 같은 위험 때문에 제1교회인 세인트 메리 대성당(Great St. Mary)에서 예배와 설교조차도 금지되었다. 그때까지 그 도시의 유명한 대학교의 모든 대학들은 오랫동안 폐쇄되었다. 선생님들과 학생들에게는 도시를 떠나도록 권유하고 전염병이 끝날 때까지 기다리도록 하였다. 그 보다 앞서 중세기에 괴질이 창궐했던 경우와는 달리 전염병으로 인한 폐해 범위를 정하였다. 더욱이 영국에서 대중생활은 언제 종결이 될지 모를 만큼 악화되어가고 있었다. 전염병이 발병되기 일 년 전 영국군이 미국의 동부 해안에 '새 암스테르담(New Amsterdam)' 이라는 네덜란드 정착지를 장악하여 '뉴욕' 이라고 새로 이름을 지었다. 네덜란드 사람들은 민감하게 반응하였고 그 사건으로 인해 두 번째 더치(Dutch) 전쟁이 일어났다. 그것은 2년여 동안의 격분 상태로 이어졌고, 1666년에 정점에 이르러 영국에 런던 대화재가 발생했는데, 여러 가지 정황에 따르면 방화에 의한 것이라고 본다.

케임브리지의 트리니티(Trinity) 대학은 1665년 8월에 폐쇄되었는데, 뉴턴(Isaac Newton)(그림 4.1)도 당시 집으로 돌려보내진 학생 중 하나였다. 22세의 학생 뉴턴은 영국의 동부 미들랜드(East Midlands)에 있는 한 작은 마을 울즈소프(Woolsthorpe)에 있는 가족 소유의 장원(莊園)으로 되돌아갔다(그림 4.2). 장원은 오늘날까지 여전히 존재하고 있는데, 그때나 지금이나 그렇게 변한 것이 없는 것 같다. 지금은 영국 국립 신탁회사가 관리하는 박물관으로 사용되고 있다. 그곳은 과수원과 농부들의 집과 목초지로 둘러싸여 있다. 털이 길고 거친 링컨(Lincoln) 종의 양들과 닭을 방목하고 있다. 석회암으로 된 이층 건물은 뉴턴 시대의 부유한 소지주들이 살고 있었던 양식으로

그림 4.1　19세기 중반에 완성된 강철판에 만들어진 뉴턴의 판화 초상. 베를린 프러시아 문명 소장품.

꾸며졌다. 1층은 부엌과 거실 그리고 커다란 홀이 있고 계단을 통해 2층으로 올라가면 두 개의 침실이 있다. 벽의 일부분에서는 낙서를 볼 수 있다. 낙서의 대부분은 필시 뉴턴이 썼을 것이다. 낙서들 가운데 어느 정도는 역병이 돌던 시절에 작성된 것일 수 있다. 케임브리지로 되돌아갈 때만 기다리는 동안에 뉴턴은 그냥 허송시간을 보내지 않았다. 그는 자연철학을 공부하는데 집중하였다.

뉴턴은 1642년 성탄절 날 울즈소프 장원(Woolsthorp Manor)의 2층 두 개의 침실 중 하나에서 태어났다. 아버지는 유복한 농부였는데, 뉴턴이 태어나기 한 달 전에 죽었다. 어머니는 1645년에 재혼했는데, 뉴턴은 어머니(Hannah Newton)가 두 번째로 혼자 돼서 다시 울즈소프로 되돌아올 때까지

그림 4.2 링컨셔(Lincolnshire) 주 그랜덤 근교에 있는 울즈소프 장원. 1890년경 만들어진 목판화. 베를린 미술사 박물관에 있는 소장품.

할머니와 함께 살았다. 미스 스토어러(Miss Storer)라고 하는 뉴턴 보다 약간 어린 소녀는 소년 뉴턴을 '얌전하고 말이 없이 생각만 하는 소년' 이라고 불렀다. 그리고 그 소녀가 뉴턴이 일생 동안 사랑에 빠졌었던 유일한 여성인 것 같다.[1] 뉴턴의 삼촌은 성장하는 소년 뉴턴의 소질을 알아보고 그를 후원했다. 그가 다니던 학교의 교장 선생님은 뉴턴의 타고난 천부적인 재능을 시골에서 썩힌 다는 것은 손실이라고 보고했다.[2] 19세 소년은 학업을 위해 케임브리지 트리니티 대학으로 보내졌다.

자연철학은 레오나르도의 죽음과 뉴턴이 케임브리지로 되돌아온 사이의

15년 동안 도약했다. 역학과 천문학은 교과목들이 생겨 난 이래로 엄청난 발전을 이루었다. 코페르니쿠스의 우주론은 우주의 중심으로부터 지구를 내몰았고 지구대신에 태양을 우주의 중심에 놓았다. 갈릴레이(Galileo Galillei)와 케플러(Johannes Kepler)는 4원소의 자연적인 운동에 관한 낡은 개념은 더 이상 유효하지 못하다는 것을 증명했다. 많은 것에 대해 이제는 아리스토텔레스 식 자연철학 전체를 의심해야 된다는 합당한 이유들이 존재하게 되었다. 이것은 모두 새로운 발달이었고 대학교의 총장이나 학장들은 새로운 교과과정을 어떻게 짜야할지 방향을 잡지 못했다. 이것이 뉴턴에게 완벽하게 맞아 떨어졌는데, 이러한 상황에 부응해서 뉴턴은 케임브리지 대학교에서 거기에 맞는 새로운 교과과정에 해당하는 과목들을 마음대로 선별하는 자유를 얻었다.

역학 분야에 일어난 새로운 진전은 짧은 기간 동안에 받아들여지게 되었다. 코페르니쿠스나 갈릴레이나 케플러 중 누구도 색과 빛의 성질에 대한 새로운 개념에 공헌하지는 못했다. 코페르니쿠스 방식의 혁명은 역학 분야에서의 혁명이지 광학 분야에 혁명은 아니다. 17세기 초에 점점 더 많은 학자들이 광학 분야에서의 혁명도 마찬가지로 인식하게 되었다. 유명한 철학가 데카르트(René Decartes)와 베이컨(Francis Bacon), 그리고 가생디(Pierre Gassendi)는 색과 빛의 새로운 이론들에 관해 연구했는데, 그것은 아리스토텔레스의 방식과는 전혀 일치하지 않는 것이었다.

케임브리지 대학교는 대 역병이 끝난 후 1667년에 다시 열었다. 그해 여름에 뉴턴은 학교로 되돌아갔다. 18개월 만에 뉴턴은 빛과 색의 새로운 성질을 감지했을 뿐만 아니라 중력의 법칙과 적분과 미분의 계산법을 발견하였다. 뉴턴의 광학적 실험의 초기 목적은 빛에 관한 모순되는 이론을 규명하고자 했었던 것이다. 예를 들어 데카르트는 빛은 아주 미세한 알갱이들,

즉 입자들로 이루어져 있다고 생각했다. 입자들의 회전 속력은 눈이 감지하는 색을 결정할 것이다. 데카르트는 빛은 굴절된 후 반드시 호로 된 경로를 따라 이동한다고 예측했다. 이것은 실험으로 보여 줄 수 있는 것이었다. 거기에 알맞은 실험을 하기 위해 기기를 고안하고 장치를 개발해서 뉴턴은 반세기 이전에 갈릴레이가 발견했던 실험 방법을 대변하게 되었다. 이것이 통계적인 법칙을 만들어 내기 위해서 또는 가정들을 실험하기 위해서 주어진 실험실의 조건 밑에서 실험을 수행하게 된 계기였다. 뉴턴이 개발한 프리즘 실험은 이와 같은 기준들을 충족시키는 것으로 보였다. 뉴턴은 데카르트의 가설은 물론 어떤 다른 기존 개념도 확인하지 못했다. 그래서 뉴턴은 곧 광학현상의 혼란으로부터 질서를 확립하기 위해 빛에 관하여 새로운 이론이 필요하다는 결론에 도달하게 되었다.

색으로 일어나는 유명한 현상들

왕실 비서인 올덴부르크(Henry Oldenburg)의 1662년 2월 6일자 편지에서 뉴턴은 최초의 프리즘 실험을 생가 울즈소프 장원의 2층에서 수행했다고 기술한다.

> 1666년 초에 (그때 혼자 광학 유리를 갈아 구면이 아닌 다른 모양을 한 것을 만들어) 나는 처음으로 삼각형으로 된 유리로 만든 광학 프리즘을 만들었고, 그것은 나에게 색들이 내는 유명한 현상을 만들어 주었다. 내 방을 어둡게 만들고 창문을 닫은 데다 작은 구멍을 만들어 그곳으로 햇빛이 들어오게 한 다음, 직접 만든 프리즘을 햇빛이 들어오는 곳에 놓았다. 그렇게 하면 빛이 반대편 벽에 굴절하게 될지도 모른다... 이런 생각에 사로잡혀서 .... [그 색들] 빈틈없이 굴절의 법칙에 따라서 옆으로 긴 직사각형 형태 안에 생긴 색들

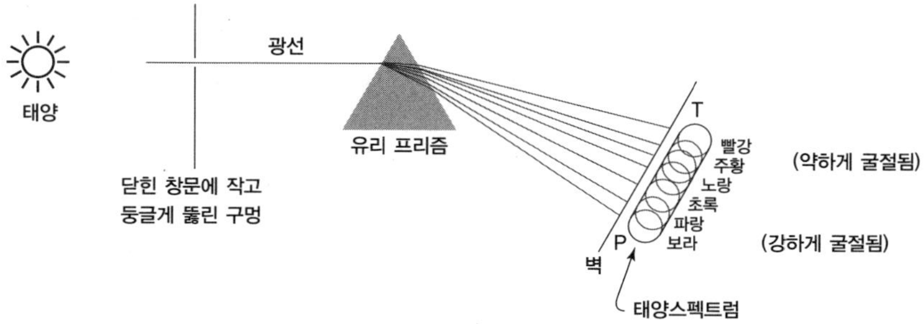

그림 4.3 뉴턴은 유리로 된 프리즘을 사용해서 보라에서 빨강으로 이어지는 태양광선의 색 스펙트럼을 만들었다. 직사각형의 스펙트럼은 태양원반의 중첩되는 상으로 구성되고 파장에 따라 다른 굴절률 때문에 각각 다른 색을 가진다.

을 보고 놀랐다.... 나는 직사각형이아니라 원형일 것이라고 기대했었다. ... 여러 색깔이 들어있는 분광띠(스펙트럼)의 길이가 폭에 비해 다섯 배 정도 긴 것을 보면서 이러한 터무니없는 불균형은 나를 흥분시켰고 그것은 내가 알고자 했던 것에 대한 호기심 이상의 것을 유발시켰다.[3]

그림 4.3은 그 실험 장치를 보여준다. 뉴턴은 어두운 방에서 둥글게 뚫린 구멍으로 들어오는 태양빛을 프리즘으로 통과시켰다. 프리즘은 백색 태양빛을 무지개 색으로 쪼개서 방의 반대편 벽에 투사시켰다. 거기에는 보라색에서 파랑, 청록, 노랑, 주황과 빨강까지 직사각형의 형태로 배열되어 있다. 이 실험의 결정적인 것은 프리즘에서 태양빛을 투사할 수 있는 벽까지의 거리이다. 벽이 프리즘으로부터 아주 멀리 떨어져 있어 분광색들을 명백하게 분리해서 볼 수 있다. 그의 실험에서 이 거리는 약 7 m였다.

프리즘으로 태양광선을 쪼개기 위해서 뉴턴은 중세기에서부터 알려진 현상을 조사하고 있었다. 렌즈를 사용했을 때는 색이 있는 무늬가 보였었다. 이런 현상들을 '색의 흐름' 이라고 부르고 그것을 원하지 않는 수차와 같은 것이라고 취급하여왔다. 뉴턴은 반면에 그런 현상을 '색들이 내는 유명한 현상' 이라고 했다. 그리고 그는 계속해서 위에서 기술된 것과 관련된 실험들을 했고 일련의 연구를 지속했다. 뉴턴은 실험을 통해 태양빛과 같은 백색광은 여러 가지 색을 가진 광선들의 혼합이며 그것은 굴절성 때문에 분리될 수 있다고 결론을 내렸다. 빛의 서로 다른 색들의 굴절로 생긴 각을 측정하여 뉴턴은 다음과 같이 결정했다.

> 이 영상 또는 분광 PT(그림 4.3에서 표시된)는 색이 있고 최소로 굴절된 빛은 빨강이고 위치는 T이며 가장 많이 굴절된 빛은 보라색으로 위치는 P에 있다. 그리고 그들 두 점 사이의 중간은 노랑, 초록, 파랑으로 채워져 있다. 이것은 빛이 색이 서로 다르다는 것은 역시 굴절률이 다르다고 하는 최초의 명제에 일치하는 것이다.[4]

따라서 굴절률은 광선이 프리즘에 의해 굴절될 때 광선이 휘어지는 정도를 나타내는 것이다. 빨간빛은 최소의 굴절성을 가지고 보라빛 광선은 최대의 굴절성을 가지는 반면에 노란, 초록, 파란빛 광선은 그 사이에 놓여 있다. 태양빛에 들어있는 광선의 서로 다른 굴절성 때문에 프리즘을 통한 빛은 여러 가지 색을 가진 스펙트럼으로 분리시킬 수 있다. 뉴턴은 순수한 색들이라고 이름 지었다. 즉, 그것은 프리즘에 의해서 빛이 굴절되어 나타난 결과로 다른 프리즘을 첨가해서 다른 색으로 분석될 수는 없는 원색(1차색)들이다. 뉴턴은 1차색을 11가지로 취급했지만 《광학》에서 후에 7가지로 줄였다. 굴절률이 커짐에 따라 빨강, 주황, 노랑, 초록, 파랑, 남(indigo), 보라이다. 뉴턴은 원색의 개념은 매우 단순하다고 강조한다. 왜냐하면 거기에는 수없이 많은 굴절률이 있기 때문에 수없이 많은 색이 있을 수 있다.

뉴턴에 따르면 검정색과 흰색은 색이 아니다. 왜냐하면 검정색은 빛이 없다는 것을 의미하기 때문이다. 그는 첫 번째 실험에서 흰색은 여러 가지 색의 혼합으로 이루어졌다는 것을 알아냈기 때문이다. 뉴턴의 이론은 아리스토텔레스의 철학에 모순이 되는 것이다. 그럼에도 불구하고 아리스토텔레스나 뉴턴 둘 다 빛의 성질에는 음악에 비유할 만한 조화(화성)가 있다는 것을 믿었다. 그것은 7가지 원색이 기본 음계의 A부터 G까지에 해당하는 것과 관련되어 있다고 믿었다. 뉴턴은 광선의 굴절성과 그들로 인한 감지능력 사이의 차이를 구분하여야만 한다고 주장한다.

> 만일 언제나 색을 가지고 있는 것으로 또는 색이 있다는 것으로 광선과 빛을 이야기 할 때는 나는 철학적으로 또 적당히 말하는 것이 아니라 총체적으로 본질을 말하는 것이다. 그러나 이런 모든 실험들을 잘 알고 있는 저속한 사람들로서는 그런 개념에 짜 맞추려고 할 것이다. 광선에 대해 적절하게 말하는 것은 색이 없다는 것이다. 광선들에는 이 색 또는 저 색에 대한 감각(sensation)을 북돋우는 어떤 동력(power)과 경향(disposition) 이외에 아무것도 없다.[5]

그래서 뉴턴에 의하면 색깔은 단지 우리의 인지감각에 의해 생기는 것이지 물체나 빛이 색이 있어서가 아니다. 뉴턴의 세계는 색이 없고 단지 우리가 색이 있다고 인식하고 감지하는 것이다. 왜냐하면 우리가 빛의 서로 다른 굴절률을 이용해 스펙트럼 색을 여러 가지로 변화시키기 때문이다. 그래서 뉴턴에게는 하늘의 푸른색은 우리의 인지 감각능력이 근원이 되는 것이다. 이런 점에서 하늘은 그 자체가 푸른 것이 아니며 오히려 우리에게 도달하는 빛은 엄청나게 큰 굴절성을 가진 빛으로 우리가 색이 푸르다고 인지하는 굴절률을 가진 빛이 내려오기 때문이다. 그러나 이제 남은 문제는 대기 중에서 빛의 분산을 설명할 수 있는 물리적 기작원리와 어떻게 하늘에서 내려오는 빛이 고굴절성을 가진 것이 압도적으로 많은 것인가에 대한 것이다. 이제부터 나는 다른 색들과 마찬가지로 하늘의 푸른색에 관해서 말할 것이다.

새로운 색 이론

뉴턴은 자신의 이와 같은 성취도를 인정받는데 얼마 기다리지 않았다. 뉴턴이 획기적인 도약을 이룬 광학 분야와 수학 분야에서의 업적은 케임브리지로 돌아옴과 거의 같은 시점에 인정받았다. 1667년 가을에 그는 트리니티 대학의 교수진이 되었다. 2년 후에 스승인 배로(Isaac Barrow)가 자리에서 물러나면서 뉴턴은 그 자리를 인계받을 수 있었다. 그래서 뉴턴은 26세에 수학과 천문학의 루카시안(Lucasian) 석좌교수가 되었다. 그 후로 그는 32년을 명예로운 자리에 있었다.

뉴턴은 프리즘 실험으로부터 스펙트럼의 모든 색을 합하면 흰색이 되어야 한다고 결론을 내렸다. 그러나 1673년 1월에 뉴턴은 호이겐스(Christiaan Huygens)로부터 편지를 받았다. 호이겐스는 네덜란드 물리학자로 편지에서 그의 관측과 관련하여 흰색을 만들 수 있는 것은 오로지 노란색 광선과 파란색 광선의 혼합으로만이 이루어진다는 것을 기술하였다. 뉴턴은 당황스러웠고 한편으로는 놀랐다. 그리고 그는 이런 발견을 그의 이론에 대한 비판으로 받아 들였다. 처음에 뉴턴은 호이겐스의 편지 내용을 반박하려고 노력했었다. 그래서 그는 노란색 광선과 파란색 광선을 합하면 완전하게 흰색이 되지 않는다고 반박했었지만 뉴턴은 그 이후로는 흰색을 만들기 위해서 모든 색을 다 혼합하여야만 된다는 주장을 다시는 하지 않았다.

20년 후에 《광학》이라는 책을 쓰면서 뉴턴은 호이겐스의 관찰을 그의 색 이론의 승리로 바꾸어버렸다. 색을 나타내는 색상환으로 그는 두 가지 다른 색을 가진 광선들의 혼합결과로 생기는 색감과 채도를 예측할 수 있는 단순

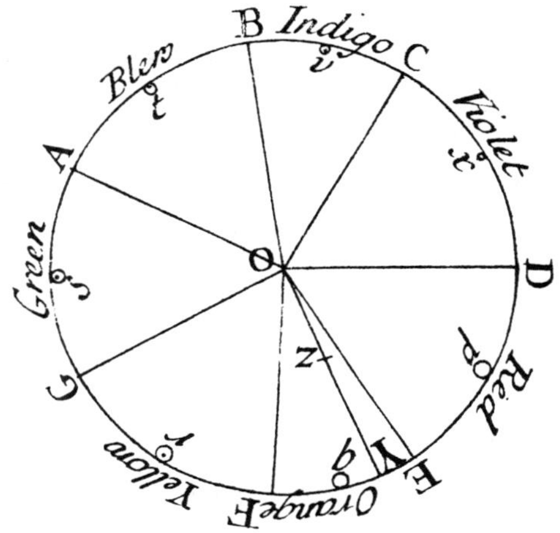

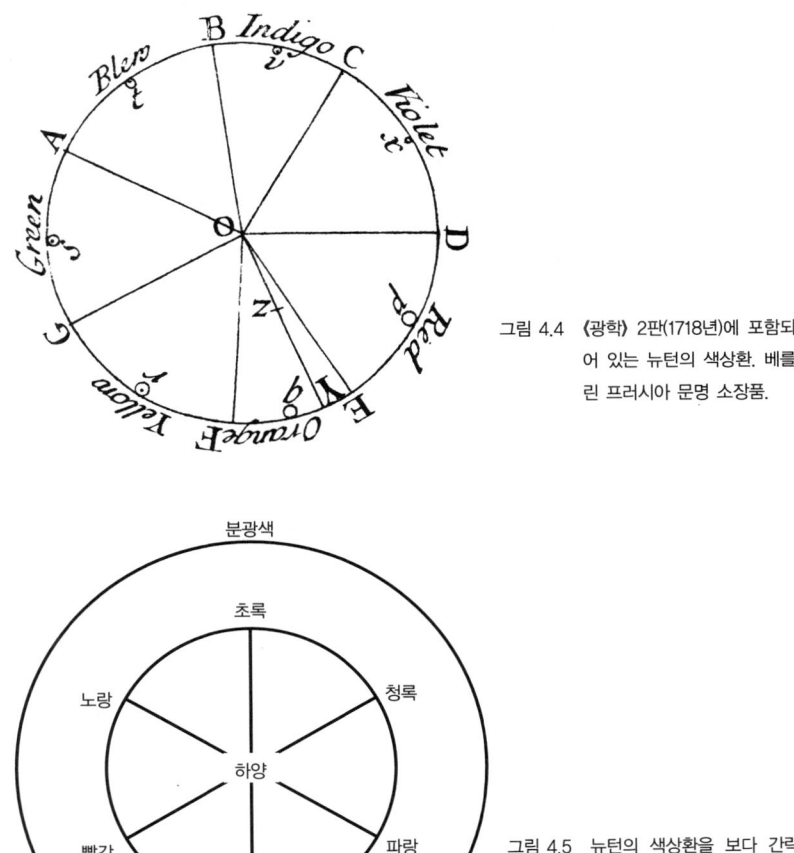

그림 4.4 《광학》 2판(1718년)에 포함되어 있는 뉴턴의 색상환. 베를린 프러시아 문명 소장품.

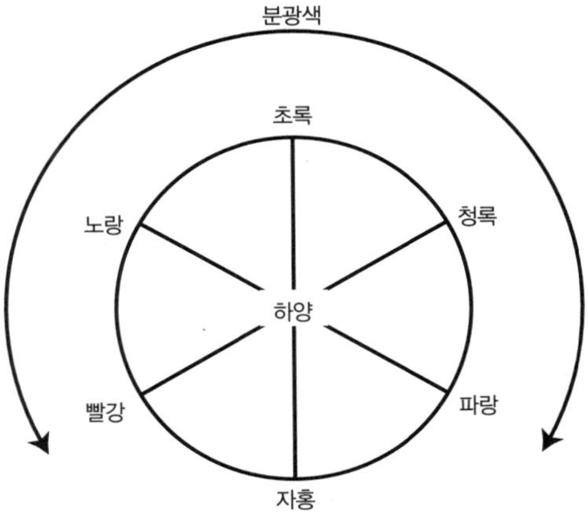

그림 4.5 뉴턴의 색상환을 보다 간략하게 묘사한 것.

한 도구로 표현하였다(그림 4.4와 그림 4.5). 이 색상환은 하나의 원안에 7가지의 기본 색이 배열되어 있는데 거기에는 자홍색(magenta; 파란 기가 있는 빨강으로 그것은 백색광선 스펙트럼에 포함되어 있지 않다)을 보라와 빨강 사이에 넣었다. 뉴턴이 7가지 색과 음악의 화성의 기본 음계와 유사하다는 것을 언급한 것을 기억하자.

그래서 뉴턴은 원호의 비율을 화성 기본 음계의 위치와 일치하게 정했다. 끝으로 음계와 일치하도록 표시된 원호의 중앙 지점을 원둘레를 따라서 표시하여 그것을 각각의 색과 일치하는 것으로 정했다.

두 개의 서로 다른 광선을 혼합한 결과로 나오는 색을 결정하기 위하여 여러분은 먼저 원 둘레를 따라서 일치하는 점들을 연결한다(그림 4.6). 두 광선의 강도가 알려져 있으면 색의 혼합으로 생기는 색의 위치를 정확하게 잡아 낼 수 있다. 혼합된 빛의 위치는 원 둘레에 표시되어 있는 두 색을 직선으로 연결하는 선 위에 있는데, 혼합된 색의 위치에서 두 원색까지 거리 비는 계산해서 알 수 있다. 이때 혼합된 색의 위치에서 색상환의 중심으로 이

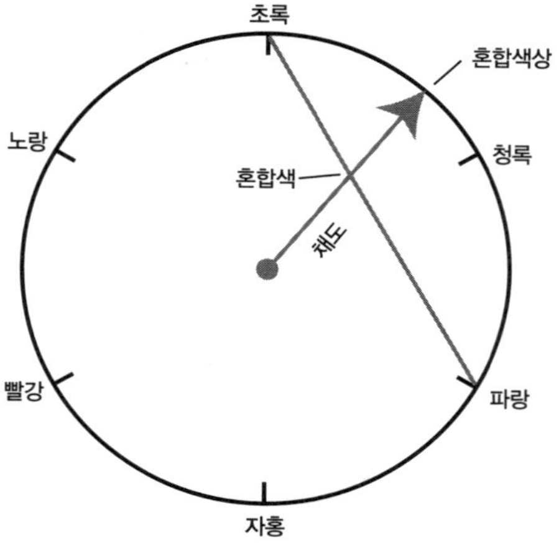

그림 4.6 초록빛과 파란빛의 가색혼합을 결정하는 뉴턴의 색상환을 사용하는 법을 묘사한 것.

어지는 선분을 원의 바깥으로 연장하여 직선으로 그리면 원 둘레와 맞닿는 점이 있는데, 그 점이 두 색을 혼합했을 때 생기는 색상을 나타낸다. 채도, 즉 색의 순수도는 원의 중심에서부터 혼합된 색의 위치까지 거리로 알 수 있다. 색상환의 둘레에 있는 색들은 모두 충분히 채도가 있는 색들이다. 원의 중심점은 채도가 없는 포화되지 않은 색으로 원 둘레에 있는 모든 색을 혼합하여 생기는 색인 흰색이다.

이것은 처음에 볼 때엔 매우 추상적으로 느껴질지 모르지만 한 예로 원의 유용성을 묘사해 볼 수 있다. 먼저 호이겐스의 노란색과 파란색의 혼합을 예로 들어보자. 색상환에서 이들 두 색은 서로 반대편에 놓여 있다. 만약에 이들 두 광선이 서로 같은 강도를 가지고 있다면 두 색의 혼합된 색의 위치는 두 색점을 연결하는 직선상에 중앙에 위치하게 된다. 그 점은 바로 흰색이다. 따라서 호이겐스의 관찰은 정확했다. 또 다른 예로 그림 4.6에서 보여주는 대로 파란색과 초록색의 빛을 혼합한 경우를 생각해보자. 그 결과는 청록색(cyan)으로 파란색이 섞인 초록색이다. 마찬가지로 두 가지 색을 혼합해서 흰색이 나온다는 호이겐스의 관찰은 명백하게 어떤 색이든지 색상환의 원 둘레에 놓여 있는 서로 반대 되는 위치에 있는 한 쌍의 색들의 혼합으로 똑같은 결과를 만들어 낼 수 있는 것이다. 이런 관계에 놓여 있는 색의 쌍을 보색 관계에 있다고 한다. 따라서 노란색의 보색은 파란색이고 빨간색의 보색은 청록색이다.

여기서 우리가 취급한 모든 혼합된 색의 특성은 색이 있는 광선의 혼합에만 적용되는 것이다. 이것은 색의 가색혼합을 의미하는 것이다(색판 12). 이것은 하늘에서도 중요할 뿐만 아니라 천연색 TV나 조명무대에서도 중요하다. 반대로 그림에서 그림물감의 혼합은 첨가하는 것이 아니라 감색(減色)에 의한 혼합이다. 그리고 그것은 또 다른 규칙을 따른다(색판 13). 반면에 스펙트럼에 나타나는 색을 가진 광선을 모두 합하면 흰색이 되지만 화가의 팔레트에 있는 모든 색을 합하면 감색혼합이기 때문에 검정색이 된다.

색이 있는 원무늬들

프리즘 실험으로 뉴턴은 빛의 색에 대한 것만을 조사했다. 그러다 그는 물질로 이루어진 물체에서 나는 색에 대한 설명을 알기 위한 과제에 도전하였다. 아마도 그는 이미 울즈소프에서 프리즘 실험을 하면서 이 문제를 풀기 위한 과제에 도전하고 있었을 수 있다. 그는 후크(Robert Hooke)가 수년 전에 운모를 가지고 한 실험에서 발견한 것을 기점으로 잡았다. 자연적인 상태에서 운모는 색이 없이 나타난다. 그러나 그 운모를 얇게 잘라 놓으면 어렴풋이 아물거리는 색깔들이 나타난다. 이와 같은 놀랄만한 발견은 후크로 하여금 그것에 대한 철저한 조사를 하게 만들었다. 그리고 그는 운모의 두께에 따라 색의 변화가 있다는 결론에 도달한다.

뉴턴은 이런 비슷한 현상을 두 개의 볼록렌즈를 붙여 놓고 그 렌즈를 통해 무색의 태양광선을 통과시켰을 때 나오는 빛은 얇게 저민 운모를 빛이 통과 했을 때 나타내는 것과 비슷한 현상이 있는 것을 발견했다(그림 4.7). 두 개의 접합된 볼록렌즈를 통해서 빛이 나오는 것과 반사되어 빛이 나오는 것 두 가지에서 뉴턴은 얇게 저민 운모에서 나오는 것과 비슷한 색깔이 있는 일련의 동심원들을 보았다. 이런 원무늬를 그 이후로 뉴턴의 원무늬라고 이름 하고 있다(그림 4.8). 그것들은 비눗방울 막에서 볼 수 있는 일련의 색들을 상기할 수 있다(색판 14). 자세하게 조사하면 뉴턴은 원무늬의 연속에서 스펙트럼 색의 계열이 반복된다고 결정했다. 그리고 그는 색들의 순서를 '차수' 라고 이름 붙였다. 그가 두 개의 렌즈를 아주 꼭 누르고 반사되는 빛을 관찰했을 때 다음과 같은 색의 순서를 보았다. 이 순서는 바깥쪽으로 나

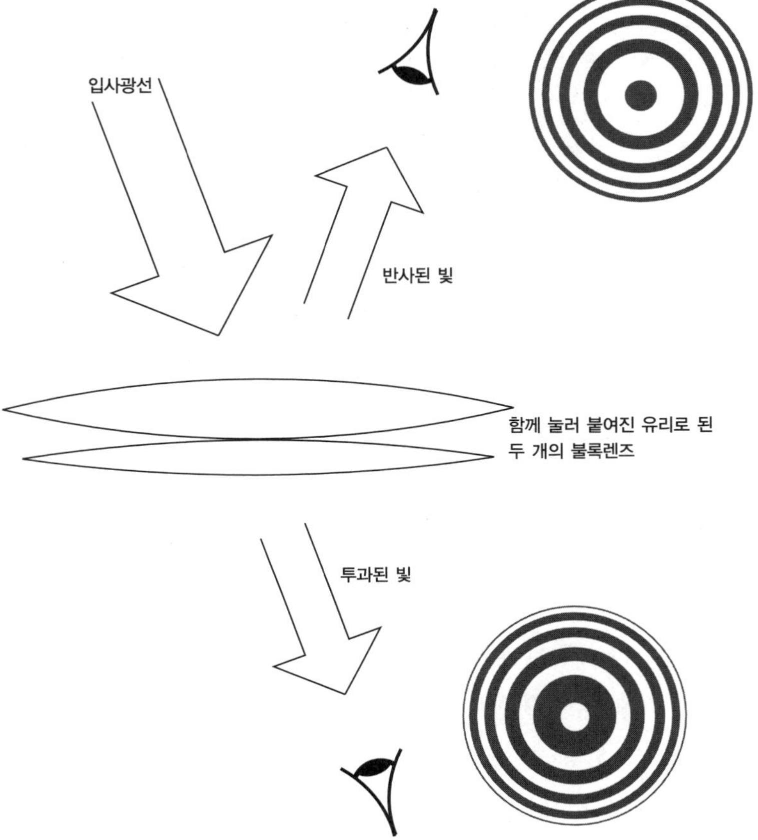

그림 4.7 두 개의 볼록렌즈를 그림처럼 눌러 붙여 놓고 빛을 통과 시키면 뉴턴의 색깔이 있고 두께가 있는 원무늬를 볼 수 있다. 이와 같은 뉴턴 원무늬는 반사된 빛과 투과된 빛에 의해 생긴 것이다.

가는 순서이다. 괄호 안에 있는 알파벳은 그림 4.8에서 뉴턴이 그린 그림에 나타난 것을 적은 것이다.

1차수: 검정(*a*) 파랑(*b*), 흰색(*c*), 노랑(*d*), 빨강(*e*)

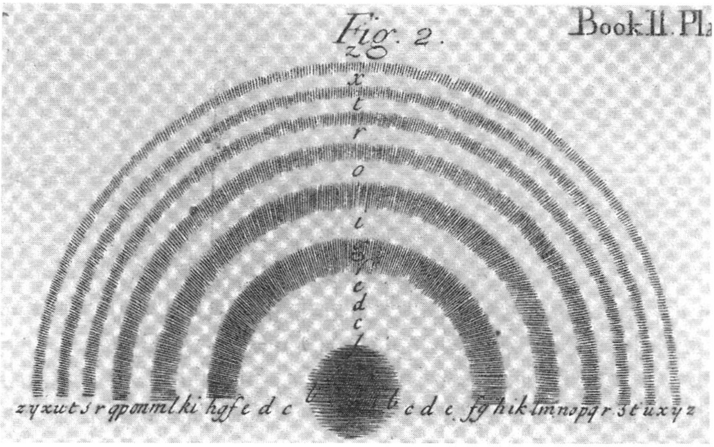

그림 4.8 《광학》에 실린 뉴턴의 원무늬들. 여기서는 원무늬의 대칭성을 고려하여 상반부만 보여준다. 색들의 순서는 알파벳 *a*에서 *z*까지 차례대로 붙였다(본문 참고). 1차수의 파랑은 가장 안쪽에 색이 있는 원무늬를 만든다(*b*). 베를린 프러시아 문명 소장품.

2차수: 보라(*f*), 파랑(*g*), 초록(*h*), 노랑(*i*), 빨강(*k*)

3차수: 자주(*l*), 파랑(*m*), 초록(*n*), 노랑(*o*), 빨강(*p*)

4차수: 초록(*q*), 빨강(*r*).[6]

뉴턴은 7차수 이상으로는 더 이상 색을 만들지 않았다. 왜냐하면 원무늬와 원무늬 사이의 거리가 점점 좁아지고 색들이 점점 중첩되기 때문이다. 반사된 빛들에서 나타나는 색들은 투과된 빛들에서 나타나는 색들과 다르다. 한쪽에서 나타나는 모든 색을 나타내는 점들은 그 반대 편에 있는 색들과 보색 관계이다(그림 4.9).

다른 실험에서 뉴턴은 단색광선을 여러 개 포개져 있는 렌즈에 비추었는데 거기서 프리즘으로 태양의 백색광선을 분리하였다. 지금은 빛을 비추어 뉴턴의 원무늬에 광원의 색만을 보이게 했다. 그러나 그것들이 더 분명하게

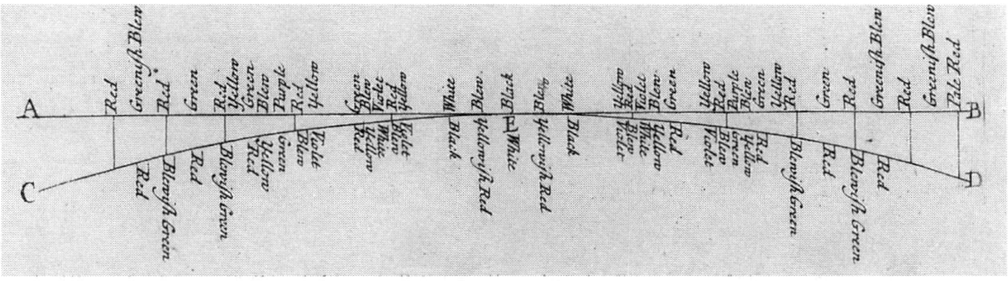

그림 4.9 반사된 빛으로 된 뉴턴의 원무늬의 색(위)은 투과된 빛으로 된 뉴턴의 원무늬의 색(아래)과 다르다. 그들은 서로 보색 관계를 이루고 있다. 베를린 프러시아 문명 소장품.

밝고 어두운 무늬로 분리되었다. 특히 굴절성이 높은 보라색은 가장 작은 원무늬를 만들고 빨간색은 가장 큰 원을 만들었다.

뉴턴이 이런 색의 규칙성을 원무늬에서 규명한 후 그것에 대한 이유를 찾기 시작했다. 볼록렌즈가 서로 접촉되어 있는 점에서부터 바깥쪽으로 거리가 증가하면서 렌즈 사이의 공간이 증가하면 이 공간의 크기가 빛이 반사된 빛인지 아니면 투과된 빛인지를 주어진 점에서 구별할 수 있을 것 같다는 생각을 하게 되었다(그림 4.10). 더욱이 그 점에서 빛의 반사와 투과는 빛의 굴절성에 의존하는 것 같았다. 뉴턴은 포개져 있는 렌즈의 초점 거리를 알았으며 마찬가지로 렌즈의 곡률을 알았다. 그래서 그는 두 렌즈 사이의 거리를 공기 틈 각각의 위치에서 계산할 수 있었다. 덧붙여서 공기 틈 두께에 따라 색이 있는 뉴턴의 원무늬의 지름을 측정했다. 공기 틈 두께에 따라 생긴 원무늬가 가지는 색은 어떤 작은 거리의 정수배가 될 때 반사되는 빛이라고 판명되었다. 빛이 렌즈를 투과한 간격은 이렇게 정의된 값 사이에 놓여 있다. 백색광선인 태양빛을 비추면 첫 번째 어두운 무늬의 간격은 첫 번째와 두 번째의 색이 있는 뉴턴의 원무늬 사이의 것으로 뉴턴은 색이 있는 무늬의 1차수와 2차수 사이의 간격으로 1/89,000인치로 측정하였다. 그것은 대강 1/3,500 mm인데 당시 측정할 수 있는 최소 거리이다.

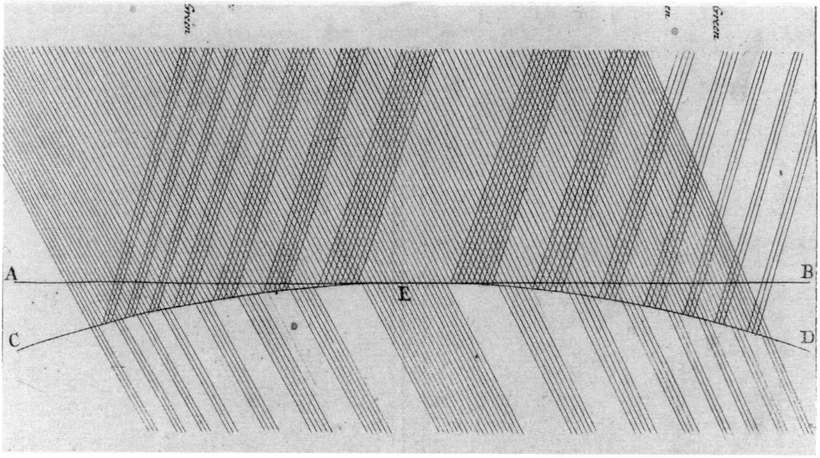

그림 4.10 뉴턴이 빛에 대해서 관점을 새롭게 표시한 색이 있는 뉴턴의 원무늬 현상. 뉴턴은 색이 자연에서는 주기적이라는 것을 암시했고, 그것이 반사에 적격인 것과 투과에 적격인 것을 포함하고 있다고 주장하고 있다. 이런 계열별로 맞춤은 반사된 빛과 투과된 빛으로 된 뉴턴의 원무늬들을 설명한다. 베를린 프러시아 문명 소장품.

이렇게 상상을 초월할만한 규칙성의 근원이 무엇일까? 뉴턴은 이런 뉴턴의 원무늬의 색을 해석하는데 골머리를 앓았다. 그때까지 광선을 그가 '미립자' 라고 부르는 작은 입자들의 아주 불규칙한 배열로 구성되어 있다고 추측하였다. 이런 입자들이 뉴턴이 생각하기에는 직선으로 움직이고 어떤 법칙에 의해 굴절되고 반사된다고 믿었다. 복합적으로 구성된 광선이 프리즘에 의한 굴절로 나누어진다면 여러 가지 다른 색을 가진 광선들의 미세 입자들이 그들의 굴절성에 따라 서로 다른 정도로 굴절된다고 기술했다.

뉴턴은 색이 있는 뉴턴의 원무늬를 탐구하기 전에도 이 단순한 미세 입자론이 빛을 설명하기에는 좀 부족하다는 것을 알았다. 빛이 유리판을 비스듬한 각으로 부딪치면 그중의 일부는 반사되고 일부는 굴절된다는 것은 일반적인 상식 수준의 지식이었다. 그래서 거기에 두 종류의 미세 입자가 있을 수 있는 것이 아닐까? 그래서 그렇게 서로 다른 종류라 그들 중의 어떤 것은 반사하고 어떤 것은 굴절하는 것이 아닐까? 처음에 이런 문제는 뉴턴을 그렇게 많이 괴롭히지는 않았지만 뉴턴의 원무늬 현상은 그로 하여금 빛에 대한 개념을 보완하지 않으면 안 되도록 했다. 《광학》에서 그는 빛은 주어진 원천적인 주기성이 있어 그 때문에 빛이 굴절되거나 반사된다고 썼다. 그는 이런 성질을 반사와 투과의 '맞춤(fits)' 이라고 했다. 뉴턴에 따르면 이 맞춤의 길이는 광선의 굴절성에 관련되어 있다. 파란 광선처럼 아주 높은 굴절성을 가지고 있는 경우는 맞춤 길이가 매우 짧고 빨간색처럼 굴절률이 낮은 광선은 최소의 굴절률을 가지고 있으므로 맞춤 길이가 가장 길다. 아마도 그는 주기적인 맞춤이 에테르 속에서도 마찬가지로 주기적인 파를 흥분시켰다고 생각했다.

뉴턴의 원무늬 현상을 연구하는데 있어서 뉴턴의 객관적인 목적은 물체의 색을 설명하기 위한 것이었다는 것을 염두에 두자. 그가 이런 시도에서 성공할 수 있었던 가장 탁월한 증표는 반사나 투과된 빛과 두 렌즈 사이의 간격의 크기가 서로 관련되어 있다는 것이다. 뉴턴은 이와 같은 관찰을 물질의 조성에 관한 가정에 연결시켰고, 모든 물질은 최소로 작은 알갱이들로 이루어져 있고 그것들의 크기는 물질의 형태에 따라 달라진다고 썼다. 모든 경우에 이런 입자들은 빛에 투명하고 빛을 반사시키거나 굴절되도록 할 수 있을 것이다. 그러므로 입자의 크기에 따라 어떤 특정한 굴절 성질을 가진 빛은 반사될 것이며 다음과 같은 것을 통과하도록 한다.

> 물체의 투명한 부분은 그 물체의 여러 종류의 크기에 따라 하나의 색을 가진 광선을 반사하고 또 다른 것을 투과하는데, 그것은 얇은 판이나 거품 같은 것에서 반사되거나 투과되는 것과 같은 이유에서이다. 그리고 나는

이것이 모든 색의 근원이라고 본다.[7]

물체들이 나타내는 여러 가지 다양한 색들은 오로지 그것들을 조성하고 있는 미시적인 물체의 크기 때문이라는 것은 매우 대담한 주장일지 모른다. 여기서 미시적인 물체는 그 자체가 색이 없을 수도 있고 있을 수도 있다. 그러나 고작 얼마 되지 않은 동기들로 자연 현상의 다양성을 축소하고자 하는 과학자로서 뉴턴은 이런 설명에 굉장히 만족하였음에 틀림없다.

가장 가운데 있는 원무늬는 아주 약한 파란색이다. 그것은 뉴턴에게는 보라색 이외에 가장 낮은 정도의 굴절률을 나타내는 색이었다. 그는 그것을 1차 파란색이라고 불렀다. 자연에서 이런 색이 발견되는 곳은 어디서나 가장 작은 입자들이 색을 만들어 내는 것임에 틀림없다. 아주 유사한 예로 그는 푸른 하늘을 인용했다.

> 1차 파란색은 아주 흐리고 거의 없지만 어떤 물질의 색일 수 있다. 그리고 특히 하늘색은 1차수일 수 있다. 모든 수증기는 그것들이 응집되어 작은 덩어리로 병합되기 시작하면 먼저 커다란 규모가 되고 그런 하늘색은 그것들이 먼저 다른 색을 가진 구름이 되기 전에 반사된 것임에 틀림없다. 그리고 수증기가 반사하기 시작하는 최초의 색이 되면 가장 곱고 가장 투명한 하늘색이 되어야 하는데, 거기서 수증기는 우리가 경험에 의해 아는 바와 같이 다른 색을 반사할 수 있는 총체적인 필요 요소에 도달하지 못한다.[8]

이런 까닭에 뉴턴은 하늘의 푸른색에서 1차 파란색을 인식했다. 뉴턴에게 이것은 대기 중에 있는 극히 작은 크기의 수증기 입자들이라는 증거였다. 이런 발견은 뉴턴이 내친김에 했던 기록이었고 뉴턴은 거품이나 종이, 그리고 금, 구리의 색에 대한 설명을 계속해 나갔다.

반사와 굴절에 의한 색에 대한 최초의 연구 뒤에 《광학》에 새롭게 알려진 빛의 성질에 대한 수정이 불가피할 때에만 뉴턴은 가끔 광학 분야로 되돌아 왔다. 빛에서 본래 가지고 있는 원천적인 겉보기 주기성이라는 하나의 끈질긴 수수께끼는 뉴턴으로 하여금 '맞춤(fits)'의 이론을 개발하도록 한다. 과학사학자인 샤피로(Alan Shapiro)는 뉴턴의 원고를 아주 세심하게 조사하여 보여주었는데, 이것은 위대한 과학자를 위한 정신과 마음이 시달렸던 어려운 노력임을 입증하는 것이다. 1690년대 초에야 뉴턴은 그가 발견한 것들을 《광학》이란 책으로 엮어낼 준비가 되었다고 느꼈다. 그로부터 또 12년이 지난 1704년이 되어서야 비로소 《광학》이 출간되었다(그림 4.11). 뉴턴이 흥미로운 발견들을 출간하는데 왜 그렇게 오랜 시간이 걸려야 했을까? 샤피로는 뉴턴이 《광학》이란 책을 주제에 대해 완벽하게 취급하고 싶었지만 그것을 준비하는 과정에 또 다른 문제에 봉착했는데, 그것이 빛의 '휘어짐' 현상이라고 결론 내리고 있다. 미세한 입자들로 구성된 빛이 직선으로 전파한다는 것은 그림자의 가장자리에서 밝음과 어두움 사이에 아주 단일하고 뚜렷한 경계를 나타냄을 기대할 수 있다. 그러나 이탈리아의 학자 그리말디(Francisco Maria Grimaldi)는 1660년에 그림자 선이 단일 선이 아니고 그림자 가장자리에서 그림자 경계선과 평행하게 밝고 어두운 무늬가 섞바뀌어 나타나는 것을 알아냈다. 당시 뉴턴은 그리말디의 발견을 아마도 인식하지 못하였으며 그 현상이 오늘날 알려진 회절 현상이라는 것을 안 것은 1675년이 되어서이다. 회절을 아주 적절하게 이해하는데서 생긴 어려움이 《광학》을 출간하는데 5에서 6년이란 시간을 지연시켰다. 종래에 뉴턴은 회절 현상을 이해하는 것을 포기했는데, 빛이 어떻든 간에 고형의 물체의 가

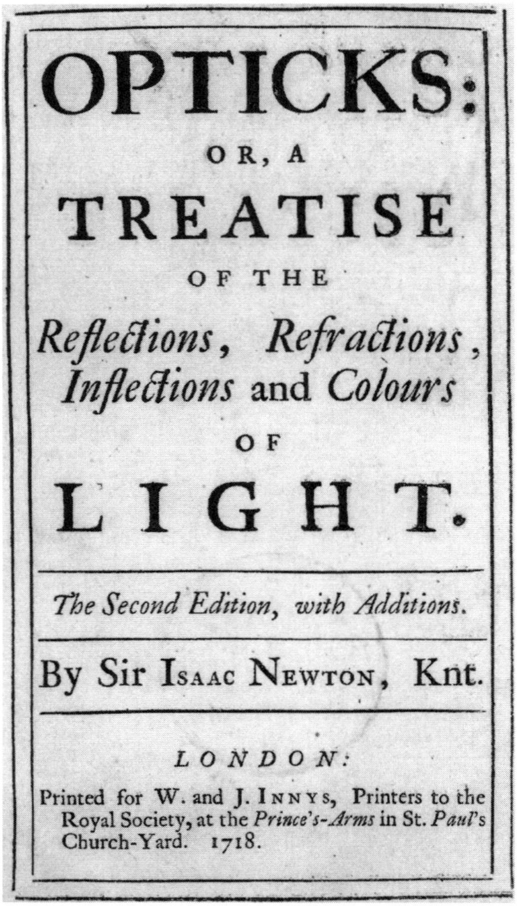
OPTICKS:

OR, A

TREATISE

OF THE

Reflections, Refractions, Inflections and *Colours*

OF

LIGHT.

The Second Edition, with Additions.

By Sir Isaac Newton, Knt.

LONDON:

Printed for W. and J. Innys, Printers to the Royal Society, at the *Prince's-Arms* in St. *Paul's* Church-Yard. 1718.

그림 4.11 뉴턴의 《광학》 2판(1718년). 초판은 1704년에 출간되었는데 표지에 뉴턴의 이름이 인쇄되지 않았다. 과학사학자인 코헨(I. Bernard Cohen)은 이것이 뉴턴이 호이겐스에 표시하는 존경의 의미가 아니었을까 라고 추측하였다. 호이겐스도 《빛에 관한 논술(Traité de la Lumière)》(1690년)를 발간하면서 이름을 인쇄하지 않았다. 당시 사람들은 두 책을 읽으면서 저자가 모두 유명한 사람들이며 누구인지 모두 알고 있었다는 것을 의심할 여지가 없다. 학문 냄새가 나는 라틴어 대신에 영국 방언과 프랑스어로 쓰여 두 과학자들은 광학 분야의 연구에 대중의 관심을 불러 들였다. 베를린 프러시아 문명 소장품.

장자리를 지날 때 튀어나갈 것이라는 의심은 했다.[9]

《광학》을 끝내는 데 시간이 걸린 데에는 좀 더 세속적인 이유들이 있다. 1690년 중반부터 뉴턴은 영국의 대중사회에 점점 더 깊숙이 관계되어 과학에 몰두할 수 있는 시간이 점점 적어졌다. 1696년에 그는 런던에 있는 조폐국의 최고 관리자로 지명되었고, 그때로부터 4년 후에 영국 조폐국 국장으로 일을 보게 되었다. 이 직책은 그가 죽을 때까지 맡았다. 뉴턴은 거의 모든 여력을 이 일에 받친 것 같다. 거기서 하는 일은 화폐 안정화를 위한 개주화 화폐에 대한 권한을 포함하고 있고 위폐 단속과 처벌을 맡았다. 1703년에 케임브리지의 루카시안 석좌교수 자리를 사퇴하고 영국 왕립학회(Royal Society)의 학회장이 되었다. 얌전하고 말이 없이 생각만 하는 소년은 그의 생애 마지막 10여년 동안 영국 대중 사회에 막강한 사람으로 군림하게 되었다. 그는 학회장 직위를 자신이 홍미 있어 하는 분야에 적절하게 이용하였다. 뉴턴은 고령에도 나이에 맞게 원숙하게 늙어가는 것이 아니라, 라이프니츠(Gottfried Wilhelm Leibniz)와 미분적분학 개발의 우선권을 놓고 싸우며 수년을 그 문제에 매달려 보냈다. 뉴턴은 1727년 85세의 나이로 런던에서 죽었으며, 웨스트민스터 사원에 왕들과 정치가들 옆에 묻혔다.

대기의 발견

공기 중에 응집된 수증기에 대해서 기술하면서 뉴턴은《회의적인 화학자》란 책을 언급했다. 1661년에 뉴턴과 동시대 사람인 보일(Robert Boyle)에 의해 출간된 책이다. 그 책에서 보일은 실질적인 공기와 지구에서 생겨난 외부 수증기와의 혼합으로서 대기적 공기를 특정 지었다. 그러나 보일은 공기는 고전적인 4원소 중의 하나라는 것을 강력하게 부인하였다. 뉴턴은 보일의 공기에 대한 개념을 참고하는 것 같았다. 그런 공기에 대한 모호함이 17세기 자연철학의 불확실한 존재론적 상태를 암시한다. 실로 뉴턴과 동료들이 빛의 성질과 색에 관하여 개발했던 개념은 곧 과학적 진보라고 칭찬을 받는 동안 공기의 조성과 미시적 구조는 여전히 신비한 것으로 남아 있었다.

1670년대 후반부터 뉴턴은 연금술에 대한 실험실 연구를 추구하였다. 그래서 그는 보일과 공기에 관하여 서신을 교환하였다. 1679년에 뉴턴은 논문의 두 장을 썼다. 그것은 공기와 에테르에 관한 것이었다. 1장에서는 공기의 역학적 성질을 기술하고 있고, 특히 열에 의한 팽창을 기술했다. 그는 공기는 상호 척력이 있는 아주 작은 알갱이로 된 입자들로 이루어져 있다고 추측했다.

> 그러나 공기는 물체를 피하고 물체는 상호 척력을 작용하여 떨어져 나가는 것이 똑같이 진실이라면 나는 곧 바로 공기는 입자들로 구성되어 있어 서로 접촉하면 떨어져 나가고 어떤 커다란 힘으로 서로 반발해 나간다고 간추릴 수 있을 것 같다.[10]

뉴턴은 공기의 거시적인 성질을 공기의 조성 성분인 미세 입자에 관련지었다. 2장에서 그는 이와 같은 생각을 상세하게 숙고하고 있다. 반면에 아리스토텔레스는 이것을 완벽한 천구의 원소로 생각했다. 뉴턴은 모든 공간이 이런 물질들로 채워져 있는지에 대해 궁금해 했다. 그는 에테르는 공기 입자들이 더 조그맣게 쪼개져서 생긴 것이라고 상상한다. 그러나 그렇다면 문장 중간에 그것에 대한 본문 내용을 없애버리고 다시 그것을 보완해 넣어야 하는데 그렇게 하지 않았다. 그리고 그것을 자기 생애에 출간하지 않았다.

왜 그런 일이 일어났을까? 뉴턴의 전기를 쓰는 웨스트팔(Richard Westfall)

은 뉴턴이 새로운 실험을 주도하고 있었는데, 그 실험에서 에테르의 존재가 없다는 것을 깨달았기 때문일 것이라고 추측한다. 한참 후에 질문(Query)이 《광학》(1704년에 출간된 책)에 첨부되었고, 결국 뉴턴은 에테르가 존재한다는 것을 확신하는 데로 돌아섰다. 그는 지금 중력과 같은 힘으로 먼 거리로부터 투과할 수 있는 힘을 작용하는데 에테르가 필요하다고 생각했다.

보일은 그런 힘을 공부하지는 않았지만 뉴턴 보다 에테르에 대해서 덜 염려했다. 그리고 보일은 에테르와 공기를 분명하게 구분하였다. 1692년 사후에 출간된 《공기에 관한 일반적인 역사》라는 책에서 보일은 공기를 다음과 같이 기술한다.

> 공기는 늘 얇고, 유체이고, 투명하고, 압축될 수 있고, 팽창할 수 있는 물체로, 거기서 우리가 호흡하고, 움직이고 있다. 사방으로 지구를 둘러싸고 있고, 가장 높은 산들의 높이 이상으로 에워싸고 있다고 통상적으로 이해한다. 그러나 우주 사이나 또는 행성간 공간에 에테르[또는 진공]와는 너무 달라서 공기는 달빛을 굴절시키고 다른 멀리 있는 빛을 내는 물체로부터 나오는 빛을 굴절시킨다.[11]

보일은 역학적 측면과 광학적 측면에서 공기의 성질을 특정 짓고 있다. 그리고 특별히 '공기' 라는 말로 고전적으로 전해 내려오는 4원소의 공기가 아니라 대기적 공기라는 것을 강조한다. 공기는 세 가지 입자 유형을 가지고 있는데, 첫 번째는 지구의 건조한 증발로부터 나오는 입자, 두 번째는 태양이나 다른 천체로부터 나오는 작은 알갱이들로 그 자체가 빛을 내는 입자, 마지막으로 세 번째는 공기의 영구적 탄성을 지배하는 성질을 가진 입자라고 말한다. 세 번째 유형의 입자는 자전거 공기 압축기 또는 자동차 바퀴가 오랜 시간 동안 팽창한 채로 남아 있게 하는 것으로 알려져 있다. 보일이 여기서 언급한 세 번째 유형은 작은 깃털, 필라멘트, 또는 톱밥으로 그림을 그리면 된다. 그렇게 그는 공기의 성질을 공기를 구성하고 있는 작은 알갱이들의 유형에 따라 구분한다. 그가 채택한 일련의 가정들이 있는데, 그것들은 사람들에게 재미를 줄 수는 있었지만 증명될 수는 없었다.

확실한 것은 보일은 공기가 지구의 표면과 어느 정해진 상단 층의 한계 사이에 존재하는 공간에 위치해 있는 합성된 혼합체라고 생각했다. 그러나 이 공간 안에서 밀도나 압력이 수직으로 변하는 수직 구조가 있을까? 아리스토텔레스 학풍의 학자들은 우리가 숨을 쉬는 공기는 공기가 있어야 할 본래의 장소인 자연적 공간, 즉 공기의 구 안에 위치해 있다고 주장한다. 만약에 그렇다면 그들은 공기가 분명히 무게가 없어야만 한다고 결론을 내렸다. 왜냐하면 만약 공기가 무게가 있었다면 그것은 자연적 공간에서 공기가 떠나는 것을 지적할 것인데 이것은 분명한 모순이다. 결론적으로 공기 압력이나 공기 밀도는 고도가 증가함에 따라 변하지 않을 것이다. 비슷하게 아리스토텔레스 학풍에서 바다에 있는 물은 무게가 없다고 생각했다. 왜냐하면 물이 있어야할 적절한 자연적 위치에 놓여 있다고 생각했기 때문이다.

17세기에 과학자들은 공기의 무게를 측정하기 위해 공기 펌프를 사용하면서 공기의 자연적 위치에 대한 관념을 의심하기 시작했다. 흡입 펌프가 발명된 직후에는 물이 33피트 이상을 올라 갈 수 없었다. 이것은 펌프에 기술적 결함이 있거나 사용된 펌프의 작은 구멍 탓이라고 비난 받았다. 또 다른 가능성은 자연이 진공을 싫어한다는 것이다. 철학자들은 고대로부터 이런 생각들을 맹렬하게 토론했다. 그리고 아리스토텔레스는 우주 안에는 어느 곳에도 진공이 존재하지 않는다고 주장하는 이들 사이에 있었다. 그의 추종자들은 모든 우주 공간은 어떤 종류의 물질로 가득 채워져 있다고 주장했다. 이런 관점에서 흡입 펌프를 이용해서 물이 올라오는 것은 튜브 안에 형성되는 진공 상태를 방해하기 위한 개념적인 작용이라고 보았다. 17세기의 몇몇 실험가들은 펌프에 의해서 올라갈 수 있는 물기둥의 최대 높이는 자연이 얼마나 진공 상태를 피하려고 하는지에 대한 척도로 생각했다. 그와 같은 혐오를 '공포의 진공(horror vacui)' 이라고 부른다. 그러나 자연이 진공을 혐오한다는 발상과 그로 인해서 진공은 고의적으로 작용한다는 생각은 갈릴레이(Galileo Galillei)에 의해 막을 연 새로운 기계론적 철학이 팽배하는 시기에 점점 더 어울리지 못하게 되었다. 1644년에 이탈리아의 수학자 토리첼리(Evangelista Torricelli)는 문제를 아주 신선한 관점에서 취급했다. 토리첼리는 혐오한다는 개념을 버리고 대신에 역학적 천칭과 실험장치를 비교했다. 토리첼리는 공기 펌프가 수직 튜브 안에 물기둥을 만들고 반면에 바깥쪽에는 대기로 된 공기기둥이 있다는 것을 알아차렸다. 만약 대기 공기가 무게를 가지고 있다면 튜브 안에 물의 무게가 튜브 위로 올라온 공기의 무게와 동등하다고 생각했다.

토리첼리는 이 가정을 시험하기 위해 실험을 제안했다. 그는 한쪽에는 계측 눈금이 있는 유리관에 수은을 채워 막아 놓고 넙적한 그릇 위에 거꾸로 세워 수은이 그릇 바닥으로 내려가도록 한다(그림 4.12). 수은의 밀도가 물의 밀도의 14배가 된다는 것을 알고 있으므로 그는 수은기둥이 물기둥의 14분의 1이 되는 곳, 또는 29인치되는 곳에서 정지할 것이라고 예측했다. 왜냐하면 그러면 물기둥과 수은기둥이 똑같은 무게를 가지게 될 것이기 때문이다. 실험이 실제로 실행되었을 때 토리첼리가 예측했던 대로 정확하게 수은기둥의 높이가 측정되었다. 토리첼리는 이와 같은 관찰에서 과감한 결론을 내리고 다음과 같이 기술했다. "우리는 공기 원소의 밑바닥에서 살고 있다. 그리고 그곳에서 의심의 여지가 없는 경험에 의해 공기가 무게를 가지

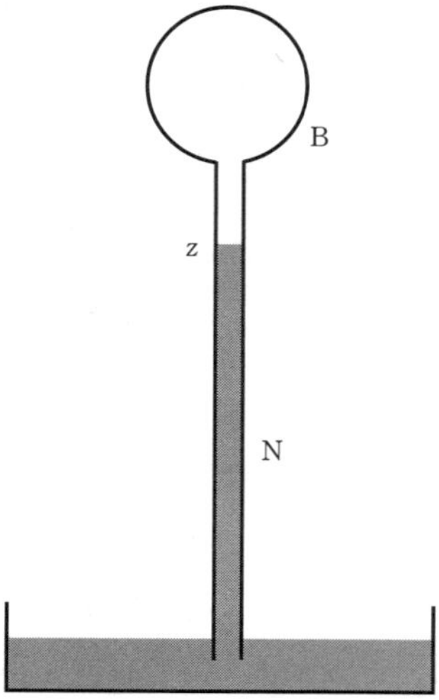

그림 4.12 토리첼리의 기압계. 유리공(B)과 유리공의 목(N). 이 실험에서 토리첼리는 유리공과 유리공의 목에 수은을 채우고, 더 많은 수은이 들어 있는 넙적한 그릇에 거꾸로 세웠다. 그러면 수은은 일정한 높이 (z)까지 내려오고, 그때 대기압 때문에 올라가거나 내려간다.

고 있다는 것을 알았다."[12]

토리첼리는 유리관에 수은기둥을 만든 실험 장치에서 하나의 기압계를 상기시킨다. 그리고 그것은 최초의 기압계 중의 하나이다. 그러나 기압계에 대한 그의 해석은 공기의 무게를 측정하는 천칭으로서 의심의 여지가 없이 받아들여지지 않았다. 프랑스의 파스칼(Blaise Pascal)은 수은 대신에 물을 채워 넣으라고 항의했다. 토리첼리는 천칭의 한쪽에만 변화를 주었다. 압력계와 역학적 천칭 사이의 일반적인 대등성이 유효하기 위해서, 그리고 자연의 진공 혐오설에 바탕을 둔 설명을 배제하기 위해서 다른 쪽도 마찬가지로 변화를 주어야 할 필요가 있을 것이라고 파스칼은 주장했다. 파스칼은 한쪽은 기압계를 산꼭대기로 가져가면 변할 것이므로 그것을 산 밑에 평야에서 측정한 것과 비교하라고 제안했다. 만약 토리첼리가 맞다면 기압계 위의 공기 무게가 기압계를 산꼭대기에 놓았을 때 보다 작을 것이고 수은이나 물의 높이가 산 밑 평야에서 보다 작을 것이라고 주장했다.

1648년 9월에 진실의 날이 왔다. 파스칼의 처남인 페리에(Florin Périer)가 중앙 프랑스에 있는 산 퓌드돔(Puy de Dôme)의 정상에 올라갔다. 그리고 거기서 기압계의 눈금을 읽었다. 한편 수도원의 수도사들은 또 다른 기압계를 가지고 산 밑에 남아서 기압계를 기록했다. 페리에가 돌아 왔을 때 두 기압계의 높이를 비교해 보았는데 수도원에서 약 1,000 m 더 높은 정상에서 읽은 수은기둥의 높이가 약 9 cm 정도 낮았다. 토리첼리가 예측했던 대로 대기 공기의 양이 높은 고도로 올라갈수록 더 적어지므로 높은 고도에서 기압계에 작용하는 공기의 무게가 고도가 낮은 곳에서 보다 적다. 이 발견은 토리첼리가 공기가 무게가 있다고 한 주장이 맞고 압력계는 역학적 천칭에 비교될 만한 것이고 자연에서 진공 상태는 가능하다고 파스칼은 확신하게 되었다. 천칭과 같은 역할을 할 수 있으므로 압력계에서 읽은 눈금은 공기기둥의 높이가 1,000 m인 공기의 무게를 나타내고 그것은 9 cm 되는 수은기둥의 높이를 의미한다. 이 실험은 땅 위에 있는 공기층들의 결합된 압력, 즉 무게 때문에 대기의 압력과 대기적 공기의 밀도 둘 다 땅으로 내려올수록 높아진다는 것을 밝혀주었다. 여기에는 두 가지 더 밀접하게 관련된 암시가 있는데, 하나는 실질적인 것과 또 다른 하나는 우주론적인 것이다. 실질적인 측면에서 기압계는 공기 압력의 변화를 기록하는 것으로 기후의 변화와 밀접한 관계가 있다. 우주론적 측면에서서는 우주의 대부분의 체적은 진공이고 공간은 물질이 전혀 없을 수 있다는 결론을 파스칼은 이끌어 내었다.

공기는 무게가 있다는 토리첼리의 발견과 고도에 따라 대기압이 줄어든다는 파스칼의 지적 영감은 오늘날 대기물리학의 두 버팀목이다. 만약 대기의 상한 경계가 있을 수 있다면 어떨까 궁금하게 만든다. 토리첼리와 파스칼보다 5세기 앞서 안달루시아(Andalusian)의 수학자 이반 무다드(Abu'Abd

Allah Muhammad ibn Muadh)는 아주 간단한 관찰이 답을 제공할 수 있을 것이라고 제안했었다. 후에 알려진 〈새벽 박명과 저녁 박명에 관하여(De crepusculis matutino et vespertino)〉라는 아주 짧은 논문에서 11세기의 학자 이반 무다드는 저녁 박명의 끄트머리나 새벽 박명의 첫머리에 태양의 내려본 각은 태양빛의 반사와 밀접한 관계가 있는 '대기습도'의 높이와 관계되어 있다고 말했다. 그는 박명 동안에 그 각이 18도가 된다고 산출했는데, 그것은 오늘의 천문학에서 정의하는 박명, 즉 밤의 시작(또는 밤의 끝)과 너무도 일치하는 값이다. 이반 무다드의 18도와 지구의 반지름은 오늘날 우리가 알고 있는 값으로 우리는 대기의 높이를 약 79.5 km로 추리할 수 있다. 이것은 지구의 반지름의 겨우 1%보다 조금 많은 것에 불과하다. 즉, 대기는 우리의 행성을 둘러싸고 있는 아주 얇은 포피일 뿐이다.

물방울로 가득 찬 하늘?

작은 물방울로 인해 생기는 1차 파란색으로서 하늘색에 대한 뉴턴의 설명은 우선 그럴듯해 보인다. 그렇지만 곧 비판에 부딪치게 된다. 첫 번째 도전이 독일 슈바비아(Swabia) 지방 울름(Ulm)의 풍크(Johann Caspar Funck)로부터 나왔다. 1716년에 출간된 그의 책 《하늘색에 관하여(Liber de coloribus coeli)》에서 시골 설교자 풍크는 세계적으로 유명한 물리학자를 비판 대상으로 삼았다.[13] 풍크는 하늘의 색과 구름의 색들이 하루 종일 변하는 것을 관찰하였다. 태양이 낮게 뜨면 붉은색이 많아지고 대낮에는 구름이 하얗게 보이고 맑은 하늘은 푸르게 보인다. 뉴턴의 이론에 따르면 구름을 만드는 물방울들은 아침과 저녁에는 붉은 광선을 반사하기 위해 좀 커야 할 것이다. 반대로 낮에는 스펙트럼에 있는 모든 광선을 모두 똑같이 다 반사할 수 있도록 적절한 크기를 한 물방울들로 이루어져 있어야 할 것이다. 그래야만 구름으로부터 오직 흰색의 광선이 나올 수 있다. 그러나 구름 바깥에 공기 중에 떠 있는 물방울은 뉴턴의 이론에 따라 하늘을 푸르게 보이게 하는데 물방울의 크기에는 변화가 없어야 할 것이다. 만약 변화가 있으면 다른 색으로 보이게 되기 때문이다. 풍크는 뉴턴을 물방울 크기의 변화가 왜 있어야 되는지에 대해 납득할 만한 이유를 들지 않았다고 비판했다. 스코트랜드의 물리학자 멜빌(Thomas Melvill)은 뉴턴의 이론은 해가 질 때 구름의 색을 설명하기가 어렵다는 것을 덧 붙여서 같은 식으로 반박했다.

> 왜 구름의 입자들은 다른 시간이 아닌 바로 그 특정한 시간에 이들 색들을 분리할 정도의 크기로 되어야 하는지, 게다가 왜 그것들은 빨강, 주황 그리고 노란색들도 마찬가지로 좀처럼 파란색과 초록색의 기미가 전혀 보이지 않는가?[14]

그러나 대기의 물방울 크기의 분포가 단지 딜레마는 아니었다. 뉴턴의 설명은 하늘이 푸르게 나타날 때면 언제나 완벽한 평형을 전제로 했다. 다른 말로 가장 작은 새롭게 형성된 물방울 입자들은 그럴 때에는 언제나 공기 중에 어느 곳에도 존재한다는 말이다. 더욱이 그것들은 우리가 아주 고른 색을 볼 수 있도록 골고루 분포되어 있다. 그러나 기후조건에 따라 공기 습도 분포가 많이 균일하지 않아도 하늘의 푸른색은 놀랍게도 일정하다. 건조하고 뜨거운 여름 날 습도는 예외적으로 낮은데 그럼에도 불구하고 하늘은 늘 푸르다. 아마도 뉴턴은 그때에는 물방울들이 대기 중에 아주 높은 곳에 위치해 있다고 반격했을 것이다. 18세기 후반에 스위스의 자연주의자 소쉬르(Horace Bénédict de Saussure)는 최초의 습도계를 제작했고 산에서 습도는 고도가 증가함에 따라 올라가지 않고 오히려 상당히 감소한다는 것을 보여 주었다. 뉴턴의 이론은 점점 더 커다란 도전을 받게 되었다.

19세기 중엽에 두 가지 문제가 더 발생했다. 1848년에 오스트리아의 생리학자 브뤼케(Ernst Wilhelm von Brücke)는 뉴턴의 원무늬에 나타나는 색 계열들을 공부하다 1차 파란색에서 라벤더 회색 색상을 보았다. 그의 추정에서 1차 파란색 원무늬의 채도는 하늘색의 푸른색감보다 훨씬 낮고 구름이 없을 때는 최소이다.

더군다나 뉴턴의 설명은 특이한 결론을 가지고 있다. 만약 공기 중에 많은 물방울이 있다면 태양, 달, 별들이 정확하게 정의된 물체들로 나타난다는 것이다. 물방울에서 나타나는 반사 과정은 천체들의 상을 이지러지게 하거나 아니면 흐릿하게 만들어 빛이 나는 원판을 실제 보다 더 크게 보이게 할 것이다(그림 4.13). 베를린 태생 물리학자 클라우지우스(Rudolf Clausius)는 1849년에 이것을 지적했고 작은 물방울이 공기 중에 부유하는 것이 아니고 오히려 아주 작은 물기포들이라고 제안하여 뉴턴의 이론을 구제하려고 노력을 기울였다. 그런 물기포들은 천체를 언제나 같은 모습으로 선명하게 윤곽을 만들어 보이고 하늘은 1차 파란색으로 보이게 한다. 반면에 모세관 힘 때문에 이런 거품들은 금방 터질 것이다. 그래서 그것을 공기 중에서 볼 수 없는 것은 이상한 일이 아니다.

푸른 하늘에 대한 뉴턴의 설명이 반대 의견에 부딪친 것뿐만 아니라 특히 18세기 초에 프랑스에서 물체의 색에 대한 것도 더 큰 반대 의견을 만나게 되었다. 가장 격렬한 비판들 중 하나는 하센프라츠(Jean-Henri Hassenfratz)의 비판이었다. 그는 도목수로 나중에 결국은 파리에 있는 유명한 에콜 폴리테크니크(École Polytechnique; 파리공과대학 · 국립이과학교)의 물리학교수가 되었다. 하센프라츠는 프리즘으로 색이 있는 유체를 연구하면서 그것들의 겉보기 색이 가장 작은 물질 조성 알갱이들의 크기가 원인이 아니라 특정한 분

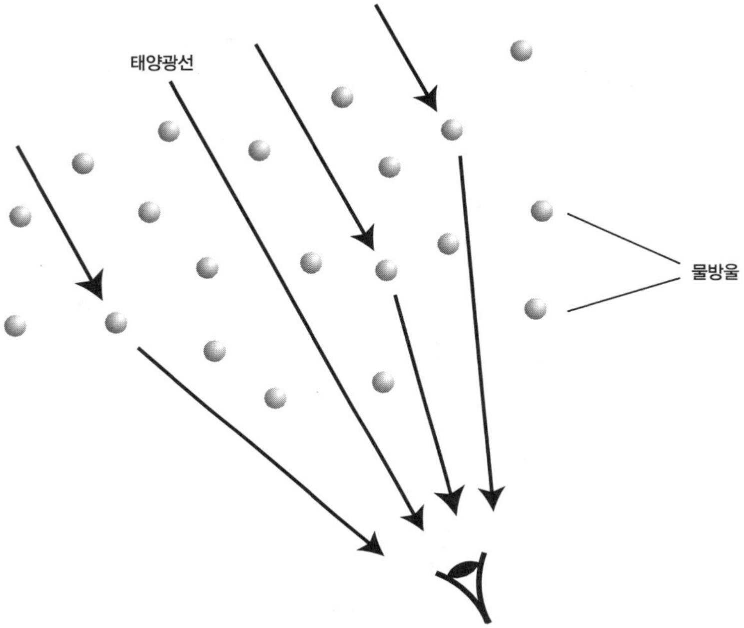

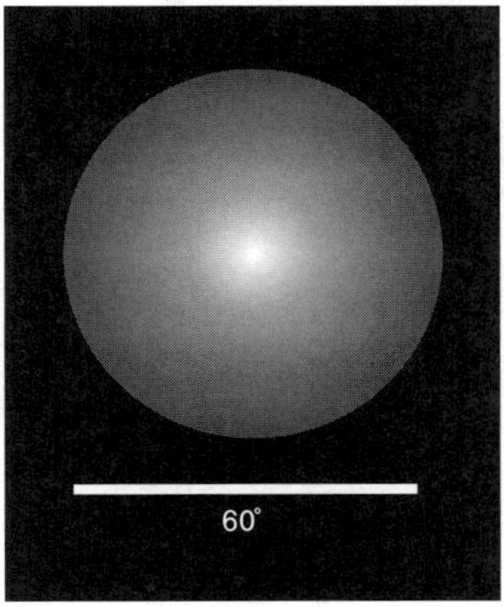

그림 4.13 1853년에 물리학자 클라우지우스는 하늘이 푸른 것에 대해 뉴턴이 설명한 것에서 결점을 발견했다. 만약 작은 물방울들 때문에 반사가 생겨서 하늘이 푸르다면 태양은 각 지름이 60도 정도만큼 큰 흐릿한 원반으로 보여야 할 것이다. 그러나 실제로 보이는 태양 광구의 지름은 각으로 1/2도 밖에 되지 않으며 가장자리가 선명하다.

광선에 대한 선택흡수에 의한 것이라는 것을 점점 더 확신하게 되었다. 얄궂게도 하센프라츠가 그와 같은 증거를 모으는데 사용했던 프리즘이 바로 뉴턴이 하늘이 푸른 것을 증명하기 위해 사용했던 바로 그 프리즘이다. 1801년 1월에 그는 1666년에 뉴턴이 수행했던 실험을 반복해서 백색 태양광선을 여러 가지 분광스펙트럼으로 쪼갰다.[15] 하센프라츠는 낮 동안에 다른 시간대에 걸쳐 실험을 했는데, 즉 태양의 고도를 여러 가지로 택해 실험을 해서 태양 스펙트럼의 길이를 측정했다. 그래서 그는 태양의 고도에 따

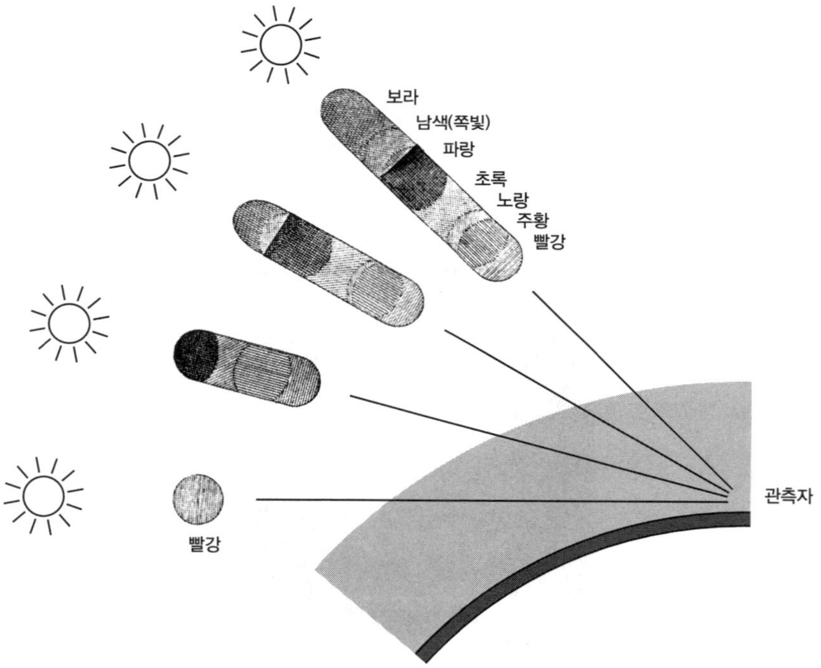

그림 4.14 1801년 1월 13일 하센프라츠는 하루 종일 낮 동안에 태양 스펙트럼의 길이를 측정했다. 지는 해의 스펙트럼은 주황색 원반으로 나타났고, 길다란 태양 스펙트럼으로 하늘에 가장 높이 떠 있을 때인 낮에는 모든 스펙트럼 색이 다 포함되어 있다. 그래서 대기가 태양빛을 여러 가지 색으로 나눈다는 것이 증명되었다.

라 태양광선의 색을 기록했다(그림 4.14).

그는 정오에 태양이 가장 높이 떠 있을 때 태양빛이 스펙트럼의 모든 색을 포함하고 있는데, 그것은 보라색에서부터 빨간색까지라고 정하였다. 그러나 태양이 하늘에 낮게 떠 있으면 보라색, 파란색, 그리고 초록색 광선은 없어지고 눈에 띄게 스펙트럼이 짧아진다. 이것은 우리들이 매일 일상생활에서 태양이 질 때는 빨갛고, 낮에 높이 떠 있을 때에는 흰색으로 보이는 것을 경험하는 것과 일치한다.

태양으로부터 나오는 광선이 대기를 통과하는 경로는 한 낮 보다 해가 질 때 더 길다. 그래서 대기는 태양빛에서 굴절성이 큰 보라와 파란색 그리고 초록색 광선들을 없어지게 해야 만 한다. 오직 굴절성이 낮은 노랑, 주황, 그리고 빨간색 광선만이 공기의 두꺼운 층을 뚫고 방해 받지 않은 경로를 가지게 된다. 그러므로 해가 질 때나 뜰 때 태양이 주황색으로 보이는 것이다. 그러나 태양의 직사광선에서 쪼개져 나온 광선들은 굴절되어서 어디로 갈까? 뉴턴의 색상환에 따르면 보라와 파란색 그리고 초록색(태양이 뜰 때 그리고 질 때 없어지는 색들임)의 가색혼합은 파란 색상을 만들어낸다. 하센프라츠는 대기에 의해 걸러진 태양빛은 굴절된 광선이고 그것이 하늘을 푸르게 보이게 만든다고 추론하였다.

색이 들어있는 공기와 달의 거주자

뉴턴의 색이 있는 태양광선의 분산에 관한 미시적인 분석에 많은 결점이 발견되었지만, 그것의 기본적인 흐름, 즉 백색광선을 여러 가지 다양한 굴절률로 인해 나누는 공기의 기량과 그래서 여러 가지 색이 나타나는 것은 19세기 초에 확실히 정립되었다. 가장 최근 설명이 공기 또는 공기 속에 포함된 입자 알갱이들은 굴절성이 있는 광선(파랑)을 굴절성이 그 보다 다소 적은 광선(빨강)보다 더 반사하여 그대로 남게 한다는 것이다. 18세기의 물리교재를 보면 이 주제에 대해 얼마나 많은 불확실한 것이 들어 있는지를 알 수 있다. 1788년에 독일 자연주의자 칼 그렌(Friedrich Albrecht Carl Gren)은 그의 대중적인 책 《자연철학의 기초(Grundriss der Naturlehre)》에서 대기는 주로 파란색 광선을 주로 반사한다고 썼다. 베를린 태생 물리학자 람베르트(Johann Heinrich Lambert)는 1774년에 이와 비슷한 자세를 취했다.

> 우리가 아주 먼 산을 보면 산이 푸른색을 띠고 나타나는데, 그것은 공기 중에서 태양빛이 반사되어 생긴 것이다. 하늘의 푸른색은 이와 같은 과정을 뒤로 추적하여 생긴 것인데, 왜나하면 이런 광선들이 없으면 밤처럼 낮에도 하늘이 어둡고 까맣게 보일 것이기 때문이다.[16]

파리에서 천문학자 부게(Pierre Bouguer)는 빨간색 광선은 파란색 광선 보다 훨씬 더 강력해서 대기를 훨씬 더 쉽게 투과할 수 있다고 주장했다. 태양 직사광선이 노랗거나 붉게 나타나는 이유를 설명했고, 반면에 태양의 약한 파란빛이 공기 중에 푹 잠겨 있어서, 말하자면 하늘이 그런 색을 띠게 되었다고 설명한다. 부게는 그래서 대기 속에 있는 입자 알갱이들보다 광선의 특성으로 색이 나누어지는 것에 대한 원인을 추구하였다. 이런 효과를 아주 현란한 방법으로 묘사한 놀레(Jean-Antoine Nollet)에게 감사를 표해야 한다. 프랑스 수도사 겸 자연주의자인 놀레는 그가 살아있을 당시에 물리학의 대중화를 위한 시범을 통해 프랑스 귀족사회와 부르주아(돈이 있는 중산 계급)층에서 가장 잘 알려진 대중적으로 우상이었던 인물이다. 놀레의 명성은 사르디니아(Sardinia) 왕의 물리선생 자리를 얻게 했고, 프랑스의 왕 루이 15세의 왕실 가족의 어린이들을 가르치는 물리선생이 되도록 하였다. 놀레는

〈실험물리에 관한 강의(Leçons de Physique Expérimentale)〉에서 태양광선이 처음 대기를 지나고 그 다음에 지구 표면에서 반사된다고 썼다. 빨간색 광선이 지구 대기를 통과할 만큼 재삼 충분히 강하지만 그는 보다 약한 파란색 광선을 생각했다. 이 광선들이 공기 속에 파묻혀야만 하늘이 푸른색을 나타낼 수 있다. 결과적으로 놀레는 "만약에 어떤 존재가 달에 있다면 달의 거주자는 대기를 가진 우리 지구를 흰색이 섞인 푸른색에 가까운 색으로 볼 것이다."[17]

18세기의 모든 연구자들이 하늘의 푸른색을 측정하는 데 뉴턴의 광학을 인용한 것은 아니다. 라이프치히(Leipzig)의 에륵스레벤(Johann Christian Polykarp Erxleben)은 난처해 했다. "어떤 자연주의자들은 공기가 푸르다는 것을 긍정하고 어떤 이들은 부정하고 있다."[18] 이와 같은 관점을 가장 지지하는 이는 스위스 물리학자이자 수학자인 오일러(Leonhard Euler)이다. 그는 공기 입자들이 오로지 약한 파란색을 띠고 있다고 해도 그것이 많이 모여 있으면 짙은 파란색 색상을 만들어 낼 수 있다고 말했다.

> 우리는 방 어디에서도 파란색을 감지할 수 없지만 대기로부터 모든 파란색 계열의 광선들이 동시에 우리 눈으로 들어오면 개개의 색상들이 약하더라도 한데 모이면 강하게 되어 짙은 색을 낼 수 있다.[19]

오일러는 당대 베를린 외곽 포츠담에 있는 프러시아 왕 궁전의 손님이었다. 그는 자신의 주장을 하르츠(Harz) 산에 있는 숲에서 얻은 명백한 증거를 가지고 입증했다. 북 독일에 작은 영역으로 베를린 서쪽으로 120마일 되는 곳에 있는 도시 할버슈타트(Halberstadt)에서 하르츠 산 가장자리에 숲이 초록색으로 보인다. 그러나 마그데부르크(Magdeburg)로부터 40마일 더 갔을 때에는 그 산이 푸르게 보였다. 그런 상황을 인식하지 않은 채로 오일러는 그림을 그리기 위해 공기(대기) 원근법에서 시도했던 관찰을 되풀이 하였다. 레오나르도는 처음 공기는 파란색을 가지고 있다고 가정하였지만 가정과 다른 관찰 결과들 사이에 모순이 있다는 것을 인지했다. 반면에 오일러는 그 문제의 복잡성을 과소평가하는 잘못을 저질렀다.

1799년에 영국의 화학자 데이비(Humphry Davy)는 〈열, 빛, 그리고 빛의 결합에 대한 소고(Essay on Heat, Light and the Combinations of Light)〉[20] 에서 모든 물체에는 고유의 척력과 인력이 있다고 주장한다. 그래서 단단한 물체는 함께 단단하게 뭉치도록 끌어당기는 힘이 압도적으로 많고 반면에 액체에는 인력과 척력이 평형을 이루고 있다. 한편 빛에는 인력에 비해 척력이 훨씬 더 많다. 그것은 빛이 매우 빠르기 때문이라고 데이비는 기술한다. 그러나 척력의 강도는 개개의 광선에 따라 다르므로 빛이 분산하는 이유이다. 빨간빛은 특히 강한 척력을 가진 것으로 특징지을 수 있다. 빛이 공기를 통과하는 경로를 따라 빨간빛의 척력은 사라져서 파란색으로 되게 만든다고 데이비는 기술한다.[21] 얼핏 들어서는 비실제적인 주장 같지만 오히려 데카르트(René Descartes)가 제안한 빛의 역학적 이론에 의하면 고무적인 것이다. 18세기 학자들은 파란색을 설명할 방법에 일치되는 점에 도달하지 못했다.

5장

근원 현상, 또는 광학적 착시

1802년 6월 20일 두 사람이 키토(Quito)를 떠나 당시 세상에서 가장 높은 산으로 향했다. 그들은 바위와 얼음으로 된 가파른 피라미드로 만년설이 덮인 영역까지 도달하는 침보라조(Chimborazo)를 등반하려고 떠났다. 그 산은 스페인 식민지의 수도 남쪽에 위치해 있는데, 오늘날의 에콰도르(Ecuador)로 인구 밀도가 낮은 타피아(Tapia)의 고원에 험악하게 높이 솟아 있다. 두 사람은 산 정상까지 도달하려고 결정했다. 그와 같은 위업을 그때까지 아무도 달성하지 못했다. 그들은 훔볼트(Alexander von Humboldt)와 봉플랑(Aimé Bonpland)이었다. 3년 동안 독일인 자연주의자 훔볼트와 프랑스인 식물학자 봉플랑은 두려움을 모르는 과학적 탐험가들로 중앙아메리카와 라틴아메리카를 섭렵하는 대규모 여행을 위해 팀을 만들었다. 그 학자들이 여행에서 집으로 돌아올 때까지 그 지역은 세계에서 많이 알려지지도 않았고 상상하기조차 힘든 지역이었다. 훔볼트와 봉플랑은 사람들에게 그곳을 소개하기 위해 그들이 수집해온 방대한 양의 식물과 동물의 종들, 그리고 지구 자기장의 측정, 공기의 압력과 온도, 그리고 높은 고원에서 볼 수 있는 하늘의 푸르름으로 그곳의 풍경을 지도로 만들었다. 당시 그곳은 스페인 식민지로 과학적인 탐험을 위한 긴 여행을 하기 위해서 그들은 마드리드에서 허가를 얻어야 했다. 그래서 그들은 스페인의 항구인 라 코르냐(La Coruña)에서 여행을 시작했다. 여기서 배를 타고 대서양을 건넜다. 카나리아(Canary) 제도에서 잠시 머문 후에 그들은 카라카스(Caracas)에 도착했다. 그리고 거기서 오리노코(Orinoco) 분지를 탐험했다. 오리노코 분지는 베네수엘라(Venezuela)에 있는 열대성 숲들 속에 있는 같은 줄기로 이루어진 커다란 강계(江系)이다. 그 다음으로 쿠바(Cuba) 여행을 했고 곧 이어서 남쪽으로 내려가 다시 컬럼비아(Colombia)와 안데스(Andes)로 갔다.

침보라조는 1746년 이래로 세계에서 가장 높은 산으로 생각되었다. 그해에 두 프랑스 사람들, 부게(Pierre Bouguer)와 콩다민(Charles Marie de la Condamine)은 안데스 산의 정상들의 고도를 측정하고 그중에서 가장 높은 침보라조를 발견했다. 부게와 콩다민은 정상 정복에 대한 세계기록을 깨려고 시도했다. 그러나 빈약한 장비와 등반에 대한 경험 부족으로 그들은 곧바로 포기하여야 했다. 반세기 후에 훔볼트와 봉플랑은 훨씬 더 준비를 잘했다. 3년 일찍 유럽으로 돌아오는 길에 그들은 카나리아 제도에서 가장 높은 산으로 높이가 3,700 m인 테이데 산 정상(Pico de Teide)을 올라갔다. 1802년 키토에 도착한 후에 훔볼트와 봉플랑은 인근에 있는 몇 개의 분화구 꼭대기로 이어지는 경사진 면을 올라가는 기술을 재정비했다. 코토팩스(Cotopax)에는 4,411 m, 안티사나(Antisana)에는 5,405 m에 달하는 분화구가 있었다. 그들은 육체적으로는 준비가 잘 되었었지만 그들이 입은 옷은 그렇게 높은 등반에 적절하지 못한 것이었다. 두 유럽 등반가들은 가죽 구두와 19세기에 신사들이 정장으로 입었던 프록코트를 입었으며 장갑도 착용하지 않았다.

6월 23일 키토를 떠난 지 3일째 되던 날 두 사람은 칼피(Calpi)에서 등반을 시작했다. 그곳은 3,150 m 높이에 있는 마을이었다. 그들은 목사의 집에서 밤을 새웠다. 그리고 아침 일찍 노새에 짐을 실었다. 거기서 세 사람의 원주민과 동행했다. 훔볼트와 봉플랑은 거대한 피라미드를 향해 출발했다. 처음에는 경사가 완만해서 등반진행이 빨랐지만 그들이 처음으로 4,400 m에서 눈을 만나고부터는 행렬이 점점 더 불안정하게 되었다. 5,000 m 좀 너머서 길이 좁아졌고 가팔라졌다. 거기서부터 경사진 길에 얼음이 붙어 있고 사람들이 미끄러지지 않으려고 바위를 붙잡았다. 그들의 손은 날카로운 바위를 잡고 있느라 피가 흘렀고 구두는 녹은 눈으로 흠뻑 젖어 있었다. 설상가상으로 높은 고도 때문에 메스껍고 현기증이 나고 호흡이 곤란하고 코

그림 5.1 타피아(Tapia) 평원 위에 솟아 있는 침보라조. 훔볼트가 그린 밑그림으로 만든 석판화. Reproduced from Alexander von Humboldt and Aimé Bonpland, *Vues des Cordillères, et Monumens des Peuples de l'Amérique: Relation Historique, Atlas Pittoresque* (Paris: F. Schoell, 1810), Plate XXV.

피가 흐르고 잇몸에서도 출혈이 생겼다. 그럼에도 이런 증상들이 그들 일행 어느 누구도 흔들리게 하지 않았다. 훔볼트와 봉플랑은 고산병에 대한 증상을 잘 알고 있었다. 그래서 그들은 얼마나 더 올라 갈 수 있을지도 잘 알았다.

그날 아침 일찍부터 짙은 구름과 안개 속에서 탐험이 진행되었다. 구름과 안개는 그들 주변을 알아보지 못하게 만들었다. 정오경에 구름을 열고 침보라조 봉우리가 돔과 같은 모양을 한 채로 그들 앞에 나타났을 때 그들은 안도했다. 훔볼트는 일기에서 그것은 어둡침침한 장관이었다고 기술하고 있다.[1] 그는 얼른 배낭에서 청도계를 꺼냈고 하늘이 얼마나 푸른지를 계측했다.

문자 그대로 푸른색의 정도를 재는 계기인 청도계(색판 15)는 군청색(베를린 푸른색)으로 흰색(영도)에서부터 검정(51도)까지 푸른색의 어두움 정도를 52단계로 나누었다. 이 간단한 기기는 1760년대에 스위스의 지질학자이자 알프스 산 탐험가인 소쉬르(Horace-Bénédict de Saussure)에 의해 발명되었다. 소쉬르는 아주 잘 정의된 방법에 따라 눈금을 수채물감으로 표시하였는데, 위치와 고도와 시간에 따라 하늘의 색을 광범위하게 기록한 것을 모을 목적으로 친구들과 자연주의자들에게 분배했다. 관찰자는 하늘을 향해 청도계자를 잡고 해를 등 뒤에 두는 방법으로 측정했다. 보통 정오에 맑은 하늘을 해발로 측정하면 대체로 청도계로 23도가 측정되었다. 이것은 짙은 색상이었다. 아침이나 오후 보다 더 많은 수치가 나왔다. 하늘이 높은 고도에서 보면 더 짙게 나타난다는 것을 알려 주는 것이다. 이런 현상은 아라비안 탐험가 알-비루니(Ibn al-Biruni)에 의해 10세기에 발견되었던 것이다. 그는 페르시아에서 가장 높은 산인 데마벤드(Demavend) 산을 오르려고 시도했었다. 소쉬르는 1787년에 이런 발견을 정량적으로 정하였고 당시 유럽에서 가장 높은 산인 몽블랑(Mont Blanc)의 정상까지 청도계로 측정하였다. 거기서 그는 푸른색을 39도로 기록했다. 8년 후에 탐험을 준비하는 동안에 훔볼트는 눈금이 잘 새겨져 있는 청도계를 구하기 위해 제네바에 있는 소쉬르를 방문하였다. 훔볼트는 탐험에서 청도계를 열심히 이용하는 사람이 되었다. 그는 그것을 대서양을 횡단하면서 사용했을 뿐만 아니라 카나리아 제도에 있는 테이데의 정상을 오르면서도 사용하였다. 테이데에서는 41도를 기록했고 카리브 해에서는 정오에 바로 머리 위에서 23.5도를 기록했다.[2]

1802년 6월 23일 구름이 덮여 있다. 낮 동안에 잠깐 침보라조에 구름이 걷혔을 때, 사람이 결코 도달할 수 없는 고도에서 훔볼트는 예전에 한 번도 보지 못했던 짙은 푸른색인 청도계로 46도가 되는 푸른색을 기록했다. 몇

분이 지난 후 구름이 다시 덮였고, 탐험대 구성원들은 다시 안개 속에 파묻히게 되어 정상은 물론이고 아래 평원도 볼 수 없게 되었다. 그럼에도 불구하고 그들은 등반을 계속했다. 그러나 얼마 후에 그들은 막다른 곳에 도달하게 되었다. 그곳은 해발 5,878 m 되는 곳이고 넘을 수 없는 열곡(裂谷)이었으므로 그들의 길을 막았다. 정상에서 불과 400 m 밑이었는데, 그들은 더 이상 정상을 올라갈 수가 없어 포기해야만 했다. 그래서 그들은 되돌아 왔다. 훔볼트와 봉플랑은 실망했지만 그래도 행복했다. 그들은 비록 정상에 도달하는 것에는 실패했어도 그 정도의 높이까지 이전에는 아무도 올라가 본 사람이 없었다는 것을 알고 있었기 때문이었다. 그들이 산을 올라갔던 대로 되짚어 내려오는 동안 날씨는 더 나빠졌다. 우박이 내리기 시작했고 그다음에는 눈까지 내렸다. 오후 5시가 되서야 그들은 칼피(Calpi)에 도착했다. 그들은 완전히 기진한 상태로 그 마을에 사는 친절한 목사와 하룻밤을 함께 보냈다. 그 다음날 훔볼트는 일기에서 '늘 그렇듯이 구름 덮인 등반 날 다음은 상당히 맑은 하늘이 따른다.' 라고 기록했다.[3]

숫자로 기록할 수 있는 모든 현상들은 측정하여야 한다는 것이 훔볼트의 강박관념이다. 그것은 자연철학의 범주 안에서 가장 최상의 이해를 얻게 한다. 그 시절에 탐험은 온 세계의 곳곳에서 이루어졌는데 소쉬르의 알프스로의 여행으로부터 쿡(James Cook)의 남쪽 바다로의 항해까지이다. 이런 항해는 선례가 없는 양의 자료를 만들어냈고 그것들이 의미하는 것을 분석하기 위하여 자연과학자들은 집으로 가져 왔다. 학자들은 여러 가지 다양한 발견들을 비교 분석하였다. 숫자로 기록될 수 있는 측정 결과들은 바로 현상을 분석할 수 있는 최상의 방법이었다.

1814년에 훔볼트는 탐험여정에서 돌아온 후 10년간 청도계의 이용 가치에 대해 신랄하게 비판했다. 그는 청도계를 '아직 완성되지 못한 기기'[4] 라고 불렀다. 결국 청도계가 기록한 계측이 하늘의 푸른색에 대한 비밀을 푸는데 도움이 될 수 없다는 것이 분명해졌다. 소쉬르는 그럴 수 있을 것이라고 확신했고, 푸른색은 공기 중에 있는 습기 알갱이들의 색상이라고 믿었다. 그가 측정한 색상은 청도계로 34도라고 측정했다. 만약 그렇다면 그 계측기는 측정하고자 하는 장소에 있는 공기 중에 떠 있는 입자 알갱이들이 얼마나 많은지 추정할 수 있게 할 수 있을 것이다. 그러나 이런 가정의 궁색함을 떠나서 비교적 청도계 자체가 용도를 충족시키기에 적절하지 못하다는 것이 입증되었다. 관측자들은 태양에서 나오는 빛의 조도가 매 측정마다 같지 않고 다르므로 기기의 측정치를 읽는데 일관성이 있을 수 없다는 것은 피할 수 없다. 그리고 또 다른 측면에서 청도계는 하늘색은 푸른색을 띠지도 않고, 습기도 없는 입자들에 의해 상당히 영향을 받기 때문에 실패할 수 밖에 없었다.

훔볼트의 산악 등반인으로서의 명성은 청도계에 대한 흥미보다 오래 지속되었다. 1802년 6월에 역사적인 날 이후에 다른 사람이 침보라조 산을 오른 것은 거의 30년이 지나서였다. 1831년 12월 16일 영국인 홀(Obrist Hall)은 훔볼트와 봉플랑이 도달했던 지점 보다 64피트* 더 높이 올라갔다. 마침내 1886년 이탈이아인 형제 장-앙토닌(Jean-Antonine), 카렐(Louis Carrel)과 영국인 윔퍼(Edward Whymper)가 정상에 도달했다. 고도 6,310 m의 침보라조 산은 두 말할 나위 없이 에콰도르에서 가장 높은 산이다. 그러나 홀과 카렐, 그리고 윔퍼가 산의 정상에 도달할 때까지 세계에서 가장 높은 봉우리라는 입지를 차지하지 못했었다. 1819년에서 1825년까지 인도의 삼각측량법이 완성되었고 그것을 이용하여 안데스 산보다 높은 히말라야에 있는 산들의

• 역자 주: 1피트는 30.48센티미터이다.

높이가 측정되었다. 오늘날의 네팔에 있는 8,558 m에 달하는 다울라기리(Dhaulagiri), 인도의 시킴 주와 네팔 경계에 있는 히말라야의 고봉 칸첸중가(Kanchenjunga) 산은 추정된 높이가 8,588 m이다. 후에 에베레스트 산으로 불리게 된 산은 1856년 이전에도 이미 알려져 있었으나 1856년이 되어서야 영국 측량가들에 의해 높이가 측정되어 그 산이 세계에서 가장 높은 산이라는 이름을 얻었다.

신비스러운 푸른 그림자

만약에 하늘의 푸른색을 측정할 수 있다는 것이 계몽운동 자연주의자들의 강박관념의 하나라면 복잡한 자연현상들에 관한 보고들을 토론하는 것은 또 다른 문제이다. 공기 펌프의 개발자이고 마그데부르크(Magdeburg)의 시장인 게리케(Otto von Guericke)는 1672년에 출간된 그의 책《빈 공간에 관한 마그데부르크에서 새로운 실험(Neue Magdeburger Versuche über den leeren Raum)》에서 놀랄만한 관찰을 기술하고 있다. 해가 뜰 무렵 어느 날 아침에 게리케는 촛불로 인해 하얀 색 종이 위에 만들어진 그의 손가락 그림자를 보았다. 그림자는 그가 기대했던 것과 같이 검정색도 아니고 회색도 아닌 푸른색이었다. 거의 2세기 앞서 레오나르도는 그와 비슷한 색깔의 그림자를 보았었다. 그러나 10세기 중엽에 이르기까지 그것에 관한 관찰이 체계적으로 이루어지지 않았고 그것을 하나의 과학적 토론 주제로 생각하지도 않았다. 그림자의 순수한 푸른색은 원인이 무엇인지에 관해 불꽃 튀기는 논박을 야기하면서 상식에 도전하는 것 같았다. 모든 사람이 그림자라고 하는 것은 색이 없는 검정색이나 회색이라고 믿고 있기 때문에 색이 있는 그림자는 하나의 역설인 것 같다. 프랑스의 자연주의자 뷔퐁(Georges-Louis de Buffon)은 태양이 하늘에 아주 낮게 떠 있을 때 흰 종이에 손가락 그림자를 만들면 어떤 사람도 이런 현상을 관찰할 수 있다고 썼다. 저녁이 되면서 그림자는 푸른색 대신에 초록색 기운이 돌게 되는데, 독일의 작가 괴테(Johann Wolfgang von Goethe)는 1777년 12월 10일에 북쪽 독일에 있는 하르츠 산의 봉우리 브록켄(Brocken)에서 내려오면서 푸른 그림자에 주목했다. 맑은 하늘 아래서 흰 눈 위로 그를 둘러싸고 있는 모든 그림자가 푸른색임을 감지했다.

수년 뒤에 스위스의 자연주의자 베게랭(Nicolas de Beguelin)은 베를린 과학학술원에서 이것에 관한 설명을 발표하기 전에 강의를 했다(그림 5.2). 그는 게리케, 뷔퐁과 괴테의 관찰이 모두 일치한다고 지적했다. 그들의 관찰은 만일 그림자를 만드는 물체에 주황색 태양빛이 비추면 태양이 낮게 떠있고 하늘이 맑을 때면 언제나 푸른 그림자가 나타날 수 있다고 하는 것이다. 베게랭은 태양이 거의 수평선 위에 있을 때 맑은 하늘은 천정에서 여전히 푸른색 빛을 내고 있고 그것이 종이를 조명하고 태양빛에 의해 그림자가 생

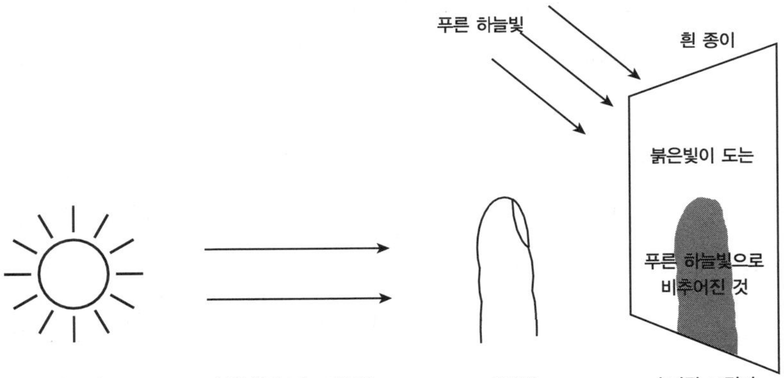

그림 5.2 베게랭은 푸른 그림자에 대한 물리적 설명을 1767년에 제시했다. 지는 해는 손가락 그림자를 흰색 종이 위에 만든다. 맑고 푸른 하늘은 그림자를 비추어서 그림자의 색을 하늘색과 같은 색으로 만든다.

기는 곳조차도 비춘다는 것을 알았다. 그래서 하늘로부터 나오는 빛은 그림자를 푸른색을 띠게 하고 반면에 붉은색 태양빛은 그림자에 붉은색이 배어 나오도록 할 기회를 갖지 못한다.

반면에 태양빛이 비추어진 종이는 하늘로부터 나온 빛이 태양빛에 의해 가려져서 태양빛의 색만 거기서 보이는 것이다. 베게랭은 이것이 그림자는 푸르게 보이고 종이는 붉은 주황색으로 보이는 이유라고 결론지었다. 오늘날 여러분이 극장에서 공연을 보고 있을 때 이 설명이 그럴듯하다는 것을 알 수 있다. 무대 양쪽에서 서로 다른 색의 조명을 켜면 한 조명 불빛에 의해 다른 맞은편 조명등에 그림자가 생기게 되는데 그림자 색은 맞은편 조명등의 색이 되는 것을 볼 수 있다.

가장 최근의 연구자들은 푸른 그림자에 대한 이와 같은 설명에 만족했다. 그러나 괴테(그림 5.3)는 베게랭의 관점과 같지 않았다. 그는 하르츠 여행 13년 후에 하늘의 푸른빛이 비쳐지지 않는 상황에서 푸른 그림자를 볼 수 있는 실험을 지휘했다(그림 5.4). 그 실험은 방의 창문을 모두 흰색 커튼으로 치고 진행되었다. 그것은 하늘의 푸른빛이 관찰에 아무런 영향을 미치지 못하도록 확실히 하기 위해서였다. 괴테는 푸른 하늘의 영향을 받지 않기 위해서 하늘이 흐린 날을 택해 실험할 것을 추천했다. 그리고 방안에 어떤 것도 푸른색을 가지고 있는 것은 모두 제거할 것을 권고했다. 이렇게 한 다음 촛불을 켜서 이것을 창문을 뒤에 두고 놓여 있는 흰색 종이를 비추도록 했다. 그리고 그 사이에 장애물을 두고 그 장애물의 그림자가 흰색 종이 위에 생기도록 하면 이때 생기는 그림자는 푸른색을 띠는 그림자가 될 것이라고 주장했다.

푸른 하늘빛의 영향을 체계적으로 없앰으로서 괴테는 베게랭의 해석에 대한 대체 설명이 반드시 있을 것이라는 것을 증명할 수 있었다. 4년 뒤에

그림 5.3 슈틸러(Joseph Karl Stieler, 1828)가 그린 괴테의 초상. 베를린 프러시아 문명 소장품.

영국의 물리학자 톰슨(Benjamin Thompson)은 거의 비슷한 발견을 우연히 하게 되었다. 두 개의 촛불을 물체 양쪽에 두고 생기는 물체의 그림자에 대한 실험이었다. 톰슨은 낮의 태양빛을 완전히 제거할 수 있었다. 톰슨은 색이 있는 그림자를 단지 호기심꺼리로 보고 있는 동안에 이 당황스러운 실험은

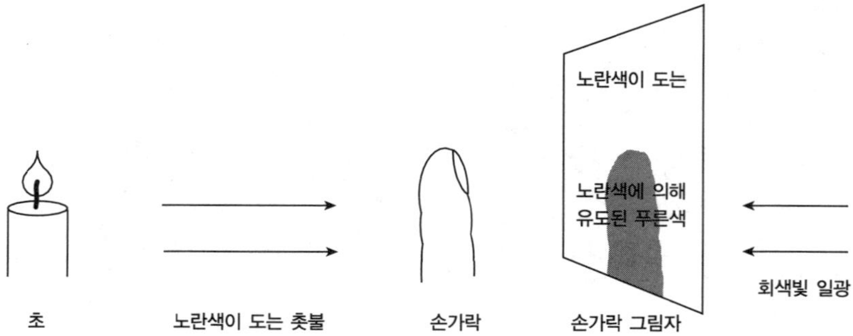

그림 5.4 괴테는 푸른 그림자에 대해 베게랭과 의견이 같지 않았다. 괴테는 푸른색에 대해 생리적인 것이 원인이라는 설명을 한다. 촛불의 노란색 빛으로 흰 종이를 비추고 다른 편에서 대낮의 회색빛이 비춰진다. 손가락 그림자는 촛불에 의해 밝아지는 것이 아니지만 푸른색(노란색의 보색)이 눈에 인지된다.

괴테를 색의 본질에 대한 연구에 몰두하도록 했다. 왜냐하면 만약에 하늘의 푸른색이 푸른색을 띠는 그림자를 만드는데 아무런 역할을 하지 않는다면 어떤 것이 푸른색을 띠는 그림자를 만드는 원인일까?

베게랭은 물리적 원인을 제안했는데, 괴테는 색이 있는 그림자에 대해 생리적 설명을 추구했다. 다른 말로 그는 우리가 실제로 감각적으로 인지하는 인상을 취급한다. 우리는 푸른색과 노란색이 뉴턴의 색상환에서 서로 마주보는 곳에 있다는 것을 보았다. 따라서 그 색들은 한 쌍의 보색 관계에 있다. 마찬가지로 괴테는 파랑/보라와 노랑/빨강을 서로 마주보는 색극(color poles; 색상환의 중심을 지나는 직선과 색상환의 가장자리가 서로 교차하는 점에 해당하는 색으로 서로 마주 보는 곳이 극(pole))으로 이름 붙였다. 적황색 촛불은 흰 종이를 적황색 표면으로 나타나게 한다고 괴테는 말한다. 반대로 그림자는 촛불의 영향을 전혀 받지 않지만 인접한 적황색 표면은 눈이 그것을 푸른색으로 보이도록 '유도' 한다. 즉, 파란색은 노랑/빨강의 반대 극이다. 괴테가 '파란 색상의 유도' 라고 기술한 것은 오늘날은 동시대비로 알려진 것이다.

만약 아주 강한 색상을 띠고 있는 표면 옆에 흰색을 띠고 있는 표면을 보면 흰색 표면은 색이 강한 표면의 보색을 띠게 나타난다. 괴테가 베게랭의 설명이 불완전하다고 비판한 것은 옳았다. 왜냐하면 베게랭이 인용한 물리적인 원인으로서 푸른 그림자를 알아차리는 우리의 지각에서 동시대비는 중요한 역할을 하기 때문이다. 촛불을 푸른색 광원으로 대치하면 그림자는 노란색으로 나타나는데 이것은 괴테의 설명과 일치한다.

어떻게 우리가 색이 있는 그림자를 인지할 수 있는가에 대한 다른 생리학적 과정에 대해서 괴테도 베게랭도 알지 못한다. 만약에 한동안 색이 있는 표면을 응시하고 난후 흰색 표면을 보면 흰색 표면에서는 색이 있는 표면색의 보색으로 나타날 것이다. 이것을 잔상이라고 부른다. 마지막으로 생리학자들에게 알려진 색의 항구성 현상은 그림자에 대한 우리의 해석에 영향을 미친다. 왜냐하면 우리는 늘 그림자는 검정색이거나 회색일 것이라고 기대한다. 두뇌가 우리가 선입견으로 가지고 있는 생각을 올바른 것으로 착각하도록 속임수를 쓰므로 실제로 어떤 것이 기대했던 것에 맞지 않으면 그것이 틀렸다고 추측하는 것과 같이 색이 있는 그림자의 경우도 그렇다. 동시대비와 잔상은 감각적으로 인지된 색들을 보강하고 색의 항구성은 그들을 약화시킨다. 그래서 우리가 일상에서 매일 경험하는 시각적 느낌의 혼돈으로부터 질서를 만들어 내도록 도와준다. 결국 우리 주위의 모든 물체를 조명하는 빛의 종류는 항상 일정하게 변한다. 우리가 흰색 표면을 흰색으로 감지할 수 있도록 하는 색의 항구성에 감사해야 한다. 비록 노란색 불빛이나 촛불 밑에서도 흰색은 흰색으로 느끼게 하는 색의 항구성에 대해서 실로 감사해야 한다.

광학적 착시

푸른색 그림자의 수수께끼는 하늘의 푸른색을 보는 새로운 관점을 야기했다. 톰슨은 푸른색을 띤 그림자를 광학적 착시라고 생각했다. 그리고 하늘이 푸른색을 띠는 것도 어쩌면 같은 이유가 아닐까 의심했다. 1820년대에 하이델베르크 출생 독일인 물리학자 문케(Georg Wilhelm Muncke)는 확신할 수 있다고 생각했다. 그는 에세이에 다음과 같이 썼다.

> 가장 흥미 있는 것은 이런 계통의 생각으로부터 지금까지 일반적으로 추측해 온 것 같이 대기의 공기가 푸른색을 띠는 것이 아니고 두꺼운 층을 거쳐 푸른색이 만들어 지는 것이다. 오히려 푸른색은 주관적이고 매우 하얀 태양광선에 상보적인 것으로 노란색에 가까운 경향이 있으며 지구와 물체들이 반사해서 생긴 것이라는 확고한 결론을 이끌어 냈다는 것이다.[5]

문케의 실험과 결론은 물의를 일으켰다. 이것은 확실히 누구나 쉽게 실험을 반복할 수 있다는 사실에 기인했기 때문이다. 그는 긴 파이프를 가지고 안쪽을 까맣게 칠하고 그것을 통해 하늘을 보았다. 그리고 다른 한쪽 눈으로는 직접 하늘을 보았다. 얼마 후 파이프를 통해서 본 푸른색은 점점 밝아지며 끝내 하얗게 퇴색해 버렸다. 한편 육안으로 직접 하늘을 보는 경우는 변화가 없이 그대로 푸른색을 볼 수 있었다. 문케는 파이프는 외부에서 들어오는 빛의 영향을 차단하여 하늘이 본래 가지고 있는 색인 흰색을 드러내게 했다고 결론을 내렸다. 문케는 육안은 태양의 빛에 의한 착시현상을 경험하여 풍경과 하늘이 푸르다는 인상을 전달하는데 근사적으로 노란색 태양빛의 보색을 띠게 한다고 말했다.

문케는 하늘의 푸른색을 광학적 착시로 인한 것이라고 폭로하였지만 자신을 광학적 착시의 희생양으로 몰락시켰다. 수년 뒤에 독일 브레스라우(Breslau) 태생인 물리학자이자 천문학자인 브란데스(Heinrich Wilhelm Brandes)는 문케의 실험을 자세히 살펴보면 허점이 있다는 것을 증명했다. 브란데스는 하늘색과 거의 같은 색상의 밝은 푸른색 벽지로 도배한 아파트에 살았다. 그는 벽지를 하늘로 대신하고 문케의 실험을 되풀이 했다. 그는 파이프를 통해 벽지를 얼마 동안 본 후 벽지가 색깔을 잃어 버려 점점 거의 흰색에 가까워지는 것을 보았다. 파이프로 하늘을 보아도 같은 결과를 이끌어내므로 브란데스는 벽지가 하늘이 푸르다는 것을 정당화 시킨다고 결론을 내렸고, 푸른색에 대해서는 의심의 여지가 없다고 했다. 괴테도 마찬가지로 문케의 실험을 반복해서 브란데스와 같은 결론에 도달했다.

> 1822년 6월 23일. 문케 실험이 아주 짙은 푸른 하늘에서 반복되었다. 그 실험에서 발견되어야 할 것, 그리고 반드시 항상 발견되어야 할 것이 발견되었다. 육안으로 본 푸른색은 전혀 변하지 않았고, 차폐된 것으로 본 경우는 푸른색이 점점 밝은 푸른색이 되었다. 그러나 똑같은 현상이 구름과 가문비나무 숲, 그리고 모든 주위를 둘러싸고 있는 영역에서도 일어났다.[6]

브란데스와 괴테는 문케의 실험이 하늘의 푸른색의 진실을 불신하는 것에 대한 근거를 해결하지 못했다는 것을 인식했다. 괴테는 문케에 대해 반응이 특별히 격렬했다. 그는 문케의 기술이 '슬픈 사고(思考)' 의 동기가 된다는 것을 알았다. 왜냐하면 '참(true) 색 이론의 확산을 지연' 시켰을 것이기 때문이다.[7] 아마도 고의는 아니었겠지만 하이델베르크의 교수 문케가 10년이나 일찍 인쇄되어 출판된 괴테의 색 이론의 근거를 공격했다. 괴테는 푸른 하늘을 원초적인 현상 또는 근원 현상으로 간주했다. 거기서 그는 자연에 숨겨져 있는 모든 색에 대하여 설명하였다. 푸른색의 진실을 의심하는 자는 누구든지 모든 이론에 의문을 제기하였으며 자신을 괴테의 논객으로 만들었다.

근원 현상

> 궁극적인 통찰이 사실에 입각한 것은 이미 이론이다. 하늘의 푸른색은 색채론의 근본 원리를 밝힌 것이다. 그러므로 현상 뒤에 있는 어떤 것도 기대하지 말아야 할 것이며 그 자체가 곧 학습이다.[8]

이것은 79세의 괴테가 죽기 4년 전인 1828년에 일기에 적어 놓은 것이다. 오늘날 우리는 괴테를 문학작품들 〈파우스트〉와 〈젊은 베르테르의 슬픔〉으로 더 많이 알고 있다. 그러나 괴테는 자연과학분야에도 많은 연구를 하였다. 이것은 그가 푸른 그림자에 대한 것을 분석하려고 했던 것에서 알 수 있다. 그로부터 괴테는 색 이론에 대해 체계적인 연구를 선도하게 되었다. 이런 문제에 대한 그의 흥미는 아마도 라이프치히에서의 대학 시절로 되돌아간다. 거기서 그는 1765년에 16세의 나이로 법을 공부하기 시작했다. 한편으로 그는 자연과학에 관한 흥미를 길렀다. 괴테는 거기서 빙클러(Johann Heinrich Winckler)의 일반 물리학 강의를 들었다. 빙클러는 비록 광학 현상은 자세히 취급했지만, 뉴턴 이론을 비판했고 뉴턴의 중요한 발견들을 참고로 그냥 스쳐보았다. 1769년으로 적혀 있는 편지에서 괴테는 빛과 색에 대해 생각하는 것이 가장 좋아하는 소일거리 중의 하나라는 것을 언급했다. 1786년 9월에서 1788년 중반에 그는 이탈리아로 여행을 했는데 다른 곳들도 갔지만 그중에서도 특히 베니스, 로마, 그리고 나폴리가 주 여행지였다.

일기 여기저기에서 하늘이 푸른 것에 관한 그의 호기심이 나타나 있다. 예를 들어 1786년 10월 8일에 베니스 개펄에서 푸른 공기를 열광적으로 기술했다.[9] 1788년 2월 9일로 들어서면서 레오나르도의 《그림 그리는 법》에 대한 책을 읽었다고 언급한 것을 볼 수 있다.[10] 거기서 그는 레오나르도의 공기 원근법에 대한 연구 내용을 익히게 된다. 이것이 괴테의 호기심을 북돋았다. 이탈리아에서 돌아오자마자 그는 체계적인 공부를 시작하였으며 《색이론》이란 책을 1810년에 완결했다. 처음부터 그는 우리가 지각하게 되는 생리학적 색감에 연구의 초점을 두었고 그 예가 바로 푸른 그림자이다. 연구 초반부터 그는 뉴턴의 광학에 반대 의견을 가졌다.

> 나는 화가들의 채색기법에 주의를 기울였으나 대단히 놀랍게도 뉴턴 식 가정이 옳지 않으며 지지할 수 없는 것이라는 것을 깨달았을 때, 이 이론의 물리적인 기본 요소들로 다시 되돌아갔다.[11]

이 시인이 세계적으로 유명한 물리학자의 광학이론을 감히 어떻게 비평할 수 있었을까? 괴테의 비판에 대한 추진력은 멀리까지 영향을 미칠 만큼 대단한 것은 아니었다. 괴테가 설명했던 것처럼 그가 이탈리아 여행에서 돌아온 후에 화가들이 사용하는 색에 초점을 맞추기 시작했다. 그리고 동시에 그는 색에 대한 기본 물리 원리를 이해하려고 노력했다. 그리고 그것은 냉정하게 그를 뉴턴의 프리즘 실험으로 인도했다. 괴테는 뉴턴의 유명한 실험을 되풀이하기 위해서 예나(Jena)의 법률고문인 친구 뷔트너(Büttner)로부터 몇 개의 유리 프리즘을 빌렸다. 몇 개월 후에 뷔트너는 프리즘을 되돌려 받지 못해 바이마르(Weimar)로 그것을 돌려받으려고 사람을 보냈다. 괴테는 오랫동안 프리즘을 잊어버리고 있었다. 괴테가 프리즘을 막 돌려주려고 하던 참에 문지방 옆에 있는 흰 벽에서 프리즘을 통해 매우 빨리지나가는 섬광을 보았는데, 그때 뉴턴이 프리즘을 통해 본 색들을 스펙트럼에서 볼 수 없었던 것을 발견하고 매우 놀랐다. 정반대로 흰 벽은 프리즘을 통해서 그냥 하얗게 보였는데, 마치 그냥 육안으로 보는 것처럼 하얗게 보였다. 그래서 심부름꾼은 빈손으로 되돌아갔다. 왜냐하면 괴테는 이와 같은 발견을 더 분석하여 조사하지 않고는 프리즘을 되돌려 주고 싶지 않았기 때문이다. 그것은 그에게 뉴턴이 주장한 것 같은 백색 광선은 스펙트럼의 색들의 혼합이 아니고 아리스토텔레스가 기록했듯이 나누어질 수 없는 근본 색이라는 증명이었다.

괴테에게는 프리즘을 통해 나타난 빨리지나간 섬광은 뉴턴의 광학을 의심하기에 충분했다. 그러나 뉴턴은 프리즘을 눈높이로 잡고 있으면 그때 스펙트럼 색을 볼 수 있을 것이라고는 결코 주장하지 않았다. 뉴턴은 오로지 프리즘으로부터 몇 미터 떨어져 있는 벽에 프리즘으로 굴절된 광선을 투사하는 특별한 실험 조건에서 스펙트럼 색을 분석한 것뿐이다. 뉴턴의 연구 범위 내에서 괴테의 관찰은 놀랄 일이 아니다. 위에서부터 아주 가깝게 보면 굴절된 서로 다른 색을 가진 광선들은 서로 중첩되어 색들이 서로 결합된 것을 볼 수 있을 것이다. 만약 프리즘을 눈에 가까이 대고 흰 벽을 보면 뉴턴의 광학이론에 따라서도 그것은 하얗게 보일 것임에 틀림없다.

그러나 괴테는 자신만이 아무도 보지 못하는 진실을 본 것으로 여기고 마치 우화 속에 나타나는 벌거벗은 임금님을 보았을 것이라고 생각했다. 그는 일련의 추가 실험을 했는데, 어느 것도 뉴턴의 것을 정확하게 복제한 것은 없었다. 오히려 괴테는 프리즘을 눈높이까지 올려서 잡았다. 아리스토텔레스 철학의 지지자로서 그의 실험은 그리스의 2,000년이나 된 색 이론을 확정하는 것으로 보았다. 괴테는 프리즘 실험으로 그것을 증명할 수 있을 것이라고 생각했고 대부분의 물리학자들에 관계되는 것이지만 뉴턴의 프리즘 실험은 최종적으로 논박되었다. 괴테는 인접한 검정색과 흰색 사이의 경계에서 프리즘을 통해 보았을 때 가장 분명하게 스펙트럼 색을 보았다. 이것이 모든 색깔이 검정색과 흰색의 조합으로 생겨난 것을 증명하는 것이 아닌가 그리고 아리스토텔레스가 맞는 것이라는 증거가 아닌가?

의심의 여지가 없이 이것은 자연에 대한 두 가지 근본적으로 서로 다른 관점이 충돌한 경우였다. 뉴턴에게 프리즘은 여러 가지 굴절성을 가진 광선이 혼합하여 있는 태양광선을 쪼개주고 빛의 물리적 성질을 규명할 수 있게 한 과학 도구였다. 그의 프리즘 실험은 태양광선의 비밀을 밝히기 위하여 외부에서 들어오는 태양광선을 차단시킨 방을 사용하였다. 반면에 괴테는 프리즘을 과학적 도구로 보기 보다는 자연의 일반적인 특성의 하나를 분명하게 묘사해주는 능력을 가진 자연의 일부로 보았다. 자연의 본질을 이해하기 위해서 어떤 기구도 필요 없다고 괴테는 기술한다. 왜냐하면 인간 자체가 그 임무를 수행하는데 최상의 기구이기 때문이다.

> 물리학을 위해 인간 그 자체보다 더 정확한 기기는 있을 수 없으며, 인간은 가장 건강한 감각을 이용하도록 한다. 이것은 현대 물리학이 가장 정확하게 놓친 부분이다. 인간이란 존재가 실험에서 외견상 배제되어 있는 것이 바로 그 점이다. 그래서 자연은 오직 인위적으로 만들어진 기기에 의해서 가리키는 값을 읽는 것에 의해 관찰된다. 실로 사람들은 이런 수단들을 통해 자연이 할 수 있는 것을 억지로 요구하고 증명하고자 노력해왔다.[12]

괴테의 우주관에서 인간의 존재는 자연 자체를 직접 이해할 수 있다는 것이다. 반면에 현대 물리학은 자연을 작은 조각으로 잘라내서 그것들을 분석하고 특별한 조건에서 자연을 복제하는 실험을 한다. 실험실에서 얻은 이런 통찰의 대가는 괴테의 관점에서는 지나치게 높았다. 결국 그는 자연과학으로부터 인간에 관한 모든 것을 제거함으로서 궁극적으로 자연을 파괴하고자 하는 것들을 보았다. 이것이 뉴턴과 뉴턴을 열광적으로 지지하는 이들에 대항하여 자주 반복된 그의 논박을 설명해주는 오직 하나 뿐인 방법이다. 같은 맥락에서 그는 《색 이론》의 2부를 '뉴턴의 이론의 실체'[13] 라는 제목으로 내놓았다. 돈키호테가 풍차와 싸우는 것처럼 독일 시인 괴테는 갈릴레이로부터 시작되어 내려온 물리학의 실험 전통에 대항해 맞섰다. 그는 뉴턴의 《광학》을 가장 감각적으로 이해하도록 저술된 뉴턴의 업적으로 여기고 있었던 당대 영국 시인들의 대응과는 많이 달랐다. 그들에게는 그것은 영감의 원천이었다. 빛과 색깔에 관한 은유와 사상은 시에서 사라졌으며, 그로부터 17세기 초반 이래로 그런 것들이 자취를 감추었다.[14]

괴테는 뉴턴의 물리학을 맹렬하게 비판하지만 어떤 대안을 내놓아야만 할까? 그가 말하는 인간 능력 가운데 최상의 예는 직접 자연을 감지할 수 있는 능력으로 푸른 하늘을 볼 수 있다는 것이다. 그것이 색 이론의 중점적 역할을 하고 탁한 매체에서 있을 수 있는 근원 현상의 작용으로 나타나는 광학적 효과로 푸른 하늘을 볼 수 있는 능력을 예로 설명한다. 괴테는 이것을 바탕으로 스펙트럼의 색을 설명하려고 했다. 그가 푸른 그림자를 생리학적 색으로 특징지었지만 그에게 근원 현상은 물리적인 색 영역에 속해있다.

괴테에 따르면 매우 탁한 매체라는 것은 부분적으로 투명한 모든 물질과 매체이다. 자연에서 그것들은 예외적인 것보다는 규칙적인 것이다. 우리는 매일 그런 것들을 만나는데 비눗물, 강한 술, 성에가 낀 창문, 촛불의 아래쪽 반, 양피지(羊皮紙), 지구의 대기 등 이런 것들이 괴테의 《색 이론》에서 매체의 다양성을 설명하는 예들이다. 이런 물질들은 여러모로 서로 많이 다르지만 그들에게는 똑같은 광학적 효과가 있다(표 5.1). 괴테는 두 가지 경우를 구분해서 설명했다. 즉, 매우 탁한 매체를 통해서 볼 때 밝은 물체는 노랑이나 빨강으로 보인다. 반면에 약간 탁한 매체(밝게 보이는 매체)가 어두운 배경 앞에 있을 때는 푸르게 보이는 것 같다(그림 5.5). 매체의 탁한 정도가 색을 결정한다.

약간 탁한 매체는 그 매체 뒤에 있는 밝은 물체의 겉보기 색에 거의 영향을 미치지 않는다. 탁한 정도가 증가함에 따라 물체를 노랑이나 붉게 나타나게 한다. 빛이 들어 있는 약간 탁한 매체는 어두운 물체를 푸르게 나타나게 한다. 그러나 탁한 정도가 증가함에 따라 이 색깔은 점점 더 엷어진다.

표 5.1

매우 탁한 매체의 광학적 효과의 예들로 괴테의 《색 이론(1810)》 강의 일부분에서 발췌된 부분

매우 탁한 매체	배경	색
수정체의 혼탁부(사람의 눈)	빛이 나는 물체	빨강
어느 정도의 연무	태양	노랑
짙은 연무	태양	빨강
한낮의 햇빛이 비쳐진 연무	무한원에 있는 공간의 어두움	파랑
짙은 연무	무한원에 있는 공간의 어두움	흰색이 섞인 파랑
연무가 들어 있는 공기	멀리 있는 산	파랑
촛불의 아랫부분	하양	하양
촛불의 아랫부분	검정	파랑
술	짙은 목제 컵	파랑
유리잔 속의 술	태양	노랑
양피지	태양	붉은색에 가까운 노랑

출처: Johann Wolfgang von Goethe, "Zur Farbenlehre," vol. 10 in *Sämtliche Werke nach Epochen seines Schaffens, Münchner Ausgabe* (Munich: Hanser Verlag, 1989) .

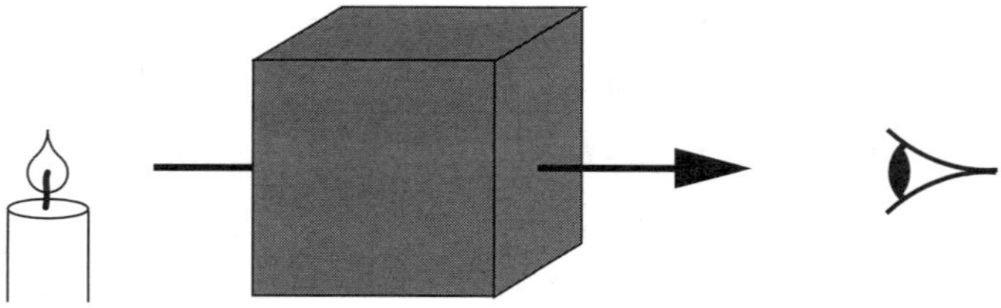

어둡고 탁한 매체를 통해서 보면 밝은 물체는 황적색으로 보인다.

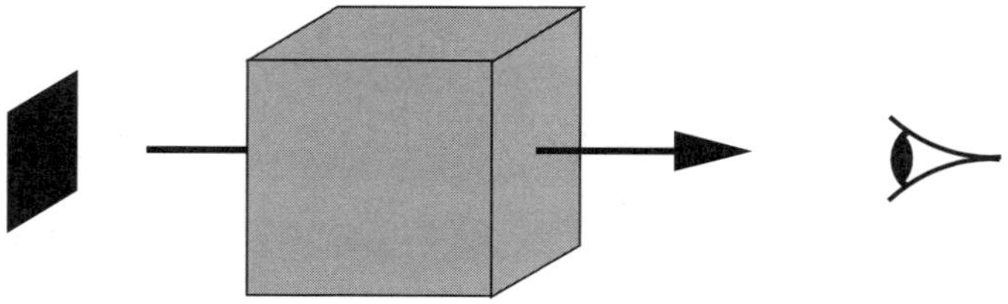

약간 밝아진 탁한 매체를 통해서는 어두운 물체는 청자색으로 보인다.

그림 5.5 괴테의 근본적 현상들을 탁한 매체를 이용하여 두 가지 방법으로 푸른색/보라색과 노란색/빨간색을 만들어 낼 수 있는 것을 기술하고 있다.

괴테는 이런 효과를 색채론의 근원 현상이라고 부른다. 이것은 맑은 대낮에 가장 잘 보이는 현상이다.

> 낮에 태양빛에 의해 빛이 나는 대기의 연무를 통해 먼 공간의 어두움을 보면 그 공간의 색은 푸른색으로 나타난다. 높은 산꼭대기에서 낮 동안에 하늘은 짙은 감청색으로 보인다. 왜냐하면 대기에 떠다니는 아주 작은 연무 알갱이들이 어두운 먼 공간 앞에 떠다니기 때문이다. 계곡으로 내려가면서 푸른 하늘색은 어느 영역에서 완전히 색이 변환할 때까지 점점 더 흐려지고 연무 정도가 점점 더 심해지면 푸른기가 도는 흰색으로까지 변한다.

> 마찬가지로 아주 멀리 있는 산이 푸르게 보인다. 그것은 산의 본래의 고유색을 볼 수 없을 만큼 산이 멀리 있고 산에서 반사된 빛이 산과 관측자 사이에 놓여 있는 연무 때문에 우리 눈에 도달하지 못해서 푸르게 보이는 것뿐이다.[15]

하늘에서 괴테는 대기 안에 들어 있는 연무 알갱이들이 탁한 매체 역할을 한다고 주장한다. 왜냐하면 그것들이 외계 공간의 어두움 앞에 놓여 있어 태양빛을 받기 때문이다. 그래서 그것이 푸르게 보이는 것이다. 해가 질 때는 탁한 매체의 두 번째 광학적 성질이 드러나는 것으로 태양이 낮게 떠 있어 대기에 들어 있는 연무 알갱이들에 의해 노란색으로 나타나거나 때로는 빨간색으로 나타나 보이기도 한다. 이 근본적 현상의 두 가지 성질은 하늘에서 명백하게 나타나는 것으로 《색 이론》이 작용하고 있는 것을 알기 위해 어떤 도구도 필요 없다.

먼 산의 겉보기 색을 언급하고 외계 공간(지구 대기권 밖의 공간을 의미함)의 어두움을 언급하는 데서 괴테의 연구는 레오나르도의 《그림 그리는 법》에 대한 것을 생각나게 한다. 위에 인용된 것을 읽으면 마치 괴테가 명장 화가 레오나르도의 기록을 그대로 모방한 것 같이 보인다. 그러나 사실 괴테는 선행자가 남겨 놓은 것 이상을 알았고 레오나르도의 관찰을 일반화하였다. 그는 탁한 매체를 통해 보일 수 있는 푸른색과 노란/빨간색들은 그가 색이 있는 그림자를 규명하기 위해 간주한 두 색의 극들과 정확하게 일치한다. 노랑과 파랑은 양과 음극으로 모든 색의 모체 색 또는 근본 색이다. 그러나 어떻게 푸른색과 노란색 극들이 다른 색, 예를 들어 보라, 초록, 주황, 그리고 빨간색을 만들어 낼 수 있을까? 이것을 설명하기 위해 괴테는 프리즘 실험으로 되돌아갔다. 그는 뉴턴의 해석을 대신하기 위한 의도로 색 스펙트럼을 제안했는데, 그것은 근원 현상(색판 16)으로부터 유도하기 위해서였다. 유리 프리즘을 잡고 까만 배경의 사각형 면적을 본다. 괴테는 프리즘이 그 사각형 면적을 이동시키고(면적의 위치를 변화시키고) 동시에 그 면적을 또렷하지 않게 만든다고 말한다. 검정색 면적의 한쪽 가장자리가 흰색 배경으로 중첩되어서 푸른색으로 나타난다. 그 반대편 가장자리는 프리즘이란 탁한 매체로 인해 어두워져서 노란색으로 보이고 반면에 중간은 검정으로 남아 있다. 그 가장자리에서 푸른색 다음으로 보라색이 나타난다. 노랑 다음에는 주황색이 나타난다. 만약에 검정색 배경이 아주 좁으면 색깔이 있는 가장자리는 푸른색과 노란색이 중첩되어 초록색으로 나타난다. 보라와 주황색의 '증가'로 빨간색이 생겨난다. 밝기, 어두움, 또렷하지 못하게 되는 것, 그리고 색의 증가율의 개념을 이용해서 괴테는 보라색에서부터 주황색까지 가시 스펙트럼의 색깔들을 설명했다. 따라서 그에게는 여섯 가지 색들이 있는데 두 개의 근본색인 노란색과 푸른색, 그리고 그 둘을 혼합한 초록색, 그리고 주변 색들인 보라와 주황 그리고 그 외에 색이 증가 또는 강화된 빨간색이 있다.

괴테의 《색 이론》의 초고는 1800년대에 완성되었다. 거기에 이미 탁한 매체로 인해 하늘이 푸르다는 견해가 포함되어 있었다. 그러나 그 이론을 출간할 때까지 10년이 걸렸다. 1810년 5월 16일 책의 마지막 쪽을 인쇄로 넘겼을 때 그는 '구원의 영광스러운 날'이라고 불렀다.

그 책의 독자층은 두 가지 유형으로 나누어졌다. 한쪽은 괴테의 책을 극찬하는 사람들로 영국의 화가 터너(J.M.W. Turner)는 책에 상세하게 주석을 달았다. 터너는 색에 대한 괴테의 발상이 화가들이 그림 그리는 데 아주 쓸모가 있는 것을 발견했고 〈빛과 색(괴테의 이론)〉이란 그림으로 그것을 축하했다. 그 당시의 전문가들은 생리학적인 색 감각에 관한 괴테의 폭넓고 원천적인 관찰에 강한 인상을 받았다. 반면에 그의 스펙트럼 색에 대한 해석은 덜 받아 들여졌다. 그는 당대의 물리학자들의 비평과 조롱을 한 몸에 받았다. 그 시대의 물리학자들은 그를 아무것도 모르는 분야에 끼어들어 간섭했다고 비난했다. 그러나 괴테는 그의 위치를 확고하게 지켰고 자신을 일반적인 진실의 외로운 방어자로 여겼다. 색 이론의 중요성은 색채론 이상의 범주를 취급하고 있고 자연의 미래와 전체론 연구에 대한 모형이라고 주장했다.

후에 과학자들은 그 이론을 당시의 사람들이 평가했던 것 보다 훨씬 더 긍정적으로 평가했고 그에 대해 다양한 합리적인 이유를 달았다. 한 예로 19세기에 가장 유명한 물리학자 헬름홀츠(Hermann von Helmholtz)를 들자. 헬름홀츠는 괴테가 뉴턴 광학에 대항해서 어떤 유효한 물리적 논거를 제시하지 못했다는 것은 억지로 인정했음에도 불구하고 생리학적 색감각에 대한 것을 표현한 것에 대해서는 상당히 극찬했다. 그것은 자신이 활발하게 관심을 가지고 연구하고 있던 시도들 중의 한 분야였다. 양자물리학의 창시자인 하이젠베르크(Werner Heisenberg)는 영향력이 있는 강의에서 괴테의 색 이론을 거론했다.[16] 그는 뉴턴 이론과 괴테 이론은 서로 다른 것을 취급하고 있다고 하며 두 사람의 이론을 서로 비교해서 논박하는 것은 전혀 의미가 없는 일이라고 결론지었다. 하이젠베르크는 두 가지 방법 모두 계속해서 더 연구할 필요성이 있다는 것을 지적했고 괴테가 자연에 대한 현대적인 견해의 중요한 관점을 미리 고려했다는 느낌을 받았다. 《색 이론》에서 파랑과 노랑의 색감의 극으로 대칭원리를 끌어낸 것은 오늘날의 현대 입자물리학에서 나온 개념과 매우 비슷한 것이다. 그러나 괴테가 뉴턴을 비판한 것에 대해서는 하이젠베르크도 더 이상 괴테를 옹호할 수 없는 입장이었다.

괴테와 뉴턴이 채택한 실험적 방법에 대한 그들의 비교 연구는 과학사 전문가인 레이드(Neil Reid)와 슈타인레(Friedrich Steinle)는 《색 이론》에서 택한 괴테의 방법은 소위 '탐색적 실험' 이라고 결론지었다. 프리즘을 통해 보면서 괴테는 초기에 매우 복합적인 견해에 직면하였다. 프리즘은 풍경 색채를 어리둥절할 만큼 배열을 왜곡했고 그것이 어떻게 해서 그렇게 되었는지 순간적으로 분명하게 하는 어떤 생각도 그에게는 떠오르지 않았다. 한마디로 말하면 관찰 상황의 복잡성을 줄이기 위하여 일련의 실험 과정에 부합하는 가정을 세웠다. 그중 한 가정이 어둡고 밝은 영역의 경계에서 생기는 색이 들어 있는 무늬였다. 이 가정을 분석하기 위해 그는 흰색 종이에 검정색 사각형을 그렸다. 그런 다음 눈에 프리즘을 대고 그것을 관찰하였다. 내가 일찍이 알아차린 것과 같이 이것은 그에게 색이 들어 있는 무늬의 규칙성을 감지하는데 도움을 주었다. 그리고 그가 그런 규칙성이 일어나는 것을 예측할 수 있는 공식을 이끌어내게 했다. 그렇게 함으로서 복잡한 시나리오로부터 아주 간단한 상황을 유도하게 했지만 괴테의 '탐색적 실험' 은 빛과 색의 이론을 전제하지 않는다. 레이드와 슈타인레는 패러데이(Michael Faraday)와 앙페르(André-Marie Ampère)라는 두 명의 유명한 19세기 전기 실험의 대가들에 의해 채택된 비슷한 방법을 지적했다. 반면에 뉴턴의 광학적 실험은 빛은 직진하며, 모든 광선은 개개가 서로 다른 굴절성을 가지고 있다는 가정에서 나온 이론을 바탕으로 한 것이다. 이런 초기 가정은 일련의 실험과정을 통해 뉴턴이 이끌어냈으며, 그것은 다시 그의 저서 《광학》에서 틀을 잡은 것이다.

결론적으로 괴테는 《색 이론》으로 몇 가지 심각한 문제들을 인식해야만 했다. 그 가운데 하나가 근원 현상에 대한 일반성에 관한 의심이었다. 하늘의 푸른색은 일종의 광학적 착시 현상이라고 주장했던 브란데스(Heinrich

Wilhelm Brandes)는 1827년에 연무로 포화된 공기와 증류수를 사용해서 근원 현상으로 생기는 색들을 시범으로 보여주려고 했다. 그러나 둘 다 괴테의 정의에 따르는 탁한 매체들이였지만 기대했던 색은 어느 곳에서도 나타나지 않았다. 더욱이 뉴턴론의 증명들은 괴테의 간단한 실험들에 의해 잊혀질 수 없었다. 한편 뉴턴은 그의 이론을 이용하여 쉽게 무지개에 나타난 색깔들을 예측할 수 있었는데, 그것은 괴테로서는 여러 가지 시도를 통해서도 전혀 감당하지 못했던 것이다. 그는 마침내 《색 이론》의 두 번째 논쟁부분을 빼는데 동의하였으며 〈뉴턴 이론의 폭로〉라는 제목으로 1810년 출간하였다.

공기의 불균질성

5년 동안 여행을 한 후에 훔볼트와 봉플랑은 프랑스로 돌아왔다. 두 탐험가는 세간의 찬사와 호기심을 받았다. 그들이 없는 동안 유럽의 학회는 그들이 탐험으로부터 얻은 어떤 새로운 것을 갈망했다. 그들은 침보라조의 모험 후에 다시 1804년 8월 21일에 보르도로 도착하기 전에 남쪽에 있는 페루로 이동했고 다음에는 북쪽으로 멕시코, 그리고 쿠바 그 다음에 미국으로 이동했다. 8월 24일 훔볼트와 봉플랑이 파리로 되돌아오는 길이었다. 8월 24일 물리학자 게이-뤼삭(Louis Joseph Gay-Lussac)과 비오(Jean Baptiste Biot)는 열기구를 타고 기억에 남는 비행을 했다. 그들이 올라간 높이는 4,000 m였다. 3주 후, 9월 16일에 또 다른 기구여행을 했는데 게이-뤼삭과 비오는 이번에는 높이 7,000 m까지 올라가서 공기를 병에 채운 후에 곧 바로 마개를 닫았다. 이 샘플은 공기의 화학 조성이 위치에 따라 다른지 또는 대기 어느 곳에서도 같은지를 아는데 도움을 주기 위해서였다.

이 질문은 아주 잘 제기된 것이었다. 1660년으로 되돌아가서 후크(Robert

Hook)는 공기는 적어도 두 부분으로 이루어졌다고 요약했다. 연소와 동물의 호흡과정으로 된 것들 중 하나와 관련되어 있다. 그러나 1770년대에 이르러서야 지금 우리가 산소라고 부르는 것이 화학자 카벤디쉬(Henry Cavendish), 쉴레(Carl Wilhelm Scheele)와 라부아지에(Antoine de Lavoisier)에 의해 상세히 연구되었다. 그들은 실험실에서 공기 중에서 27 또는 28%를 차지하는 산소를 발견했다. 그리고 나머지는 화학적으로 비활성 질소였다. 그러나 이 비율이 모든 시간대에 똑같을까? 아마 아닐 것이라고 훔볼트는 8년 전에 제기했다. 그는 산소 비율이 고도가 올라갈수록 적어질 것이라고 믿었다.

1804년 후반에 게이-뤼삭은 이 질문을 분석하기 위해 훔볼트와 힘을 합쳤다. 훔볼트는 놀랄 만큼 쉽게 자연탐험가에서 실험과학자로 변신했다. 정교하게 다듬어진 기술로 이들은 카벤디쉬와 쉴레, 그리고 라부아지에가 알아낸 공기의 화학 조성이 올바르지 않다는 것을 발견했다. 정확한 조성은 산소가 21%이고, 질소 가스가 78.7%고 이산화탄소가 0.3%였다. 이렇게 작은 이산화탄소의 조성 비율은 앞서 분석한 것에서는 그냥 지나쳐 본 것이었다. 거의 개괄적으로 이 비율은 오늘날도 채택되는 값이다. 상승하는 기구를 타고 비행하면서 채취한 샘플에서 분석된 조성비는 고도에 따라 변하지 않는 것 같았다. 훔볼트와 게이-뤼삭은 곧 아주 친한 교우 관계를 가지게 되었는데 파리에서 다른 공기 샘플을 채취해 이 과제를 더 분석했다. 이들은 바람이 부는 방향에 따라 공기를 채취했다. 각 측정은 똑같은 비율을 나타냈다. 결국 그들은 파리의 공기가 들어 있는 병을 가지고 알프스 산 2,650 m에 있는 몽스니(Mont-Cenis)의 사원으로 가서 그곳 알프스의 공기를 채취해 그들의 이동 실험실에서 비교했다. 다시 한 번 산소의 함유율이 앞서 측정했던 값들과 똑같았다. 그래서 그들은 낮은 대기층에서 공기의 조성은 일정하다고 결론을 내렸다. 20년 후에 이 발견은 겔러(Johann Samuel Traugott Gehler)의 1825의 《물리학사전》에서 볼 수 있듯이 경이로움의 연속이었다.

> 대기 중의 대부분의 조성은 질소 가스와 산소 가스이고 그것은 의심할 여지가 없는 실험에서 알려진 바와 같이 지구의 모든 영역에서 계절에 상관없이, 고도의 높낮이에 상관없이, 옥외와 옥내 어디서도 오페라 하우스나 병원에서도 일정한 비율로 결합되어 있다.[17]

공기의 화학 조성의 일정함은 보다 낮은 대기층에서는 항상 유효하고 한 계절 사이의 간격 보다 긴 시간 간격에서는 어쩌면 변화할 수 있는 가능성을 배제할 수는 없다.

6장

편광된 하늘

18 51년 8월에 살아있는 아프리카 카멜레온 열 마리가 오스트리아 비엔나에 있는 황실 과학원에 들어왔다. 이 동물들은 이집트의 카이로 근처의 사막에서 황실 과학원의 통신 회원인 라우트너(Lautner) 박사에 의해 수집된 것이다. 카멜레온이 들어오기 앞서 수개월에 걸쳐 학술 회원들은 카멜레온 피부에서 일어나는 색깔 변화를 미리 숙고했었다. 그리고 그들은 이 현상은 수수께끼로 남겨두고 풀어야 할 가치가 있는 문제라고 결론을 내렸다(그림 6.1). 그것에 대한 여러 가지 다양한 해답이 고대에서부터 제기되었다. 아리스토텔레스는 색변화가 카멜레온이 목 부분을 부풀게 할 때나 줄일 때 만 일어난다고 요약했다. 로마의 시인 오비드(Ovid)는 카멜레온은 주변 환경의 색에 적응하기 위해 주변 색과 일치시킨다고 최초로 주장한 사람 가운데 한 사람이다. 이와 같은 주장은 지금도 가장 신뢰를 많이 얻은 대중적인 주장이다. 다른 주장으로 색변화는 카멜레온이 화가 났거나 놀랄 때 생긴다고도 하고, 그들이 태양빛에 노출되어 있을 때나 또는 검정색 동물들이 황열병을 앓으면 색이 변한다고 추정했다. 카멜레온의 색변화를 규명하기 위해 영악한 실험이 고안되었다. 예를 들어 1829년에 스위스의 슈피탈(Robert Spittal)은 잠자는 카멜레온 가까이 촛불을 가져갔더니 카멜레온 피부에 커다란 갈색 반점이 생기는 것을 보았다. 갈색 반점이 생기는 동안 여전히 카멜레온은 잠을 자고 있었다. 촛불을 치우자 반점은 사라졌다. 슈피탈은 동물의 색깔은 자발적으로 또는 무의식적으로 변하는 것이라고 결론을 내렸다.

카멜레온의 피부는 색깔의 변화가 일어나는 곳이라 미시적인 조사는 새로운 사실을 알게 할 수 있을 것 같았다. 이것을 이집트의 사막에서 파리, 거미, 그리고 기생 동/식물을 수집하는 믿을 만한 수집가로 알려져 있는 라우트너 박사에게 조사할 것을 주문했는데, 그때 적어도 학술원 회원들은 새

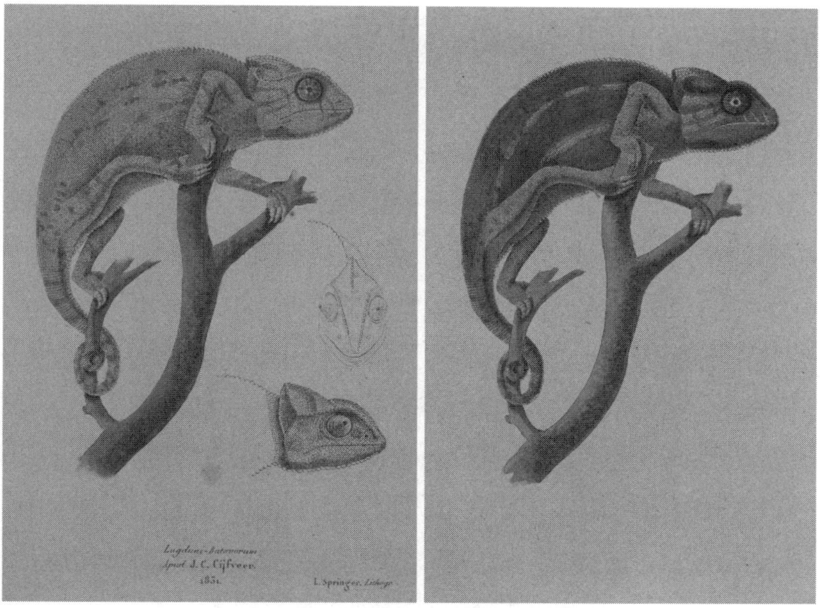

그림 6.1 카멜레온의 색깔이 변하는 것을 그린 것으로 반 데어 회펜(Johann van der Hoeven)이 그렸다. Reproduced from van der Hoeven's *Icones ad illustrandas coloris mutations in Chameleonte* (Leiden, 1831), Plates I and V.

로운 사실을 알 수 있기를 희망하였다.

열 마리의 카멜레온(종 이름은 *Chamaeleontis viridis*)이 산 채로 비엔나에 도착하여 그 중 네 마리가 황실 궁전에 있는 자연사 진열실에 보내졌다. 나머지 여섯 마리는 2년 전에 비엔나로 옮겨온 생리학 교수로 명성이 있는 브뤼케(Ernst Wilhelm von Brücke)의 실험실에 제공되었다. 화가의 아들인 브뤼케(그림 6.2)는 베를린에서 의학과 생리학을 공부하여 1848년에 쾨니히스베르크(Königsberg) 대학교의 교수가 되었다. 그의 명성은 생리학적 과정을 연구하는 데 있어서 현미경을 능숙하게 취급하고 응용하는 솜씨로 과학자로서 우뚝 자리매김을 했다. 그래서 그가 카멜레온을 조사자로 발탁되었다.

그림 6.2 브뤼케의 초상화(1890). Hans von Brücke.

브뤼케는 살아있는 동물의 피부를 현미경으로 자세히 관찰하기 시작했다. 그는 자신의 타액으로 그 동물의 피부를 적셨을 때 외피, 즉 피부의 가장 바깥 부분에서 다양한 색상으로 희미하게 반짝이는 것을 목격했다. 그는 그것을 알아낸 다음 동물을 죽여서 외피를 차례차례 층층이 벗겼다. 피부의 겉보기 색상의 일부는 뉴턴이 두 개의 렌즈를 포개서 한데 눌렀을 때 나타는 색을 기록한 것과 같은 색 계열을 상기시켰다. 브뤼케는 뉴턴의 2차색인 파랑과 노랑 색상이 압도적으로 많이 섞인 색들을 보았다. 그럼에도 불구하고 외피의 어떤 부분은 투명했다. 그래서 브뤼케는 카멜레온의 외피 색상은 외피 안쪽에 있는 피부 층의 색상들과 결합되었을지 모른다고 결론지었다. 카멜레온의 외피를 제거함으로서 브뤼케는 해부학에까지 손을 뻗쳤다. 현미경을 통해서 그는 외피 밑에 층 피부에서 두 개의 피부 층이 색소를 함유한 세포가 포함되어 있는 것을 발견했다. 상층 피부에 있는 세포에는 밝은 색(흰색과 노란색) 색소를 포함한 것으로 채워져 있고 바로 그 밑에 있는 층은 잉크처럼 검은 색소를 포함한 세포만이 채워져 있었다. 브뤼케는 이런 검은 색소를 가진 세포들이 오직 밝은 색소들만이 보이도록 남아 있는 표면 밑에 깊이 위치하고 있다고 단정했다. 이 경우에 카멜레온의 피부는 흰색 또는 노란색이다. 신경충동의 반응으로 검정 색소세포는 표면 가까이로 이동되어 피부가 푸른 회색에서 보라색으로 나타나게 된다. 만약에 노란 색소세포가 그 층 위에 있으면 피부는 초록으로 나타난다. 반면에 해부학적으로 검정 색소세포가 표면으로 올라오면 카멜레온은 검게 보인다. 반짝거리며 가물거리는 외피의 색상들은 이런 색깔 변화에 단지 부수적인 역할만 한다.

카멜레온의 색이 변화하는 이면의 기작원리를 알아보면서 브뤼케는 괴테의 하늘색에 대한 설명과 비슷한 것을 알아냈다. 즉, 하늘색이나 카멜레온 색의 변화가 모두 탁한 매체의 광학적 효과이다. 브뤼케는 카멜레온에 관한 연구에 박차를 가하면서 이런 매체에 대한 것을 더 일반적으로 탐구하기 시작했다. 그는 괴테의 《색 이론》에 강한 감명을 받았다. 그 책은 브뤼케가 학생 시절에 상당한 열정을 가지고 탐독했던 책이다. 괴테와 같이 브뤼케도 탁한 매체가 자연에서 흔히 발견되는 것을 알았다. 대기, 바닷물, 그리고 카멜레온의 피부는 탁한 매체의 세 가지 예일 뿐이다. 곧 브뤼케의 친구인 독일의 과학자 헬름홀츠는 인간의 눈 색깔도 탁한 매체의 효과라는 것을 곧 인식했다(부록 B 참고).

만약에 작은 알갱이들로 대기가 채워져 있으면 대기도 탁한 매체로 생각될 수 있다. 이런 알갱이들의 효과 가운데 하나는 온 하늘에 햇빛을 분산시키는 것이다. 괴테는 대기 중에 존재하는 것들이 불투명한 물질로서 완벽하게 탁한 매체가 아니라고 생각했는데, 브뤼케는 그보다 엄격한 정의를 내리기 위해 노력했다. 그는 굴절계수가 서로 다른 두 개의 매질의 조합으로 정의했다. 그 둘의 매질을 형성하고 있는 알갱이들은 육안으로 보이지 않는 가장 작은 알갱이들이고 그것들은 오직 태양빛을 받아 반사나 분산에 의해 그들의 정체를 드러낸다고 정의했다. 괴테는 탁한 매체의 광학적 효과를 그 현상의 원인이 더 이상 분석될 수 없는 근원 현상으로 간주했는데, 브뤼케는 그것을 빛의 반사나 산란 때문이라고 했고, 그래서 이 근원 현상 이면의 기작원리를 찾으려고 했다.

브뤼케는 레오나르도의 관찰을 확인했다. 레오나르도는 연기를 옆으로 빛이 비추어지는 동안은 검은 배경 앞에서 보면 푸른색으로 보이지만 광원이 연기 바로 뒤에 있으면 붉은색이거나 재색으로 나타난다는 것을 관찰했다. 브뤼케는 많은 탁한 매체를 통해 정확하게 똑같은 색 변화현상을 관찰했다. 그래서 그는 실험실에서 조건을 조절해가면서 현상에 대한 연구를 계속했다. 유향수(乳香樹)의 혼탁액과, 피스타치오 나무의 송진을 에탄올에 넣어 획기적인 약진을 꾀하는 실험이 수행되었다(색판 17).

> 87그램의 에탄올에 거의 색깔이 없는 유향수의 혼탁액을 섞은 1그램의 용액을 넣고 심하게 흔들어 지속적으로 일정한 운동으로 흔들리는 물에 떨어트린다. 그러면 그것은 색현상을 완벽하게 구현할 수 있는 구름처럼 뿌연 액체로 된다. 이것을 검정색 판유리에 쏟거나 검정색 그릇에 쏟으면 푸른색 잉크로 보여 지는 것을 아주 잘 볼 수 있다. 노랑이나 빨강을 연구하기 위해서는 그 용액을 양면이 평행하게 생긴 병에 쏟아 넣고 병을 통해 밝

> 게 비치는 흰색 물체를 태양빛에서 또는 불에서 보면 된다. 이 용액에서 … 빛의 반사와 산란은 대기 중에서와 같이 거의 같은 비율로 일어난다.[1]

그러나 이 관찰은 괴테가 말하는 색 형성에 관한 괴테의 근원 현상의 또 다른 예로서 브뤼케의 호기심을 충족시키지 못했다. 그는 근원 현상은 실로 물리학적 설명이 필요하다고 주장했다. 왜냐하면 그것은 '많은 사람들의 머리에 상당한 혼동을 일으키기 때문이다.' 그런 원인이 되는 용액의 미시적 성질에 가시적 색효과를 관련지으려고 시도하는 과정에서 브뤼케는 아주 중요한 단서를 발견했다. 파란색, 노란색 그리고 빨간색을 분명하게 발현하는 에탄올에 녹인 유향수 혼탁액 용액에서, 그는 더 이상 개개의 송진 알갱이들을 알아 볼 수 없었고 게다가 그것을 최대한도로 확대해서도 알아볼 수 없었다. 물론 그 알갱이들이 아주 작아야 하지만 그것들이 많이 농축된 경우에는 알갱이들이 드러난다. 다른 탁한 매체에서도 똑같은 일이 생겼다. 그 용액을 구성하고 있는 입자 알갱이들이 아주 작아서 현미경으로 볼 수 없을 정도인 경우에는 언제나 파란색, 노란색, 그리고 빨간색이 보였다. 브뤼케는 옥살산에 라임으로 용액을 만들었다. 옥살산은 많은 식물에서 얻을 수 있는 것으로, 예를 들면 괭이밥과 장군풀에서 얻을 수 있는 물질이다. 그는 거친 알갱이로 된 침전물을 관찰했다. 이 경우에는 근원 현상의 색들이 거의 보이지 않았다. 그로부터 브뤼케는 용액에 들어있는 입자 알갱이들의 크기가 색 효과를 만들어내는데 결정적이라고 제의했다. 여러 가지 다른 물질로 브뤼케는 부유(浮遊)된 화학성분의 색들이 용액에서 보인 색들에 영향을 미치지 않는다는 것을 보여줄 수 있었다.

브뤼케는 실험실 용액에서부터 지구의 대기로까지 커다란 도약을 했다. 지구 대기를 탁한 매체로 가정하고 하늘에서 볼 수 있는 색은 괴테의 색 이론에서 안다고 하고 대기를 만들고 있는 입자 알갱이들은 '매우 작고 어느 정도의 균질성을 가지고 대기 중에 고루 분포되어 있다고' 결론을 지었다.[2]

빛의 파동성

브뤼케는 탁한 매체의 광학적 성질을 빛파의 산란과 반사 때문이라고 했다. 그는 괴테의 근원 현상을 카멜레온의 피부에서 보여 지는 색들과 지구 대기의 색과 마찬가지로 백색 태양광선의 서로 다른 파장으로 인해서 다른 색으로 분산되는 과정에서 생긴 결과라고 결론지었다. 짧은 파장을 가진 광선은 매질을 탁하게 만드는 작은 알갱이들에 의해 영향을 받아서 어두운 배경 앞에 푸른색을 띠며 나타난다. 반면에 원천적으로 스펙트럼의 모든 색을 다 가지고 있는 광선이 탁한 매질로 들어가면 오로지 빨간색만 매질을 통과한다. 그것들은 긴 파장으로 인해 영향을 덜 받는다.

19세기 초반에 파동성을 가진 빛의 이론은 브뤼케가 연구를 수행하고 있을 당시에는 잠잠해 있었던 물리학자들 사이에서 열띤 논쟁을 불러 일으켰다. 뉴턴이 빛은 입자들로 구성 되어 있어 직진한다고 추측했던 것을 기억하자. 뉴턴의 관점에서 광선의 색은 광선의 굴절성에 달려 있다는 것이었다. 그러나 빛의 굴절성질은 규칙적인 색이 있는 원무늬를 설명하기 위해 소개했던 주기적 성질을 가진 '맞춤(fits)'• 성질만큼, 여전히 원인을 밝힐 수 없는 것으로 남아 있었다. 뉴턴과 동시대인 네덜란드 물리학자 호이겐스(Christiaan Huygens)는 이런 생각에 동의하지 않았다. 대신에 그는 빛은 충격파와 같은 불규칙한 연속적인 배열로 전파한다고 주장했다. 호이겐스는 빛파를 소리파에 비유하여 탄성체 알갱이들로 이루어진 매질에서는 엄청난

• 역자 주: 여기서 '맞춤' 성질이란 규칙적인 파동성을 의미한다고 보자.

속력으로 이동할 것이라고 주장했다. 그 주장 자체로 뉴턴이 생각한 것과 같이 빛은 물질의 실질적인 운반체가 아니라고 생각했다. 그러나 그가 에테르(아리스토텔레스의 원소인 완전한 천구의 다른 이름)라고 부르는 매질에서 전파하려는 경향이 있다고 생각했다. 소리파는 전파하기 위해 공기라는 매질이 필요하다는 데는 전혀 의심하지 않았다. 그것은 1660년대에 보일(Robert Boyle)이 설득력 있는 실험을 보여 주었다. 공기 펌프를 이용한 보일의 실험은 소리는 진공에서는 전파되지 않는다는 것을 증명했다. 왜냐하면 밀봉된 유리병 속에 울리는 벨을 넣고 흡입 펌프로 공기를 빼면 벨소리가 들리지 않았다. 그러나 벨은 밖에서 보였으므로 빛은 소리파와 달리 진공에서도 전파할 수 있다는 것이 증명되었다.

호이겐스의 빛의 파동성에 대한 생각은 1800년까지 거의 지지하는 이들이 없었다. 그때가 영(Thomas Young)이 연구 주제로 그것을 택할 때이다. 삼촌으로부터 물려받은 상속으로 재정적인 독립을 얻은 영은 다양한 분야에 관심을 가졌으며 이집트의 상형문자와 인간의 색감각 시력에 대한 주제를 찾아 연구하던 내과 의사이자 영국의 전형적인 신사 학자였다. 1801년과 1804년 사이에 그는 런던에 있는 왕립과학연구소의 자연철학 교수였다. 거기서 많은 대중 앞에서 빛과 색을 인지할 수 있는 시력에 관해 그의 생각을 말할 수 있는 공개 강의를 했다.

빛의 성질을 잘 고려하여 영은 호이겐스의 생각인 불규칙한 빛의 파동성을 버리고 매질과 주기성을 가지고 상호작용을 하는 간섭이라고 부르는 기작원리를 바탕으로 빛의 파동성을 생각했다. 서로 다른 광원으로부터 나온 빛이 상호작용을 할 것이라고 가정하는 것은 합리적이다. 왜냐하면 분명히 우리 주변에는 빛이 여러 방향에서 나온 것으로 가득 차 있고 물체로부터 나온 빛이 우리 눈으로 물체를 볼 수 있도록 하기 때문이다. 영이 상

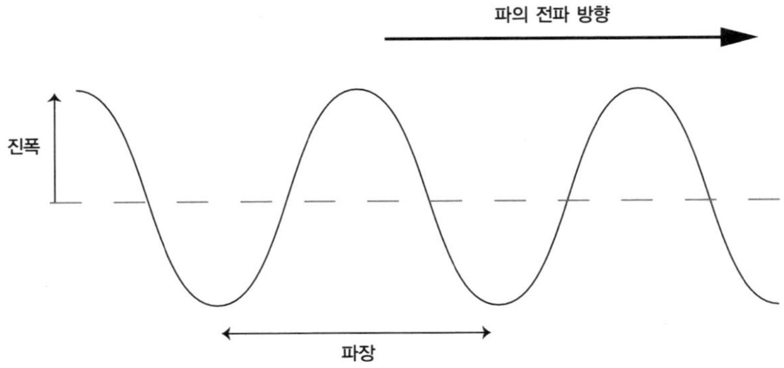

그림 6.3 진행하는 파는 파가 진행하는 방향에 수직으로 진동한다.

상했던 빛파는 바다 표면에서 생기는 파도에 비유했다(그림 6.3). 파도는 파도의 규칙적인 위아래 방향의 운동으로 특징지을 수 있고 파의 높이(높이는 파도의 최소 높이에서 최대 높이 사이의 차로 정의된다)와 그들 파들의 파장(연속으로 이어지는 이웃하는 최대 또는 최소 사이의 거리로 정의된다)으로 기술될 수 있다.

영에게는 바다에서 생기는 파도와 빛의 파동 사이의 유사성은 그럴싸한 것이었다. 1803년 11월에 있었던 왕립과학연구소에서 열린 베이커리안(Bakerian) 강의에서 그는 빛의 파동성의 개념을 물결이 있는 수조를 이용해 간단한 시현으로 광학적 실험을 통해 보여주었다. 물이 가득 차 있는 수조에 주기적으로 표면파를 만들어서 물속에 스크린을 넣어 파의 전파와 파의 휘어짐을 보여주었다.

물결이 생기는 영의 실험은 파의 전파에 대한 통찰을 자아내게 했다. 그림 6.4를 생각하자. 점 A에서 나온 원형 파와 수직 슬릿을 가진 스크린이 점 A로부터 어느 정도 거리에 놓여 있다. 슬릿까지는 어떻게 파면을 이루는 원

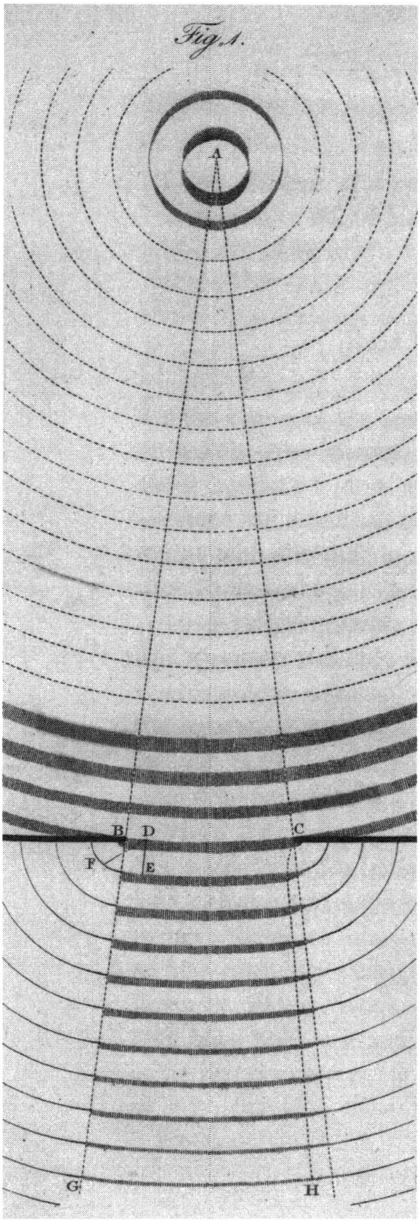

그림 6.4 영의 물결 탱크 실험을 그림으로 그린 것이다. 점 A에서 원형 파면이 나와 스크린에 부딪친다. 파면의 일부가 슬릿을 통과한 후에 계속 점 A에서부터 반지름 방향으로 전파하는 것뿐만 아니라 점 A에서 보이지 않는 영역의 양쪽 끝을 향해서 휘어진다. 파는 스크린에서 반사되는데 그것은 그림에서 보여주지 않는다. Reproduced from Thomas Young, "On the Theory of Light and Colour," *Philosophical Transactions of the Royal Society of London 92* (1801–1802), Figure 1(after p. 48).

이 점차 커지면서 파가 전파되는지에 대해서는 놀랄만한 것이 없다. 그러나 파면의 일부가 슬릿을 통과하면서 점 A에서 반지름 방향(방사상)으로 점점 퍼져 나가는 것뿐만 아니라 점 A로부터 보이는 영역이 아닌 영역으로 양쪽 끝을 향해 휘어지는 것 같았다. 실로 원형파는 슬릿의 양쪽 가장자리 중 한 곳에서 나오는것 같았다. 만약 빛이 실로 파동의 현상이라면 빛의 전파는 기하광학에 준하지 않을 것이다. 기하광학에서는 빛은 오직 직선을 따라 전파한다고 한다. 빛이 장애물을 통과할 때 빛파의 휘어짐은 오늘날에는 회절이라고 부른다. 그것은 영 보다 앞선 세대의 학자들에게는 친숙한 것이었지만 매우 신비스러운 것이기도 했다. 영의 시대 이전의 학자들은 기하광학에서 예측한 그림자의 가장자리에서 밝고 어두운 띠가 평행하게 이어져 나가는 것을 알아차렸다.

물결 탱크를 이용한 또 다른 흥미로운 실험은 두 개의 못을 동시에 그리고 주기적으로 물 표면에 담그는 것이었다. 두 개의 원형 파면이 이들 두 점

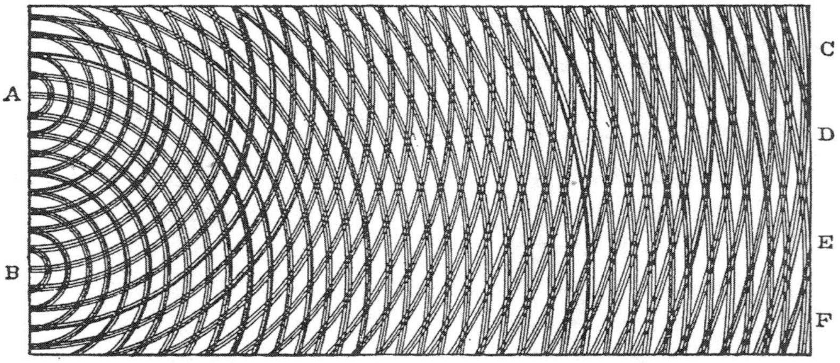

그림 6.5 물결 탱크 실험을 그린 스케치이다. 점 A와 B는 원형 파면의 근원지이다. 파동의 마루와 골이 특징적인 모양으로 빠르게 번져 나간다. 점 C, D, E 그리고 F는 골과 마루가 서로 소멸되는 점들이다. 반면에 그들 점들 사이에서는 서로 보강현상이 일어나는 경향이 있다. 이 그림은 영의 〈자연철학에 관한 강의(1807)〉에서 발췌한 것이다. Reproduced from David Park, *The fire Within the Eye* (Princeton, N.J.: Princeton University Press, 1997), 250 Princeton University Press.

으로부터 생기고 그들은 그림 6.5에서 보여주는 바와 같이 서로 교차한다. 점 A와 B는 이들 원형파의 근원 점이다. 어느 점에서는 이들 파의 최대점들은 서로 중첩되어 서로 더해진다. 비슷하게 파면의 최소점은 또 다른 최소점을 만나면 두 최소점은 합해져 더 깊은 최소점을 만든다. 그러나 한 파면의 최대점이 다른 파면의 최소점을 만나면 둘은 서로 상쇄된다(그림 6.6). 이런 파의 합침의 규칙을 우리는 간섭이라고 부른다. 물론 표면파의 간섭을 보여주기 위해서 꼭 물결 탱크가 필요한 것은 아니다. 고요한 연못에 조약돌을 던져도 똑같은 파형이 만들어지는데 이런 것은 어떤 어린 아이에게도 익숙한 일이다.

영은 빛파(그것을 그는 '파동' 이라고 부른다)가 표면파와 상당히 많이 같이 행동한다고 추측했는데 실험을 통해 증명했다. 그의 실험 장치 중 하나로 오늘날 우리에게 영의 실험으로 알려진 것인데 일반물리 교재에 반드시 들어 있는 주제이다. 거기서 단일 광원으로부터 나온 빛은 나란히 있는 두 개의 좁은 슬릿을 비춘다. 이 슬릿 뒤에 또 다른 스크린을 놓으면 거기에는 아주 분명한 간섭무늬가 나타난다. 만약 입사광선이 단색광선이라면 교대로 어둡고 밝은 띠무늬가 슬릿과 같이 평행하게 나타난다. 띠무늬의 간격

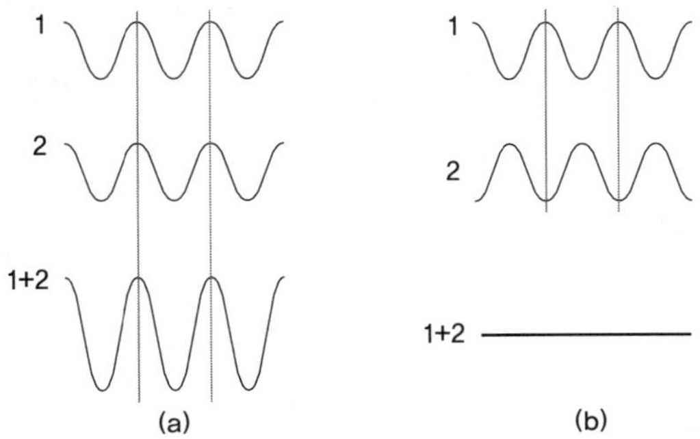

그림 6.6 똑같은 위상과 진폭을 가지고 있는 두 개의 파열(a)을 합해서 하나의 파열을 만들면 진폭이 두 배가 된다. 만약에 파열이 반 파장씩 이동하면(b) 그것들은 서로 소멸한다.

은 광원의 파장에 의존한다. 만약 입사광원이 태양빛인 백색광원이라면 매우 복잡한 색으로 된 계열 무늬가 나타날 것이다. 영은 주기적인 빛파의 간섭이라고 단언된 이것으로 후크(Robert Hook)가 보았던 운모의 색을 설명할 수 있을 것이라고 믿었다. 그리고 색이 있는 뉴턴의 원무늬도 설명할 수 있다고 믿었다. 이런 모형에서 서로 다른 색을 가진 빛 파는 서로 다른 곳에서 간섭을 일으킨다. 영은 빛의 파장이 우리가 인지하는 색과 뉴턴이 굴절성이라고 말한 성질을 대변할 수 있다고 추측했다.

영은 뉴턴이 굴절과 반사의 '맞춤 길이(lengths of fits)'*를 결정한 방법과 같은 방법으로 그가 두 번째 스크린에 생긴 간섭 띠무늬의 간격을 이용해서 색이 있는 빛의 파장을 계산할 수 있다는 것을 알아냈다. 영의 빛파는 뉴턴의 '맞춤 길이' 보다 네 배만큼 길었다. 가시광선 스펙트럼에서 보라색은 파장이 가장 짧고 빨간 빛은 파장이 가장 길다. 이것을 숫자로 표시하면 보라색은 파장이 약 400 nm, 여기서 nm은 nanometer(나노미터)의 약자이다. 이것은 10억 분의 1 m, 또는 100만분의 1 mm를 의미한다. 다른 말로 2,500개 보라색 파의 피크**는 1 mm 길이 공간에 딱 들어 갈 것이라는 말이다. 빨간색 빛은 훨씬 긴 파장을 가져 650 nm이므로 빨간색 파의 1,500개 피크가 1 mm 길이 공간에 적절하게 배치될 수 있다는 것이다. 스펙트럼의 다른 색들, 즉 파랑에서 주황색까지 이들의 파장은 그 사이에 놓여 있다(표 6.1). 보라에서 빨강까지 틀림없이 무한하게 많은 색상을 포함하고 있을 것이다. 우리가 빨강, 초록, 파랑이라고 하는 색들은 다소 임의적으로 설정된 경계 구획으로 편의상 수도 없이 많은 색상을 최소로 분류하기 위해 만들어낸 것

• 역자 주: 여기서 '맞춤' 길이는 파장을 의미한다.

•• 역자 주: 파동의 마루.

❀ **표 6.1**
가시광선의 파장과 색

파장(nm)	색
380–440	보라
440–483	군청색
483–492	담청색
492–542	바다빛 초록
542–571	옅은 초록
571–586	노랑
586–610	주황
610–705	빨강

이다. 이렇게 하는 것이 실질적 측면에서는 장점이 될 수도 있다. 파장이 440 nm와 492 nm 사이에 있는 빛파는 푸른색으로 생각하면 된다. 그리고 492 nm와 571 nm 사이에 있는 파장은 초록색으로 생각한다. 그러나 푸른색과 초록색의 경계인 492 nm는 단순한 정의상의 문제이고 이 숫자가 의미하는 것은 그 파장대 사이에 있는 빛을 평균적으로 많은 사람이 초록이라고 감지하기 때문에 그렇게 정의한 것이다.

호이겐스와 영에 의해서 빛을 개념화하기 위해 고용된 유추는 빛의 본질에 대하여 깊은 의구심을 불러일으킨다. 호이겐스가 선택한 유추는 소리파는 전파 방향으로 놓여 있는 공기를 구성하고 있는 입자 알갱이들을 전파 방향과 같은 방향으로 앞뒤로 진동하게 하면서 이동한다는 것이다. 공기를 통해 이동하는 파를 우리는 종파라고 부른다(그림 6.7). 반대로 물속에서 움직이는 파는 영에 의해 선택된 유추로 전파 방향과 수직으로 진동한다. 이와 같은 파를 횡파라고 부른다. 두 파형의 차이는 매우 심각해서 영의 실험

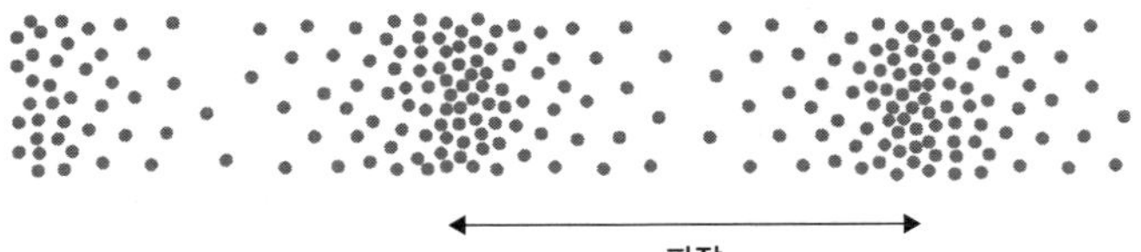

그림 6.7 소리파는 종파로 공기의 밀도를 약간씩 소요시키면서 전파한다.

으로는 빛이 어느 파형에 속하는지에 대한 어떤 단서도 제공하지 못한다. 이 의문점을 풀기 위해서는 다른 광학적 현상이 문제풀이의 열쇠가 될 것 같다.

편광된 빛

1669년에 덴마크의 내과 의사이자 과학자인 바톨리누스(Erasmus Bartholinus)는 아주 주목할 만한 관찰을 했다. 아이슬란드의 스파(spar; 섬광석)의 광학적 성질을 조사하다가 이 결정에 빛을 비추면 두 광선이 분리되어 나오는 것을 발견했다. 결정을 책의 쪽 면 위에 놓았더니 글자들이 결정을 통해 두 개씩 어슷하게 포개진 것으로 보였다. 이러한 물리적 호기심으로 복굴절이 알려지게 되었다. 이것은 알려진 다른 광학적 현상과 상당히 첨예한 대비를 보였다. 특히 굴절 법칙은 이들 두 개의 광선 중 한 개에만 적용되었다. 굴절 법칙은 네덜란드의 물리학자 스넬(Willebrord Snel)에 의해 이보다 수년 앞서 발견된 법칙이다. 1690년에 호이겐스는 이러한 광선을 정상 광선 그리고 다른 광선을 이상 광선이라고 불렀다. 그는 그 두 광선은 아이슬란드 스파를 이용하면 어떤 방법으로든지 분리될 수 있는 서로 다른 종류의 광선이라고 추측했다.

1808년에 프랑스 물리학자 말뤼(Étienne Louis Malus)는 이 수수께끼를 풀 수 있는 새로운 단서를 발견했다. 말뤼는 부인과 파리에서 살았는데, 그가 거주하는 곳이 18세기 프랑스 왕들이 살았던 뤽상부르 궁전 건너편이었다. 어느 날 그는 이중 굴절을 하는 전기석 결정을 통해 궁전 창문에 반사된 일몰을 보았다. 말뤼는 정상 광선과 이상 광선이 생길 것이므로 두 개의 태양을 볼 것을 기대했다. 그러나 그는 오로지 하나의 태양만을 보았다. 이것은 당혹스러운 관측결과였다. 말뤼는 같은 날 저녁에 실험을 했다. 똑같은 결정체를 가지고 여러 가지 다른 각도에서 유리판에 반사되는 촛불을 보았다. 결정을 들여다보고 있는 동안 어떤 특정한 각을 발견했는데 그 각에서는 반사가 완전히 사라지는 것 같았다. 이 각에서 반사된 빛은 아이슬란드 스파 실험으로 알려진 이상 광선의 성질을 가지고 있는 것 같았다. 뉴턴의 입자 성질을 설명하는 빛의 이론의 신봉자로서 말뤼는 이 현상을 오직 빛이 어떤 특정 배위를 가진 입자로 구성되어 있기 때문이거나 아니면 어떤 특정 방법으로 편광 되었을 것이라는 가정으로 설명하였다. 그렇게 서로 다르게 편광된 입자들은 복굴절이나 반사에 의해서 서로 나누어진다는 것이 그의 설명이었다. 말뤼는 이 현상을 빛의 편광이라고 불렀다.

말뤼와 동시대인 프레넬(Augustin Fresnel)은 이 관측을 완전히 다른 각도에서 해석했다. 프레넬은 빛을 파동 현상으로 보았다. 그리고 그는 복굴절을 보았는데, 그것은 말뤼에 의해서 발견된 것과 똑같은 반사에 의한 편광과 같은 것이었다. 그것은 빛은 분리될 수 있는 서로 다른 평면에서 진동할 수 있다는 증거였다. 이 두 실험 과정의 본질은 서로 다른 평면에서 진동하는 한 광선의 부분이 따로 분리될 수 있다는 것이다. 오직 횡파만이 진동 평면이 다를 수 있으므로 이들 관측들은 빛은 종파로 생기는 것이 아니고 오히려 횡파로 구성되어야만 한다는 것을 동시에 증명한 것이다.

이와 같은 고찰은 프레넬로 하여금 빛의 파동성에 관한 역학적 이론을 만들게 하였다. 이때 프레넬은 프랑스 교량 및 철도를 관리하는 사업체에 근무하던 젊은 기사였다. 그가 만든 이론은 편광현상에 대한 일관성 있는 해석을 할 수 있을 뿐만 아니라 영이 관측한 회절 무늬에 강도를 정량적으로 예측할 수 있게 했고 마찬가지로 어떤 주어진 각에서 반사나 굴절된 빛의 강도를 구할 수 있게 했다. 1819년에 프레넬은 이런 업적으로 프랑스 과학원으로부터 상을 받았다.

편광은 자연의 근본 성질을 이해하는데 결정적일 수는 있지만 여전히 추상적인 개념이다. 그리고 편광에 대한 상세한 성질과 일관성 있는 진실은 이해하기가 다소 복잡하고 어렵다. 이제 차근차근히 이 문제를 이해해 나가기로 하자. 그림 6.3에서 묘사한 파동은 이 책의 쪽 면에서 진동하는 것이다. 그것은 마찬가지로 똑같이 쪽 면에 수직으로 진동할 수 있다. 아니면 어떤 임의의 각으로 놓여 있는 평면에서 진동할 수 있다. 그림 6.8은 서로 다른 평면에서 진동하는 빛을 보여 준다. 알다시피 태양빛은 어느 특정하게 선택된 방향 없이 아무 방향으로 진동한다. 그것을 비편광되었다고 한다. 즉, 편광되지 않았다는 말이다. 다른 말로하면 진동이 어느 평면에서도 똑같이 빈번하게 일어난다는 것이다. 반면에 그림 6.3에서 보여주는 파는 이 책의 쪽 면에서만 진동한다. 이런 경우들을 우리는 빛이 선형으로 편광되었다고 한다. 완벽하게 편광된 빛은 자연에서 아주 드물다. 가장 빈번하게 일어나는 것이 편광되지 않은 것과 선형으로 편광된 것이 서로 겹쳐지거나 그들이 결합해서 부분적으로 편광된 빛을 형성하는 것이다. 부분 편광된 빛은 편광되지 않은 빛과 어떤 특정 방향으로 완벽하게 편광된 빛과의 합성으로 생각할 수 있다(그림 6.9).

이것은 편광필터가 어떻게 작동하는지를 쉽게 이해하게 만든다. 이들 편

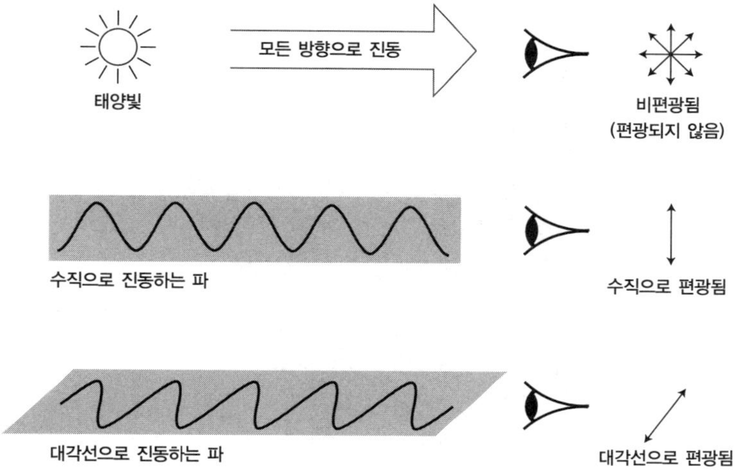

그림 6.8 태양빛은 비편광되었다. 즉, 선호되는 진동 평면이 없다. 반대로 선형 편광된 빛은 오직 한 평면에서만 진동하는데 빛의 전파 방향을 따라 정면으로 볼 때 진동 평면은 서로 다른 방향으로 기울어져 있는 것 같을 수 있다.

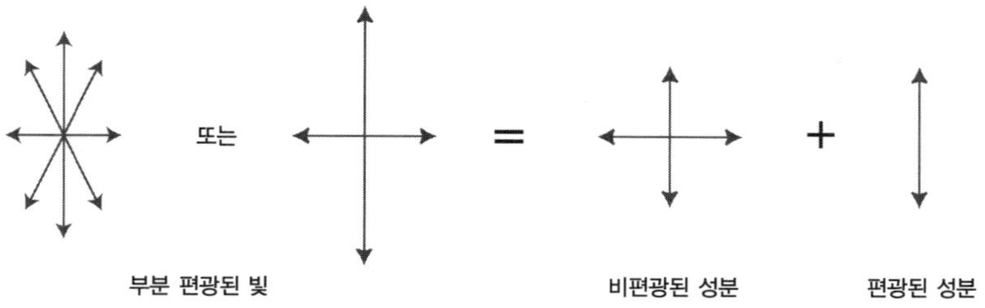

그림 6.9 부분 편광은 편광되지 않은 것과 완벽하게 편광된 것을 합하여 기술할 수 있다. 부분 편광된 빛(partially polarized light), 비편광된 성분(unpolarized component), 편광된 성분(polarized component).

광필터들을 통과한 빛은 어떤 특정한 평면에 평행하게 진동하고 있다. 즉, 이 평면에서 편광된 빛이다(그림 6.10). 이 평면에 수직으로 진동하는 빛파는 편광필터에 의해 흡수되거나 반사된다. 다른 방향으로 진동하는 빛은 이 필

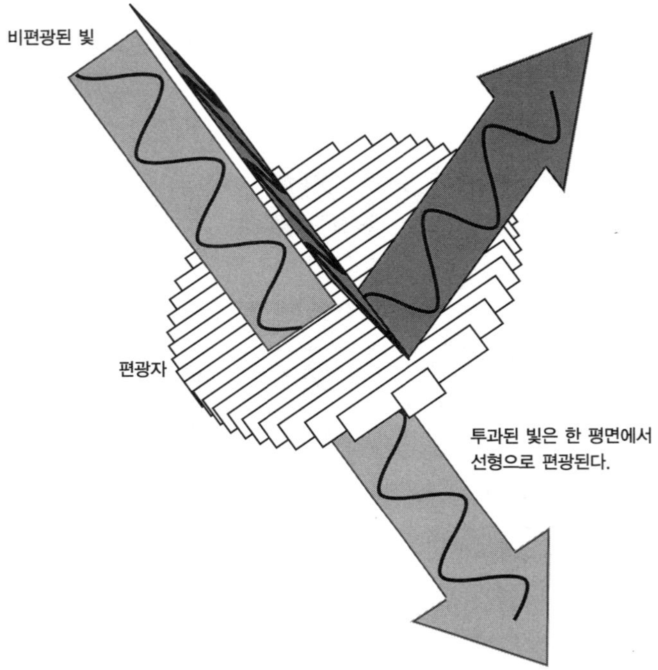

그림 6.10 편광필터는 오직 어느 특정 평면에서만 진동하는 빛만을 통과시킨다. 이 평면에 수직으로 진동하는 빛파는 필터에 의해서 반사되거나 흡수된다. 여기에 그려진 그림과는 모순되게 편광필터는 빛이 통과하는 축과 수직으로 놓여 있는 중합체 분자들에 의해 작동한다.

터를 부분적으로 통과할 수 있거나 오직 그 평면에 평행하게 진동하는 빛만 통과하도록 한다. 그러므로 이와 같은 편광필터를 사용하여 편광된 빛의 진동 방향을 알 수 있다.

현대 편광필터는 아주 고도의 난이도가 포함된 발명품으로 미시적인 구조를 가진 결정을 녹여서 유리로 만든 것이다. 편광을 관측하기 위해 처음으로 고안된 기기인데 말뤼가 발견한 반사에 의한 편광을 직접 근거로 개발한 단순한 기기이다. 평면 유리판에 대각선으로 들어오는 광선 빔을 생각하

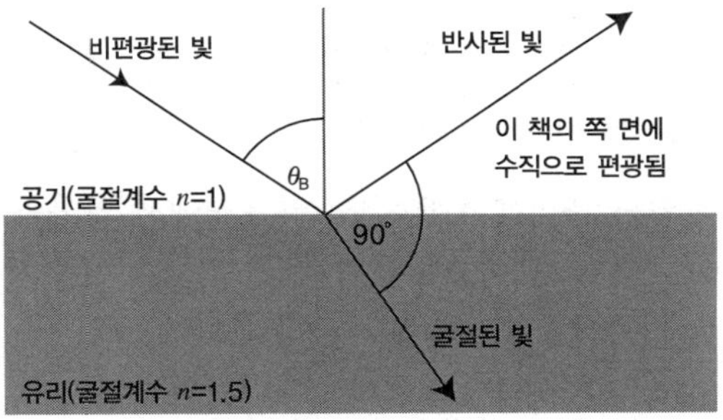

그림 6.11 어떤 특정한 각, 즉 브루스터각(θ_B)에서 반사와 굴절된 빛은 서로 직각을 이룬다. 반사된 빛의 진동 방향은 이 책의 쪽 면에 수직이고 반사된 빛과 평행한 평면에서 완벽하게 편광되어 있다.

자(그림 6.11). 그 빔의 일부는 반사의 법칙에 의해 반사될 것으로 입사각과 반사각을 같게 유지한다. 그 빔의 다른 일부분은 굴절될 것인데, 그 굴절되는 빛은 진행 방향을 바꾸면서 유리를 통과한다. 이런 현상은 일상에서 사용하는 곧게 뻗은 빨대에서 나타난다. 빨대를 유리컵 속에 넣으면 구부러져 보이는 것이 그 예이다. 굴절된 광선은 스넬의 굴절법칙에 따라 굴절한다. 이 법칙에 따라 광선의 굴절각은 입사각에 따라 달라지며 공기와 물의 굴절률의 비에 의존한다. 물리학자들이 n으로 표시하는 굴절계수는 빛이 전파하는 각 매질의 종류에 대한 물질상수이다. 진공에서 공기의 굴절률을 n=1로 정의한다. 실제로 공기의 굴절률은 조금 더 큰 값으로 약 n=1.0003 정도이고 유리의 굴절률은 약 n=1.5이다. 이들 굴절계수의 비는 한 매질에서 다른 매질로 빛이 통과할 때 얼마나 심하게 굴절할 수 있는가를 나타내는 것이다. 물의 굴절률은 n=1.3이다. 따라서 빛이 공기에서 물의 매질로 전파할 때는 공기에서 유리매질로 통과할 때 보다 약하게 굴절한다는 것을 의미한다.

어떤 특정한 입사각에서는 반사되고 반사된 빛이 굴절된 빛과 서로 수직이 되는 경우가 있다. 이 각을 우리는 브루스터각이라고 부른다. 이 각의 중요성은 비록 말뤼에 의해 먼저 발견되었지만 스코틀랜드의 물리학자 브루스터(David Brewster)의 이름을 따서 붙인 이름이다. 광선이 브루스터각에서 부분적으로 반사되는 유리에 부딪치면 그 표면에서 입사와 반사광선에 의해 정의되는 평면에 수직으로 편광된 빛이 반사된다. 반면에 굴절된 광선은 이 평면에 평행하게 편광된다. 브루스터각은 반사 물질의 굴절계수에 의존한다. 왜냐하면 굴절각은 굴절계수에 의해 결정되기 때문이다. 따라서 물체의 굴절률을 물체에 의해 빛이 얼마나 편광되었는지를 관측하여 가늠할 수 있다. 부언하면 빛은 금속거울에 의해서는 편광할 수 없다. 왜냐하면 굴절된 광선이 없기 때문이다.

하늘빛의 편광

말뤼가 뤽상부르 궁전 건너에 있는 그의 아파트에서 수행한 실험은 파리에 있는 물리학자와 천문학자들을 흥분의 도가니에 몰아넣었다. 그들 중의 많은 사람들은 즉석에서 그들이 소유하고 있는 기기를 가지고 편광된 빛을 보았고 그들의 주위를 탐색하기 시작했다. 어떤 것은 육안으로 보는 것과 똑같아 편광이 되지 않은 빛 같았다. 다른 것들은 문자 그대로 그 새로운 기기를 통해 전혀 새로운 빛을 보게 되었다. 새로운 유행이 탄생되었다. 편광기기가 유행한 시기에 혜성의 꼬리, 빨갛게 달아오른 금속, 달, 그리고 대기의 해무리나 달무리 무지개도 마찬가지이고 여러 종류의 액체들 모두가 부분적으로 편광되어 있다는 것이 발견되었다. 그러나 천문학자 아라고(François Arago)의 1809년의 푸른 하늘빛의 편광은 가장 큰 물의를 일으켰다. 그는 아이슬란드의 스파에서와 같은 특성이 알려지기 수년 전에 그가 생각했던 이런 현상이 대낮에 하늘에서 나타나는 특징으로 매일같이 일어나고 있는 현상이었다는 데 놀랐다.

아라고(그림 6.12)는 1786년에 프랑스 남서부의 중산층 가정에서 태어났다. 파리에 있는 에콜 폴리테크니크의 입학시험에 합격했을 때, 아라고는 수학과 물리학을 공부하기로 결심했다. 1803년 학업을 시작한 지 겨우 2년 후에 그는 측량을 담당하는 과학 기구인 프랑스 경도국(Bureau des Longitudes)에서 비서가 되었다. 아라고는 곧 탐색을 위해 스페인으로 발령받았다. 그

그림 6.12 1830년대에 그린 아라고의 스케치 초상. Reprodeced from Louis-Marie de la Haye de Cormenin, *Le Livre des Orateurs*, 11th ed.(Paris: Pagnerre, 1842).

여행에서 아라고는 스페인과 알제리에서 죄인으로서 구금당했다. 아라고에게 이 여행은 모험이 되었다. 그는 1809년까지 파리로 돌아오지 못했다. 그 후에 그는 에콜 폴리테크니크의 교수가 되었다. 이 기간 동안에 그는 훔볼트(Alexander von Humboldt)를 알게 되었고 여생 동안 둘은 친구가 되었다. 파리 천문대의 대장의 자리를 맡게 되어 아라고는 30년 동안 천문학에 대하여 대중을 상대로 강의를 했다. 그는 활동적인 자유 민주당원이었고, 1848년 2월 혁명 후에는 육해군 국방부장관이 되었다. 그는 직책을 수행하면서 프랑스 식민지에서 노예를 폐지하는 일을 했다. 그는 1853년에 죽었다.

1809년에 아라고는 브루스터의 법칙 원리가 작동하는 기기를 사용해서 낮 동안에 하늘의 편광현상을 발견하였다. 그것을 발견하기 위해 그는 처음 장애물을 극복해야 했다. 그것은 대낮 동안에 브루스터각에서 반사된 빛은 완전히 편광되었지만 입사된 빛의 7.5%만 반사되는 것이었다. 92.5%의 나머지 빛이 굴절로 없어진다. 아라고는 말뤼로부터 간단한 트릭을 받아 들였는데, 그것은 반사되는 빛의 비율을 증가시키는 것이었다. 몇 장의 유리판을 포개 놓으면 각 유리판에 의해서 반사된 빛에 대해 똑같이 편광된 비율을 적용하여 합하면 투과된 빛의 편광 비율도 증가한다(그림 6.13). 다섯 장의 평행한 유리판을 포개 놓은 데서는 입사광선의 꼬박 37%가 반사에 의해 편광된다. 초기 편광자는 유리판을 포개 놓아서 만들었는데, 그것은 아라고와 동료들이 발견한 것을 발견하는 데 충분했다. 그렇지만 이 편광자를 이용하는 데는 숙달된 기술이 필요하다(그림 6.14). 1828년 에든버러(Edinburgh)의 자연철학 강사인 니콜(William Nicol)이 발명하기까지 편광된 빛을 볼 수 있는 훨씬 효율이 좋은 기기는 발명되지 않았다. 그것은 두 개의 아이슬란드 스파 결정을 빗겨서 서로 각을 이루도록 설치하는 것이었다. 요즘은 아라고의 관측을 복제하기는 쉽다. 우리가 필요로 하는 것은 선형 편

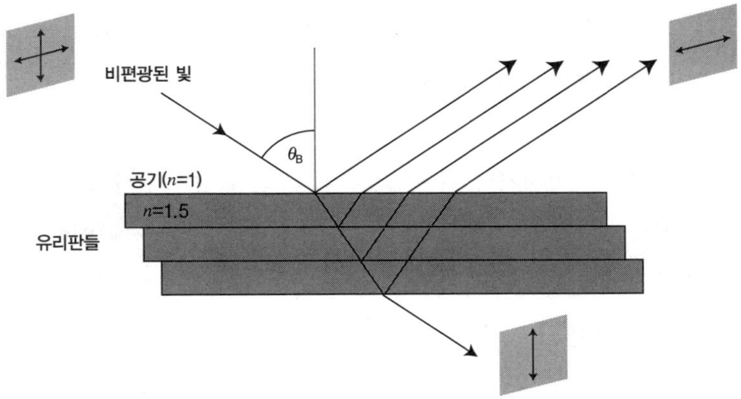

그림 6.13 몇 장의 유리판을 포개 쌓아서 반사되는 빛의 비율을 늘린다. 동시에 유리에서 굴절되는 빛의 강도는 줄어들지만 반사된 빛의 편광비율은 증가한다.

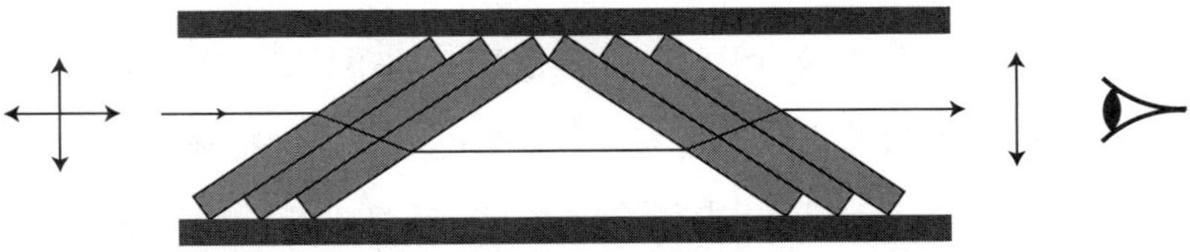

그림 6.14 말뤼의 편광경은 양쪽에 나누어서 평면 유리를 포개 놓았는데 입사광선은 이들 평면에 서로 수직으로 진동한다. 이 편광경은 대칭으로 구성되어 있다. 이것은 입사한 광선 방향에서 편광을 볼 수 있게 한다. 투과된 광선은 이 책의 쪽 면에서 편광되어 있다.

광필터 하나만 있으면 된다. 그것은 어떤 카메라 가게에서도 쉽게 발견할 수 있다.

위에서 언급한대로 빛이 어떤 특정한 방향으로 입사하면 편광이 일어난다. 만약 편광필터를 시계 방향 또는 반시계 방향으로 돌리면서 빛을 보면 그 빛의 강도는 매우 다양하게 변한다. 여러분이 대낮에 이런 방법으로 하늘을 보면 아주 쉽게 하늘빛이 편광되었다는 것을 알 수 있다. 여러분은 하늘빛이 아주 특별한 문양으로 편광되어 있다는 것을 알 수 있다. 아라고는 그것을 이미 그 당시에 알아차렸다. 대낮에 빛의 편광은 태양과 90도 각에서 두드러지게 편광되어 있다. 그 각도에서 하늘빛이 가장 짙은 푸른색을 띤다. 태양에 가까워지거나 멀어지거나 하면 편광 정도가 줄어드는 영역이 있다. 거기서는 하늘빛의 푸른색이 덜 진해진다. 최근에 관측에서 이 편광의 형태를 알아냈다. 태양과 90도 각에서는 75%가 편광이 되고 태양에 가까워지나 멀어지면서 편광 정도가 줄어든다. 평균 대낮에 볼 수 있는 빛의 40%가 편광되었다. 간단한 편광필터를 가지고 대낮에 모든 빛의 편광이 완벽하지 못하고 100%보다 적게 편광이 되었다는 것도 말할 수 있다. 만약에 편광이 완벽하게 되었다면 편광필터를 통해서 어느 특정한 방향에서는 아무런 빛이 통과하지 않는 곳이 있어 까맣게 되는 곳이 있어야 한다. 그러나 그런 경우는 없다.

편광이 일어나는 정도 이외에 편광 방향도 특정방법으로 변한다(색판 18). 하늘의 모든 위치를 우리는 시야계로 만든 원둘레에서 중심을 태양에 두고 그곳을 향해 상상할 수 있다(그림 6.15 위). 원 둘레 상에 있는 점에서 편광 평면들은 이들 가상적인 원에 접선처럼 바짝 달라붙어 있다. 따라서 주어진 점의 편광은 그 점, 태양, 그리고 보는 사람의 눈에 의해서 정의된 평면과 수직이다. 하늘빛은 접선 방향으로 편광되어 있다. 하늘을 가로 질러서 날마다 움직이는 태양의 겉보기 운동을 나타내는 접선 방향이 만드는 호 안으로 태양은 편광형태를 그 호를 따라 끌어당긴다. 태양이 정오에 남쪽에 있으면 최대 편광 영역은 북쪽으로 이동된다. 태양이 지고 난 바로 직후나 뜨기 바로 직전의 박명에서는 태양으로부터 90도가 되는 각거리에서 최대 편광 영역은 천정을 지난다(그림 6.15 아래). 이것이 맑은 하늘의 편광을 보는

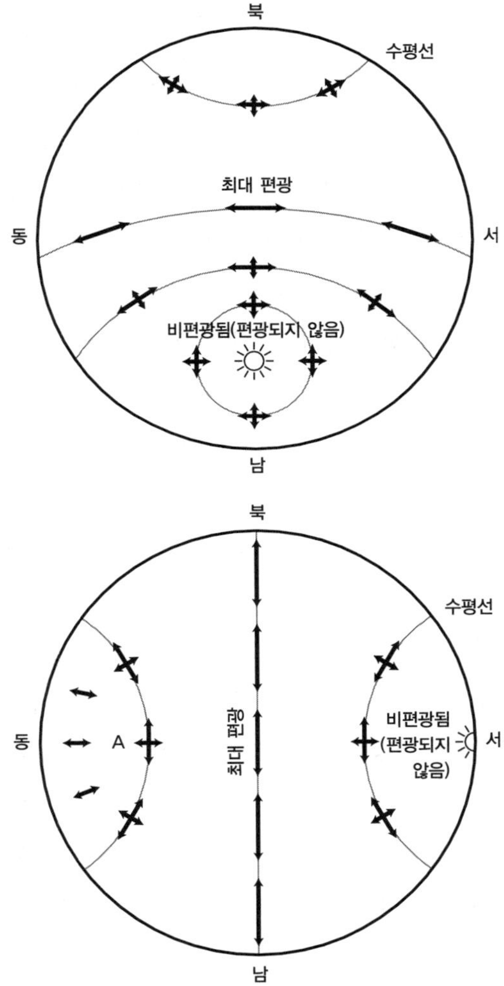

그림 6.15 천구의 천정을 중심에 두고 보이는 하늘을 원판에 투사한 것과 원 둘레를 따라 이어지는 선이 수평선이다. 이 도표를 가장 잘 이해하기 위해서는 이 도표를 위로 들어 하늘에 대고 보는 것이고 이 도표를 주변에 있는 기본 주요 방향을 맞추면 된다. 이 그림은 낮 동안에 태양의 위치에 따라 편광 모양이 어떻게 바뀌는지를 보여준다. 태양에 가까이 갈수록 편광이 줄어들고 태양정면 방향으로 가까이 갈수록 마찬가지로 편광이 줄어든다. 위 도표는 태양이 남쪽에 있을 때 정오의 편광 모양이다. 아래 도표는 박명에 편광 모양인데 이때 태양은 서쪽 수평선에 있다. 아라고점(A)은 동쪽 수평선 위에 있다.

중요한 방법이다. 그러나 이보다 더 상세한 것은 좀 더 복잡하다. 다시 한 번 이것을 알아차린 아라고는 천구에서 태양의 정면 방향에 약 20도 위에서 동쪽 수평선 너머로 해가 질 때 편광 방향이 변하는 것을 알았다. 이 방향에서 편광이 변하는 것을 소위 아라고점 주위에서 변한다고 한다. 이 방향에서는 편광이 사라진다. 편광이 이 점 이상에서는 수직 방향으로 일어난다. 그러나 그 점 아래에서는 수평으로 일어난다. 1840년까지 바비네(Jacques Babinet)는 또 다른 중립점을 찾았다. 태양 위 20도 되는 곳에 있는 점이다. 그러나 그 점은 태양의 강력한 빛 때문에 인식하기가 어렵다. 브루스터(David Brewster)는 태양에서 아래로 똑같은 위치에 또 다른 중립점이 있어야 한다고 유추했다. 그 점을 그는 얼마 후에 실제로 발견하는데 성공했다. 이들 중립점을 발견한 사람에 대한 경의를 표하기 위해 바비네점과 브루스터점이라고 부른다.[3]

그 점이 발견된 역사는, 편광된 빛은 육안으로는 인지할 수 없고 그것을 보기 위해서는 특별한 기기가 필요한 현상이라는 것을 제안한다. 그러나 그것은 일반적으로는 맞지 않는다. 즉, 모든 관측자가 다 그런 것은 아니기 때문이다. 만약에 아주 맑은 푸른 하늘에서 가장 심하게 편광된 하늘을 보면(일반적으로 태양과 90도가 되는 곳) 하나는 주변 하늘보다 어두운 반점(얼룩)이고 다른 하나는 그 얼룩 사이에 노란색 길이가 있는 기다란 막대 모양의 얼룩을 볼 수 있다. 이 주목할 만한 현상은 호주의 광물학자 하이딩거(Wilhelm Haidinger)에 의해 1846년에 발견된 것이다. 하이딩거의 솔(brush)이라고 알려진 이 모양은 때로는 나비 같은 형태이기도 하다. 작은 나비 한 마리가 있는 것 같다. 왜냐하면 그 지름이 각으로 5도 정도이기 때문이다. 즉, 보름달의 10배 정도의 크기 또는 팔을 뻗쳐 두 손가락에 의해 눈에서 만들어지는 각거리이다. 그것은 맥스웰(James Clerk Maxwell)과 헬름홀츠(Hermann von

Helmholtz) 그리고 《전쟁과 평화》로 유명한 러시아의 작가 톨스토이(Leo Tolstoy)도 이 현상을 보았다는 기록이 있다. 헬름홀츠는 이 현상을 보려고 12년을 실습했다. 초보자가 이 현상을 관측하기에는 일몰이나 일출이 가장 좋은 때이다. 그때는 솔 모양이 알아 볼 수 있을 정도로 하늘의 천정 부근에서 가장 뚜렷하게 나타난다.

편광의 역설

아라고는 편광의 범위가 커다란 폭으로 변화하는 것을 일찍이 알아차렸다. 새털구름 안개는 편광을 상당히 감소시키고 전체적으로 흐린 하늘은 편광을 전혀 보이지 않게 한다. 하늘빛의 편광이 발견된 후에 몇 년 동안은 편광의 원인이 푸른색의 원인과 같다는 여론이 증가했다. 깊은 하늘의 모든 관측은 그것들이 매우 심하게 편광되었다는 것을 밝혔다. 반면에 우유 빛으로 흐린 구름이 많은 하늘은 단지 조금만 편광되었다. 1840년대에 영국의 천문학자 허셜(John Herschel)은 다음과 같이 기록했다.

> [한낮의 빛의 편광]이란 주제는 생각할수록 어려움을 동반한 의혹이 점점 더 늘어만 갈 것이다. 그리고 확신이 서면 편광에 대한 설명은 하늘의 푸른색 자체에 대한 것과 우리에게 도달하는 많은 양의 빛에 대한 것도 그 설명을 아마 찾아 줄 수 있을 것이다. 하늘이 순도 높게 맑은 것이 가장 높은 편광도를 유발하는 데 가장 절대적이라는 것을 관찰할 수 있다. 새털구름으로 편광이 조금 감지될 수 있는 경향이 있는 곳에서는 실질적으로 편광이 약해지는 것을 관측할 수 있다.[4]

하늘의 푸른색에 대한 설명과 편광의 설명을 결부하는 것은 오히려 어렵다. 의혹이 사라지지 않았는데도 19세기 초에 유행했던 뉴턴의 설명을 생각해보자. 그는 작은 물방울이나 얼음 결정이 공기 중에 떠다니며 백색으로 구성된 태양빛을 푸른색과 보라색으로 분리하여 온 하늘에 분포시킨다고 추측했다. 19세기 초에 이 설명은 단지 편광이 최대로 일어나는 곳을 예측하는 이론이었다. 다른 모든 이론들은 대기 중에 있는 여러 가지 색을 가진 광선분리에 대해 모호한 용어로 말하거나 공기 중에 입자들이 푸른색을 가지고 있다고 추측했다. 그러나 이것은 하늘빛의 편광 원인은 아니다.

따라서 뉴턴 설명의 가장 핵심은 빛의 반사였다. 그리고 브루스터각은 어떤 각에서 최대의 편광을 발견할 수 있을 것인가를 예측할 것이다. 물과 얼음(n=1.33)의 굴절률을 가지고 계산된 브루스터각은 약 53도이다. 그림 6.16에서 보듯이 이 값은 하늘빛의 최대 편광이 태양으로부터 74도 되는 각거리에서 보여질 수 있다는 것을 예측한다. 이 각은 최초의 관측과 잘 일치하는 것 같다. 최초의 관측에서 가장 최대 편광을 볼 수 있는 곳은 태양과 90도가 되는 곳에서 나타난다고 했다. 이 최대 편광위치는 이 보다 더 정확하게 결정할 수는 없다. 왜냐하면 편광은 온 하늘에 걸쳐 연속적으로 분포되어 있다. 따라서 분명한 편광 정도의 차이는 아주 큰 각거리에서만 검출할 수 있다.

하늘빛의 편광에 대한 최초의 관측이 접선 방향의 편광 모양을 정확하게 예측한 뉴턴의 이론을 확신하는 것으로 보이지만 그 이론을 불신하게 만드는 관측이 시작되는 데 불과 몇 년이 더 걸리지 않았다. 1820년대에 허셜과 동료들은 최대 편광을 보다 정확하게 지적했고 태양으로부터 정확하게 90도 되는 각에 위치해 있다는 것을 발견했다. 뉴턴 이론으로 예측된 74도는 분명하게 논의거리가 안 되는 것이었다.

태양으로부터 90도 각에서 최대 편광이 관측된 것을 가지고 대기에 있는

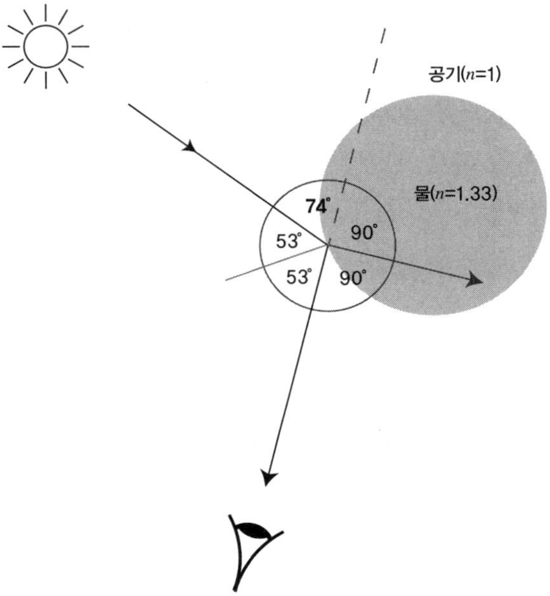

그림 6.16 뉴턴의 푸른 하늘빛에 대한 설명은 브루스터법칙을 이용하여 최대 편광의 기대치를 계산할 수 있다. 이 경우에 우리는 작은 물방울이 공기에 떠다닌다고 추측할 것이다. 이것은 최대 편광이 태양과 74도 되는 곳에서 생긴다. 이 값이 태양으로부터 90도 되는 곳에서 최대 편광이 관측될 수 있다는 것과는 일치하지 않는 값이다.

물방울들에 태양빛이 반사됨으로써 하늘빛이 편광된다고 가정하고 대기 중의 물방울을 구성하는 물질의 굴절계수를 추정하여 위의 계산을 되짚어 할 수 있다. 하늘에 떠다니는 물질의 본질을 추구하고자하는 참신한 접근은 정확하게 허셜이 하고자 했던 것이었다. 그리고 그는 역설에 맞서게 되었다. 90도에서 최대 편광은 45도 각에서의 편광과 일치한다. 브루스터의 공식을 적용하면 반사체의 굴절계수가 약 n=1이어야 한다는 것이 판명된다. 한편 공기의 굴절계수는 약 1.0003인데 비해, 고체나 액체의 굴절계수는 이보다 훨씬 큰 값을 가진다. 그래서 만약에 맑은 하늘의 푸른빛이 반사로 인한 결과라면 반사는 반드시 공기와 공기 사이의 분기점에서 일어나야 한다고 허셜은 기술하였다. 그러나 동일한 굴절계수를 가진 두 종류의 매질 사이에서는 반사가 일어나지 않는다. 왜냐하면 이런 경우에는 빛은 굴절되지 않고 두 매질 사이의 경계를 방향 변화 없이 직진해서 이동(전파)하기 때문이다. 다른 굴절률을 가진 매질을 통과하는 빛의 전파는 결국 반사와 굴절의 선행 조건이다. 하늘빛의 편광은 따라서 대기를 구성하고 있는 입자들에서 생긴 태양빛의 반사로 하늘색을 설명할 수 없다는 것을 증명한다. 비록 그의 계산 결과는 모두 이 증명 방향으로 향하고 있었지만 허셜은 이것을 받아들이지 않으려고 한데서 얻은 결론이다. 당시에 존재했던 물리학은 갈피를 잡지 못했다. 그리고 하늘의 색과 편광은 허셜에게는 그의 시대에 풀려지지 않는 '두 개의 커다란 기상학적 사건들' 이었다.[5]

시험관 속의 하늘

브뤼케는 탁한 매질에 대한 연구에서 하늘의 색을 실험실에서 만들어 낼 수 있다고 주장했다. 그러나 실험실 시험관 안에서 하늘의 푸른빛을 사실로 만들어 냈는지 아닌지를 증명하기 위해서 편광을 측정하여야 한다. 결국 아라고와 허셜의 관측은 하늘색과 편광은 밀접한 관계를 가지고 있다는 것을 밝혀냈다. 그럼 실험실에서 탁한 매체에서도 똑같은 것이 적용될 수 있을까? 아일랜드인 틴들(John Tyndall)은 이 문제를 조사하기로 했다.

틴들(그림 6.17)은 1820년에 태어났다. 독일 마부르크(Marburg) 대학교에 입학해서 학문적인 수업을 쌓기 전 영국에서 항해사로 일했다. 수학과에서 박사학위를 얻은 다음에는 실험 물리학에 관심을 가졌다. 영국으로 돌아간 지 2년 되는 해인 1853년에 런던에 있는 왕실학원의 교수가 되었다. 거기서 1887년까지 교수로 재직하다 1893년에 죽었다.

그림 6.17　1857년에 찍은 틴들 사진. 런던 왕립연구소. 브릿지먼(Bridgeman) 미술도서관.

틴들은 처음으로 고체 결정의 자기적 성질을 연구했다. 그리고 알프스의 빙하가 내려오는 것을 연구했다. 서로 공통점이 없이 완전히 다른 주제에 관심을 가진 사실은 광적인 산악등반이 설명해주고 있다. 사실 여름 방학이면 틴들은 알프스 산 등반의 개척자가 되었다. 그는 스위스에 있는 체르마트 근처에 마터호른으로 첫 등반에 나섰으나 정상에는 못 미치고, 홀로 몽블랑을 정복하는데 성공했다. 1860년쯤 틴들은 빛의 효과와 가스에서 나오는 적외선들과 증기를 공부하기 시작했다. 연구 과정에서 그는 수증기와 이산화탄소로 인한 온실효과를 발견했으며 빛과 열은 가스 안에서 화학반응을 촉진시킬 수 있다는 것을 발견했다. 틴들은 열복사로 공중에 떠 있는 미생물을 파괴시킬 수 있다고 기술했다. 그래서 이런 복사 형태를 이용하면 공기 중에 떠 있는 균을 죽일 수 있다고 제시했다.

1868년 가을 틴들은 런던에 있는 알베말(Albemarle) 가의 그의 실험실에서 가스에 생기는 광선의 화학효과를 조사하기 시작했다. 실험을 수행하기 위해 사용한 실험 기기는 그림 6.18에서 보여 주고 있다. 이 기기의 중심부분은 길이가 약 1 m, 지름이 8 cm인 시험관이다. 거기에 그는 관측을 위해 여러 가지 가스와 증기를 채워 넣을 수 있게 했다. 실험을 하기 전에 시험관

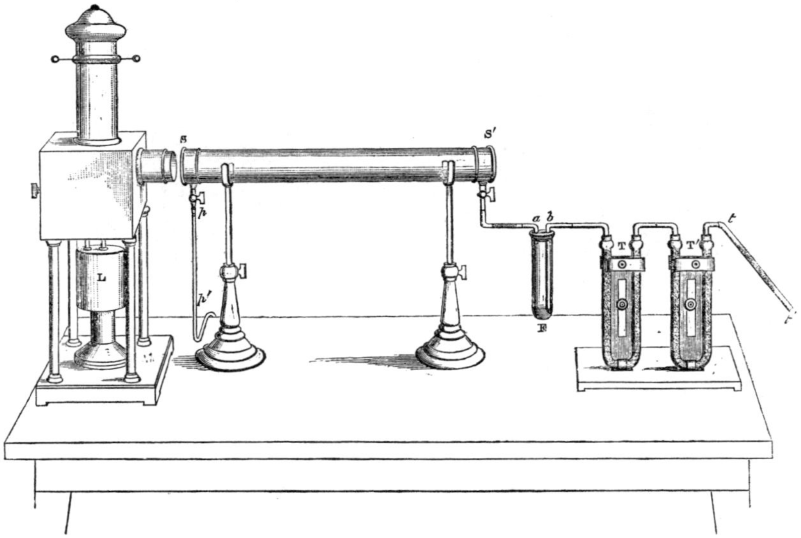

그림 6.18 화학적으로 활성인 구름의 광학적 효과를 알기 위한 틴들의 실험 기기. 중앙에 있는 것이 유리 파이프로 된 시험관(SS′). 거기에 실험 물질의 증기를 끌어들였다(E). 시험관은 전기 램프(L)에 의해 조명되었다. Reproduced from John Tyndall. "On the Action of Rays of Refrangibility upon Gaseous Matter," *Philosophical Transactions of the Royal Society of London* 160 (1870): 337.

을 깨끗이 씻고 공기를 모두 빼낸 다음 판막으로 시험관을 막았다. 그 다음에 시험관에 조사하고자 하는 액체를 채워 넣고 호스로 연결했다. 또 다른 호스를 시험관에 연결하여 시험관을 통해 들어가는 공기를 정화하도록 고안했다. 실험은 실험 파이프에 판막이 열리는 것으로 시작되었는데, 실험 파이프에는 충분히 공기가 없어졌다. 낮은 압력 때문에 파이프는 공기를 빨아들이는데, 먼저 시험관으로 액체를 통과하도록 하여 유리로 된 파이프에 공기와 액체 증기의 혼합체를 채운다. 완벽하게 어두운 실험실에서 틴들은 파이프에 채워진 증기가 방출하는 색이 무슨 색이고 편광은 어떻게 되는지 알기위해 전기램프를 사용하여 파이프 한쪽 면을 비추었다.

1868년 10월 10일 아침, 틴들은 공기와 염화수소 증기의 혼합체를 유리 파이프에 끌어들였다. 처음에 기체혼합체는 보이지 않았다. 그러나 시간이 가면서 파이프 안에는 구름이 응축되었다.

백색광선으로 빛을 비출 때 먼저 보라색으로 나타났다가 점차적으로 푸른빛으로 되고 그다음에 하얗게 되었다. 그는 실험기록에 '이 푸른색은 하늘빛과 관련되어 있다' 고 썼다.[6] 틴들은 하늘빛의 편광에 대한 보고에 매우 친숙해 있다. 그래서 염화수소 증기에서 나오는 빛의 편광을 실험하기 위해 니콜(Nicol) 프리즘을 사용했다. 하늘의 편광이 태양에서 90도 방향에서 가장 최대가 되는 것과 같이 염화수소증기에서 나오는 빛은 전기램프와 정확하게 직각이 되는 곳에서 편광이 최대가 되었다. 그러나 다른 각에서는 부분적으로 편광이 되었다. 틴들은 오직 염화수소 증기에서 푸른빛이 계속 있는 한은 편광이 있다고 결론지었다. 그러나 증기가 흰색으로 되어 가면서 편광은 사라졌다. 마찬가지로 푸른색도 사라졌다.

틴들은 알코올에 유황수가 용해된 것과 물로 한 브뤼케의 실험을 알고 있었다. 그러나 그는 자신의 실험실에서 증기로부터 생긴 빛이 더 하늘색상에 가깝다고 기록한다.

> 푸른색이 점점 더 순수해지면 브뤼케가 탁한 매체로부터 얻었던 것보다 훨씬 더 하늘빛에 가깝다. 이 실험에서 보여준 것 보다 더 하늘색의 생성에 관한 뉴턴 식 방법의 인상적인 실례는 거의 없을 것이다. 이 실험실에서 응결된 증기에 비추어진 빛의 알맞은 성질에 의해 얻어진 것 보다 더 순수하거나 풍부한 푸른색은 본 적이 없다. 그것은 결코 알프스 산에서 하늘도 그렇지 않다. 아마 우리 대기에 자연에서 발생된 수증기가 같은 방법으로 작동하는 것은 아닐까?[7]

틴들은 색을 만들어내는 '뉴턴 식 방법'의 실증으로 실험을 생각했다는 것에 주목하자. 그리고 수증기가 대기에서 색을 만들어내는 중간 매체라는 의심은 뉴턴의 《광학》에서 주장하는 것에 거의 접근하고 있다. 틴들은 한 걸음 더 나아가서 실험실에서 인공 하늘 한 조각을 만들어냈다고 주장한다.

> 초기 화학선(化學線)작용이 있는 구름은 인공 하늘의 모든 의미와 목적이다. 그리고 그들은 실제 하늘의 구성성분을 실험적으로 제공한다.[8]

의심의 여지 없이 틴들의 결과는 매우 인상적이다. 그러나 분명히 공기는 브뤼케의 유황수 알갱이 그 이상도 염화수소 증기도 포함하지 않는다. 틴들은 이것을 알고 있었다. 그 증거는 염화수소 증기 입자들이 공기 입자들의 광학적 성질과 비슷하다는 것을 지적했다. 그중에서 입자 알갱이들의 작은 크기가 이들 공통점의 근본인 것 같다. 틴들의 유망한 실험은 이러한 의심점을 증명하고자 했다. 유리 파이프 안에 증기가 오래 머물러 있을수록 더 커다란 입자 알갱이로 응축되어 나타났다. 그럴 경우마다 푸른색이 없어졌다.

틴들이 관측한 색들과 편광은 단지 염화수소 증기에만 국한된 것은 아니다. 그는 끈질기게 여러 다른 물질을 가지고 실험을 반복했다. 각 경우마다 증기의 푸른색은 전기램프와 90도 되는 곳에서 일어나는 최대 편광과 관련되어 있었다. 반면에 푸른색이 없어지는 것은 편광이 없어지는 것과 동반해서 일어났다. 표 6.2에서 굴절률이 액체 상태에서 확연히 다른 다섯 가지 물질에 대한 결과를 보여주고 있다. 브루스터의 법칙에 따라 최대 편광각은 이런 물질들 사이에서 심각하게 다르고, 나타난 편광은 증기 입자로부터 반사되어 나온 빛 때문이다. 그리고 어느 경우에도 관측된 최대 편광이 브루스터의 법칙을 이용해서 계산된 방향에서는 일어나지 않았다. 오히려 굴절률과 무관하게 최대 편광각이 나타났다. 더욱이 그는 빛이 비추어진 증기로부터 볼 수 있는 푸른색은 액체의 색깔과 무관하다는 것을 알았다. 그러므로 푸른색과 관계되는 단 한 가지는 입자들의 알갱이가 아주 작다는 것이 곧 공통점이 된다. 그것이 실험실 유리관에서 구름이 없는 대기 속에 있는 미세한 입자 알갱이들과 같은 광학적 효과를 내고 있는 유일무이한 요소이다.

요약하면 공기 중에 떠 있는 작은 입자 알갱이들은 광원과 직각 방향에서 편광할 수 있고 측면으로부터 관측하면 푸른색을 나타내는 원인이 된다. 이와 같은 아주 좋은 지지를 얻을 수 있는 틴들의 발견은 곧 동시대 과학자들 사이에 많은 긍정적인 호응을 얻었다. 그가 관측한 색과 편광현상은 틴들효과로 여전히 오늘날에도 알려져 있다. 그러나 이론적 해석은 문제를 제기했다. 왜냐하면 그의 발견은 기하광학적 방법으로는 설명할 수가 없었다. 틴들은 기하광학적 범위 안에서 편광을 브루스터의 법칙을 바탕으로 설명

⊛ 표 6.2

'화학적으로 활성인 구름'에 대한 틴들의 관측결과의 예로 관측은 1868년 가을에 서로 다른 물질에서 수행되었다.

물질	액체 상태에서 색깔	액체의 굴절계수	백색광선이 측면으로 비추어질 때 나타나는 색	관측된 최대 편광각	브루스터의 공식에 따라서 산출된 최대 편광각(도)
부틸아질산염 (1-니트로부탄)	투명하고 누르스름함	1.42	매우 하얗고 반짝이는 구름		70.3
아밀아질산염 (1-니트로펜탄)	투명하고 누르스름함	1.43	무지개 빛으로 엷게 물들어 있는 색들	거의 없음	70.0
톨루올	투명하고 색이 없음	1.52	영국에서 구름 없는 하늘에서 일상 볼 수 있는 순수한 푸른색	90도에서 완전하게 편광됨	66.9
벤졸	투명하고 색이 없음	1.53	절묘한 하늘빛 푸른색	90도에서 완전하게 편광됨	66.6
이황화탄소	투명하고 색이 없음	1.67	푸른색	정확하게 90도에서 완전하게 편광됨	61.7

출처: John Tyndall, "On the Action of Rays of high Refrangibility upon Gaseous Matter," *Philosophical Transactions of the Royal Society of London* 160 (1870): 333-365.

하려고 했고 색깔은 빛의 파동 성질을 이용해서 설명하려고 노력했다. 이 문제가 스스로 풀 수 없는 것이었다는 것은 모순이었다. 한편 브루스터의 법칙은 그 때까지 매우 큰 물체에 대해서만 적용될 수 있다고 입증되었다. 그리고 푸른색에 관한 설명에서 선제조건은 입자 알갱이들이 아주 작아야 한다는 것을 가정했다. 확실히 편광도 빛파들을 구성하는 작은 입자 알갱이들의 효과로 이해하여야만 할 것인가? 기하광학이 입자가 작은 알갱이들로 생긴 광학적 현상에는 유효하지 않다는 생각은 이미 틴들의 친구인 클라우지우스(Rudolf Clausius)가 했었다. 클라우지우스는 1853년에 뉴턴이 하늘빛이 푸른 것은 얇은 막을 가진 물방울에서 빛이 반사되어 나오는 것이 원인이라고 설명한 것을 옹호하려고 노력했다. 그러나 그는 그것은 단지 작은 알갱이들에 적용될 수 있는 기하광학적 법칙이 유효한 경우에만 가능한 설명이라는 것을 신중하게 강조했다.

> 그러나 만약 우리가 대기 중에서 활성화 되어 있는 입자들이 너무 작아서 이들 법칙이 더 이상 적용될 수 없다고 가정하면 이런 결론들도 유효하지 못하다. 그러나 그런 경우에 얇은 막으로 인해 생기는 색과 관련된 뉴턴의 이론도 더 이상 적용될 수 없을 것이고 새로운 이론의 개발이 필요하게 될 것이다. 그래서 여기서 하늘에서 나오는 빛의 편광과 호환될 수 있는 가정의 범주를 확대하는 것이 특히 중요하다.[9]

눈으로 보는 하늘

2차 세계대전 직후에 환경학자 프리시(Karl von Frisch)는 하늘의 편광은 물리학자들에게만 흥미가 있는 것이 아니라는 것을 발견했다. 벌들은 매일같이 편광을 이용한다. 하늘의 편광형태를 보고 벌들은 위치를 찾는다. 이것은 꿀벌의 눈의 세포에 의해 가능하다. 벌들의 눈은 스펙트럼의 자외선 영역에서 편광된 빛에 매우 민감하다.

벌의 눈은 겹눈으로 5,000개의 단위 눈으로 형성되어 있다. 그것을 낱눈(ommatidia)이라고 부른다. 각각의 낱눈은 그 자체가 렌즈이고 그 아래에는 빛에 민감한 시각세포가 있고 시각세포는 로돕신 분자를 포함하고 있다. 그것은 특별한 파장을 흡수하는 색소를 가지고 있다. 척추동물의 눈과 달리 벌의 눈에 있는 로돕신 분자는 시각세포들의 긴 축을 따라 평행하게 배열되어 있다(그림 6.19). 이 평행한 배열은 벌들이 편광된 빛을 감지할 수 있게 한다. 자외선 빛에 민감한 세포들만 편광을 감지할 수 있다. 그래서 벌들은 명

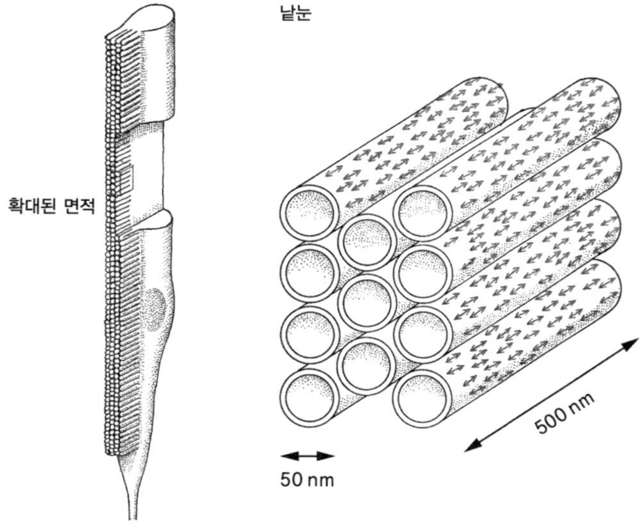

그림 6.19 벌의 눈의 요소인 낱눈에서 편광에 민감한 로돕신 분자가 일렬로 서로 평행하게 배열되어 있다. 이것은 벌들이 그냥 하늘을 슬쩍 스쳐보아도 하늘의 편광형태를 단숨에 알아 볼 수 있도록 하여 이것을 이용해서 벌들이 방향을 찾아 날아 갈 수 있게 한다. Reproduced from Rüdiger Wehner, "Polarized-Light Navigation by Insects", *Scientific American* 235, no.1 (July 1976): 110. Scientific American.

백하게 하늘 편광을 볼 수 있는데, 편광은 특히 스펙트럼의 자외선 영역에서 매우 강하다. 반면에 꽃 색깔을 감지하는 데 중요한 역할을 하는 벌의 시각기관의 세포는 편광을 감지하지 못한다. 낱눈은 오직 그들의 시각세포의 방향으로 편광된 빛만을 감지한다. 그러나 동시에 많은 다른 방향을 향해 세포가 놓여 있을 수 있어 벌은 하늘을 한번 흘끗 보는 것으로 온 하늘의 편광형태를 알 수 있다.

그래서 만약 벌들이 푸른 하늘의 일부를 볼 수 있다면 그들이 할 수 있는 모든 것은 로돕신 분자들이 배열되어 있는 수직축으로 빙빙 도는 것인데, 벌들의 눈에 새겨진 편광형태와 하늘의 편광형태가 맞을 때까지 빙빙 돌게 되는 것이다. 이것은 태양에 의해 방향을 잡는 것에 비교하면 상당히 유용한 것이다. 태양에 의한 것은 구름 하나가 태양을 가려 버리면 그만이다. 만약 벌들이 태양으로 방향을 잡는다면 엷은 구름이라도 태양을 가리면 벌들은 길을 잃어버릴 것이다. 반면에 편광의 특징적인 모양은 온 하늘에 분포되어 있어 구름에 의해서 가려진 하늘에만 영향을 미친다. 부분적으로 약간 구름이 낀 하늘에서도 구름이 없는 부분의 하늘에서는 여전히 편광형태가 변하지 않고 남아 있다.

편광은 오직 벌이 그들의 내부 시계와 결합했을 때만 벌에게 아주 유용한 길잡이의 수단이 된다. 그것은 편광의 형태가 태양의 위치를 결정해줄 수 있기 때문이다. 벌이 벌집으로 돌아올 땐 동료에게 어느 방향으로 날아가야 되는지 알려 주기 위해 '춤 언어'를 사용하고 풍부한 먹을거리를 찾기 위해서는 편광과 관련한다. 프리시는 1973년에 생리학 또는 의학 부분에서 1930년대에 발견한 이 경이로운 사실로 노벨상을 수상했다.

1920년에 스위스의 산티시(Felix Santschi)는 이미 어떤 개미 종류는 하늘의 편광을 이용하여 길을 찾고 사냥물을 안전하게 집으로 가지고 온다는 것을 발견했다. 산티시는 튀니지의 도시 카이로우안(Kairouan)에서 의사로 일했는데, 사막개미를 연구하면서 여가 시간을 보냈다. 1970년대 초부터 동향인 베너(Rüdiger Wehner)는 취리히 대학교에 있는 동물학 연구소에서 사막개미들 중 튀니지쪽 사하라 사막에 분포하는 캐터글리피스 *(Cataglyphis)* 개미를 연구했다. 베너와 연구진들은 이 개미들이 단순화 된 하늘의 편광 지도를 머리에 새겨 다닌다는 것을 발견했다. 또 개미들이 가지고 있는 편광 지도는 일출과 일몰 때에도 일치하지만 정오에는 아주 정확해서 흙집 둔덕(mound)으로부터 수백 미터를 지그재그로 멀리 떠난 후에도 캐터글리피스는 둔덕을 찾아 충분히 곧장 집으로 갈 수 있게 만든다. 그러나 하늘의 편광형태가 엷은 구름으로 가려져 판독이 잘 되지 않을 때는 개미들은 그들의 흙집 둔덕으로부터 먹이를 사냥하기 위해 아주 잠깐 밖으로 나오는 모험을 할 것이다.

1960년대 후반에 덴마크의 고고학자 람스코우(Thorkild Ramskou)는 바이킹도 편광을 길잡이로 이용했을 지도 모른다는 추측을 제기했다. 그는 노르웨이의 무용담에서 일장석을 언급한 것에서 착안하였다. 일장석(sunstone)이란 장석 결정체를 말하는 것으로 편광자 기능을 할 수 있다고 생각하였다. 장석의 문면(文面)으로는 가히 추측할 만한 것인데, 왜냐하면 바이킹의 바다 항해는 거의 흐린 날들이 많은 북대서양지역을 통과하여야 했는데, 그들에게는 태양을 이용한 길잡이는 쉽지 않았을 것이기 때문이다.

그러나 고고학적인 측면에서 보는 것과 물리학적인 실체는 이 관념을 깨우치게 하는데 충분하다. 오늘날 발굴품들 가운데에는 금속결정이 편광자로 사용되었다는 것은 찾을 수가 없다. 더욱이 그런 결정으로 항해를 정확하게 인도하는 것은 매우 어렵다. 왜냐하면 편광형태가 태양의 위치에 따라 변하기 때문에 지리학적 위도에 따른 복잡한 방법이 수반되어야 하기 때문이다. 구름이 잠깐 걷힌 사이로 편광의 형태를 포착하는 것은 지리학적인 위도에 관한 암시를 전혀 주지 못한다. 벌이나 개미의 눈은 순간에 온 하늘의 편광형태를 포착할 수 있으며 바이킹의 가정적인 일장석보다 훨씬 더 탁월하다. 일장석이 운항하는데 필요한 길잡이 도구로 사용되었다는 것은 어쩌면 전설적인 것일 수 있다. 추측하건대 바이킹은 바람과 파동의 방향으로 그리고 태양을 이용하여 방향을 잡았을 것이다.

7장

레일리 산란

우리는 푸른 하늘을 어떻게 볼 수 있을까? 물론 눈으로 본다. 그러나 어떻게 눈이 색을 감지할 수 있을까? 이 질문은 오랫동안 호기심 많은 과학자들을 괴롭혔다. 그러나 19세기에 많은 과학자들은 그 질문의 답에 한 걸음 바짝 다가섰다고 확신했다. 괴테에 의해서 연구된 생리학적인 색은 색을 인지할 수 있는 감지기구가 뇌를 포함해서 색 시각에 포함되어 있다고 한다. 그러나 만약 이것이 사실이라 해도 눈에는 다른 받아들이는 감각기관이 필요하다. 그런 것이 망막에 있을 확률이 높고 그것이 있어서 서로 다른 여러 가지 색상을 감지할 수 있다. 즉, 서로 다른 다양한 굴절성 또는 파장을 가진 빛을 감지할 수 있다. 1802년에 영(Thomas Young)은 색을 인지할 수 있는 감각기관의 성질을 규명하고자 하는 목표에 다다를 수 있다고 느꼈다. 그는 색의 연속적인 스펙트럼을 생각했다. 그것이 의미하는 것은 서로 다른 색깔로 된 빛이 무한하게 많이 있다는 것이다. 비록 망막에 색을 인지하는 각각의 형태가 아주 많이 있어도 자연은 인색하여 사람 눈의 망막에는 가능한 한 오직 한정된 색깔의 형태를 인지하는 감각기관을 가지고 있을 것이라고 믿었다. 화가는 적절한 비율로 빨강, 노랑, 그리고 파랑 색상을 혼합하여 스펙트럼의 많은 색을 나타낼 수 있다고 알고 있다. 이것을 감색혼합이라고 한다. 마찬가지로 파란색, 초록색, 빨간색 광선을 올바른 비율로 혼합하면 어떤 임의의 스펙트럼 색을 가진 빛을 만들어 낼 수 있다는 것은 뉴턴 시절 이래로 알려진 것이다. 이것이 가색혼합이다. 영은 세 가지 형태의 감각기관이 있으며 이들 감각기관은 각각 빨강, 초록, 파란색에 민감하다고 결론지었다. 반세기가 지나서 헬름홀츠(Hermann von Helmholtz)는 이 가정을 색각(色覺)의 이론인 소위 영-헬름홀츠 이론(Young-Helmholtz theory)으로 다시 만들었다. 이 이론의 많은 환상적인 것들 가운데서 부분색맹에 대한 단순한 설명이 있다. 그것은 하나 혹은 그 이상의 색 감각기관(색지각체)의 결합으로 생기는 것이다.

1849년에 18세의 스코틀랜드 청년 맥스웰(James Clerk Maxwell)(그림 7.1)은 만약에 어떤 해부학적인 관련 없이 간단한 실험으로 우리의 시각 감각의 기능을 간파할 수 있는지 궁금해 했다. 그는 이 질문을 연구하기 위해 보다 정교한 방법을 개발하기 시작했다. 맥스웰의 장치는 여러 가지 색을 칠한 팽이로, 윗부분은 종이로 만든 원반에 빨강, 노랑, 초록, 그리고 파랑과 흰색과 검정색으로 칠을 한 것이다. 이것을 나무로 된 팽이에 붙이고 크랭크 손잡이로 빨리 돌아가게 한다. 맥스웰은 종이원반을 서로 임의의 비율로 조절하여 색팽이에 맞출 수 있도록 만들었다. 색팽이를 돌리면 그것들이 가색혼합으로 색 절단 구획이 서로 뭉개져 새로운 색으로 된다. 맥스웰은 보다 큰 바깥 부분의 색원반과 그보다 작은 색원반을 안쪽에 두도록 배열하였다. 이들을 매우 빠른 속도로 돌리면 두 개의 혼합된 색들이 비교될 수 있게 된다. 파란색, 초록색, 그리고 빨간색 구획의 비율을 조정하여 맥스웰은 임의의 스펙트럼 색을 혼합할 수 있었다. 그리고 그것은 영의 가정을 명백하게 뒷받침해주었다. 새로운 색상을 만들어내는 색조합의 비율을 꼼꼼히 기록함으로써 그는 가색혼합에 대한 색방정식의 체계를 만들어 낼 수 있었다. 뉴턴은 으뜸 색들을 하나의 원으로 표현하였는데, 뉴턴과 달리 맥스웰은 그것들을 삼각형으로 놓았다. 각 코너에 빨강, 초록, 파랑을 두는 삼각형으로 만들었다. 그의 연구는 과학적 채색법에 대한 첫 단계를 마련하였다.

맥스웰의 색각에 관한 연구는 '3원색의 이론에 관하여' 란 강의에서 정점을 이룬다. 그 강의는 1861년 5월 17일에 런던의 왕립과학연구소에서 있었다.[1] 색지각체의 세 가지 형태에 관한 관념적 이론을 영이 만들면서 맥스웰은 빨강, 초록, 파랑 용액이 들어 있는 유리 용기를 통해 그가 찍은 스코틀랜드 식 리본의 흑백사진을 색깔이 있는 리본 사진으로 보여주었다. 적절

그림 7.1 1851년 맥스웰의 사진. 20세인 그는 손에 색팽이를 들고 있고 그것을 이용해서 색감지에 대한 실험을 했다. University Library, Cambridge.

한 용액농도에서 각각 사진들을 따로 보면 영의 색지각체가 감지하는 색깔 개개로 보여질 수 있는 영상이었다. 맥스웰이 이 세 개의 사진을 겹쳐서 합성된 영상은 놀랍게도 그 리본의 본래의 색과 아주 근접한 것이 되었다. 대중들은 당황했다. 이 젊은 사람이 천연색 사진을 발명한 것이다.

색지각체의 수수께끼는 1964년까지 풀리지 않았다. 1964년에 미국의 생리학자들이 우리 인간의 망막에는 파란색, 초록색, 그리고 빨간색에 민감한 원뿔 모양을 한 색지각체가 세 종류 있다는 것을 미시적 연구를 통해 발견했다. 영의 가정에 대한 뒤늦은 승리였다(그림 7.2). 망막에 있는 색지각체는 지금은 원추세포로 부른다. 우리의 눈은 또 다른 종류의 빛에 민감하게 감응하는 세포를 포함하고 있는데, 그것이 시세포인 간상세포이다. 그것은 색에는 민감하지 않지만 빛에는 매우 민감하다.

왕립과학연구소에서 맥스웰의 강의가 있고 나서 9년 만인 1870년 7월 초에 젊은 물리학자 존 윌리엄 스트러트(John William Strutt)는 색에 대한 맥스웰의 실험을 반복했다. 스트러트는 색팽이를 다시 제작해서 개발한 색방정

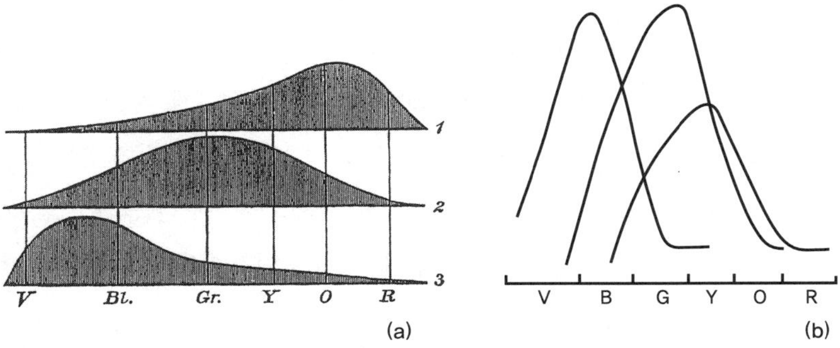

그림 7.2 (a) 사람의 눈에 있는 세 가지 형태 원추세포의 파장에 따르는 민감도. 19세기 중반에 헬름홀츠에 의해 추측된 것이다. (b) 브라운(P.K. Brown)과 발드(G. Wald)가 1964년에 측정한 것이다. Reproduced from David Park, *The Fire Within the Eye* (Princeton, N.J.: Princeton University Press, 1977), 304. Princeton University Press.

식(색판 19)의 계수를 결정하고자 실험을 반복했다. 그의 측정은 맥스웰의 발견을 확증하였다. 그러나 스트러트(그림 7.3)는 7월 23일 실험을 반복하다 놀라움을 금치 못했다. 그 색방정식의 계수는 일치했지만 어떤 색을 혼합하기 위해서는 더 커다란 빨간색 원반 조각을 사용하여야만 했다. 그는 기록을 다시 되짚어 가면서 순간적으로 무엇이 일어났는지 이해했다. 앞서 수행된 모든 시도는 구름이 덮여 있었던 흐린 날 수행되었지만 7월 23일은 맑은 날이었다. '그날은 유난히 하늘이 푸르렀다. 그런 날은 높은 바람을 동반한다.'[2] 따라서 색방정식은 스트러트로 하여금 즉시 그의 감각으로 숨어 있는 빛을 보게 했다. 하늘의 푸른빛은 우리가 보는 주변의 색에 영향을 미친다. 이런 발견은 색의 항구성에 대한 추가적인 증거를 제공했다. 그 자체는 비록 그렇게 놀랄만한 것은 아니지만 스트러트에게 자연이 품고 있는 가장 오래된 수수께끼를 새롭게 되돌아보는 계기를 마련해 주었다.

스트러트는 1842년에 영국의 지주계급으로 런던에서 동쪽으로 50마일 떨어져 있는 에식스(Essex)란 시골에 있는 가족 소유의 별장과 정원이 있는 사유지에서 태어났다. 1821년 할머니 샤르롯데 메리 스트러트(Charlotte Mary Strutt)는 제1대 레일리(Rayleigh) 남작부인이 될 운명에 있었다. 그녀의 남편 조셉 홀든 스트러트(Joseph Holden Strutt)가 나폴레옹과 싸운 공적으로 군인으로서 명예를 얻었다. 그래서 조지(George) 3세가 그를 귀족 반열에 올려놓았다. 그러나 조셉은 작위를 정중히 거절하고 의회에 진출하여 정치가로서의 삶을 추구했다. 샤르롯데는 제1대 레일리 남작부인이 되었으며, 그들 내외에게 왕은 그들이 거주하는 곳을 테르링 플레이스(Terling Place)라고 이름을 내려 주었다. 그곳은 첼름스포드(Chelmsford)에 인접한 18세기 시골집이었다. 대 저택은 왕의 하사품으로 땅이 포함되어 있었다. 저택은 일부 세를 주고 나머지 땅에는 가축을 방목하였다. 19세기 후반까지 레일리 가는

그림 7.3 존 윌리엄 스트러트. 1870년에 그린 사진 같은 자화상. Reproduced from Robert John Strutt, *Life of John William Strutt, Third Baron Rayleigh* (London: Edward Arnold & Co. 1924).

영국에서 가장 큰 우유생산가였다. 2대 레일리의 큰 아들로서 존 윌리엄은 3대 레일리 경이 되었다. 그러나 1870년 7월에는 아직 레일리 경의 작위를 받기 전이라 당분간은 좋은 혜택 받은 가문의 후광을 업고 그가 하고 싶은 주제를 공부할 수 있는 자유를 얻었다. 스트러트는 광학과 음향학을 선택했는데 색각에 대한 연구는 첫 번째 연구 주제가 되었다. 테르링에 있는 대 저택의 한쪽 부분 모두가 물리실험실로 바뀌었다.

케임브리지 대학교에서 존 윌리엄은 1865년에 기말 수학시험에서 최고의 성적을 거두어 그해의 수석 1급 합격자(Senior Wrangler)가 되었다. 케임브리지 대학교는 영국에서 수학과 자연과학의 우수한 인재를 길러내는 최고의 명문이었다. 그곳은 매우 경쟁이 심해 학생들은 가정교사들로부터 엄청난 훈련을 받았다. 학생들의 기량은 대부분 기말 시험으로 평가되는데 이 평가가 그들의 장래의 전망을 판가름했다. 우수졸업생 명단은 지역 지방지에 해마다 발표되고 마찬가지로 대학교 신문에도 발표되었다. 그렇게 되면 특별연구비를 수혜할 수 있기도 하고 교수직을 받을 수도 있다. 수석 1급 합격자로서 스트러트는 명성 있는 빠른 인생 가도 위에 서게 되었다. 1866년에 최고의 영예를 가지고 학업을 마친 후에 25세의 나이에 트리니티 대학의 연구교수가 되었다.

'반사' 라는 말의 적절한 의미

1870년 7월 23일에 스트러트는 놀랄만한 관찰을 하였고, 하늘빛의 스펙트럼 조성이 고르지 못하다는 것은 그의 호기심을 유발시켰다. 그것은 풀리지 않았던 문제였으며, 스트러트는 그 문제를 당대 저명한 학술잡지인 〈필로소피컬 매거진(Philosophical Magazine)〉에 최신 게제된 틴들(John Tyndall)의 논문으로부터 알고 있었다. 틴들은 논문에서 그것을 설명하기 위해 편광에 대한 설명이 필요하다는 것을 분명히 했다. 스트러트는 다음과 같이 기술한다.

> 우리가 맑은 하늘로부터 받는 빛은 어쨌든 규칙적인 빛의 흐름을 바꾸어 주는 하늘에 떠있는 입자들에 의해서 생기는 것이라는 것이 받아들여지고 있다고 나는 믿는다. 이 점에 대해서 응결된 구름으로 한 틴들의 실험은 아주 결정적인 것 같았다. 불순물 입자들이 충분히 미세하면 측면으로 방출되는 빛은 푸른색이고 입사 빔의 방향에 수직 방향으로 완전히 편광되었다.[3]

스트러트는 실험과학자로서 틴들의 기량을 높이 평가하였으며, 대부분 짧은 파장으로 이루어진 실험관 안에 있는 응결된 구름들로부터 빗겨 방출된 빛은 거의 완전하게 편광되었다는 결론에 동의했다. 그러나 스트러트는 틴들이 그의 발견을 설명하기 위해 브루스터의 법칙을 적용하는 데 부유 입자들 보다 훨씬 더 큰 굴절면에 대해서만 유효한 기하광학 법칙을 적용한 것을 잘 알고 있었다. 오직 비쳐지는 빛의 파장보다 큰 입자들만 이 빛을 반사할 수 있다. 스트러트는 미시적 구조에서는 반사라는 말은 일상적인 의미를 잃는다는 것을 깨달았다. 결론적으로 하늘빛의 편광에 대한 유효한 설명은 빛의 파동성에 전적으로 바탕을 두어야 한다. 그리고 브루스터의 법칙 사용은 포기해야한다.

틴들이 빛파가 작은 알갱이를 때리는 것으로 반사의 의미를 잘못 이해했다는 것을 인식하여 스트러트는 파동이론의 엄격한 적용을 통해 작은 입자와 빛의 상호작용을 탐구하기 시작했다. 그는 그런 노력에 대해 유리한 입지에 있었다. 케임브리지에서 그의 선생들과 동료들 중 몇몇은 파동현상을 공부했었다. 1850년대로 되돌아가 스트러트의 광학 선생님 스토크스(George Gabriel Stokes)는 에테르 내에서 역학적 횡파의 전파와 편광을 연구했었다. 이것은 여전히 가정적인 매질이었지만 빛을 전파하도록 하는 것을 가능하게 한다고 생각했다. 대학교의 시험감독관으로 케임브리지에서 대부분의 시간을 보낸 맥스웰은 1864년에 전자기학의 새로운 이론을 발표하였다. 그것은 빛은 횡적인 전자기파로 구성되어 있다고 하는 추론이었다. 스트러트는 스토크스와 맥스웰과 긴밀한 관계에 있었고 이 어려운 문제를 해결하는데 필요한 직감과 수학적인 능력을 가지고 있었다.

1870년 가을에 4개월 동안 문제를 심사숙고한 끝에 스트러트는 푸른 하늘을 설명할 수 있고, 마찬가지로 틴들의 실험 결과를 설명할 수 있는 하나의 이론을 발견하는 데 성공했다. 그것은 작은 입자 알갱이들에 의한 빛의 산란이라는 것이었다. 즉, 작은 입자 알갱이가 어떻게 입사 빛파에 의해 진동하기 시작하고 받은 에너지를 다시 모든 방향으로 재방출할 수 있는가라는 것이다. 이 기작원리는 빛은 횡파라고 하는 것을 전제로 한 것이다. 그 사실은 편광 현상의 관측으로 잘 설명되었던 이론이다. 브뤼케와 틴들이 빛의 산란에 관해 기술했다고 하지만 스트러트가 처음으로 산란에 대한 의미를 정확하게 설명했다. 그는 1871년 〈필로소피컬 매거진(Philosophical Magazine)〉 2월호에 게재된 〈하늘의 빛, 그 색과 편광에 관하여〉란 논문에 그의 결과를 발표하였다. 이 논문은 하늘이 왜 푸른가와 편광에 대해 현대 물리학적 측면에서 설명한 최초의 논문이다.

스트러트는 논문에서 수학적 유도과정을 기본으로 하고 명백한 물리학적 설명을 구현하려고 노력했다. 그래서 지금도 그 논문은 읽을 수 있는 가치를 가지고 있는 논문 형식을 갖추고 있다. 무조건 복잡한 수학을 추구하는 것 보다 오히려 스트러트는 사고실험을 통해 직관적인 물리적 이유로부터 시작했다. 주어진 탄성 매질 내에 떠 있는 작은 입자 알갱이들을 주고 그것이 입사한 역학적 횡파와 부딪쳤을 때 어떻게 반응하는가? 스트러트는 이 모형이 대기 중의 기본 조건이라고 확신했다. 결국 편광의 관측은 빛은 횡파라는 것을 보여 주었고 더욱이 틴들의 실험은 분명하게 공기 중에 떠 있는 미세 입자들이 하늘에서 방출되는 빛과 거의 같은 방법으로 빛을 휘게 할 수 있다는 것을 보여 주었다. 반면에 탄성 매질은 빛이 전파할 수 있도록 하는 매질로서의 에테르와 일치하는 것을 의미한다. 에테르가 가정적인 것이긴 해도 스트러트는 그것의 존재를 가정했던 대부분의 현대 물리학자들 편에 동조하게 되었다.

빛의 산란 이론

그림 7.4를 고려하는 것으로 시작하자. 3차원 직각좌표계를 보여 주고 있다. 즉, 서로 직각인 x, y, z축을 가지고 있는 좌표계이다. 작은 구형의 입자

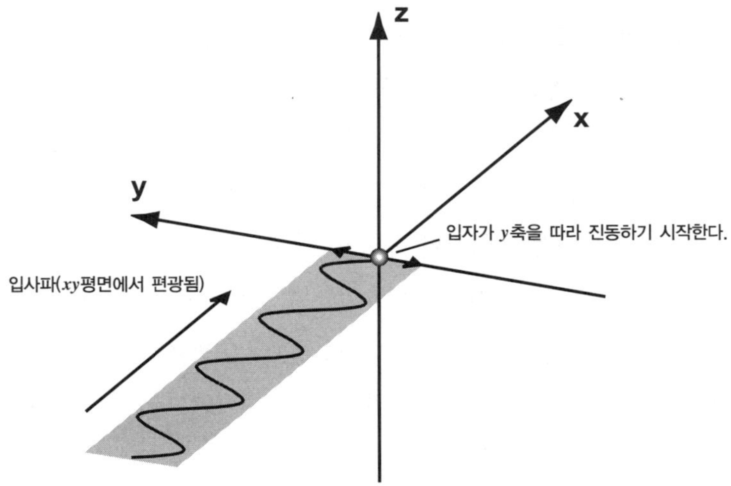

그림 7.4 구형 입자 알갱이가 xy평면에서 편광된 횡파에 의해 진동을 하고 있다.

알갱이는 좌표계 원점에 떠 있다. x축을 따라 전파하는 사인(sin)파에 의해 만나게 된다. 그러면 이 파는 전파하는 방향과 수직으로 진동을 한다. 그것을 첫 번째 파라고 부르자. 그것은 xy평면에 구속된 횡파가 될 것이다. 따라서 그것은 그 평면에 선형으로 편광된다. 우리는 첫 번째 파의 파장보다 작은 입자 알갱이를 가정하자. 그 파가 원점에 놓여 있는 입자에 도달하면 입자는 y축을 따라 앞뒤로 진동하게 한다. 마치 호수 물 위에 떠 있는 코르크 마개가 다소 큰 입사파에 부딪치면 아래위로 움직이는 것처럼 진동하게 된다. 입자의 작은 크기는 입사파가 입자의 전체 부피를 단일체처럼 취급하도록 한다. 지금 우리는 파의 역학적 이론을 가정하였다. 탄성 매질 내에서 모든 움직이는 질량은 파의 중심이 되어 에너지를 방출하고, 따라서 입자는 두 번째 파를 복사하기 시작한다. 원칙적으로 이런 파는 어떤 방향으로도 전파한다고 한다. 그러나 주어진 상황이 빛의 전파를 말하는 경우에는 우리는 횡파만 취급할 것이다. 입자의 진동 방향으로, 즉 y축 방향으로, 파가 전파하면 우리의 가정과는 반대로 종파가 될 것이다. 그러나 두 번째 파는 어쩌면 다른 방향으로 진동할 것이다. 우리는 두 번째 파가 z축 방향으로 전파할 것이라는 가능성을 미리 배제하는 아무런 가정도 만들지 않았다. 그러므로 두 번째 파는 입자로부터 y축을 제외한 모든 방향으로 전파한다고 생각할 수 있다. 두 번째 파는 xz평면 내에서 y성분이 없이 진폭이 가장 크게 될 것이다. 이 평면에서 멀어지면 강도는 y축을 따라 영이 될 때까지 줄어들 것이다. 이런 감쇠가 갑자기 일어날 아무런 이유도 없다. 그래서 우리는 점차적으로 줄어든다고 가정한다. 이 상황은 y축 주위로 대칭이고 따라서 두 번째 파의 방출 형태는 도넛 모양이 된다. xy평면에서 이와 같은 산란복사의 전파는 그림 7.5에서 보여 주고 있다.

지금까지 입사한 첫 번째 파가 xy평면에서 선형으로 편광되었다고 가정

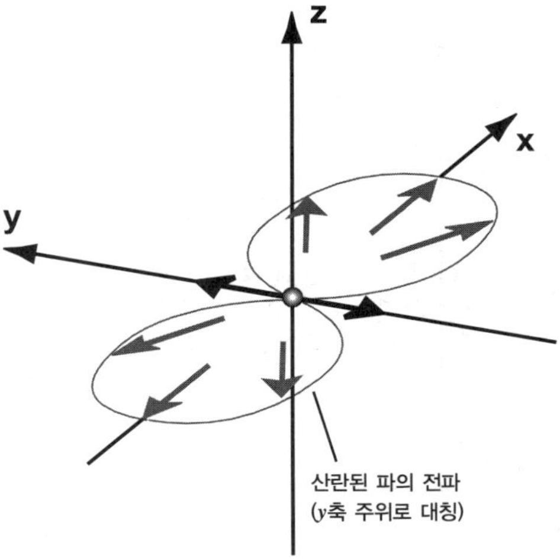

그림 7.5 *xy*평면에서 산란된 파의 방출 형태. 만약 이 모형이 빛을 대신 하는 것이라면 단지 종파만 *y*축을 따라서 방출되어야한다. 횡파는 방출될 수 없다.

했다. 스트러트는 편광되지 않은 입사파의 산란이 입사파의 전파 방향과 두 번째 파와 직각으로 완벽하게 편광되는 것을 증명하고자 했다는 것을 기억하자. 이것이 틴들 실험들과 대낮에 편광에 대한 관측들이 암시하는 것이었다. 그러므로 우리는 편광되지 않은 파의 운명을 관찰하여야 한다. 그런 파는 서로 위상이 같고 서로 수직으로 진동하는 두 파의 선형편광된 성분의 합으로 간주할 수 있다. 다시 첫 번째 파가 *x*축을 따라서 전파한다고 가정하자. 그리고 원점에 있는 입자가 좌표계의 원점 주위로 진동하게 한다. 첫 번째 파처럼 어느 두 번째 파도 두 개의 수직성분의 합으로 이해할 수 있다. 이것들이 첫 번째 파를 만드는 성분들과 평행하다고 가정할 수 있다. 그림 7.6을 보자. 문제를 간단히 하기 위해서 먼저 옆으로, 즉 *yz*평면으로 산란한다고 생각하자. 우리는 두 번째 파의 성분들의 방향을 *a*와 *b*라고 부르자.

첫 번째 파의 한 성분은 *a*방향과 평행하게 진동하는 반면에 다른 성분은 *b*방향과 평행하게 진동한다. 첫 번째 파가 횡파이므로 *a*성분은 두 번째 파를 *b*방향으로 방출할 수 없다. 그러므로 *a*와 *b*방향으로 방출된 빛은 완벽하

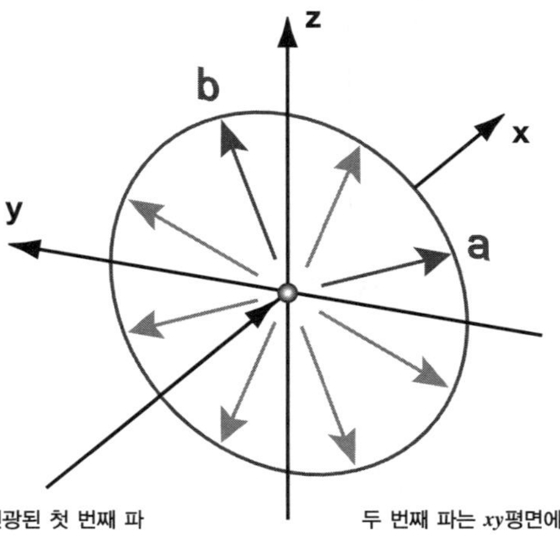

그림 7.6 산란된 파가 완벽하게 비편광된 입사파와 직각으로 편광되었다. 이 편광은 접선 편광인데, 즉 산란된 파의 접선이 산란된 입자 주위로 가상의 원을 그리는 접면을 형성한다.

게 선형 편광된 것이다. a와 b를 임의로 정했지만 여전히 두 축은 서로 직각이므로 모든 측면으로 산란된 빛은 완벽하게도 편광된다. 비편광된 입사파에 의해 산란된 복사 형태는 그림 7.7에서 보여준다. 최대 편광은 빛을 비추는 광원과 직각이 되는 데서 생기는데, 그것은 틴들의 실험에서나 하늘빛의 관측에서나 나타나는 것과 같은 것이다.

이 교묘한 논쟁은 전적으로 스트러트의 것은 아니다. 오히려 그는 스토크스로부터 많은 것을 빌려왔다. 스토크스는 1852년 에테르 안에 있는 입자는 그 편광 방향과 진동 방향이 직각이 되어야만 한다고 했다(그림 7.8). 하늘빛의 편광에 대한 수수께끼는 그 당시에 알려져 있었지만 스토크스는 자신의 영리한 추리가 이 현상에 적용될 수 있을 것이라고는 인식하지 못했다.

하늘의 편광된 빛의 근본적인 성질을 염두에 두고 스트러트는 산란된 빛

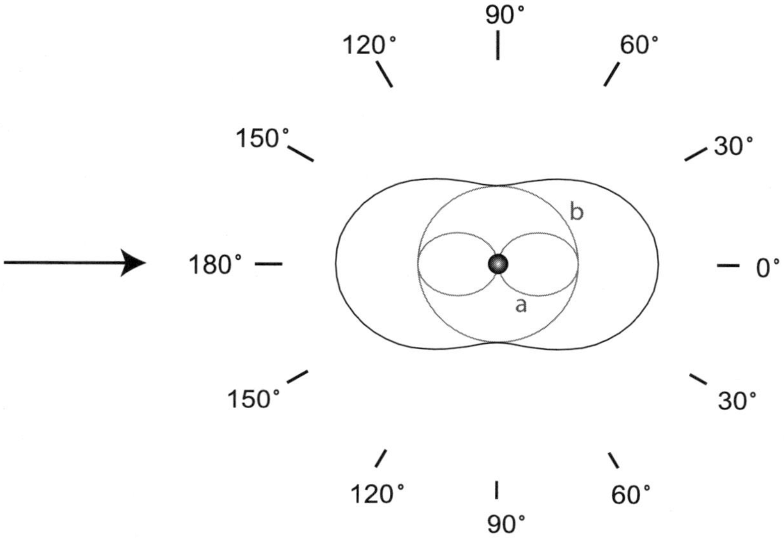

그림 7.7 비편광된 파로부터 생긴 산란된 파의 방출 형태. 이 형태는 입사파의 편광 축 주위로 대칭을 이룬다. 그림 7.5(곡선 a)와 그림 7.6(곡선 b)에서 나타난 형태들의 합이다.

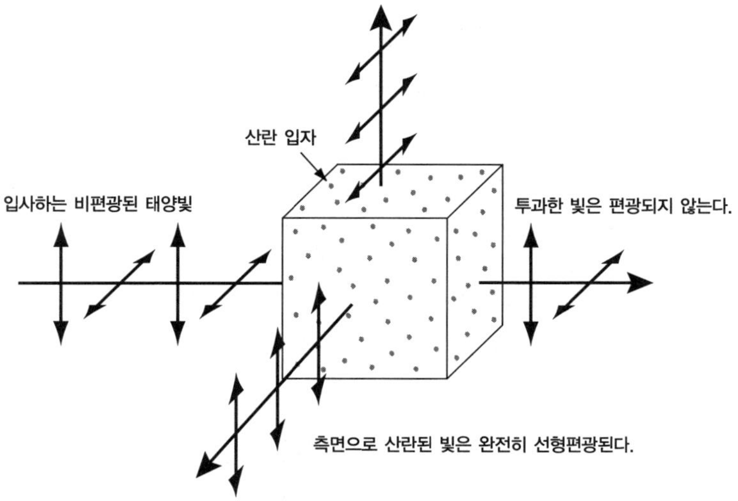

그림 7.8 공기 부피 안에 들어 있는 비편광된 파의 산란은 하늘에서 보여지는 편광형태를 이끌어 낸다. 태양과 90도 각에서 접선편광이 최대가 된다.

의 색에 대해 생각을 계속했다. 그가 목표로 한 것은 산란된 빛의 강도와 관련된 표현이다. 입사광선 빔의 강도가 모든 파장에 대해서 일정하다고 가정하고 그것을 파장의 함수로 표현하고 싶었다. 스트러트는 입자의 들뜸과 두 번째 파의 결과로 이어지는 방출을 포함할 뿐만 아니라 3차원적인 공간에서 파의 전파를 포함하므로 이 문제가 복잡하다는 것을 알았다. 더 높은 수준의 수학을 이용하기 전에 정확한 유도과정에 지침이 되는 어떤 가늠이 될 만한 크기의 범위 안에서 답을 추측할 수 있을지 궁금해 했다. 스트러트는 문제에 해당될 수 있는 모든 물리적 변수들을 곰곰이 생각하여 문제에 도전한다. 답은 분명히 수학적 방정식을 포함해야 한다는 것을 알고 방정식의 양변은 똑같은 물리적 크기를 가져야 한다. 그는 결국 경험에서 나온 추측을 한다. 스트러트는 '비유의 원리(Principle of similitude)' 라고 부르는 기교의 달인이다. 그 이론에서는 어떤 한 문제에 포함되는 모든 물리량들을 한 방정식으로 결합하는데 변수들의 물리적 크기, 예를 들어 길이, 시간, 질량 등의 물리량들이 서로 균형을 맞추는 것이다. 그렇게 하는 과정 속에 모든 변수들을 곱셈이나 나눗셈으로 적절하게 결합하는 것이 포함된다. 이 기교를 오늘날 우리는 차원 해석이라고 부른다. 이 기교는 단순한 짐작 작업이 아니다. 물리 문제의 구조를 밝혀내는데 도움을 준다. 많은 유명한 물리학자들은 그들의 연구에 이것을 매우 유용하게 사용하고 있다.

스트러트는 산란된 빛의 강도가 파장에 따라 어떻게 변하는 가를 알고 싶었다. 산란된 빛의 파장은 입사파의 강도로 나누면 단위가 없는 크기가 된다(I'/I). 그러나 파장(λ)은 길이의 단위를 가진다. 원하는 방정식에 들어가야 하는 다른 양들은 산란된 입자로부터 관측자까지 거리 r(단위는 길이), 산란된 입자의 부피 V(단위는 길이의 세제곱), 그리고 빛의 속력(단위는 길이/시간), 그리고 입자와 입자를 둘러싸고 있는 공간밀도(단위는 질량당 길이의 세제곱)이다. 부록 C에 스트러트가 어떻게 공식을 유도해 냈는지 실려 있다. 이런 물리량들을 물리적으로 동기 부여가 될 수 있는 식으로 결합하여 산란되는 빛의 파장의 함수로 근사적 방정식을 유도해냈다.

$$I' \approx \frac{V^2}{r^2\lambda^4} I$$

만약 산란 입자로부터 관측자까지의 거리가 일정하고 입자의 체적이 고정되어 있다면 산란된 빛의 강도는 입사광선의 파장만의 함수가 된다. 스트러트는 이 방정식의 의미를 다음과 같이 설명한다.

> 어떤 파장에 비해서도 아주 작은 입자들에 의해 빛이 산란되면 그 산란된 입사광선의 진동 진폭은 파장의 제곱에 반비례하고 그 빛의 강도는 파장의 4제곱에 반비례한다.[4]

빛의 산란은 간단했다

스트러트 이론의 요점은 지구 대기 중에 떠 있는 작은 입자들에 의해 산란된 빛은 하늘빛의 색과 편광을 설명할 수 있다. 산란된 빛의 강도가 입사광선의 파장에 아주 강하게 의존하는데, 그것은 파장의 4제곱에 반비례한다. 짧은 파장을 가진 빛(파랑, 보라)은 긴 파장을 가진 빛(주황, 빨강) 보다 더 많이 산란되는 것 같다. 전반적으로 짧은 파장에 의해 산란된 빛이 압도적으로 많아 하늘은 푸르게 보인다(그림 7.9).

스트러트는 산란된 입자 알갱이들의 크기와 입사광선의 파장 사이에 있을 수 있는 자연적인 인과관계로 산란된 빛의 파장에 의존성을 말한다. 파장의 크기가 점점 더 입자의 크기에 접근하면 할수록 입자는 파의 경로에

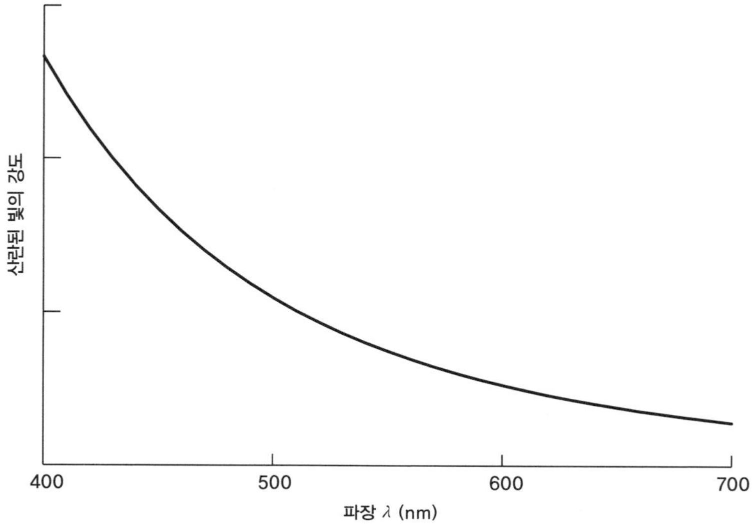

그림 7.9 빛의 산란에 대한 레일리의 이론. 산란된 빛의 강도는 파장이 짧아질수록 급격하게 증가한다.

더 많은 영향을 미칠 것이다. 1872-1873년에 틴들은 미국에서 순회 강의를 하는 중에 이 과정을 가시화 할 수 있는 직관적인 그림이 떠올랐다. 작은 조약돌 하나를 연못에 던지면 연못 표면에 떨어지는 물방울이 만드는 동그라미에는 엄청난 영향을 미칠 것이다. 반대로 조약돌은 연못 표면에 있는 그보다 훨씬 더 큰 파면의 전파에는 전혀 영향을 미치지 않는다. 그와 똑같은 것이 작은 산란 입자들이 태양광선에 미치는 영향에서도 성립한다. 파란색과 보라색 빛의 짧은 파장은 주황이나 빨강처럼 긴 파장보다 훨씬 더 큰 영향을 받을 것이다. 스트러트에 의해서 유도된 파장의 4제곱에 반비례하는 것은 이와 같은 서술적 표현을 수학적 언어로 표시한 것이다. 산란된 빛에 서로 독립된 수도 없이 많은 입자들을 상상해보자(그림 7.10). 우리는 아직 그들의 성질을 추측할 수 없다. 그러나 단지 그 알갱이들이 둥근 구이고 균일하고 빛을 비추는 입사광선의 파장보다 훨씬 작다고 가정한다. 우리는 이미 스펙트럼 색이 태양광선에 거의 균등하게 분포하고 있다는 것을 안다. 그리고 그들을 혼합하면 흰색이 된다는 것도 안다. 이런 합성된 빛은 산란입자를 만나면 그것의 스펙트럼 조성은 서로 다르게 영향을 받는다. 스트러트의 차원 해석 방법은 태양빛의 짧은 파장은 긴 파장 보다 훨씬 더 많이 산란된다는 것을 보여 준다. 공식에 따르면 파장이 반으로 줄어들면 산란강도는 16배로 커진다. 따라서 태양광선의 가시 스펙트럼 범위에 보라색은 파장 λ=400 nm은 빨강 빛 파장(λ=700 nm)과 비교하면 산란된 것은 (700 nm/400 nm)^4=9.4배 더 강도가 세다. 명백하게 산란된 빛에는 짧은 파장이 더 압도

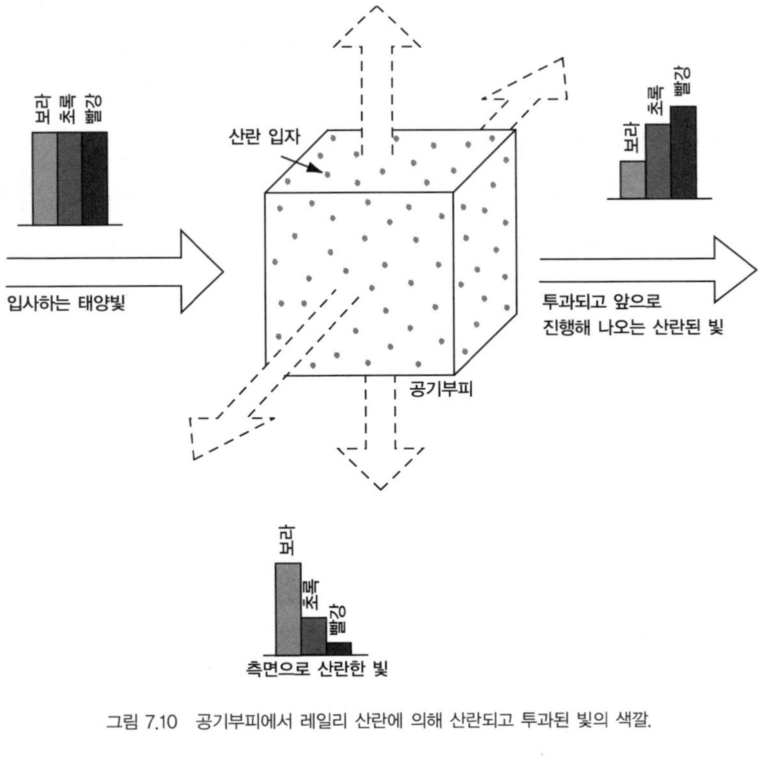

그림 7.10 공기부피에서 레일리 산란에 의해 산란되고 투과된 빛의 색깔.

적으로 많다. 그리고 그것의 강도는 빨강에서 보라로 점점 증가한다. 빨강과 보라 사이에는 주황, 노랑, 파랑, 그리고 초록이 있다. 우리가 맑은 하늘에서 보는 색은 이런 성분들의 가색혼합이다.• 그래서 사람들은 맑은 하늘을 푸른색으로 보게 되는 것이다. 하늘은 푸르다.

스트러트에 의해 제안된 산란된 빛은 맑은 하늘의 푸른색을 설명(그림 7.11)할 뿐만 아니라 괴테의 근원 현상과 탁한 매체의 색들을 설명한다. 일몰시의 붉은색은 한 예이다. 수평선에 가까이 갈수록 태양빛은 대기를 통과하여 관측자에게 도달하기 위해 특별히 긴 경로를 이동해야 한다. 그래서 산란 효과가 증폭한다. 모든 짧은 파장들은 광선의 측면으로 산란되어 나가고 오직 긴 파장만 남게 된다. 즉, 노랑, 주황, 그리고 빨강이 남는다. 마찬가지로 빨간빛은 기차 철로의 멈춤 신호에 적합하다. 왜냐하면 산란 매질(예를 들어 습기가 많은 안개 공기)을 통해서도 먼 거리에서 푸른색 보다 잘 보일 수 있기 때문이다.

이와 같은 묘사는 순간적으로 산란된 빛에서 압도적인 색에 관한 직관적인 고찰은 되지만 편광의 기작원리는 파악하기가 훨씬 더 어렵다. 빛파의 횡파 특성 없이는 산란에 의해서 편광은 일어나지 않는다는 것을 기억하자. 더욱이 빛의 횡파적 특성이 산란된 빛의 형태를 결정한다. 간단히 말해서 우리는 빛 산란의 두 가지 원리적 결과를 결정할 수 있다. 하나는 하늘의 푸른색은 산란 입자의 아주 작은 크기에서 비롯되고 반면에 편광의 형태나 강

• 역자 주: 그러나 만약에 레일리가 그의 공식에서 예측한 대로 산란된 빛이 거의 짧은 파장으로 모두 이루어져 있다면 왜 하늘은 보라색으로 나타나지 않고 파란색으로 나타날까? 만약에 그렇게 나타난다면 우리 눈은 모든 가시광선에 대해서 동일하게 민감하여야 한다. 그러나 우리 눈은 그렇지 않다. 이 장을 시작하는 앞부분에서 알아본 것과 같이 우리 눈의 망막에 있는 원추세포는 파란색, 초록색 그리고 노란색에 매우 민감하다. 그러나 보라색이나 빨간색에는 덜 민감하다(본 저자가 책 출간 후 이 부분의 보완을 역자에게 요구한 내용이다).

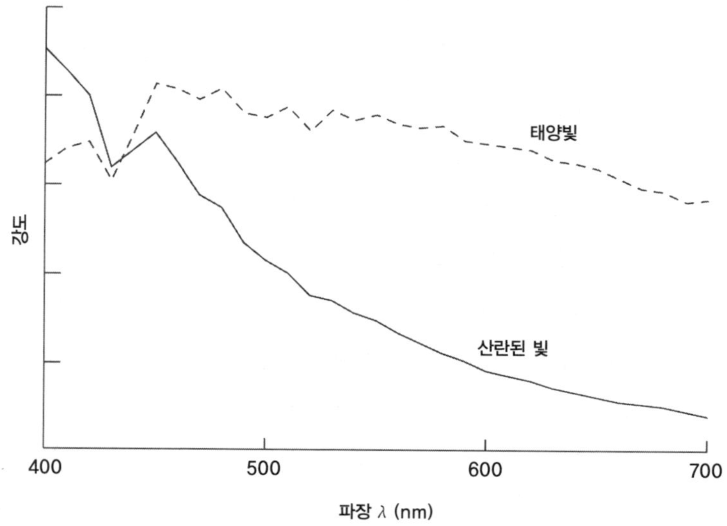

그림 7.11 태양빛은 모든 스펙트럼의 색으로 구성되어 있지만 그들은 동일한 비율로 나타나지 않는다. 그러한 이유 때문에 하늘빛의 강도는 정확하게 파장의 4제곱에 반비례하지 않는다. 정확하지는 않지만 약간의 편차가 생긴다.

도는 빛의 횡파성질 때문이다.

이론을 시험대에 놓다

스트러트를 색시각 실험에서 아주 솜씨가 있던 과학자로 인정해야 한다. 궁극적으로 그 실험들은 하늘이 푸른 것을 알아내기 위한 실험들이었다. 그러나 빛의 산란에 대한 것이 나오기 전에 그는 실험을 통해 하늘의 푸른색에 대한 양적인 스펙트럼 조성에 대한 것을 결정하고자 추구하였다.[5] 공을 많이 들여 제작한 실험 장치는 그가 연구를 해낼 수 있게 했다. 그는 거울을 사용하여 천정으로부터 나오는 빛을 반사해서 프리즘을 통해 어두운 실험실 흰벽에 투영(投影)하였다. 그것을 정확하게 측정하기 위하여 그것과 비교할 수 있는 다른 광원이 필요해서 태양빛을 광원으로 택했다. 태양빛을 흰색 종이로 가려 약하게 만들어서 또 다른 프리즘으로 똑같은 벽에 투영하였다. 구경을 조절할 수 있는 조리개를 사용하여 흰색 종이로 투과하는 빛의 양을 조절하여 스펙트럼의 선택된 부분에 초점을 맞출 수 있도록 하였다. 그래서 그는 구름이 없는 날에 볼 수 있는 태양 스펙트럼의 모든 가시광선 부분에 대한 빛의 상대 강도를 결정할 수 있었다. 스트러트의 측정(표 7.1)은 이론에서 예측된 값과 잘 일치했다. 그가 연구한 가시 스펙트럼 부분의 네 부분에서 하늘빛의 강도는 이론적으로 유도한 파장의 4제곱에 반비례하는 것을 거의 확신시켰다. 보라색 파장에서 약간 차이가 나타났다. 보라색에서는 이론으로 예측했던 것 보다 빛의 강도가 더 센 것 같았다. 이런 측정의 위력은 뉴턴과 클라우지우스의 이론이 예측한 것을 비교했을 때 더 분명하게 나타난다. 뉴턴의 이론은 하늘의 푸른빛은 물방울에 의한 간섭이 원인이 된 것이고 클라우지우스의 이론은 물기포에 의한 빛의 간섭에 의한 것이다. 이 두 이론이 모두 하늘빛은 파장의 제곱에 반비례한다고 예측한다. 표 7.1에서 분명히 나타나는 것은 짧은 파장으로 가면 이론과 잘 맞지 않는 불리한 점이 많아진다. 뉴턴과 클라우지우스의 이론이 말하는 것은 하늘빛이 그렇게 푸르지 않다는 것이다. 더욱이 우리가 6장에서 보았듯이 하늘빛의 최대 편광이 태양에서 잘못된 각에서 일어난다고 본 것이다.

스트러트의 1871년 논문은 하늘빛이 푸른 것에 대한 이해를 돕는 전환점이 되었다. 그의 논문은 상당히 고급 이론과 있고 분명한 실험 자료를 포함하고 있다. 그리고 실험 자료는 곧 인정받을 수 있는 것이었다. 틴들은 스트러트가 자신의 실험 결과를 해석하는데서 생긴 스트러트의 비판에 불쾌하였지만 1871년 2월 3일 편지에서 사실은 스트러트를 축하해주었다. 그러나 스트러트는 틴들의 결과가 자신의 이론을 만들어 내게 하는 바탕이 되었다

❀ **표 7.1**

존 윌리엄 스트러트의 하늘빛의 분광강도분포에 대한 측정(1870년 11월)과 파장의 4제곱에 반비례한다는 산란된 빛의 강도 법칙에 따라 예측된 분광강도와 뉴턴과 클라우지우스의 이론에 따르는 반사에 의한 빛의 강도는 파장의 제곱에 반비례한다는 분광강도

파장 (색)	스트러트에 의해 측정된 강도	4제곱의 반비례한다는 스트러트의 법칙으로 예측된 값	반사로 만들어진 색을 가정으로 예측된 값
486 nm (얼음색 파랑)	90	80	46
517 nm (바다빛 초록)	71	63	40
589 nm (주황빛 노랑)	41	40	31
656 nm (빨강)	25	25	25

출처: John William Strutt, "On the light from the Sky, Its Polarization and Colour" *Philosophical Magazine*, 4th ser., 41 (1871):114.

주: 강도는 임의의 단위를 가진다고 하고 빨간빛을 기준으로 잡고 빨간색의 강도를 25로 설정했다.

고 늘 강조했다. 맥스웰도 마찬가지로 아주 강한 감명을 받았다. 그는 친구에게 '스트러트는 하늘의 푸른빛에 관해 설명하는데 상당히 조예가 있다고 생각한다' 고 썼다.[6] 스트러트는 틀림없이 수없이 많은 생존하는 위대한 물리학자들에게 인정을 받았으므로 자신의 일에 상당한 자긍심을 가졌을 것이다. 그는 대기 중에 떠있는 물기포로 인한 간섭현상으로 인해 하늘이 푸르다고 한 클라우지우스와 뉴턴 이론의 마지막 화신을 완전히 무력하게 만들었다.

이런 인정은 스트러트가 마음속에 여러 일들이 엉켜 있을 때 왔다. 그중 좋은 소식은 그가 국회의원이고 훗날 영국의 수상이 되었던 아서(Arthur

Balfour)의 누이 에블린(Evelyn Balfour)과 1871년 여름에 결혼을 한 것이다. 케임브리지에서 존 윌리엄은 아서의 좋은 친구였다. 존은 에블린을 친구 아서의 집에 가족 저녁식사 모임에 초대 받은 데서 만났다. 에블린은 음악을 듣는 것을 즐겼고 그것을 알아챈 존 윌리엄은 그녀에게 헬름홀츠의 저서 《소리를 감지하는 것에 관한 훈련(Die Lehre von den Tonempfindungen)》이란 책을 주었다. 그녀의 반응에 대해서는 기록이 없지만 그 선물이 그녀에게 과학에 몰두해 있는 사람과 결혼을 하는 것이 어떤 것인가에 대해 생각하게 만들었을지도 모른다.

나쁜 소식은 스트러트의 건강이 나빠져 가고 있다는 것이었다. 그는 유아기부터 그때까지 급작스럽게 발병하는 류마티스열로 시달려 왔다. 주치의는 그에게 재활치료를 위해 지중해로 갈 것을 충고했다. 충고를 받아 들여 이들 부부는 나일(Nile)로 신혼여행 겸 재활치료를 위해 갔다. 사람들은 에블린이 신혼여행에 관해 어떻게 생각하는 지에 궁금해 했는데 그것은 그녀의 남편이 두 권의 책으로 된 《소리이론》이란 책의 집필을 시작할 수 있는 신혼여행이란 충분한 시간을 얻었다고 생각하기 때문이다. 1877년에 그 책을 출판했는데 지금도 그 분야에서는 표준 연구 지침서로 되어 있다. 1872년 이집트에서 돌아온 존 윌리엄은 시골 집 테르링 플레이스에 있는 마구간을 실험실로 개조하여 거기에 물리실험실을 차리기 시작했다. 일 년 뒤에 아버지가 돌아가셨고 그는 그때부터 3대 레일리 남작 칭호를 계승하게 되었다. 가족과 친구들은 그런 신분으로 연구하는 그를 아주 이상하게 보았다. 그러나 그는 그것에 조금도 개의치 않았고 런던에 있는 작위를 가진 이들이 모이는 회의도 자주 빼먹고 오직 연구에 전념했다. 동시에 그는 가족 부동산을 관리하여야 했다. 부동산의 대부분은 대대로 물려받아 영구히 소지하고 있던 것이었고 바로 밑에 동생 에드워드 스트러트(Edward Strutt)가 그의 임무를 1876년에 인계받아 그는 그 일로부터 해방되었다.

한편 빛의 산란에 관한 간헐적인 연구는 점차적으로 키워나갔다. 그로부터 수년 내에 그의 이론은 유럽과 북아메리카에서 받아들여지게 되었다. 다른 연구자들은 그의 측정을 반복하였고 그 결과들의 대부분이 일치하였다. 1890년에 빛의 산란에 관한 이론은 광학 교과서에 실리게 되었다. 지금은 그런 작은 알갱이들에 의해 일어나는 산란을 레일리 산란(Rayleigh scattering)이라고 부른다.

형광성

19세기 후반에 하늘이 푸른 것에 대한 설명을 제안한 물리학자는 스트러트가 유일한 물리학자는 아니었다. 1867년에 라이브(Auguste de la Rive)는 이미 하늘빛과 하늘의 색이 공기층을 통과하면서 빛의 굴절에 의해 생기는 것이라고 추측하였다. 제네바 출신 랄레망(Étienne Alexandre Lallemand)은 하늘이 푸른 것은 공기 중의 형광성에서 기인한 것이고 태양의 자외선이 비출 때 공기 입자들이 방출하는 것이 가시광선이라고 제시했다.[7] 편광 관측은 이들 두 주장을 확실하게 입증했다.

일찍이 B.C. 1500년, 중국 연대기에서 언급하고 있는 형광성은 1565년에 유럽에 알려지게 되었다. 프랑스인 모나르데(Nicolás Monardes)는 '키드니 우드' (*Lignum nephriticum*(kidney wood)), 멕시코 푸른 백단향(*Eysenhardtia polystacha*) 나무*를 연구할 때 형광을 관측했다. 가루로 만들어서 물과 섞으면 신장병과 매독을 치료하는데 사용할 수도 있다. 모나르데는 이 용액에 햇볕이 비추면 그 용액에서 이상한 빛이 나는 것을 발견했다. 이 현상을 런

• 역자 주: 우리나라에서는 자생하지 않는다고 한다.

던에 있는 보일(Robert Boyle)과 로마에 있는 예수회 수도사인 키르셔(Athanasius Kircher)가 더 조사하였다. 보일은 해를 뒤에 두고 그것을 보면 그 용액이 하늘색, 즉 푸른색을 내는 것을 알았다. 그 용액을 역광으로 비추면 노란빛을 띠는 것을 알았다. 이것은 탁한 매질과 관련되는 것이지만 푸른색은 순수한 색상을 가졌고 그런 매체에서 볼 수 있는 것 보다 훨씬 강도가 강한 색상이었다. 키르셔는 '키드니우드'는 보다 더 커다란 분류에 속하는 구성체라는 것을 깨달았다. 아마도 개똥벌레들에 의해서 빛을 내는 것과 관계가 있는 것일 것이다(키르셔는 개똥벌레를 실내조명으로도 사용할 수 있을 것이라고 했다). 모나르데도 키르셔도 이 이상한 현상과 하늘색을 연관 짓지 않았다. 그러나 공기를 구성하고 있는 입자 중에 한 가지는 발광하는 것이라는 의심은 가지고 있었다. 보일은 그런 관계를 마음속에 품고 있었다. '키드니우드'와 개똥벌레, 바다에 있는 녹조류에서 나오는 빛, 어떤 돌을 서로 비벼 대면 나타나는 빛과 같은 그런 이상하게 빛을 내는 현상들에 대한 관측들이 19세기까지 상당히 많이 누적되었다.

빛의 파동 이론을 가지고 이들 현상을 규명하고자 하는 도전의 날이었다. 케임브리지에서스트러트의 광학 선생님인 스토크스(George Gabriel Stokes)는 이 문제에 관하여 특히 열심히 연구했으며 마침내 그는 아주 긴 논문을 발표했다. 스토크스는 다른 광원의 빛을 오랫동안 받아서 물질에서 빛이 나는 형광성과 광원을 치워도 물질에서 계속해서 빛이 나는 발광성을 구분하기 시작했다. 그는 무기물 물질에서 형광성에 관한 연구를 이론과 실험을 접목하여 그 원인을 찾고자 하였다. 키니네 중황산염 용액를 가지고 실험을 하였는데 그는 곧 입사광선 보다 방출되는 광선의 파장이 늘 길게 나타나는 경향으로 인해 빛의 색이 변하는 것을 발견했다. 이 발견은 곧 후에 형광성의 스토크스 법칙으로 알려지게 되었다. 스토크스와 동료들(거기에는 랄레망도 포함되어 있는데)은 형광성 물질은 볼 수 없는 광선인 자외선을 비추면 가시광선을 방출할 수 있을 지도 모른다는 호기심을 자아냈다. 오늘날 이 현상은 오락 산업에서 자주 상용되고 있다. 거기서 자외선은 '검은 광선' 으로 알려진다.

키니네 중황산염 용액을 더 자세히 연구하면서 스토크스는 그 빛이 두 가지 성분을 가지고 있다는 것을 알았다. 하나는 산란에 의한 것이고 또 다른 하나는 광원과 90도 각에서 비추어진 빛에 의해 최대 편광이 일어나 생긴 것이다. 다른 것은 아름다운 푸른 하늘색을 가진 것이 있고 그것은 결국 형광성분으로 판명되었다. 이것을 가지고 랄레망이 하늘의 푸른빛을 설명하고자 애썼다.

스토크스가 동시(1850년대 초)에 빛의 편광을 연구했었다고 가정하면 우리는 그가 편광과 형광이 서로 관련되어 있는지에 관해 생각했었을 것이라고 기대할 수 있다. 그런데 실제로 그랬다. 수직이나 수평면으로 편광된 빛과 같이 편광되지 않은 일상적인 빛을 용액에 비추면 스토크스는 방출된 형광성 빛은 절대로 편광이 되지 않는다는 것을 발견했다.[8] 그는 형광성과 편광은 서로 연관성이 없는 현상이라고 결론을 내렸다. 따라서 그는 편광을 가설로 제시하기 전 20여년 동안 랄레망이 잘못되었다는 것을 입증했다. 사람들은 놀라지 않았다. 왜냐하면 랄레망의 논문은 동시대인들에게 거의 무시당하고 배제되었기 때문이다. 레일리도 틴들도 맥스웰도 그의 논문에 아무런 반응을 나타내지 않았다.

19세기 후반과 20세기 초반에 형광성에 대해서 많이 논의되었고 그것을 하늘의 색과 빛을 설명하는데 화두로 떠올렸던 것은 인상적인 일이다. 예를 들어 랄레망이 논문을 발표한 이후 17년 만에 하틀리(Walter Hartley)는 논문에서 다시 형광성에 대한 문제를 발표했다. 그는 더블린(Doublin)의 왕립과학대학에서 근무하는 화학자였다. 1880년대를 통틀어 하틀리는 오존의 스펙트럼에 관하여 실험실에서 조사를 수행하여 오존 구름이 자외선 복사를 흡수한다는 것을 발견했다(9장 참고). 그는 일단 오존은 냉각시켜 액체 상태로 되면 아주 깊은 푸른색을 낸다는 것을 알았다. 하틀리에게는 이런 두 가지 공통적인 성질, 즉 자외선의 흡수(형광성 물질에서 대부분 나타나는 전형적인 성질)와 푸른색은 너무 충격적이어서 키니네 중황산염과 오존 사이에 유사성으로 볼 수밖에 없었다. 그런 모든 노력에도 불구하고 오존은 형광성이 아니다.

쌍극자 복사에 대한 맥스웰 방정식

에테르라고 하는 탄성적인 매질을 통해 전파하는 횡파로 취급되는 빛의 역학적 이론을 채택함으로써 스트러트는 1871년에 현대 광학의 주류를 이끌어 나갔다. 19세기 후반은 이것이 빛에 대한 개념으로 가장 많이 알려진 이론이었다. 그러나 그 이론의 성공적인 대중화에도 불구하고 기반이 흔들리게 되었다. 가장 중요하게 나타난 맹점이 에테르의 존재를 확인하는 실험적 증명이 부족했다. 에테르는 당시에 반드시 빛의 파동성을 입증하는데 절대적으로 필요한 것이었기 때문이다. 많은 물리학자들에게 이것은 그렇게 중요하게 관심이 있던 문제는 아니었다. 에테르는 너무 자연스러운 것이었기 때문에 오직 시간이 지나면 해결될 수 있고 발견할 수 있을 것으로 생각했다.

한편 맥스웰이 1864년에 대체 이론으로 제시한 빛의 역학적 이론은 만족할 만 한 것이었다. 그것은 빛을 전자기파로 취급하여서 에테르를 필요 없게 만들었다. 그의 색 시각에 관한 실험과 병행해서 맥스웰은 1854년에 전기학에 대해 연구를 시작했다. 물리학의 한 분야인 전기학은 광학과 전혀 무관한 것 같이 보이지만 최근의 많은 관측결과들은 그것에 부합할 수 있는 설명이 필요했다. 18세기 말이 되어서야 물리학자들은 정지해 있는 전하에 대한 연구인 정전기 이론을 만족할만하게 다루었다. 그 후 수년 뒤에 전하가 운동을 하게 되면 지금까지 예견하지 못했던 효과가 일어난다는 것이 분명해졌다. 1820년에 덴마크의 물리학자인 외르스테드(Hans Christian Oersted)는 전류가 자기장을 생성하는 것을 보여주는 데 성공하였다. 그로부터 얼마 되지 않아서 앙페르(André-Marie Ampère)는 전기 환(環)전류에 대한 수학적으로 취급하기에 이르렀다. 1831년 맥스웰이 태어난 해에는 패러데이(Michael Faradey)가 전자기유도법칙을 발견했다. 이런 중요한 공헌들이 전기장과 자기장이 밀접한 관계를 가지고 있다는 것을 밝혀냈다.

전자기학은 발견되었지만 전기학과 자기학에 관련된 이론은 매우 부족했다. 맥스웰은 그래서 이 어려운 문제를 서로 연관된 수학 방정식들을 이용하여 푸는데 성공하였다. 그 방정식들은 변화하는 전기장이 자기장을 생성할 것이라는 것과 변화하는 자기장은 전기장을 만들어낼 것이라는 것을 예측하는 것이었다. 전기와 자기장이 직접 상관하여 서로를 만들어내게 하므로 한 종류의 장을 다른 종류의 장으로 바꾸는데 매질이 존재할 필요가 없다. 그럼에도 불구하고 맥스웰은 에테르의 존재에 대한 그의 믿음을 포기하지 않았다.

얼마 되지 않아서 맥스웰은 그의 방정식들에 숨어 있는 성질을 발견하였다. 전류와 전하가 없는 데서는 방정식의 해로 횡파인 전자기파를 대변하는 파동방정식의 수학적 형태로 가정할 수 있다. 거기에 알려진 전기와 자기적 물리량을 대입하면 그는 이 가정적인 파의 속력을 일 초당 300,000 km로 예측할 수 있었다. 이것은 정확하게 빛의 속력이다. 이런 놀랄 만한 확증으로 맥스웰은 빛 자체가 전자기파라는 것을 강하게 제시했다. 그는 중대한 발견의 기로에 있었다. 만약 그가 방정식에서 읽어낸 해석이 맞는다면 전기학, 자기학, 광학은 반드시 하나의 공통된 바탕에 서 있어야 한다. 흥분한 그는 1865년 1월 5일 사촌에게 편지를 썼다. '나는 세간에 퍼트릴 대단한 논문 한편을 가지고 있는데, 그 논문은 빛의 전자기 이론을 포함하고 있다. 그것을 내가 확신이 설 때까지 그리고 발표하지 않을 수 없을 때까지 보류하고 있겠다.'[9]

1887년에 맥스웰의 방정식은 옳다는 것이 판명되었다. 그때가 헤르츠(Heinrich Hertz)가 전자기파를 만들어 내는데 성공하고 그 전자기파가 빛처럼 반사와 굴절, 그리고 편광도 일어난다는 것을 입증한 때이다. 맥스웰의 방정식은 확실하게 옳다는 것이 판명되었다. 그 방정식은 물리학사에서 가장 위대한 업적으로 남게 되었다.

3대 레일리 경(the third Lord Rayleigh)인 존 윌리엄 스트러트(John William Strutt)에 의해 고안된 빛의 산란 이론은 맥스웰 이론의 틀에 맞추어 다시 고쳐졌고, 그 작업은 레일리가 1881년에 수행했다. 그것을 하기 위해서 그는 역학적 모델을 파동성과 입자성 모두를 가진 전자기적 기술방법으로 대체해야만 했다. 맥스웰 이론에서 빛은 횡파 전기장과 자기장으로 되어 있으며, 서로 직각을 이루며 주기적으로 진동한다고 가정한다. 그림 7.12에서 이것이 어떻게 시각적으로 구현되는 가를 보여준다. 우리는 산란 입자들인 양과 음의 전하를 가지고 있다고 가정할 수 있다. 입사파의 전기장에 의해서 영향을 받을 때 이들 전하들은 입자들 속으로 옮겨진다. 그림 7.13에서 보듯이 그 입자는 전기적으로 편광되고 하나의 전기 쌍극자로 된다. 이 전하 분포가 주기적으로 입사파에 의해 뒤집어지므로 입자가 받은 에너지를 재복사하는 전기진동자와 같이 작용한다(그림 7.14).

먼저 전기력선(電氣力線)은 쌍극자의 양에서 나와 음으로 들어가는 곡선

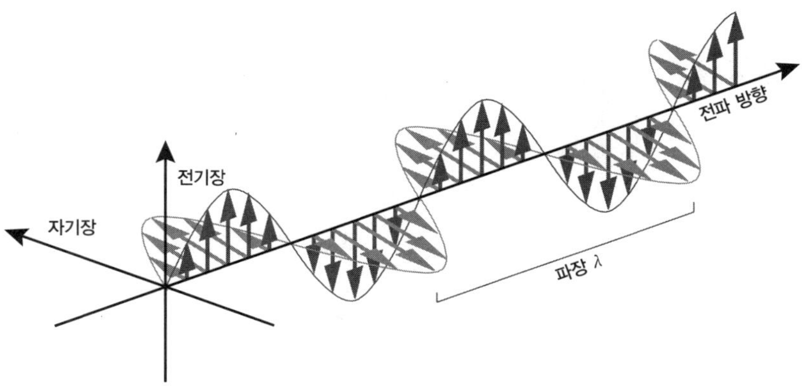

그림 7.12 맥스웰 이론에 따라 전자기적 횡파로서 빛의 편광. 전기적 성분과 자기적 성분은 서로 직각을 이룬다.

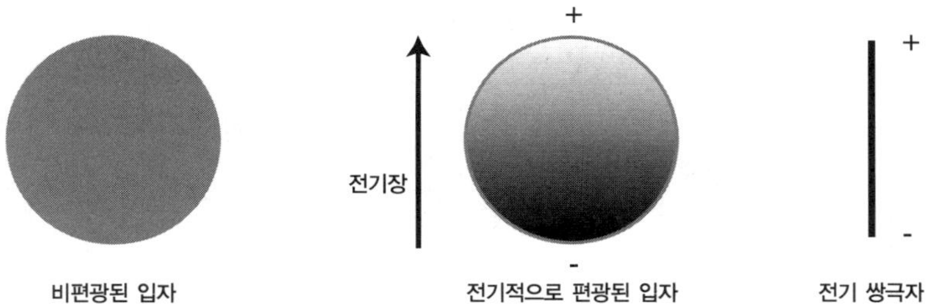

그림 7.13 전기적으로 편광되지 않은 입자로 양과 음의 전하가 고루 균일하게 분포되어 있다. 전기장은 이들 전하들을 서로 이동 하게 하여 그 입자를 전기 쌍극자로 편광되게 한다.

으로 그린다. 반주기 늦게 그것의 전하 분포는 역전된다. 그러면 전기력선들은 쌍극자로부터 분리되는데, 서로 가까이 있다가 빛의 속력으로 쌍극자로부터 점점 멀리 전파된다. 전하분포의 역전(逆轉)은 형태는 똑같고 방향이 반대인 새로운 전기력선들을 만들어 낸다.

입사된 전자기파에 의해 자극되면 그 입자는 전기적 진동자로 작용하는 것을 계속하는데 받은 에너지를 재방출하여 완전히 소진할 때까지 전기적

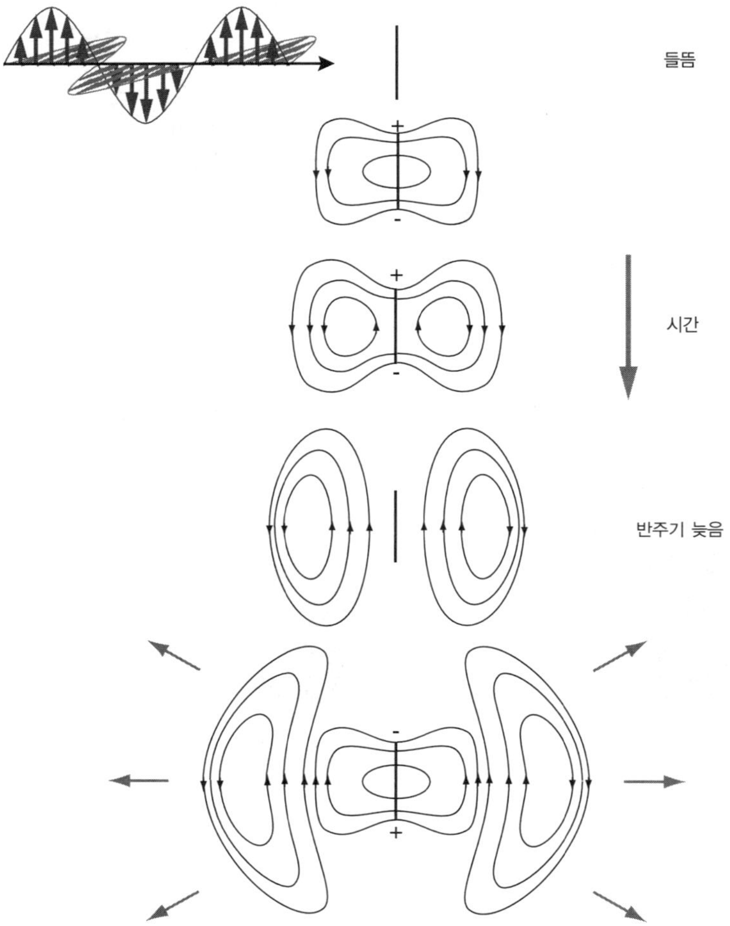

그림 7.14 작고 편광 가능한 입자는 전자기파에 의해 작용되는데 그것은 전하 분포를 주기적으로 그리고 자체적으로 뒤집는 쌍극자가 된다. 그 쌍극자는 전기장과 자기력선을 내보내고 그들은 서로 각각 분리되어 입사파의 반주기가 지난 후에 방출된다. 방출된 장의 역선은 산란된 파를 형성한다. 전기력선은 여기서 보여준다. 자기력선은 (그림에 나타내지 않았음) 쌍극자의 축 주위에 원의 형태를 만들고 그 축 주위로는 아무 파도 방출되지 않는다는 것을 보여준다. 가속된 전하는 언제나 자기장을 형성하는데 우리의 경우에는 이것은 쌍극자 축주위로 그려지는 원으로 대신할 것이다. 이들 선이 전기력선과 결합되면 이 전체가 빛의 속력으로 쌍극자로부터 멀리 전파되는 횡파인 전자기파이다. 이것이 산란된 빛이다.

진동자로 작용한다. 그러므로 산란은 흡수를 의미하는 것이 아니고 에너지를 잃어버린다는 것은 더욱 아니다. 오히려 산란은 그림 7.7과 같은 형태로 재분포하는 원인이 되는 것이다. 이 이론에서 단지 아주 작은 입자들만이 균일하게 편광이 된다. 보다 큰 입자들은 입사된 빛의 파동으로 편광이 고르지 못하게 되며 전기 쌍극자로서 역할을 하지 못한다.

맥스웰은 레일리가 그의 전자기적 이론을 바탕으로 빛의 산란에 대한 총체적으로 정리한 것을 생전에 보지 못했다. 1879년에 맥스웰은 48세의 나이로 일찍 세상을 떠났다. 레일리는 케임브리지에 실험물리학 교수로 맥스웰의 뒤를 잇도록 요청을 받았다. 처음에 그는 테르링 플레이스에서 연구를 계속하려고 망설였다. 그러나 1870년대 후반에 영국에 확산된 심각한 농산물 피폐기를 맞게 되어 농장으로 들어오는 수입이 대폭 줄어들게 되었다. 그래서 레일리는 그 자리를 받아들였다. 그리고 그는 1884년까지 그 자리를 지켰다. 레일리는 캐번디시(Cavendish) 연구소 소장으로 있던 5년 동안에 교과과정을 개편했고, 실험물리학을 필수 교과목으로 넣었으며, 전기 단위를 표준화하는 교육과정을 개설했다.

산란하는 입자들에 관한 추측

작은 입자들에 의한 빛의 산란 이론은 스트러트의 동료들 사이에서는 성공이 머지않은 것이었지만, 지구 대기에 있는 산란 입자들의 본질은 1871년에는 파악하기 어려운 채로 남아있는 문제였다. 스트러트의 생각으로는 색과 편광은 관측될 수 있는 빛의 두 가지 성질로 모든 입자에 대해서 동일하고, 그 입자들은 둥근 구 모양을 하고 광원의 파장 보다 더 작고 충분히 많다고 생각했다. 하늘빛의 이런 성질은 산란 입자들의 본질에 관해서 많은 것을 알려주지 못한다. 스트러트는 공기 중에 떠다니는 '보통 소금' 의 작은 입자들을 대기 속에 있는 산란된 빛으로 간주할 수 있다고 추측했다. 물론 스트러트는 자신이 그것을 입증할 수 있는 증거를 가지고 있지 않다는 것을 잘 알았다.

사람들은 1871년에 스트러트는 발자국만 가지고 알 수 없는 용의 형태를 그려 보는 것과 같은 과제에 직면했다고 비유할지도 모른다.[10] 대기에 관해서 상황은 훨씬 더 복잡하다. 뿌옇게 분산되는 하늘빛을 만들기 위해서는 수도 없이 많은 산란 입자가 있기 때문이다. 많은 작은 용들의 떼와 같은 것을 취급하는 것은 매우 어려운 작업이라고 스트러트는 생각했다. 이미 알려진 형태로 용의 자취를 규명하는 것이 훨씬 더 쉬운 것 같았다. 그래서 스트러트가 그렇게 추측하여 일을 접근하려고 한 것은 놀랄만한 일은 아니다.

발자국의 모양(관측된 하늘빛)과 용들의 무리(산란하는 입자)를 관련짓는 것은 대기조성에 대한 지식을 요구한다. 훔볼트와 게이-뤼삭의 공기의 화학조성에 관한 연구 이후로 이 두 학자들이 결정한 화학 조성 비율에 관련해서 아무런 진전이 없었다−1894년에 단지 아르곤(Argon)의 발견으로 일어났다. 그러나 수증기는 날마다 그 함량이 지역에 따라 많이 변화한다는 것은 주지의 사실이고 사막의 공기 중에는 적은 양이 있고 습기가 많은 날에는 7% 정도 수증기가 있는데 이 7%라는 것은 공기의 1세제곱미터의 양에 물이 1티스푼 들어 있는 것과 같은 양이다.

연구자들은 표 7.2에 열거한 것 같은 순수한 공기는 어느 곳에서도 존재하지 않는다는 것은 알고 있다. 오히려 에어로졸 입자(그림 7.15)라고 부르는 수도 없이 많은 입자들에 의해 오염되어 있다. 그들의 농축은 위치와 시간에 따라 변한다. 먼지는 바람에 의해 소용돌이 치고 소금은 바다 표면에서 유리되어 나가고, 화재는 연기를 내보내고 분화구 분출로 인한 먼지 그리고 꽃가루와 박테리아도 마찬가지로 자연적인 에어로졸의 예이다. 매번 몇 년

표 7.2

건조한 지구 대기의 화학 조성

기체	화학부호	부피당 백분율
질소	N_2	78.08
수소	O_2	20.95
아르곤	Ar	0.93
이산화탄소	CO_2	0.0370(2001년)
비활성기체	Ne, He, Kr, Xe	0.002

출처: Richard P. Wayne, *Chemistry of Atmospheres*, 3rd ed. (Oxford: Oxford University Press, 2000), p. 2; John Houghton, *Global Warming: The Complete Briefing*, 3rd ed. (Cambridge: Cambridge University Press, 2004), 16.

주: 수증기에서 변할 수 있는 가변성 함유량은 여기 표시되지 않았다.

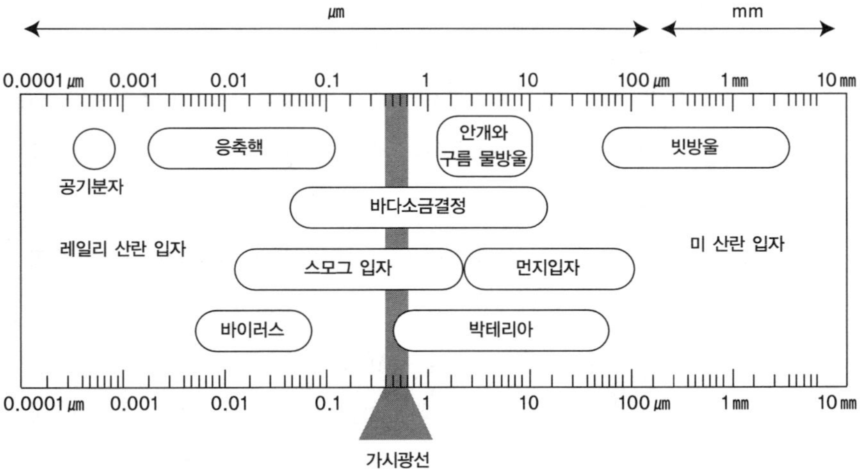

그림 7.15 대기에 있는 전형적인 산란 입자의 크기. 빛의 파장 보다 훨씬 작은 크기를 가진 입자들은 레일리 산란 입자로 작용한다. 그 보다 더 큰 입자들은 미(Mie)의 이론에 따라 산란한다. Modified after V.J. Schaefer and John A. Day, *Peterson's Field Guides: Atmosphere* (New York: Houghton Mifflin, 1981), 4.

에 한번 씩 사하라에서 먼지 폭풍이 일어 중앙 유럽까지 바람에 실려와 대기를 뒤섞어 놓고 대서양을 건너간다. 에어로졸 입자들은 대기의 낮은 층에서 대부분 발견되고 짧은 시간 안에 다시 지구 표면으로 되떨어진다. 그것들이 대기 중에 얼마나 오랫동안 떠 있는 가는 그들의 크기와 질량 그리고 지상에서 얼마나 높이 있는가에 따라 달라진다.

에어로졸 입자들의 크기 분포를 생각하면서 우리는 스트러트가 가능한 산란 입자로 보통 소금을 제안 것에서 스트러트의 신중함을 이해할 수 있다. 바다 소금 결정은 실제로 작기 때문에 가시광선을 산란하게 할 수 있다. 물론 다른 에어로졸도 마찬가지로 가시광선을 산란할 수 있는데, 예를 들면 구름 응축 핵이나, 바이러스, 그리고 담배 연기 같은 것이다.

다중 산란, 미(Mie) 산란, 그리고 흰 구름

19세기에 만들어진 색 측정법이 발전하면서 하늘색을 더 자세하게 조사할 수 있게 되었다. 그리고 스트러트의 이론으로 예측한 값과 측정치를 비교할 수 있게 되었다. 맥스웰이 색팽이를 가지고 한 실험들로 색은 색상, 채도, 명암(또는 광도)으로 특징지을 수 있다는 생각을 확고하게 했다. 여기서 색상이라고 하는 것은 색깔 이름의 분류에 따르는 색을 말하거나 또는 물리학자들에게는 파장을 말한다. 보통 파란색은 주파장이 475 nm인 빛으로 거의 군청색에 가깝다. 채도는 색의 혼합에서 순수한 색상의 비율을 말한다. 스트러트의 이론은 순수한 하늘 푸른색을 채도 42%로 예측한다. 이렇게 상대적으로 작은 값은 그림 7.9에서 보여 주듯이 대부분 산란된 빛이 파장에 많이 의존하는 것 때문이다. 그러나 가장 맑은 날의 푸른색도 채도가 42%보다 훨씬 낮게 측정된다. 하늘빛의 명암(또는 광도)는 첫 번째 측정으로 바로 분명해지지는 않지만 이것은 다음 장에서 설명하게 될 주제이다.

하늘빛의 실제적인 것과 예측된 값 사이의 차이는 스트러트 이론에 결함이 있다는 것을 암시했다. 단일 레일리 산란이 예측했듯이 태양에 직각인 방향에서 편광이 다 일어나지 않는다는 발견은 또 다른 암시이다. 관측 결과는 약 70%가 편광이 된다.

스트러트는 관측 결과가 내포하고 있는 문제를 알고 속으로 풀이를 가지고 있었다. 문제를 아주 간단히 하기 위해 그는 눈으로 들어오는 모든 광선은 지구 대기를 통과하는 동안 하나의 산란 입자에 의해 산란된다고 추측했었다. 대기에 있는 많은 수효의 산란 입자들은 하나의 산란 입자에 의해 한 번만 산란되는 것이 아니고 여러 차례 산란될 수 있을 것이다. 다른 말로 대기는 태양에 의해서만 빛이 비추어질 뿐만 아니라 그 자체가 빛을 낸다. 이 과정을 우리는 다중 산란이라고 이름 붙인다. 각 개개의 산란의 경우가 스트러트의 이론을 따른다고 해도 1871년에 다중 산란에 의한 총 효과는, 물론 그의 예측은 단일 산란에 의해 예측된 것이지만, 하늘빛을 변하게 하여야만 한다는 것을 알았다. 그러나 그는 그것이 매우 계산하기가 어렵다는 것도 알았다. 오늘날의 현대 컴퓨터를 가지고는 보다 실제 상황에 가까운 레일리 산란을 계산할 수 있게 되었다.

다중 산란을 정확히 특징 짓는 것은 복잡하여 기상학자 보아렌(Craig Bohren)은 우리에게 그것을 시도할 수 있는 계기를 만들어 주었다. 유리에 맑은 물로 채우고 물 뒤에 검정색 배경을 두고 그것을 백색광원을 옆에서 비추자. 만약 여러분이 물에다 약간의 우유를 떨어트리면 물에 떠 있는 것이 푸른색을 띠는 것을 볼 수 있다. 그것은 브뤼케의 실험에서 볼 수 있는 것과 거의 같다(6장 참고). 그 둘 사이의 차이인 우유는 빛을 산란하는 산란 입자가 작은 지방 방울인데 비해 브뤼케의 실험에서는 피스타치오 수목액이었다. 그러나 더 많은 우유를 첨가하면 부유한 것들은 점점 흰색을 띠고 거의 보통 우유 빛으로 나타난다(색판 20). 지방 방울은 성질을 바꾸지 않고 수효만 늘어나는 것이라 다중 산란이 점점 더 심각하게 된다. 다중 산란이 없었다면 우유는 파랗게 보였을 것이다.

비슷하게 산란 입자들의 수효가 많으면 분명히 푸른 하늘을 훨씬 흐리게 만들었을 것이다. 그것이 구름에서 볼 수 있는 것이고 수평선에 가까이 내려올수록 하얗게 보이는 것이다. 왜냐하면 거기에는 상당히 많은 산란 입자들이 천정 방향보다 훨씬 많이 있기 때문이다. 이것이 하늘이 수평선 가까이에서 밝은 하늘색으로 보이고 천정으로 갈수록 짙게 보이는 이유이다. 그러나 왜 하늘색의 채도가 수평선으로 갈수록 낮아지는가? 이것을 이해하기 위해서 우리는 단지 우유실험만으로 결론을 내릴 수는 없다.

대기는 순전히 레일리 산란 입자들로 이루어져 있다. 특별한 방향에서부터 우리에게 들어오는 빛은 그 방향에서의 산란 입자들에 의해 영향을 받는다. 만약 우리가 하늘 높이 바라본다면 천정 주위를 본다고 하자. 그러면 우리와 대기 가장 위쪽 가장자리 사이에 상대적으로 거의 산란 입자들이 없다(그림 7.16). 이 방향에서 대부분 한번만 산란한 빛이 짧은 파장을 가지고 우리 눈에 도달하는 것이다. 대기의 두께 때문에 그리고 지구의 곡률 때문에 빛의 경로는 수평선 방향으로 들어오는 경로가 천정에서 들어오는 경로보다 35배가 길다. 따라서 빛이 이 방향에서 들어오면 산란 입자들이 35배 정도 더 많다는 말이 된다. 따라서 수평선 방향에서는 거의 흰 하늘색을 띠게 되는 것이다. 수평선 근처에 놓여 있는 산란 입자들의 어느 만큼은 역시 한번만 산란된 짧은 파장을 가진 빛을 내보낸다. 그러나 긴 파장을 가진 산란된 빛은 이 방향에서 우리에게 도달한다. 왜냐하면 빛이 재산란하지 않고 그대로 깊은 층을 뚫고 올 수 있기 때문이다. 수평선 근처에 있는 빛은 많은 산란 입자들에 의해 산란된 빛의 가색혼합이고, 더욱이 그들은 모든 파장을

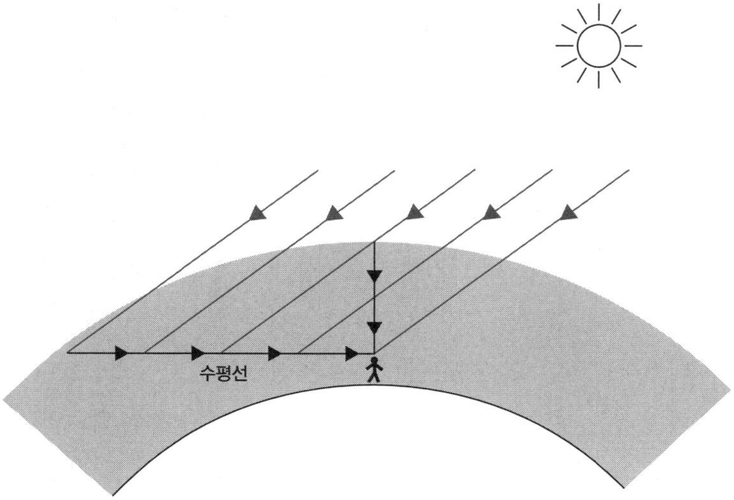

그림 7.16 수평선 바로 위 하늘빛은 많은 입자들에 의해 산란으로 인해 생긴 결과이다. 이로 인해 수평선을 향해 하늘빛은 아주 밝게 나타난다. 더욱이 산란된 빛의 서로 다른 성분들의 가색혼합은 수평선에서 푸른색을 연하게 만든다. 반대로 하늘 천정 방향으로는 푸른빛이 특히 생생하다. 왜냐하면 그 방향으로는 산란 입자들이 거의 없기 때문이다.

가진 빛이 거의 같은 비율로 구성되어 있어 희게 나타나게 되는 것이다. 이것이 바로 우리가 보는 것이다.

다중 산란은 수평선 근처의 하늘을 희게 만드는 것뿐만 아니라 흰 구름을 만들고 오염된 공기는 아주 하얗게 보이게 만든다. 이런 경우들에서 우리는 미(Mie) 산란 과정을 결부시켜야 된다. 육안으로는 거의 분간하기가 어렵다. 대기 중에는 서로 다른 여러 가지 종류의 입자들이 있는데, 그 중에는 레일리 산란을 적용시키기에는 커다란 입자들이 있다. 안개와 구름, 먼지, 커다란 에어로졸 등이 그 예이다. 이들 입자들은 마찬가지로 빛을 산란할 수 있는 잠재능력을 가진다. 그러나 레일리는 그것들은 그 보다 작은 입자들이 산란하는 것과는 다른 방법으로 산란해야 한다는 것을 알고 있었다.

그 이유는 단순히 이들 입자들이 너무 커서 입사광선에 의해 한 단위로 전기적으로 편광이 될 수 없으므로 그들 입자들은 진동하는 쌍극자로 되는 것을 방해한다. 독일의 물리학자인 미(Gustav Mie)가 1908년에 발표한 레일리 산란이론을 보다 큰 입자에 적용한 빛의 산란이론이 있다. 산란 입자들이 파장의 1/10보다 크면 미(Mie) 산란을 고려해야만 한다. 이 문제에는 상당한 수학이 포함되어 있는데 여기서는 간단하게 기본만 언급하기로 한다.

미 산란된 빛의 강도는 오직 방향에 매우 강하게 의존하는데 아주 큰 입자들에 대해서는 앞으로 나가는 방향으로의 산란이 압도적으로 많다. 미 산란된 빛의 편광은 레일리 산란에서 나타나는 편광 보다 훨씬 덜 두드러지지만 방향에는 더 많이 의존한다. 레일리 산란과 극명한 대비를 이루는 중요한 것은 미 산란에서는 파장에 차이가 산란된 빛의 강도에 별로 영향을 미치지 않는다는 것이다. 많은 예에서 입사한 백색광선에 대한 미 산란은 마찬가지로 산란된 백색광선을 생성한다. 응축된 수증기와 구름을 형성하는 물방울들은 전형적인 미 산란 입자들이다. 그리고 습도가 높은 공기는 하늘색의 푸른빛 채도를 낮추어 준다. 대부분 구름은 하얗다. 왜냐하면 구름을 형성하고 있는 물방울들이 태양빛을 스펙트럼 조성을 변화하지 않고 그대로 산란하기 때문이다. 공장이 많이 밀집해 있는 근처의 하늘은 가끔 우유빛으로 보인다. 이 두 경우에서는 모두 다중 산란이 압도적으로 많지만 미 산란도 마찬가지로 포함되어 있다.

8장

분자의 실체

1908년, 페랭(Jean Perrin)은 파리 퀴자(Cujas) 가에 있는 그의 실험실에서 복잡한 실험을 하고 있다. 페랭(그림 8.1)은 소르본 대학교의 물리화학자로 물에 노란색 야채 라텍스, 그리고 갬부지(gamboge; 자황(雌黃)) 알갱이를 녹인 용액을 연구하고 있다. 그는 용액을 필름 위에 사람의 머리카락 굵기의 지름 정도인 0.12 mm 두께로 올려놓고 어느 정도 시간이 지나서 정착된 후에 입자들의 분포가 어떻게 되는 지를 알아보기로 한다. 갬부지(자황) 알갱이 크기는 극히 작아 사람 머리카락 굵기의 1/1,000 정도 된다. 용액을 준비해서 몇 시간 지난 다음 페랭은 현미경을 통해 입자들의 수직 분포를 관찰한다. 그는 입자들이 용액이 담긴 용기 안의 물속에서 일정하게 분포하지도 않고, 용기 아래쪽에 모두 가라앉아 있지도 않는 것을 발견했다. 오히려 입자들은 아래쪽으로 갈수록 밀도가 높아지고 위로 올라갈수록 밀도가 점점 더 희박해진다(그림 8.2). 페랭은 현미경의 시계(視界)에 용액의 높이에 따라 나타난 갬부지 입자 알갱이들의 수효를 세었다. 그렇게 해서 얻어진 결과에서 용액 높이에 따르는 일련의 입자 알갱이 수효 변화가 기하급수적으로 변하는 것을 관찰했다. 가장 위쪽 밀도가 가장 밑쪽 밀도의 절반이다. 이와 비슷한 상황은 지구 대기에서도 알려져 있다. 대기 밀도가 지상 5,600 m에서는 반으로 떨어진다. 물에 있는 입자 알갱이들의 분포는 지구 대기의 수직 구조에 대한 모형으로 나타난다.

현미경으로 자세히 조사하여 페랭은 개개의 갬부지 알갱이들이 정지해 있지 않다는 것을 본다. 거기에 더하여 각각의 알갱이들이 매우 무작위적으로 여기저기 돌아다니는 것 같다. 물론 용액을 며칠 심지어 몇 주를 흔들거나 건드리지 않아도 입자 알갱이들은 정지하지 않았다(그림 8.3). 페랭은 1820년 이래로 과학자들을 좌절시킨 이런 불규칙한 미시적 운동을 이해하기 위한 시도로 높이에 따르는 밀도분포의 통계적 현상을 연구한다.

그림 8.1 페랭 1920년대 후반. 베를린 미술과 역사기록 보관소.

1827년에 식물재생을 연구하는 스코틀랜드의 식물학자 브라운(Robert Brown)은 현미경에서 금 달맞이꽃의 꽃가루가 물에 떠 있는 것을 보았다. 크게 확대한 상태에서 보면 이 작은 입자들이 항상 움직이고 있는 것을 알았다. 그것들은 무작위로 지그재그 형태로 이동하고 있었다. 프랑스인 브롱니아르(Adolphe Brongniart)가 브라운보다 일 년 앞서 그러한 운동을 보았는데 꽃가루가 살아 있어서 그렇다고 여겼다. 브롱니아르는 용액의 온도를 높

그림 8.2 페랭이 며칠 동안 준비해 놓은 수용액에서 갬부지(황색 채소의 라텍스) 입자들의 수직 분포. 입자 수는 높이가 올라감에 따라 지수적으로 감소한다. 마치 지구의 대기에서 입자의 수직 밀도와 같다. Reproduced from Jean Perrin, *Les Atomes* (Paris: Librairie Félix Alcan, 1913), 144.

이니까 그것들의 운동이 더 활발해 졌다고 또는 그럴 거라고 믿었다. 그는 용액에서나 그것의 모세관 표면 또는 액체의 증발에서 생기는 물의 흐름으로 그들이 움직일 수 있다는 것은 배제했다.

브라운은 어느 정도의 브롱니아르의 결론을 확인했다. 그러나 브라운은 브롱니아르의 연구 결과인 꽃가루가 살아 있어서 운동한다는 것에 도전했다. 브롱니아르는 싱싱한 꽃가루를 이용한 반면에 브라운은 건조된 식물표본집에서 20년에서 100년이나 된 것에서 다른 종(種)의 꽃가루를 추출하였다. 그것들 중에 살아 있는 것은 거의 없었다. 그런데도 그것들을 이용한 실

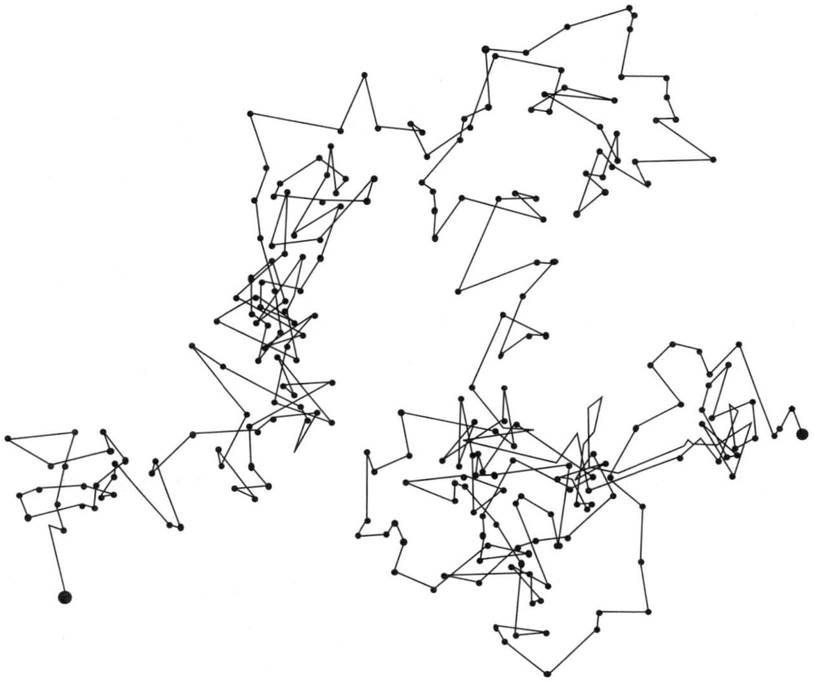

그림 8.3 페랭이 관찰한 것으로 수용액에 있는 갬부지 입자들의 무작위 운동. Reproduced from Jean Perrin, *Les Atomes* (Paris: Librairie Félix Alcan, 1913), 166.

험에서도 똑같은 모양의 지그재그 운동을 관찰할 수 있었다.

브라운은 흙, 금속, 바위 그리고 이집트의 카이로 근처에 있는 유명한 스핑크스의 조각들과 같이 다양한 것을 이용하여 조사를 계속하였다. 이들 물질들은 분명히 살아 있는 것이 아니지만 그럼에도 불구하고 그것들도 마찬가지로 지그재그 운동을 나타냈다. 이런 현상을 브라운 운동이라고 부르게 되었고, 이것이 생물학을 떠나서 물리학과 형이상학에서 취급하는 문제가 된 것은 이상한 일이 아니다.

19세기 전반에 걸쳐서 이 운동에 관한 것이 연구되었음에도 1895년이 되어서야 재조명 받기 시작했다. 그때 구이(Louis-Georges Gouy)는 이 운동이 물질의 미시적 성질을 연구할 수 있는 '자연 실험실'의 역할을 할 수 있다는 것을 알았다. 그 운동이 연속적인지 또는 그것들이 화학적으로 보이지 않는 입자들로 이루어져 있는지, 그렇다면 그 입자가 원자일까? 원자들과 분자들이 존재한다는 것을 입증할 수 있다는 희망 속에서 그 현상을 연구하기 위해 보다 세련된 새로운 기술을 고안하도록 페랭을 고무시킨 것은 구이의 연구였다. 그는 용액 높이에 따르는 입자들의 분포에 대한 정확한 측정을 수천 번 반복하였다. 수도 없이 많은 측정치의 자료들이 산더미 처럼 쌓이게 되었다.

19세기 말에 대부분의 과학자들은 원자와 분자들의 존재를 확신하게 되었다. 그러나 그것은 분자의 존재가 입증되어서 그런 것이 아니고 과학자들이 가지고 있는 초기 영감으로 그냥 그들의 존재를 확신한 것이었다. 마흐(Ernst Mach)와 오스트발트(Wilhelm Ostwald)는 아마 유력시 되고 있는 이러한 관점에 대해 가장 악명 높은 비평을 한 사람들이다. 오스트발트는 물질은 원자로 구성된 것이 아니고 에너지로 구성되었다고 하고 그 에너지는 임의의 비율로 나누어질 수 있는 것이라고 했다. 브라운은 이미 그의 관측 결과를 설명하는데 분자운동의 개념을 도입해서 논의하였다. 그것은 이미 1808년에 이탈리아 화학자 아보가드로(Amedeo Avogadro)에 의해 도입된 개념이다. 아보가드로는 기체의 화학반응을 연구한 사람으로, 연구 대상에는 공기도 포함되어 있는데, 처음으로 공기 분자란 인식을 끌어낸 사람이다. 3년 앞서서 훔볼트와 게이-뤼삭은 공기의 화학 조성비를 아주 정확하게 결정했고, 그들의 결과는 거의 19세기 말에서야 향상 되었다. 거기서도 가장 탁월한 것은 레일리(Rayleigh)와 램지(William Ramsey)가 발견한 아르곤(Argon) 원소이다. 아르곤은 공기 부피에 거의 1% 정도 함유되어 있다. 이것으로 레일리와 램지는 1904년에 물리학과 화학에서 노벨상을 받았다.

한편 미시적 관점에서 공기의 성질은 여전히 신비에 싸여 있었다. 그러다 1871년에 곧 3대 레일리 경이 되는 존 윌리엄 스트러트가 대기 중에서 빛을 산란하는 입자가 '보통 소금'이 될 수 있다는 것을 제안했을 때 그는 공기가 무엇으로 이루어졌느냐는 질문을 교묘하게 피해갔었다. 공기는 압도적으로 기체로 이루어져 있다(표 7.2 참고). 스트러트는 그 기체들을 가능한 산란 입자들로 언급하지 않았다. 대신에 그는 틴들의 실험 결과를 인용했다. 틴들은 그때까지도 실험을 되풀이 했는데도 불구하고 정화된 공기에서 측면으로 산란된 빛을 검출하지 못했다. 동시에 통계역학은 공기 분자의 현실성에 대한 증거를 제공하였다. 그것은 클라우지우스와 맥스웰이 1850년대 이후로 쭉 연구해온 것이고 그들은 기체의 거시적 성질, 예를 들어 온도, 압력, 그리고 밀도를 기체를 형성하고 있는 수도 없이 많은 아주 작은 분자들 사이의 통계적 충돌효과로 설명한다. 때로는 당구대 위에서 공들이 충돌하는 것과 다소 비슷한 통계적 충돌 효과로 본다. 이론이 허용하는 범위 안에서 세워진 가정들을 바탕으로 기체 분자의 크기와 수효 그리고 기체 분자의 속력은 거시적인 관찰로 가늠할 수 있는 것 같았다. 증발된 액체 부피를 측정하여 오스트리아의 물리학자 로슈미트(Johann Joseph Loschmidt)는 1865년에 공기 분자의 지름을 나노미터(100만분의 1밀리미터)로 측정하였다. 그것이 푸른빛 파장의 500분의 1이다. 이 수치가 정확하지 않다고 해도 공기 분자들이 가시광의 파장보다 상당히 작다는 것을 나타내었다.

레일리가 빛의 산란이론을 발표하고 난후 2년 뒤에 맥스웰이 공기 분자의 크기에 관심을 가졌다. 그래서 그는 그보다 더 작은 크기인 0.5 nm, 그러니까 로슈미트의 절반 크기로 계산했다. 적어도 이것이 만약 공기 분자가 존재한다면 그것의 크기는 빛의 파장에 비해 아주 작을 것임에 틀림없다는 것을 확신시켰다. 맥스웰은 거시적 측면에서 공기 분자의 크기를 결정할 수 있는 다른 방법을 찾았다. 만약 먼저 방법과 아무런 관계도 없는 아주 다른 방법으로 관측해서 똑같은 결과를 얻는다면 통계역학의 유효성과 분자의 존재를 한꺼번에 입증하는 아주 강한 지지가 될 것이라고 생각했다. 결론적으로 맥스웰은 레일리의 빛의 산란 이론을 기억했다. 질소와 산소가 공기 부피의 99%를 차지한다. 그럼 그들 분자들이 산란 입자들의 후보가 되지 않을까? 하늘의 광학적 관측이 공기 분자들을 바라보는 새로운 관점을 제공할 수 있는지를 레일리에게 물어 볼만한 충분한 이유이다. 1873년 8월 28일자 편지에 맥스웰은 다음과 같이 썼다.

> 밀도가 ρ이고 지름이 s인 N개의 입자가 주어진 매질의 부피 안에 들어있다고 가정하자. 화합물로 된 매질의 굴절률과 그 매질을 통과할 때 소광(消光) 계수를 찾자. 물론 문제의 물체는 공기 분자의 크기에 관해 자료를 얻을 수 있다. 아마도 그것이 어쩌면 에테르의 밀도도 포함하고 있을 수도 있다.[1]

맥스웰은 그때까지만 해도 레일리가 하늘빛의 편광과 색만을 본 것으로 알았다. 그때까지 그는 대기를 통해서 공기의 굴절률에 따라 산란 입자들의 영향으로 인한 빛의 감소에 대해서는 전혀 손을 대지 않았다. 거기에 숨겨져 있는 새로운 통찰들은 생각할 만한 것이었다.

소광

맥스웰의 질문은 아주 잘 제기되었다. 빛이 광학적 매질을 통한 경로로 인해 빛의 세기가 줄어들 때 물리학자와 천문학자들은 소광이란 말을 사용한다. 소광(extinction)이란 단어는 라틴어로 'extinguere'로 뜻은 '불을 끄다(extinguish)'에서 나왔다. 산란은 실로 소광의 원인이 된다. 왜냐하면 산란은 들어오는 광선의 일부를 광선이 가지는 원래의 경로로부터 발산시킨다(그림 8.4). 따라서 광선에 남아 있는 빛의 강도를 줄인다. 산란 입자가 많을수록 소광현상이 더 커진다. 매일 보는 예로는 태양의 경우로 태양이 수평선에 가까이 있을 때는 덜 밝게 보인다. 마찬가지로 달이나 행성들 그리고 별들이 하늘에 낮게 떠 있을 때는 흐려 보인다.

게다가 모든 방향에서 빛의 강도가 발산되므로 광선이 약해지는 것 외에 산란 매질을 통한 광선의 투과는 광선을 붉게 하는 원인이 된다. 이런 효과로 아주 잘 알려진 예가 일몰이다. 이것은 지구 대기를 통해 긴 거리를 통과해나가는 동안 직사광선의 푸른빛은 산란되기 때문이다. 노랑, 주황 그리고 빨강 같은 색을 가진 긴 파장들은 많은 산란 입자들을 피해나가 궁극적으로 관측자의 눈에 도달한다. 레일리 산란은 불가피하게 투과된 광선의 색을 변하게 한다.

1879년에 맥스웰이 요절하여 그는 레일리로부터 답을 받지 못했다. 우리는 오늘날 레일리가 오며가며 문제를 깊이 숙고했지만 1899년까지 그의 자료를 발표하기에는 부족했다는 것을 안다. 그래서 맥스웰의 편지를 받고 25년 이상이나 지날 때까지 답장이 준비되지 못했다. 맥스웰은 투과된 광선의 색 변화에는 관심이 없었다. 오히려 그는 빛이 대기를 통과하는 동안에 소광되는 것에 더 관심을 가졌다. 산란 이론으로부터 시작해 레일리는 광선이 대기 중을 통과할 때 소광되는 비율을 지수함수로 표시하는 법칙을 유도하였다. 이 법칙은 빛의 소광이 공기의 굴절률과 관계되고 단위 부피 당 산란 입자들의 수와 파장에 관계된다(그림 8.4). 굴절계수와 파장을 주면 산란 입

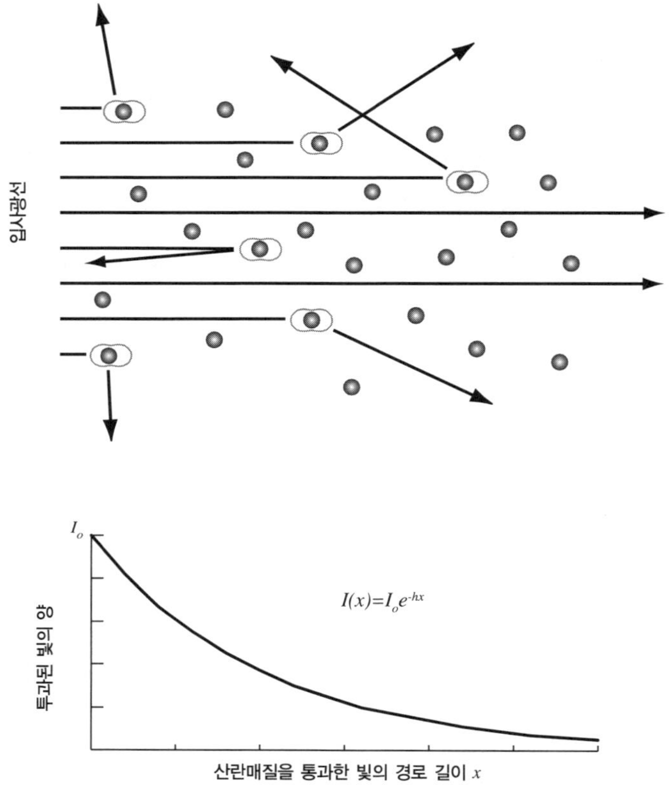

그림 8.4 빛이 작은 입자들을 포함하고 있는 매질을 통과할 때 광선은 레일리 산란(소광) 때문에 흐려진다. 산란 입자들이 많을수록 소광은 더 강화된다. 레일리의 빛의 산란 법칙은 소광의 정도를 알면 공기의 부피 당 산란 입자들의 수효를 계산할 수 있다. 소광에 대한 지수 법칙을 유도하는 과정은 부록 D를 참고하기 바란다.

자들의 밀도를 소광 정도로부터 계산할 수 있다. 반대로 소광은 다른 방법으로 얻은 입자 알갱이 밀도로부터 결정될 수 있다. 레일리는 두 번째 방법을 선택했고, 맥스웰의 평가 결과인 해발에서 세제곱센티미터 당 1.9×10^{19}개 분자 밀도를 사용하였다. 이렇게 큰 숫자를 상상하는 것은 불가능하다.

이 숫자를 말로 하면 19 곱하기 백만 백만 백만, 즉 19 곱하기 백만의 세제곱이다.

실로 세제곱센티미터에 어마어마한 숫자의 산란 입자들이 포함되어 있다고 가정하고 레일리는 산란이 빛이 대기 중 공기를 83 km 통과할 때 빛의 원래의 강도를 37%까지 줄인다고 계산했다. 이것이 현실적인 평가였나?

그가 인도의 다르질링(Darjeeling)이란 고지에 주둔하고 있는 영국군 장교로부터 그곳으로부터 160 km 떨어져 있는 에베레스트 산의 정상에 덮여 있는 눈을 볼 수 있다는 말을 듣고 난 후 아마 그럴지도 모른다고 또는 그렇다고 레일리는 생각했다. 그가 자체적으로 한 계산에 따르면 눈으로부터 다시 반사된 빛의 강도는 본래의 것 보다 15% 줄어들어야 한다. 흰색 표면을 식별하는 우리 눈의 시력은 흰색의 대비로 본래의 강도보다 약 5% 정도 줄어든다고 해도 에베레스트 산은 250 km까지 떨어져 있는 거리에서도 볼 수 있을 것이다. 따라서 인도에서 보내온 보고서는 레일리의 기대에 어긋나는 것이 아니었다. 그러나 그것들은 맥스웰에 의해 결정된 공기 분자들의 개수 밀도에 들어맞지 않았다.

공기 분자의 개수 밀도(number density)를 들어맞게 하는 더 나은 방법은 부게(Pierre Bouguer)가 1725년 11월 23일에 수집한 관측 결과를 사용하는 것이었다. 동료 콩다민(Charles-Marie de la Condamine)과 더불어 침보라조(5장 참고)를 탐험하기 10년 앞선 것이다. 부게는 천재 소년으로 아버지에 이어 15세에 수문(水文)학 왕립 교수가 되었다. 1725년 11월에 그는 달이 지는 것을 육안으로 관측하여 빛이 흐려지는 것을 연구하였다. 그림 8.5는 그가 어떻게 관측을 했는지 보여준다. 지구의 곡률을 무시하고 대기를 그냥 얇은 두께가 있는 평면으로 생각했다. 부게는 달빛이 하늘에서 대기 두께가 서로 다른 곳을 통과할 때 달의 밝기를 서로 다른 두 위치에서 관측할 필요가 있다고 인식했다. 만약 달이 천정에 있다면(부게가 관측한 곳은 프랑스 북서쪽에 있는 브리타니(Brittany)인데, 그곳에서는 달이 있는 곳이 천구의 천정은 아니지만 편의상 문제를 간단히 하기 위해 그렇게 가정하기로 하자) 달빛은 대기의 두께 전체를 그 이상 이하도 아니게 통과한다. 천정으로부터 각거리가 증가하면서 대기를 통과하는 빛의 경로는 길어진다. 그리고 달빛은 길어지는 경로를 따라 흐려진다(그림 8.5). 그래서 달과 각거리가 천정으로부터 60도 되는 곳에서 달빛은 달이 천정에 있을 때보다 두 배나 많은 공기를 통과한다. 따라서 달빛이 흐려지는 것은 경로에 비례하여 더 흐려진다. 원칙적으로는 서로 다른 두 장소에서 측정한 것으로 외부 공간에서 대기로 들어오는 빛의 대기로 인한 소광 정도를 결정하기에 충분하다. 달빛의 강도를 측정하기 위해 부게는 달빛을 촛불의 밝기와 비교했다. 그래서 그는 촛불을 서로 다른 거리에 놓아 달빛과 똑같은 겉보기 밝기를 만들었다. 그가 발견한 대기의 소광 정도는 천정에서 약 20%였다.[2]

그 이후로 많은 연구가들에 의해 확인되었으므로 1899년에 이 수치는 인증할 수 있는 것 같았다. 그것을 레일리 방정식에 대입하여 우리는 해발에서 공기층을 83 km 통과한 후의 빛의 소광은 약 11%라는 것을 발견했다. 이것은 레일리가 맥스웰의 공기 분자 개수 밀도를 이용해서 계산한 것의 1/3에 해당하는 수치다. 그러나 부게가 측정한 상대적으로 많은 소광 정도는 공기 분자 이외의 다른 알갱이들에 의한 것으로, 예를 들면 수증기나 에어로졸 입자 알갱이들에 의한 것이고, 이것들은 대기 중에 항상 있지만 맥스웰은 이 입자들에 대한 것은 그의 계산에서 고려하지 않았다. 레일리는 관측된 소광 정도는 구름이 없는 하늘에서 나오는 빛과 마찬가지로 공기 분자에 의해 산란된 빛만으로도 아주 잘 이해될 수 있다고 말했다.

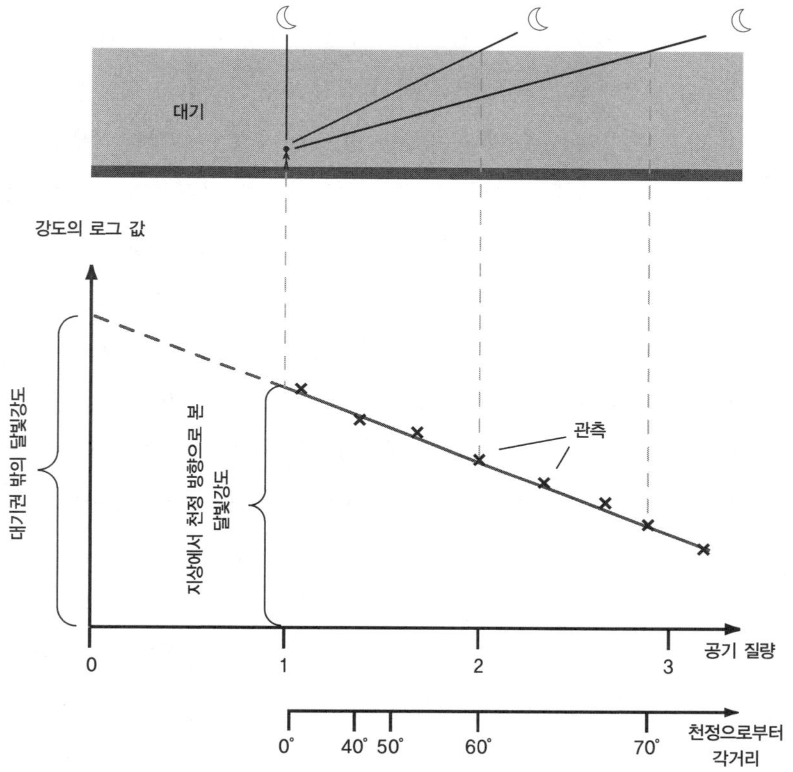

그림 8.5 부게는 지는 달로부터 빛의 겉보기 강도가 감소하는 것으로부터 대기 중의 소광 정도를 결정했다. 이 감소는 빛이 대기 중에 지나는 경로에 있는 공기의 양에 의존한다. 천정 방향으로 있는 공기의 양을 기본 단위로 해서 공기 질량은 수평선에서 계수 35까지 증가한다. 이런 추세는 공기 질량이 영이 될 때까지 지속된다고 가정하여 부게는 대기 중에서 별빛의 소광을 계산했다.

분자들에 의해 산란된 빛은 우리가 즐길 수 있는 적당하고 너무 짙지 않은 푸른색을 하늘이 충분히 만들어 낼 수 있다.[3]

그래서 순수한 공기 만에 의한 빛의 산란이 하늘빛의 밝기와 색 그리고 편광을 설명할 수 있다는 것은 그럴듯한 학설이다. 여기에서 순수한 공기는 에어로졸이나 수증기 같은 물방울들이 포함되어 있지 않은 것을 의미한다. 즉, 하늘이 푸르다는 것은 공기 분자가 태양빛을 산란하기 때문이다! 실로 그들의 작은 크기와 아주 많은 개수는 공기 분자를 이상적인 레일리 산란 입자들로 만든다. 되돌아보면 우리는 푸른 하늘을 설명하기 위해서 먼지(알-킨디), 따뜻한 습기(레오나르도), 물과 얼음 알갱이(뉴턴), 물기포(클라우지우스), 그리고 떠다니는 입자(틴들) 또는 소금 입자(레일리, 1871)들이 영향을 미친다고 한 것은 우연한 것이었다는 것을 알 수 있다. 결국 오직 공기 분자들만이 지구 위에 항상 변하지 않는 비율로 어디서고 존재하고 있다.

1899년 이후에도 레일리는 공기 분자에 의한 산란이 실험실에서 검출될 수 있다는 것을 믿지 않았다. 1915년이 되어서야 실험실에서 순수한 공기에 의해 빛의 산란을 관측하는데 성공하였다. 그 실험은 파리의 물리학자인 카반(Jean Cabannes)에 의해 이루어졌다. 3년 뒤인 1918년에 레일리의 아들 로버트 존 스트러트는 이 빛이 편광은 물론 마찬가지로 스펙트럼 분포에서도 레일리 산란의 특징적인 성질을 가진다는 것을 시범으로 보여 주었다 (그림 8.6). 틴들이 푸른 하늘을 실험실에서도 생길 수 있다고 주장한 이후 반세기 만에 그의 주장이 탄생되었다.

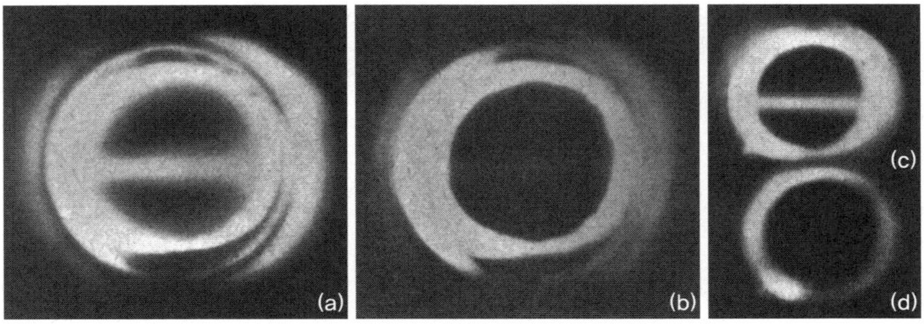

그림 8.6 (계속)

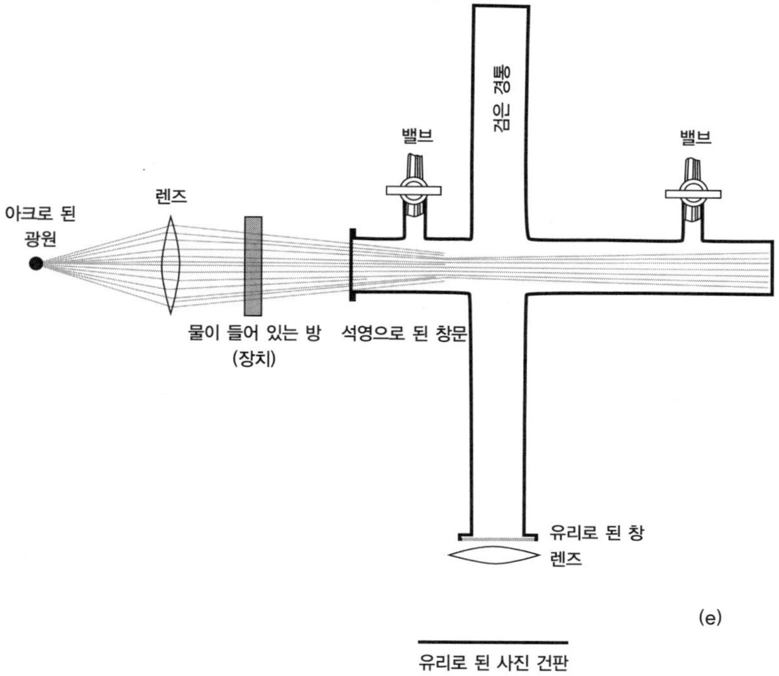

그림 8.6 1918년에 로버트 존 스트러트는 그의 아버지에 의해서 유도된 산란 이론에 따라 이물질이 없는 순수한 공기가 빛을 산란할 수 있다는 것을 입증할 수 있었다. 그는 필터가 잘된 공기를 용기에 채워 넣고 거기에 아주 강한 빛을 비추었다. 그는 횡적(측면)으로 산란되는 빛을 사진으로 규명하였다. 산란된 빛의 낮은 강도 때문에 그는 필름을 20시간까지 노출했다. 아주 강한 검정색 페인트가 칠해진 데서도 빛이 반사되었으므로 배경이 충분히 어둡지 못하다고 생각되어 실험 목적에 합당할 만한 것으로 긴 통을 이용하여 아주 어두운 통로를 만들었다(e). 마치 굴처럼 보이는 이 통로는 상당히 어두운 배경을 제공할 수 있었다. 그림 (a)는 자외선 필터를 통해 산란된 빛을 찍은 사진을 보여준다. 거기에는 선명하게 횡으로 놓여 있는 막대형태의 빛을 보여준다. 그 주위의 원은 기기에서 반사된 빛으로 생긴 상이다. 그러나 노란색 필터로 보면 산란된 빛을 볼 수 없다(b). 그러므로 산란된 광선은 반드시 짧은 파장이 압도적으로 많다. 그림 (c)는 필터 없이 보이는 광선이지만 수직으로 편광된 빛에 대해 투명한 편광필터로 찍은 것으로 여기서 그 광선이 분명하게 보인다. 그러나 90도로 회전하면 산란된 빛을 투과하지 못한다(d). 이 산란된 빛은 반드시 그러므로 접면(tangential plane)으로 편광된다. 산란된 빛의 색과 편광은 따라서 레일리 산란의 성질을 확증한다. Reproduced from Robert John Strutt, "Scattering of Light by Dust-free Air, with Artificial Reproduction of Blue Sky-Preliminary Note," *Proceeding of the Royal Society of London*, ser. A, 94 (1918): 455 and Plate 4.

아보가드로수

지금까지 레일리는 분자 산란이 하늘빛의 근원이 된다고만 주장할 수 있었다. 그러나 하늘을 관측해서 물질의 분자 조성을 구별해 낼 수 있을까? 이 질문의 답을 하기 위해서는 우리는 19세기에 분자가정이 어떻게 진화하였는지를 차근차근 그동안에 있었던 논쟁을 통해 되짚어 보아야 한다.

1808년에 파리 학술원에 있었던 강의에서 게이-뤼삭은 여러 가지 가스 사이에서 일어나는 화학반응에 대한 실험에 관해 보고했다. 그는 일정한 압력과 일정한 온도에서 측정할 때에는 기체의 부피가 없어지고 생성되는 것이 정수 양(量)으로 생긴다는 것을 관측했다. 같은 해에 영국의 돌턴(John Dalton)은 모든 원소들은 미세한 원자들로 구성되어 있다고 주장했다. 이런 원자들은 특정한 원소들의 화학적 성질을 좌우한다고 추측했다. 돌턴은 화학적 반응은 둘이나 그 이상의 원자들의 결속으로 생기는 것이라고 주장했다. 한 분자는 둘이나 둘 이상의 원자들이 결합되어 있는 입자로 생각될 수 있다.

아보가드로는 1811년에 이런 가정들을 게이-뤼삭의 실험 결과를 설명하기 위해 사용하였다. 그는 특정 온도와 압력에서 어떤 주어진 기체들을 동일한 부피를 가지게 하면 그들 기체들은 똑같은 분자 개수를 가진다는 가정을 두고 실험을 했다. 후에 이것을 아보가드로의 법칙이라고 했는데 이 규칙성은 게이-뤼삭의 실험에만 적용되는 것이 아니고 원자들의 상대 질량을 결정하는 것을 가능하게 하였다. 분자의 조성이 알려져 있다고 가정하여 기체 부피의 질량을 상대 원자 무게의 척도로 환산할 수 있다. 예를 들면 만약 우리가 가장 가벼운 수소의 질량을 단위로 잡으면 탄소에 대해서 상대 원자 질량은 12가 될 것이고 질소는 14 그리고 산소는 16이 될 것이다. 그러므로 수소 1그램은 탄소 12그램만큼의 원자와 그리고 산소 16그램만큼의 원자를 포함하여야만 한다. '그램원자(gram atom)' (몰(mole)이라고도 부른다) 안에 포함된 원자수는 자연의 기본 성질이다. 원자라고 하는 소우주를 균형과 무게라는 대우주에 관련시키는 것이다. 만약에 원자가 존재한다면, 소위 우리가 말하는 아보가드로수는 우주 안에 있는 물질구조를 결정하는 기본적인 상수들 중 하나이다. 빛의 속도, 중력상수, 또는 전자의 전하량과 같은 비중을 가지는 기본 상수이다.

아보가드로수는 대기의 소광을 측정하여 결정할 수 있다. 그것은 단순히 앞서 계산했던 방법을 뒤집어서 거꾸로 계산하면 된다. 이것이 레일리가 한 방법으로 오직 맥스웰에 의해서 결정된 공기 분자의 개수 밀도가 부게와 영국군이 히말라야에서 관측한 소광을 적절하게 대변할 수 있다고 결론 내릴 수 있는 것이다. 레일리는 해발 기준으로 공기 분자 개수 밀도의 하한값을 맥스웰이 결정한 값과 합리적으로 일치하는 값을 얻었다. 그 값은 적어도 1세제곱센티미터 당 7×10^{18} 개라고 결정했다. 레일리는 덴마크 물리학자 로렌츠(Ludwig Valentin Lorenz)가 이미 1890년대 거의 같은 시점에서 빛의 산란을 사용해서 1세제곱센티미터 당 1.63×10^{19} 분자 개수 밀도를 얻었다는 것을 모르고 있었다. 되돌아보면 이 값은 맥스웰이 발견한 값 보다 훨씬 나은 값이다. 그러나 이 논문은 덴마크어로 덴마크 왕립학회지[4]에 출판되었고 로렌츠의 결과는 영국에서 무시되었다.

우리는 공기를 이상적인 기체, 즉 분자들이 아주 작고 무작위로 온 공간을 통해 분포되어 있으며 분자들은 일정한 운동을 하고 있고 입자들은 서로 탄성충돌을 하고 다른 힘에 의해서 서로가 끌려가지 않는다고 가정할 수 있다. 이런 조건을 주고 아보가르도수는 해발에서 1세제곱센티미터 당 공기 분자의 개수(로슈미트(Loschmidt)수) 밀도로부터 계산할 수 있는데, 그것은 그램원자 당 22,414세제곱센티미터를 로슈미트수에 곱해주면 된다. 이 계수는 소위 몰 부피라고 하는데, 이 부피는 물이 어는 온도(0℃)와 해면기압에서 가스 분자들의 1그램원자의 부피이다. 따라서 1890년에 로렌츠에 의해 결정한 것으로 그램원자 당 3.65×10^{23} 원자들의 아보가드로수를 암시한다. 이 수는 다른 현대 관측을 통해서 얻어진 값에 잘 맞는다. 1900년까지 물리학자들은 아보가드로수를 그램원자 당 10^{22}에서 10^{24} 원자들 사이에 있는 값으로 결정하기 위해 여러 가지 다양한 실험적 방법을 발견했다. 맥스웰이나 로슈미트 그리고 클라우지우스와 달리 모든 사람들은 분자의 실체를 요구하는 가정으로 이 수치가 하나의 똑같은 값을 가져야 한다고 확신하지 않았다.

설명된 브라운 운동

페랭이 브라운 운동에 대한 연구를 시작했을 때는 38세로 소르본 대학교의 물리화학 강사였다. 북 프랑스의 아주 아담한 환경에서 성장한 후에 그는 파리에 명성 있는 에콜 노르말 쉬페리에르(École Normale Supérieure; 고등사범학교)에 입학했다. 그는 거기서 음극선과 X선에 관한 연구로 박사학위를 받았다. 그때가 바로 뢴트겐(Wilhelm Conrad Röntgen)이 X선을 발견한 때이다. 페랭에 의해서 완성된 이 초창기 연구는 그를 분자가정의 발의자로서 왕립협회로부터 상을 받게 했다. 페랭은 소르본 대학교의 자리를 받아 들였고 물리화학 교과목을 개발했다. 그 과정에서 아마도 그는 1906년에 브라운 운동에 관한 연구를 곰곰이 생각하게 되었을 것이다. 최근의 연구는 초미세 현미경의 발명으로 전례 없이 엄청난 배율로 확대할 수 있는 기능을 가지고 있어 떠 있는 개개의 입자들의 지그재그 운동을 측정하는데 집중할 수 있게 되었다. 그것에 대한 관측은 하기도 어렵지만 해석하기도 만만치 않았다. 그들은 하나의 역설을 제안했다. 즉, 생각하고자하는 시간 간격이 짧을수록 입자들의 속력이 빠른 것 같고 그 속력은 어쩌면 무한대가 되도록 빨라지는 경향이 있다는 것이다. 그러나 그것은 물리적으로 불가능한 것이며 연구자들에게는 난해한 수수께끼였다.

페랭은 통계적 방법을 이용하여 떠 있는 입자들의 운동에 대한 연구에 착수하는데 서로 다른 접근 방법을 택했다. 입자들의 부피 밀도가 지수함수로 줄어들면서 평형상태로 들어가는 떠 있는 입자들의 수직 분포를 규명할 수 있었다. 이런 자료를 가지고 페랭은 엄청난 정확도를 가진 아보가드로수를 결정하는데 성공했다. 그가 결정한 아보가드로수는 그램원자 당 6.8×10^{23} 원자들이다.

그때 콜레주 드 프랑스(Collège de France)의 물리학 교수 랑그뱅(Paul Langevin)은 페랭에게 아인슈타인(Albert Einstein)과 스몰루코프스키(Marian von Smoluchowski)가 한 이론적 일에 관해 말했다. 아인슈타인(그림 8.7)은 1902년부터 베른(Bern)에 있는 스위스 특허청의 3급 전문기술사였는데 1905년에 〈분자 크기의 새로운 결정에 관해서〉란 박사학위논문을 취리히 대학교에 제출했다. 그리고 그는 브라운 운동에 관한 두 편의 논문을 〈물리학연보(Annalen der Physik)〉에 제출했다. 당시 물리학연보는 물리학 분야에서 이름 있는 학술지였다.[5] 이런 연구들로 원자와 분자의 존재를 입증하려고 하는 목적으로 아인슈타인은 통계역학과 열역학을 합병하는 새로운 접근 방법으로 연구를 하였다. 그의 방법에 타당성을 이유로 든 것은 만약 통계역학이 유효하다면 원자 또는 분자들의 목욕탕 안에 빠져들어 있는 어떤 입자도 그것들이 놓여 있는 주변과 열역학적 평형상태에 놓여 있는 아주 큰 입자나 또는 분자로 작용할 것이다. 그것을 인식하지 못한 채 아인슈타인은 구이(Louis-Georges Gouy)가 시작한 일을 더 넓혀갔다. 구이는 1880년대 후반에 떠 있는 입자들의 불규칙한 운동은 둘러싸여 있는 액체의 보이지 않는

그림 8.7 베른에 있는 스위스 특허청에서 근무할 때의 아인슈타인(1902). 베를린 미술과 역사기록 보관소.

작은 입자들과 충돌로 인해 생긴 것이라고 긍정적으로 가정했다. 이 분자가정을 실험하기 위해서 아인슈타인은 실험가들이 필히 떠 있는 입자들의 퍼짐현상(diffusion)을 연구하여야 할 것이라고 제안했다. 즉, 입자들이 초기 위치에서 시간에 따라 이동한 변이를 조사하여야 한다는 것이다. 페랭의 갬부지 입자들 같이 떠 있는 입자들은 액체의 보이지 않는 작은 원자나 분자들의 속력 보다 더 느리게 움직여 그들의 운동은 일종의 원자의 세계를 확대해서 보여 주는 확대경과 같은 역할을 할 것이다. 만약에 분자가정이 옳다면 떠 있는 입자가 본래의 위치에서 떠나는 시점에서부터 이동한 평균거리는 이동하는 데 걸린 시간의 제곱근으로 늘어나야만 하고 네 배의 시간이 흐른 후에는 초기 위치에서 평균치의 두 배만큼 입자는 움직일 것이라고 아인슈타인은 논박했다. 이 관계를 아인슈타인의 제곱근 법칙이라고 부른다. 그리고 이것은 아보가드로수를 결정하는 또 다른 접근 방법이다. 내친김에 아인슈타인은 분자가정으로부터 새로운 통찰을 얻기 위해 과학자들은 브라운 운동을 당연히 공부했어야 했지만 지그재그 경로를 따라 움직이는 입자들의 속력에 초점을 맞추다가 그들은 단순히 측정할 양을 잘못 선택했다고 지적했다. 현재 우크라이나에 있는 렘베르크(Lemberg; 오늘날의 리보프(Lvov)) 대학의 물리학 교수이자 유력한 통계물리학자인 스몰루코프스키도 같은 결론에 도달했다.

페랭이 아인슈타인의 이론을 배울 때 그는 즉시 제곱근 법칙을 시험하기 위해 올바른 측정을 했다는 것을 알았다. 아인슈타인의 예측은 거의 그림 8.8에서 보여주는 것과 같았다. 그리고 페랭은 1909년에 이 결과를 발표했다. 물리학계는 분자의 실체를 확신시키는 이 시범에 경악을 금치 못했다. 그러나 페랭은 분자의 실체를 하나의 완성된 과학적 사실로 만들었다. 1900년도까지 아보가드로수를 결정하려고 하는 시도들은 산업으로 발전되었

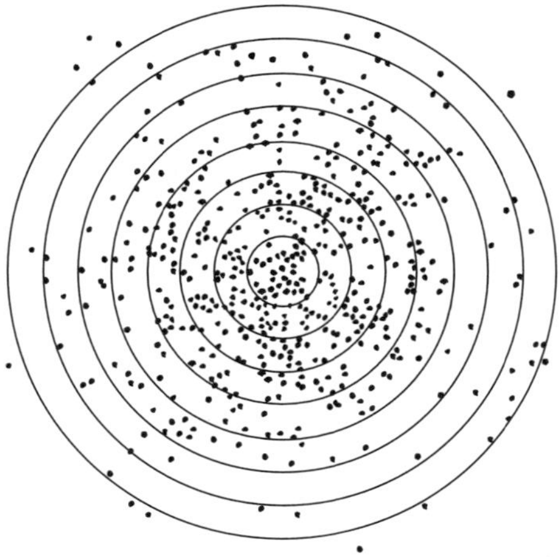

그림 8.8 아인슈타인 이론에서 브라운 운동은 떠 있는 작은 입자들은 평균적으로 입자의 초기 위치에서부터 이동한 거리는 경과한 시간의 제곱근에 비례한다. 시간이 경과한 후의 개개의 갬부지 입자들의 변위를 측정하기 위해 페랭은 이 이론을 실험할 수 있었다. 그 이론은, 물질은 원자와 분자로 구성되어 있다는 가정 밑에 세워진 이론이다. 이 도표는 500개 입자들의 초기 위치에서 이동한 상대 변위에 대한 분포를 보여준다. 초기 위치에는 가운데 원 안에 있었고 30초 후에 500개 입자의 분포이다. 이것은 페랭의 학생 쇼드제그(Chaudesaigues)에 의해 측정된 것이다. 가장 안쪽에 있는 원의 반지름은 1.7㎛이고 각 갬부지 입자는 지름이 약 0.2㎛이다. Reproduced from Jean Perrin, *Les Atomes* (Paris: Librairie Félix Alcan, 1913), 169.

다. 과학자들은 이것을 물리적 현상과 화학적 현상으로 놀랄 만한 다양성을 이끌어 내었다. 그러나 만약 분자의 실체가 일반적인 현상이라면 어떤 방법으로 그것을 결정하더라도 똑같은 결과를 내어야 한다고 페랭은 말했다. 반대로 만약에 독립적으로 결정한 아보가드로수가 한 가지 값으로 또는 똑같은 값으로 수렴한다면 분자 실체의 가정에 대한 믿을 만한 논쟁이 되는 것이다.

1909년부터 페랭은 자신과 다른 이들에 의해 얻어진 아보가드로수를 기록하였다. 가늠자로서 그의 논문들은 놀랄만한 순간을 보여준다. 연구자들 모두 아보가드로수는 그램원자 당 6×10^{23} 원자로 모두 집중되었다. 대기 소광의 측정은 페랭의 노력에 결정적인 것이었다. 그리고 그것은 그 당시에 얻어진 최상의 측정치였다(표 8.1). 하늘빛을 측정해서 유도된 아보가드로수는 20세기 초반에 상당히 활발한 연구 분야였다. 그것을 연구하기 위해 가

표 8.1

20세기 초반에 다양한 관측들에 의해 결정된 아보가드로수

현상	해당 현상으로부터 유도된 아보가드로수 (그램원자 당 원자수)
기체의 점성(粘性)	6.2×10^{23}
	6.83×10^{23}
브라운 운동	6.88×10^{23}
	6.5×10^{23}
	6.9×10^{23}
흑체복사	6.4×10^{23}
방사능	6.4×10^{23}
	7.1×10^{23}
	6.0×10^{23}
단백광 임계점	7.5×10^{23}
레일리 산란에 의한 대기 소광	**3.65×10^{23} (로렌츠 1890)**
	5.93×10^{23} (킹 1913)
	6.02×10^{23} (파울 1914)
가장 최상의 값(1996)	6.022×10^{23}

출처: Jean Perrin, *Les Atomes* (Paris: Félix Alcan, 1913), 289; Ludwig Valentin Lorenz, "Lysbevaegelsen i og uden for en af plane Lysbolger belyst Kugle", *Det Kongelige Danske Videnskabernes Selskabs Skrifter,* ser. 6, *Naturvidenskabelig og mathematisk Afdeling* 6 (1890): 1–62; Louis Vessot King, "On the Scattering of Light and Gaseous Media, with Applications to the Intensity of Sky Radiation," *Philosophical Transactions of the Royal Society of London* A212 (1913): 375–400; F.E. Fowle, "Avogadro's Constant and Atmospheric Transparency," *Astrophysical Journal* 40 (1914): 435–442; CODATA Bulletin 68 (1966): 963.

장 적절한 곳이 미국 캘리포니아 LA 외곽에 있는 윌슨 산(Mount Wilson)인 것 같았다. 그곳에는 카네기재단이 후원하는 아주 큰 천문대가 있다. 1914년에 이 산 정상에서 애보트(Charles Abbot)와 파울(Frederick Fowle)은 해발기준으로 공기 분자의 개수 밀도를 2.69×10^{19} 분자 당 세제곱센티미터로 결정했다. 이 값은 6.02×10^{23} 그램원자 당 원자인 아보가드로수와 일치하는 값이다.

측정이 더 정확해질수록 그들의 값은 이 수치에 매우 근접했다. 페랭에 대한 비평은 침묵으로 가라앉았다. 1926년 그는 물리학에서 노벨상을 받았다. 이 기회를 이용해 친구 러브(Jacques Loeb)는 그에게 다음과 같이 썼다.

> 분자의 실체에 대한 너의 입증은 과학 속에 하나의 전환점을 만든 발견으로 사람들의 기억 속에 남아 있을 것이라는 것을 말할 필요가 없다. 그리고 그것은 과학 분야에서 뿐만 아니라 우주에 관한 우리의 일반적인 모든 철학적 견해 속에 공존해 있을 것이다.[6]

분자 산란의 존재 또는 존재하지 않는 것에 관하여

지금까지 우리는 통계역학에서 한 것처럼 빛을 산란하는 대기 입자들은 완전히 서로 독립되어 있는 개체로 암암리에 가정했다. 이 조건은 산란의 결맞지 않음을 보장하기 위해 필요한 것 같다. 산란의 결맞지 않음이란 개별적으로 산란된 파의 위상이 무작위로 분포되어 있다는 것을 의미한다. 오직 이런 조건 밑에서 N 개의 분자에 의해 산란된 빛은 단일 분자에 의해 산란된 빛보다 N 배 더 강하게 하는 조건이다. 지금까지 논의된 모든 산란의 성질은 이 가정에 준한 것이다. 그러나 만약 우리가 1900년경에 결정된 공기 분자의 개수 밀도를 믿는다면 놀랄만한 역설이 생긴다. 이들 분자들이 가시광선 파장 보다 더 작을 뿐만 아니라 그것들이 서로 상당히 가까이 있어야 한다는 것이다. 해발 기준에서 공기 분자들 사이의 평균거리는 가시광선 파장의 수백분의 일 정도가 된다. 그러므로 입사광선은 그들과 인접하는 몇몇의 공기 분자들을 들뜨게 할 수 있다. 평균적으로 이렇게 들뜬 공기 분자들 중 하나에 대해서 반 파장만큼 위상이 다르게 산란된 빛을 만드는 또 다른 하나의 공기 분자가 있을 것이다. 소멸간섭의 결과로 파장은 똑같지만 위상이 반 파장만큼씩 다른 파들은 서로 소멸된다(그림 6.6 참고). 이것은 아무리 많은 입자들이 빛을 산란한다 하더라도 그들을 모두 합성한 산란된 빛의 강도가 영이 되어야 한다는 것을 암시한다. 결과적으로 대기는 완벽하게 투명하여야 할 것이다. 즉, 비록 공기 분자들이 태양빛을 산란한다 해도 우리가 매일 보는 하늘과 달리 한낮에도 하늘은 까매야만 한다.

이 황당한 역설은 아인슈타인과 스몰루코프스키에 의해서 1908년에서 1910년 사이에 해결되었다. 이들 두 사람은 단백석 빛을 내는 임계점에 관심을 가졌다. 처음에는 이것이 하늘의 푸른색과는 무관한 현상으로 보였다. 어떤 온도와 압력의 특별한 조합에서 많은 화학적 물질들은 가스, 기체, 또는 고체로 바뀐다. 이렇게 상태가 전환되는 점을 임계점이라고 부른다. 그 화학적 물질들은 거의 액체나 기체로 투명하다. 그러나 이들의 광학적 혼탁도는 그 물질들이 임계점에 도달해 갈수록 점점 증가한다. 이 단백석 빛에 대해서 아인슈타인과 스몰루코프스키는 밀도가 고르지 않은 데서 일어나는 빛의 산란이론을 제안했다. 그들은 비록 대기 가스가 임계점에서 훨씬 먼 상태지만 이 이론이 대기에서 일어나는 상황에 적용할 수 있다고 인식했다. 예를 들어 질소 분자의 임계점은 −146℃이고 해발 기준 대기압의 33배이다.

대기 안의 많은 산란 분자들을 상상하자. 통계역학은 분자들 사이의 거리가 일정하게 변한다고 예측한다. 그리고 그들은 가끔 충돌도 한다. 이들의 미시적 운동 때문에 단위 부피 당 그들의 수효는 통계적인 변화를 겪어야 한다. 우리가 개개의 분자 운동이 서로 독립된 것이라고 가정하고 이 조건을 주면 이 부피 안에 있는 입자수의 변동은 푸아송(Poisson) 통계로 기술할 수 있다. 평균적으로 N개의 분자를 한 부피에 가질 수 있는 확률은 1/3이고, 그 부피에 어느 순간에서고 포함된 분자수는 $N \pm \sqrt{N}$이다. 여기서 $\sqrt{N}$은 평균값의 변동치이다. 만약에 한 부피에 100개의 분자가 있다고 하면 실제적으로 그 부피에는 100±10개의 분자가 있다. 그러니까 분자 개수는 90에서 110 사이에 어떤 수도 될 수 있다.

그림 8.9를 생각하자. 서로 무관하지만 수직으로 햇빛을 받도록 놓여 있는 두 개의 공기 부피를 보여 준다. 만약에 분자수가 이 두 부피에 똑같이 N이라고 하면 모든 산란된 빛은 상호 소멸될 것이다. 모든 산란된 분자들이 상대 분자와 반 파장 씩 떨어져 있기 때문이다. 그러나 평균 분자수의 변동으로 두 부피에 있는 산란된 분자 개수는 약 $\sqrt{N}$만큼씩 다를 것이다. 분자 개수 N은 매우 큰 수이므로 $\sqrt{N}$을 정수로 취급한다. 이들 두 부피 가운데 어느 것이 더 많은 분자를 가지고 있는지는 문제가 되지 않는다. 어느 경우에도 다른 부피에 있는 분자들로 인해 산란된 빛이 소멸간섭으로 소광되지 않는 $\sqrt{N}$개의 분자들이 있다. 만약 우리가 A를 단일 분자에 의해 산란된 빛의 진폭이라고 한다면 $\sqrt{N}$개 분자에 의해 산란된 빛의 진폭의 합은 $\sqrt{N}A$의 곱으로 표시될 수 있다. 산란된 빛의 총 강도를 I라고 하면 강도는 진폭의 제곱이 되는 것이다. 즉, $I \approx NA^2$이다. 이것은 결이 맞지 않는 분자들에 의한 산란으로 인한 빛의 강도를 모두 더해서 얻어진 결과이다. 따라서 이 변동이론은 분자들이 서로 가깝게 놓여 있다고 해도 레일리 산란의 양상이 결이 맞지 않는 산란임을 확신시켜 주는 것을 증명하는 이론이다. 그러나 이

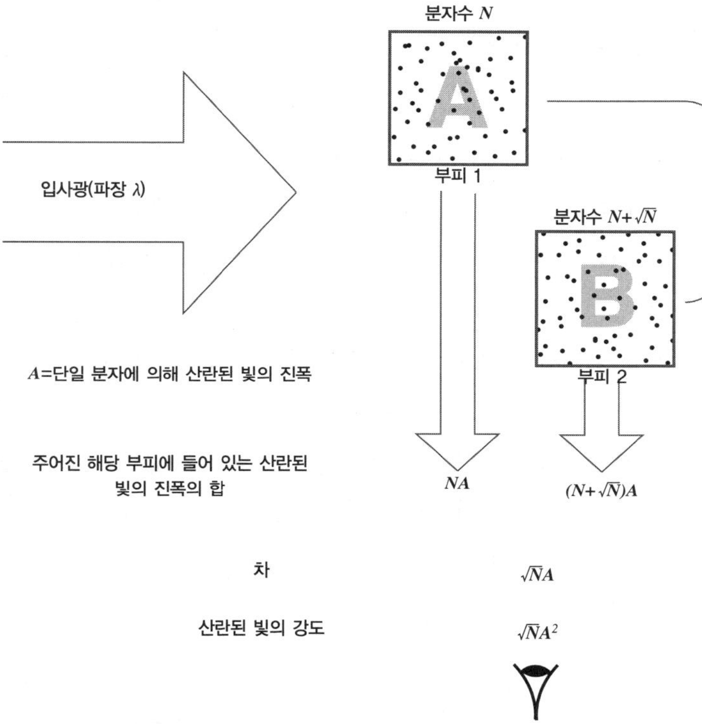

그림 8.9 두 개의 공기 부피에 빛을 비추면 입사한 빛을 산란한다. 만약 부피 1과 2에 있는 산란 입자들의 수가 똑같다면 횡으로 산란된 빛은 소멸간섭으로 상쇄된다. 왜냐하면 이 두 공기 부피가 서로 반 파장만큼 떨어져 있기 때문이다. 순 알짜 산란은 결과적으로 두 공기 부피에 있는 산란 입자들의 개수에 의해 생기는데, 즉 산란 입자 개수 밀도의 변동으로 생긴다.

런 관점에서 우리는 변동을 개개의 개별 입자들에 의한 것으로 보다는 오히려 산란 입자들에 의한 것으로 생각할 수 있다.

기체 상태의 공기의 개수 밀도에서의 변동은 푸른 하늘을 '구제' 한 것인 반면에 액체와 고체에서는 그들 나름대로 흥미로운 빛의 산란 성질을 갖는다. 이들 매질에서 단위 부피 당 입자의 개수는 기체에서 발견된 변동 개수

보다 적은 수효의 변동 개수가 있어야 한다. 그리고 푸아송 통계는 적용되지 않는다. 액체 상태 물에는 잠정적인 많은 산란 입자들이 있지만 이것들은 동일 분자수를 가지고 있는 기체 부피에서보다 훨씬 투명하다. 많은 액체와 고체, 예를 들어 물, 얼음, 그리고 유리 같은 것은 투명한데, 그것은 산란된 빛이 소멸간섭에 의해 모두 소멸되기 때문이다. 이런 매질, 즉 임계점에 멀리 떨어져 있는 물질에서 빛의 산란은 일어나지만 그것의 알짜 강도는 매우 낮다.

단백석 빛의 임계점에 관한 1910년 논문에서 아인슈타인은 당시에는 이미 취리히 대학교의 교수가 되어 있었고 분자 자체를 매질 속에서의 통계적 변화를 전제로 취급하지 않았고 오히려 굴절계수로 취급했다. 그는 물질은 연속성이 있다고 생각한다. 이런 이유를 근거로 앞서 레일리가 유도했던 파장의 4제곱에 반비례한다는 법칙을 유도해낸다. 그리고 그는 결론을 지었다.

> 초벌 계산에서 보여주듯이 이 공식은 공기라는 조명된 바다에서 산란된 푸른빛이 현저하게 많은 것을 설명할 수 있다. 여기서 우리 이론이 물질의 불연속적 분포란 가정을 '직접' 사용할 수 없는 것은 매우 주목할 만한 것이다.[7]

이것이 공기 분자 없이도 푸른 하늘이 될 수 있다는 것을 의미하는 것인가? 이 질문에 대한 답은 '아니다' 이다. 아인슈타인은 여기서 '직접' 이란 말을 강조한다. 결국 분자들은 굴절계수에 변동을 만들어낸다. 그리고 그것만이 빛을 산란하는 데 필요한 것이다. 아인슈타인의 유도과정이 비록 레일리의 방법과 완전히 다른 접근 방법이었는데도 똑같은 법칙을 이끌어 낸 것은 매우 탁월한 것이다. 이것은 물리세계의 견해에 일관성을 보여주는 좋은 논증이다. 빛의 산란에 관한 일에서 변동 이론까지 아인슈타인과 스몰루코프스키의 연구는 빛의 레일리 산란을 수학적으로 다시 확인시켜주었지만 공식을 유도 하는 것과 그것을 해석하는 것은 또 다른 문제라는 것을 상기시켜 준다.

푸른 바다

40년 전에 존 윌리엄 스트러트가 했던 것처럼 고전적인 19세기 물리학으로 빛을 취급하면서 아인슈타인과 스몰루코프스키는 빛의 산란을 다시 곰곰이 숙고했다. 아인슈타인은 다른 개념인 빛이 광자로 구성되어 있다는, 즉 특정 에너지를 가진 양자개념을 개발하기 위해 새로운 기기를 개발하였음에도 불구하고 고전적으로 빛을 취급했다. 그는 양자개념을 1905년 광전효과를 설명하기 위해 도입한다. 아인슈타인은 광전 효과로 물리 부분에서 1921년에 노벨상을 수상했다. 그러나 양자개념은 많은 다양한 물리학적 현상을 설명할 수 있다는 것이 곧 입증되었다. 그 현상들 가운데는 고체의 열용량 그리고 그들로부터 방출된 복사를 포함한다. 그의 이와 같은 합리성은 양자물리의 초석이 되었다. 양자물리적 범위에서 질문은 빛을 다른 산란 입자들과의 상호작용이 있는 파동으로 보지 않고 양자 개념으로 취급할 때 관측되는 하늘빛을 설명할 수 있을까 이다. 이 질문에 대한 답을 구하기 위해서는 또 다른 푸른색에 대한 수수께끼로 우회 하여야 한다. 그것이 바로 바닷물의 푸른빛을 설명하는 것이다.

1872년에 신혼여행 중인 존 윌리엄 스트러트와 부인 에블린은 증기선을 타고 이집트로 지중해를 건너갔다. 우리는 이미 스트러트가 곧 3대 레일리 경으로 알려질 것이라는 것을 알고 있다. 우리는 그를 다양한 연구로 신혼

여행의 낭만을 도외시한 학자로 잘 알고 있다. 그는 신혼여행 일 년 전에 하늘이 푸른 것에 대한 연구를 했었다. 배를 타고 가면서 본 푸른 바닷물은 그를 사로잡았다. 바닷물이 푸른 것은 하늘빛과 같이 빛의 산란으로 푸른 것인가? 자세히 조사하면서 그는 바닷물이 푸른 것은 대부분이 하늘빛을 반사해서 생기는 것이라고 확신했다. 덧붙여서 바닷물에 떠 있는 물질에 의한 빛의 흡수도 일조를 한다고 확신했다.[8]

반세기가 지나서 이 해석은 증기선으로 지중해를 건너던 또 다른 위대한 과학자에게 도전을 받았다. 1921년 9월 라만(Chandrasekhara Venkata Raman)은 영국 캘커타(Calcutta) 대학교의 교수로 영국 방문을 마치고 인도로 돌아가는 길이었다. 라만(그림 8.10)은 인도 악기, 예를 들면 현악기인 비나(veena), 탐부라(tambura)와 타악기로 북과 비슷한 타블라(tabla)를 음향학적으로 연구한 것으로 잘 알려져 있었다. 그는 여가 시간을 이용하여 그것에 대한 연구를 했다. 그가 영국식민 당국에 관리로 근무하고 있었기 때문이다. 1921년 중반에 그는 옥스퍼드(Oxford)에 있는 영국 황실의 국제 대학교 학술대회에 그가 속해 있는 대학을 소개하기 위해서 대표로 참석했다. 그 기회를 이용해서 그는 런던과 케임브리지에 있는 동료들을 방문했다. 고향으로 돌아가는 항해를 위해 라만은 증기선 나쿤다(Narkunda)를 타고 사우스햄프턴(Southampton)에서 출발하였다. 그때 그는 스페인을 일주하는 항로를 택했는데 지브롤터를 거쳐 지중해를 건너 수에즈 운하가 있는 홍해로 아덴(Aden)을 지나 인도양으로 영국을 떠난 지 2주 만에 봄베이에 도착했다. 스트러트처럼 라만도 짙은 지중해의 푸른빛에 반했다. 그리고 그는 그것의 원인을 생각하기 시작했다. 라만은 휴대용 분광기를 가지고 다니면서 바닷물 표면을 관측했다. 곧 그는 레일리의 설명이 틀렸다고 확신했다. 물 분자도 공기 분자와 마찬가지로 똑같은 방법으로 빛을 산란한다는 것을 확신했다.

그림 8.10 1948년에 찍은 라만의 사진. 베를린 프러시아 문명 소장품.

그것도 레일리가 1870년에 유도한 파장의 4제곱에 반비례하는 법칙과 똑같은 법칙으로 산란한다는 것을 확신했다. 라만의 지중해를 건너는 항해는 아인슈타인과 스몰루코프스키가 밀도 변동에서 일어나는 산란을 연구 조사한 지 10년 후에 있었다. 그들의 색다른 발견을 이미 알고 있었던 그는 바닷물이 그런 현상을 일으킨다는 것에 전혀 놀라지 않았다.[9]

라만은 액체가 빛을 산란할 수 있다는 것에 상당한 흥미를 가졌다. 캘커

타로 돌아온 그는 이 현상에 대한 일련의 실험연구를 수행했다. 그것으로 그는 7여년의 세월을 보냈다. 결국 1928년 늦은 2월에 라만과 그의 조교 크리쉬난(K.S. Krishnan)은 무언가 놀랄만한 것을 관측했다. 대부분의 산란된 빛이 액체에 비추어진 빛과 같은 파장을 가지고 있었지만 그들의 적은 양이 입사한 파장보다도 더 긴 파장을 가지고 산란한다는 것을 알아냈다. 곧 그것이 외톨이 현상으로 일어난 것이 아니고 그가 실험했던 60가지 이상의 서로 다른 액체에서도 똑같은 일이 벌어진다는 것을 발견했다. 이 현상은 레일리 산란과 확실히 다르다. 거기에서는 빛의 파장은 변하지 않았다. 레일리 산란을 탄성적이라고 이름 붙이면, 즉 모든 입사 에너지는 분자에 속박되어 있는 전자들을 거의 순간적으로 튀어나가게 한다. 반대로 라만 산란은 (곧 그렇게 이 새로운 양상의 산란을 부르게 되는데) 비탄성적이고 입사된 빛의 에너지가 일부 분자의 회전 모드나 진동 모드로 환원되게 된다. 이런 형태의 산란은 오직 양자역학 틀에서만 이해될 수 있는 것이다. 이것은 1924년에 이론 물리학자인 크레이머스(Hendrik Kramers)와 하이젠베르크(Werner Heisenberg)에 의해 예측되었다. 라만 산란은 형광성(7장 참고)을 설명하는 가교역할을 한다. 거기서는 입사된 빛 에너지는 보다 긴 파장을 방출하는데, 그것은 아마 어느 정도의 시간 동안 그 에너지를 분자 안에 저장하고 있다가 방출하는 것일 수 있다.

바다의 푸른빛은 산란, 반사, 그리고 흡수의 조합으로 생긴 것이다. 거기까지 레일리나 라만 누구도 혼자서 올바른 해답에 도달하지 못했다. 그러나 그들의 통찰이 함께 병합되어 이 수수께끼가 풀렸다.

지구 대기가 아닌 다른 외계에서 빛의 산란

바다의 푸른빛은 지구 대기와 다른 영역에서의 빛의 산란으로 폭을 넓힌다. 그리고 실로 낮에 하늘빛의 푸름을 만드는 환경은 거의 독보적으로 검은 배경 앞에 있는 빛의 파장보다 작은 입자들에 빛이 비추어져 생기고 레일리 산란은 지구 대기 밖에 아주 멀리서도 생긴다. 그런 기본 성분을 가진 알갱이들이 발견되는 곳이면 어디에서도 우리는 레일리 산란을 기대할 수 있다.

아마도 천문학자들이 가장 집중적으로 빛의 산란을 연구하는 곳은 행성들이나 별들의 대기에서이다. 지구를 행성이라고 생각하면 레일리 산란이 행성 대기에서 일어난다는 것은 놀라운 일이 아니다. 금성, 화성, 목성, 토성, 천왕성, 해왕성 그리고 명왕성에서 일어난다. 물론 그것들이 다 푸른색으로 나타나지는 않는다. 상세한 조사를 통해 행성의 대기는 지구의 것과 밀도와 화학 조성, 흡수 그리고 마찬가지로 단일 또는 다중 산란에서 상당히 달라 그에 상응하는 여러 가지 다른 색을 가지게 되는 것을 알 수 있다(이 문제는 10장에서 자세히 취급할 것이다). 레일리 산란은 토성 고리를 나타나게 하는데 중요한 영향을 미친다. 그것이 없다면 그 안에서 보여지는 편광은 이해하기 어렵다.

별은 거대한 가스 공이다. 별의 핵에서는 핵융합반응이 일어나고 그로 인해 별은 연료를 제공 받는다. 태양이 아주 좋은 예이다. 그러나 그것은 정의상의 문제이다. 즉, 천문학자들은 별로부터 직접 복사를 받을 수 있는 층을 대기라고 한다. 그 층들은 천문학에서 매우 중요한 부분이다. 왜냐하면 우리가 알고 있는 별에 관한 지식은 대기로부터 나오는 빛에 대한 연구에 의존하기 때문이다. 즉, 대기의 화학 조성과 빛을 받는 방향 측정에 의존한다. 대기 중에 별의 화학 조성과 별 표면의 물리적 상태는 방출된 빛에 그들의 흔적을 남긴다. 천문학자들은 복사에너지 수송, 방출 그리고 흡수를 오히려 통계적으로 분석한다. 레일리 산란은 거성(巨星)의 팽창하는 차

가운 대기에서 매우 중요한 것으로 판명되지만 태양과 같은 별에서는 그렇지 않다.

산란이 중요한 또 다른 지역은 성간 공간이다. 물질이 전혀 없는 것이 아니라 이들 공간에는 가스, 뜨거운 플라즈마 그리고 차가운 티끌들의 혼합물로 가득 채워져 있다. 이런 성간 매질에서 일어나는 빛의 산란은 매우 보편적인 일이고 우리 은하인 은하수 은하에서는 멀리 있는 별들로부터 오는 빛은 두드러지게 소광된다. 우리 은하 바깥에 있는 외계 은하로부터 오는 빛조차도 산란되고 흡수되어 이런 것들이 천문학자들을 괴롭히는 문제이다. 그렇지만 그것들로부터 우리 우주가 어떻게 조성되어 있고 어떻게 은하 물질들이 재순환되는지에 대해 간파할 수 있게 한다. 그렇지만 레일리 산란은 성간 소광을 일으키는 여러 과정 중에 하나일 뿐이다. 은하수에서 일어나는 흡수와 산란의 대부분이 가시광선 파장이나 아니면 그것 보다 큰 크기를 가진 입자들에 의해 일어난다고 판명되었다. 따라서 미(Mie) 산란, 흡수, 그리고 반사는 성간 소광현상에 중추적인 역할을 한다. 우리 은하에 있는 성운의 사진들은 하늘색 푸른빛으로 빛나는 것을 보여준다. 겨울 하늘에서 쉽게 볼 수 있는 황소자리에 있는 플레이아데스성단에 속해 있는 것들이 아주 유명한 예이다. 그러나 플레이아데스를 둘러싸고 있는 성운을 포함해서 이런 성운들의 대부분은 반사성운이다. 이들 반사성운은 인접한 별들로부터 받은 빛을 반사하는데 그들이 받은 빛의 아주 적은 양만을 레일리 산란에 의해 방출한다.

이들은 수백 광년 떨어져 있지만 천문학자들에게는 근접한 천체들이다. 레일리 산란은 우리에게 알려진 현상들 가운데 가장 먼 곳에 있는 현상에까지 영향을 미친다. 이것은 하늘의 모든 방향에서 우리에게 도달하는 아주 나약한 전파 신호인 우주 배경 복사이다. 천문학자들 사이에 이 복사는 137

그림 8.11 3대 레일리 경인 존 윌리엄 스트러트. 1905년에 찍은 초상 사진. Reproduced from Robert John Strutt, *Life of John William Strutt, Third Baron Rayleigh* (London: Edward Arnold & Co. 1924), frontispiece.

억 년 전에 대폭발로 우주가 생긴지 400,000년인 재결합의 시기에 생긴 것이라고 의견을 모았다. 초기에는 뜨겁고 불투명한 플라즈마로 채워 있었고 형성된 후 우주는 식어가고 있었지만 이 시점에 우주는 복사에 투명하게 된다. 우주가 충분히 식으면 전자와 원자핵들은 서로 결합해 수소나 헬륨 원소를 만든다. 이런 천이는 지구 대기에 있는 구름 표면과 공통점이 있다. 구름 내부에는 많은 작은 물방울들에 의해 빛이 산란되고 그의 전파 방향을 수없이 바꾸는데, 구름을 떠나고 나면 빛은 상당히 긴 거리를 산란 없이 전파할 수 있다.

이런 그림을 마음속에 그리면서 마이크로 우주 배경 복사에서 우리가 보는 것은 적절하게 최후의 산란 표면이라고 부를 수 있다. 마이크로파라는 이름이 암시 하듯이 이 복사는 육안으로 보이지 않는다. 그러나 전파망원경으로는 최상의 관측을 할 수 있다. 최후의 산란 표면은 원자에 의한 자유전자의 산란(톰슨 산란)이 압도적으로 많다. 레일리 산란도 마찬가지로 일어난다. 이것은 1970년에 피블스(James Peebles)와 유(J.T. Yu)에 의해서 논의되었다. 그 당시 이 둘은 프린스턴 대학교에 있었다. 30년 후에 그러니까 2001년에 그들의 동료인 유(Qingjuan Yu), 스퍼겔(David Spergel)과 오스트라이커(Jeremiah Ostriker)는 당시 위성발사로 특히 NASA 위성인 WMAP(2001년 이후 지금까지 작동 중)와 유럽 항공 우주국의 플랑크(Planck)•가 마이크로 우주 배경 복사 안에서 우주 재결합에서 생기는 레일리 산란이 관측될 수 있다는 것을 알았다.[10]

문자 그대로 레일리 산란은 존 윌리엄 스트러트가 발견한 이래로 먼 길을 왔다. 1870년 가을에 그는 마음속에 생각하고 있던 빛의 산란과정이 그렇게 널리 퍼지는 현상이라는 것을 예견하지 못했고 그 뛰어난 업적을 성취하고 근 반세기가 흘러 1919년에 침대에 누워 죽음을 맞이할 때조차도 그는 알지 못했다. 설사 그가 알았다 해도 아마 1902년에 메리트 훈장(Order of Merit)을 받았을 때 말했던 것처럼 겸손하게 살았을 것이다.

개인적으로 인지할 수 있는 단 한 가지 장점은 공부를 하면서 스스로 즐길

• 역자 주: 저자가 이 책을 저술할 당시는 발사계획이 2007년으로 잡혀 있었으나 지연되어 2009년 초에 발사예정이다(참고 http://www.rssd.esa.int).

수 있었고 연구에 의해서 나온 어떤 결과도 내가 물리학자가 되었다는 것이 큰 기쁨이었기 때문에 만들어진 것이다.[11]

9장

오존의 푸른 시간

산 정상에 서서 해가 뜰 무렵이나 해가 질 무렵 하늘의 박명(薄明)을 바라보면 문자 그대로 숨이 멎을 것만 같다. 천문학 대학원생 시절에 나는 뉴 멕시코(New Mexico)에 있는 카필라 피크(Capilla Peak) 천문대에서 외계 은하를 관측 조사하는 동안 이런 상황을 보았다(그림 9.1). 앨버커크(Albuquerque)에서 한 시간 정도 가다 산을 올라가는 진흙 길로 들어서면서 모험이 시작되었다. 망원경 기사 그라슈스(Randy Grashuis)가 사륜구동차를 운전했고, 깊은 구멍을 빗겨가면서 가축탈출 방지용 도랑을 넘으며 올라가다 마지막에 소나무와 가문비나무와 사시나무 포플러를 통과하여 9,300피트 되는 정상에 도달했다. 꼭대기에서 보는 늦은 오후의 광경은 한마디로 장관이었다. 랜디(Randy)가 자동차 시동을 끄자 우리 주위에는 정적이 흘렀다. 맑고 건조한 공기는 소나무향으로 가득했다. 산은 바다 위에 솟아 있는 하나의 섬과 같이 평야로 둘러싸여 있다. 서쪽으로는 지는 해가 거의 수평선에 접근하고 있다. 그 너머에는 리오 그란데(Rio Grande) 강이 흐르는데 밑에 있는 넓은 계곡에서 빛이 반사되어 겨우 보인다. 북쪽으로는 산타페이(Santa fe) 근처에 상그르 드 크리스토 산(Sangre de Cristo Mountains)이 있다. 동쪽으로는 평야가 미국의 중심부까지 펼쳐져 있다. 남쪽으로는 가까이 카필라(Capilla) 쌍둥이 봉우리가 보였다. 건물과 전선들 같은 장애물이 없는 구름 없는 하늘은 더 넓어 보였으며 그곳의 공기는 내가 전에 보았던 어떤 것보다도 더 맑았다.

거의 해가 질 무렵이었다. 그래서 천문대 돔(dome)에 있는 망원경을 야간 관측을 준비해야 했다. 우리는 돔 슬릿을 열었고 컴퓨터를 작동하기 시작했다. 그리고 망원경을 자세히 살피고 망원경에 부착한 전기카메라도 점검했다. 이런 일들이 끝나고 일단 나는 밖으로 산책할 시간을 가졌는데 또 다른 하늘의 장관을 보았다. 해는 지고 노란색 후광만 남았다. 게다가 하늘은 짙

그림 9.1 카필라 피크 천문대는 뉴 멕시코 대학교가 운영하는 천문대로 리오 그란데 강 위로 9,300피트 되는 정상에 위치해 있다. 사진에 보이는 것은 24인치 카세그레인 반사 망원경이 있는 돔이다. William A. Miller.

고 찬란한 푸른색으로 빛을 내는데 그것은 낮에 보았던 푸른색이 아니었다(색판 21). 이 푸른색은 나에게 중세풍 교회의 스테인드글라스 창문을 연상시켰다. 우리는 거대한 사파이어 속에 들어있는 것 같았다. 별이 하나 씩 천천히 나타나기 시작했다(색판 22).

나는 그이후로 그런 푸른색을 여러 차례 보았다. 그것은 단순히 멀리 있는 산 정상들에서만 그런 것이 아니었다. 오히려 그것은 매일 일어나는 현상이라, 누구든지 주의 깊게 보면 볼 수 있는 것이다. 많은 시인들은 그렇게 말했다. 그 '푸른 시간' 은 해가 없어졌지만 아직 별이 뜨지 않은 때라고 1911년에 겔랑(Jacques Guerlain)은 썼다.[1] 시인과 소설가들은 충족되지 못한

욕망과 우울과 초월성에 대한 감정을 '푸른 시간' 에 결부시켰다. 히트 문(William Least Heat Moon)은 그의 책 《푸른 고속도로》에서 북미의 시골길을 따라 가는 서사시적 여정에 관해서 말한다. 거기서 그는 푸른 시간을 가장 깊이 끌어당기고 다그치는 느낌을 받는 순간으로 기술하고 있다.[2] 히트 문은 카필라 피크로부터 그렇게 멀리 지나가지는 않았다. 또 다른 작가 벤(Gottfried Benn)은 푸른 시간에 관해 행복, 위험, 그리고 환영이 관련된 느낌이라고 시로 썼다. 실제인가 아니면 꿈인가? 조향사(調香士) 겔랑은 이런 감성을 불러일으키는 향수를 만들려고 노력했다.

과학자들도 이런 감정을 공유할지도 모른다. 그들에게도 푸른 시간은 수수께끼로 여겨지기 때문이다. 빛의 산란은 낮 하늘의 푸른색이나 일몰의 붉은색을 충분히 설명할 수 있다. 그러나 그것은 해가 진 다음에 하늘이 여전히 푸르게 남아 있는 것은 설명하지 못한다. 그때까지 하늘빛으로 역할을 하는 모든 태양광선은 긴 경로를 따라 대기를 통해 이동한다. 그러면서 짧은 파장을 가진 광선들은 산란으로 인해 이동 중에 그들의 푸른색을 잃어버린다. 대기의 가장 윗부분을 스쳐 지나간 광선들만이 관측자를 향해 푸른색을 산란할 것이다. 그러나 높은 고도에 존재하는 산란된 분자 수효는 너무 작고 그로 인한 빛은 너무 약해 모든 산란된 빛의 합이 가시(可視) 푸른색이 될 수 없다. 만약 여러분이 산란만을 고려한다면 박명이 있는 하늘은 틀림없이 노란 기가 있거나 초록색을 띠어야 한다. 그러나 우리는 모두 우리 머리 위로 푸른 하늘을 보고 있다.

랜디와 내가 카필라 피크에 가기 40년전 카필라 피크에서 남쪽으로 150마일 더 가서 이 짙은 푸른빛 뒤에 숨은 비밀이 밝혀졌다. 그것은 성층권에 있는 생명 보호 오존층의 가시적 흔적이다. 성층권은 지구표면으로부터 고도 25–35 km 되는 곳에 있는 대기이다. 이 놀라운 발견은 미국 해군 연구소에 있는 과학자들에 의해 이루어졌다. 실험실의 대장인 헐버트(Edward Olsen Hulburt)가 이끄는 연구진들은 뉴 멕시코의 남쪽에 있는 새크라멘토 피크(Sacramento Peak)로 박명 하늘과 지구의 상층부 대기를 연구하기 위해 갔다. 카필라 피크처럼 새크라멘토 피크는 도시의 불빛으로부터 멀리 떨어져 있다. 따라서 공기 오염과 안개 그리고 민감한 측정을 하는데 걸림돌이 되는 것들을 모두 배제할 수 있는 곳이다. 헐버트는 그래서 그곳으로 갔다. 그들의 자료를 해석하는데 공연히 헛고생을 한 후에 그는 박명 하늘의 밝기와 색을 설명하기 위해 오존이 필요하다는 것을 알았다. 이것은 오존층이 하나의 색 필터의 역할을 하기 때문이고 그래서 산란된 빛의 주황색과 빨간색 성분을 차단하여 오직 푸른색만을 남기기 때문이다. 여기서 또 다른 힌트가 있다. 낮은 대기층에 관한 우리의 지식은 높은 대기층에는 유효하지 않다는 것이다. 결국 오존은 땅에는 거의 존재하지 않는다.

이상한 냄새가 나는 가스

과학적으로 오존에 대한 이야기는 1839년에 시작된다. 1839년은 스위스 화학자 쉰바인(Christian Friedrich Schönbein)이 물을 전기 분해하는 동안 수소와 산소 이외의 제3의 기체가 형성되는 것을 알았던 해이다. 그 가스는 특유의 자극성 있는 냄새로 인해 존재를 알도록 만든다. 쉰바인은 그것을 오존이라고 이름 붙였다(그리스어로 ozein은 어떤 냄새가 난다는 뜻이다). 그것은 염소와 유사한 냄새로 복사기 가까이에서 또는 의료용 자외선에서 또는 레이저 프린터에서 가끔 나는 냄새이다.

소레(Jacques Louis Soret)는 이 가스가 세 개의 산소 원자가 함께 결속되어 있는 분자로 구성되어 있다는 것을 발견할 때까지 25년이 흘렀다(그림 9.2). 오존의 화학식은 O_3이다. 프랑스 화학자 오조(Jean Auguste Houzeau)는 1858

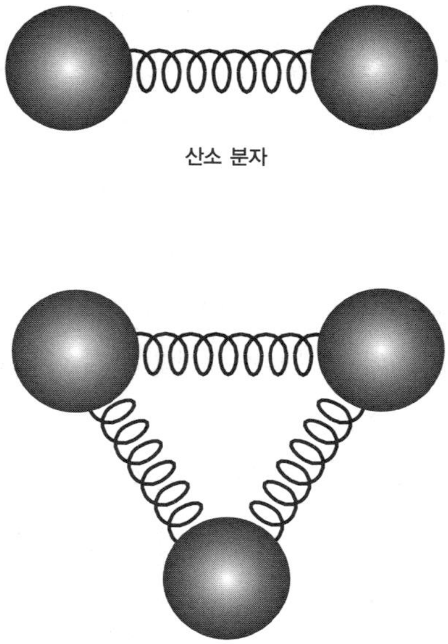

그림 9.2 대기 산소(O_2)와 오존(O_3)의 분자 구조. 이들 원자 사이의 힘을 스프링으로 묘사했다.

년에 대기 공기에서 오존의 흔적을 발견했다.[3] 이 발견은 경악으로 다가 왔다. 왜냐하면 쇤바인이 그것의 화학 작용으로부터 이 가스는 다른 물질과 아주 빨리 반응하고 물질을 빨리 파괴시키는 강한 산화제라고 추론했기 때문이다. 그 기체가 사람과 직접 접촉될 때 이와 같은 오존의 산화 효과는 인류에게 매우 위험하다.

1878년에 코르뉴(Alfred Cornu)는 흥미를 자아내는 발견을 했다. 그의 발견은 처음에는 오존과 아무런 관계도 없는 것 같았다. 코르뉴는 우리 눈에는 보이지 않는 태양의 자외선을 분석했다. 그는 자외선이 약 300 nm에서 갑자기 뚝 끊어지는 것을 관측했다. 즉, 이 파장 밑으로는 아무런 광선이 검출되지 않았다. 코르뉴는 이것이 태양의 특이성 때문이라고 추측했다. 아마 이보다 짧은 파장은 너무 짧아서 생성되지 않는다고 생각했다. 또 다른 가능성은 지구 대기가 이렇게 에너지가 풍부한 자외선을 삼켜버린다고 생각했다. 하루에 걸쳐 각각 다른 시간대의 태양 스펙트럼을 관측한 후에 코르뉴는 이 질문에 대한 답을 발견했다(그림 9.3) 태양빛이 대기를 통과하는 거리는 수평선으로부터 태양의 고도에 의존한다. 그는 자외선이 불연속이 되는 바로 그 파장에서 태양빛이 통과하는 경로 길이가 증가하는 것을 알았

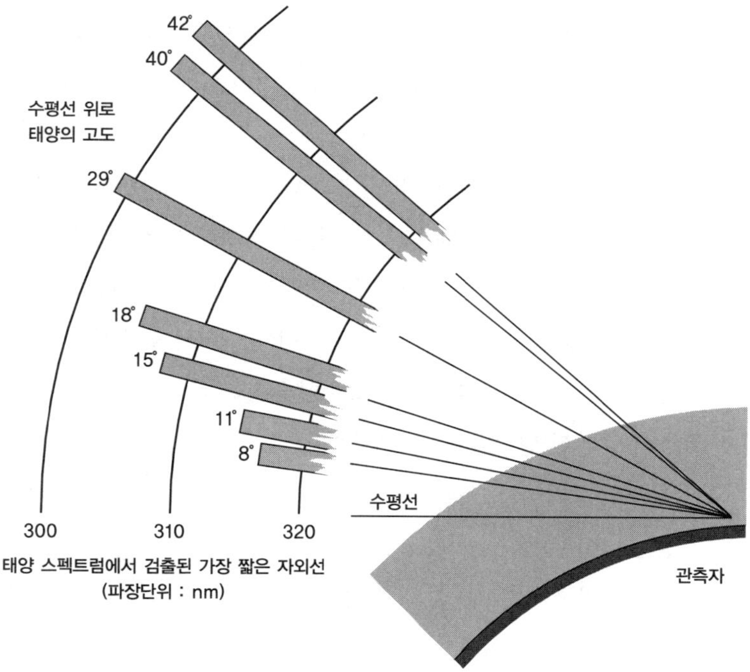

그림 9.3 코르뉴가 수평선에서부터 고도에 따라 감지할 수 있는 가장 짧은 파장의 태양 자외선을 발견했다. 정오에는 295 nm까지 검출할 수 있었다. 그러나 태양이 지기 바로 직전에는 자외선의 긴 파장쪽만 (317 nm 이상) 지구에 도달한다. 이것은 지구 대기의 기능 중 태양의 짧은 파장쪽 자외선을 흡수한다는 것을 처음으로 증명한 것이다.

다. 따라서 이 태양 스펙트럼의 불연속성은 태양의 특이성을 지적하는 것이 아니고 자외선이 대기 중에서 흡수되었다는 것을 암시한다.[4]

2년 뒤에 아일랜드 화학자 하틀리(Walter Hartley)는 흡수가 있기 위해 있음직한 화학적 변화를 주는 것이 있을 것이라고 제안했다. 즉, 오존이 그런 것이다. 하틀리 실험실에서는 여러 가지 다른 가스에서 빛의 흡수를 연구했다. 그는 아주 극히 적은 양의 오존이 300 nm 아래인 파장을 가진 복사파를 사실상 감소시킬 수 있다는 것을 알아냈다. 이것이 정확하게 코르뉴가 대기 흡수에서 발견한 하한(下限) 파장이다. 하틀리는 오존층이 대기의 상단 부분에 위치해 있기 때문에 흡수가 일어난다고 추측했다. 그러나 그는 직접 증명은 하지 못했다. 스펙트럼의 자외선에서 일어나는 아주 깊은 흡수 양상은 후에 하틀리 띠(밴드)라고 불리게 되었다.

그때 이런 것을 인식하지 못한 채 허긴스(William Huggins)는 오존의 자외선 스펙트럼에서 또 다른 흡수 밴드를 발견했다. 1890년에 허긴스는 아마추어 천문학자로 생계를 위해 수은 공장을 운영했는데, 그가 처음으로 별의 스펙트럼 사진을 만들었다. 허긴스에게 그 사진에 나타난 흡수선은 별을 구성하는 화학 조성의 흔적이었다. 이런 흡수선들은 그의 실험실에서 일찍이 조사 분석하여 알려진 원소들과 잘 일치했다. 즉, 별의 화학 조성을 나타내는 하나의 명백한 증거이다. 허긴스는 별들은 근본적으로 여러 가지 가스로 이루어져 있는 빛이 나는 구(球)라고 보았다. 거기에는 몇 개의 분광선이 있었는데 그것은 그가 설명할 수 없는 것이었다. 밤하늘에 가장 밝은 별인 시리우스의 분광스펙트럼에 319−334 nm 사이에 나타난 어두운 흡수선들이 포함되어 있었다. 거의 30년 후에 파울러(Alfred Fowler)와 로버트 존 스트러트(Robert John Strutt; 3대 레일리 경의 아들)는 허긴스가 관측한 것을 오존의 스펙트럼과 비교하였다. 그들은 허긴스가 본 것이 지구 대기에 있는 오존이 만든 흡수선임을 알았다. 오늘날 그 흡수선을 허긴스 밴드라고 부른다. 하틀리 밴드와 같이 허긴스 밴드도 사람 눈에는 보이지 않는다.

프랑스 화학자 샤피(James Chappuis)는 오존의 색이 푸르다는 것을 처음으로 알아낸 오존 연구가이다. 그는 노랑, 주황, 그리고 빨강 광선에 대한 가스의 흡수로 인해 이 푸른색이 생긴다고 했다. 이런 양상은 오늘날은 샤피 흡수 밴드라고 부른다. 대기에서 오존의 존재는 오조(Houzeau)에 의해 이미 입증되었으므로 샤피는 하늘의 푸른빛을 만들어내는데 일조를 하지 않을까 추측했다.[5] 그러나 그는 흡수가 보편적으로 빛의 편광을 유발하지는 않는다는 것을 알고 있었다. 그러므로 맑은 하늘의 빛은 푸르고 편광되었으므로 푸른 하늘빛을 만들어 내기 위해 결국 다른 과정이 포함되어 있어야 한다. 예를 들어 레일리 산란이 그것이다.

1918년까지 아무도 대기 중에 오존이 얼마나 있는지 알지 못했다. 그러나 그 해에 새로운 분광기가 성능이 향상되어 페브리(Charles Fabry)와 뷔송(Henri Buisson)은 오존 농도를 계산할 수 있었다. 그들의 측정은 오조가 대기 중에는 약간의 오존 흔적만이 있다는 주장이 옳다는 것을 확인했다. 만약 모든 대기가 해발 기준의 대기압을 받는 다는 것을 전제로 하면, 대기는 단지 10 m 두께 밖에 안 될 것이다. 오존은 그런 조건 밑에서 단지 3 mm 두께 정도 밖에 안 되는 층이며 그 정도로는 대기의 작은 부분이다. 페브리와 뷔송에 따르면 그렇게 적은 양은 대기의 50 km 보다 낮은 어딘가에서 생겨야 한다.[6]

오존의 연구는 그 당시에는 거의 유행이었다. 불과 수년 뒤에 페브리와 뷔송의 일을 기초로 돕슨(Gordon Dobson)이 사용이 편리한 오존미터를 개발했다. 오존의 일상적인 측정이 가능해진 것이다. 옥스퍼드 대학교 출신 기상학자 돕슨은 기계를 다룰 줄 알았으며 목적에 맞는 세계적인 오존 측정망을 구축하였다. 이들 측정소의 많은 곳들은 오늘날에도 오존 측정을 하고 있다. 돕슨의 공헌을 인정하여 공기 칼럼(column)(단위 세제곱 센티미터) 당 오존량을 나타내며 단위를 그의 이름을 따서 돕슨이라고 하는데 1돕슨 단위(Dopson Unit, DU)는 소위 정상적인 조건, 즉 온도 0℃, 해발 기준 공기

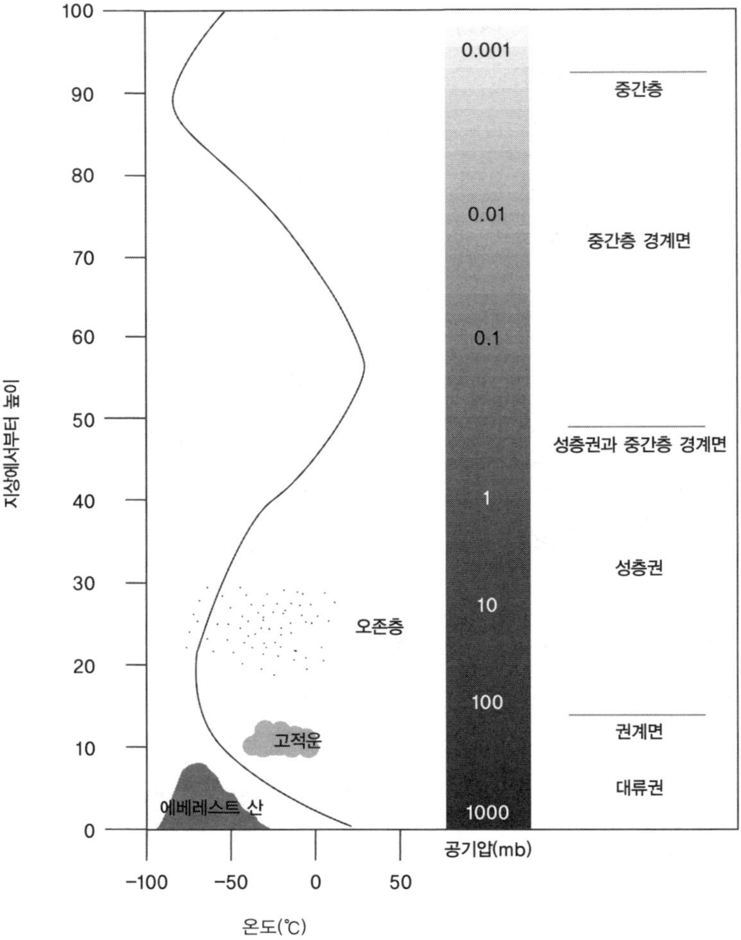

그림 9.4 낮은 대기권의 구조

압에서 0.01 mm 오존의 두께를 말한다. 그래서 페브리와 뷔송이 측정한 오존의 양은 돕슨 단위로 300 DU이다.

하틀리에 의해서 긍정적으로 가정한 오존의 정확한 위치에 대한 단서와 페브리와 뷔송이 후에 제공한 단서를 기반으로 1929년에 괴츠(Paul Götz)가 오존층의 위치를 발견하였다. 스위스 아로자(Arosa)에 있는 돕슨의 오존 측정소 중 한 측정소의 대장으로 있던 괴츠는 서로 다른 위도에서 오존의 분포를 결정하기 위해 샤피 흡수의 간단한 관측을 사용하는 아주 영리한 방법을 개발했다. 북극 군도 해역 스피츠베르겐(Arctic archipelago Spitsbergen)을 탐험하는 동안 괴츠는 필요한 측정을 할 수 있었다. 그는 성층권에서 최대의 오존 밀집층이 지구 표면에서부터 25 km 되는 곳에 있는 것을 발견했다. 기구를 띄우고 미사일을 쏘아 올리는 방법으로 1930년대 이후로 대기의 상층 부분을 탐색하여 이 발견을 확인하였다. 이런 관측들은 또 다른 놀랄 만한 발견을 이끌어 냈다. 처음에는 고도가 올라갈수록 온도가 급격히 떨어지다 오존층에 가까워지면서 고도가 올라감에 따라 온도가 갑자기 올라간 다음 오존층 너머서 다시 급격하게 온도가 떨어지는 것이다(그림 9.4).

보호 차폐기

1930년경에는 오존이 지구 대기에만 있는 유일한 것이라는 많은 암시가 있었다. 오존이 태양의 강력한 자외선을 흡수하고 성층권을 덥게 하고 가능한 범위에서 하늘을 푸르게 할 수도 있다. 그러나 가장 흥미로운 것은 이 가스는 너무 빨리 반응하고 반응과정에서 빨리 파괴되므로 대기 중에 아주 조금만 존재한다는 사실이다.

영국의 지구물리학자 채프먼(Sydney Chapman)은 이 수수께끼에 대한 해법을 제시했다.[7] 그는 성층권에 있는 오존 분자는 사실 자주 다른 분자들과 반응하는데 그 과정 중에 오존이 많이 소모된다. 그러나 동시에 태양의 자외선에 의해 소멸된 오존과 같은 양의 많은 오존 분자가 다시 생성된다. 이런 두 과정은 오늘날 우리가 광화학 평형이라고 부르는 것으로 생긴 결과이다. 채프먼에 따르면 오존층은 상당히 많은 산소 분자가 대기권의 상층부에 있을 때 평형상태에 있다. 낮에는 산소 분자들이 태양빛을 받아 자외선, 가시광선, 그리고 적외선 복사를 포함하고 있다. 강력한 태양의 자외선(파장이 230 nm 아래의 파장을 가진 것)은 산소 분자(O_2)를 해리하기에 충분하다. 다른 말로 산소 분자들은 두 개의 산소로 쪼개진다.

$$O_2 + \text{자외선} \rightarrow O + O$$

산소 원자 각각은 방출되어 산소 분자들에 결속되어 오존을 생성한다. 오존은 그러나 매우 불안정해서 만약에 유리(遊離)될 수 있는 에너지를 전환하게 할 세 번째 충돌 대상이 없으면 빨리 해리(解離)된다. 이 상대를 우리가 M이라고 하고 그것이 원자일 수도 있고 분자일 수도 있다.

$$O + O_2 + M \rightarrow O_3 + M$$

산소 분자가 쪼개지면 두 원자가 방출되므로 똑같은 반응이 두 번 일어나야만 한다. 이 들 두 합성 반응은 우리에게 다음과 같은 결과를 준다.

$$3O_2 + \text{자외선} \rightarrow 2O_3$$

따라서 만약에 자외선이 쪼인 세 개의 산소 분자는 두 개의 오존 분자를 생성할 수 있다. 그러나 두 개의 원자를 가진 산소 분자는 자외선에 민감한 것만은 아니다. 낮은 에너지에서 태양의 가시광선은 오존 분자를 해리하기에 충분하다. 그 과정에서 산소 분자(O_2)와 산소 원자(O)는 자유롭게 된다.

오존 분자를 뭉치게 하는 화학적 결속은 산소 분자의 것 보다 약하여 가시광선과 근적외선으로 오존을 충분히 쪼갤 수 있다.

$$O_3 + 빛 \rightarrow O + O_2$$

방출된 산소 원자는 다른 구속할 상대를 찾는다. 만약 이 상대가 산소 분자이면 다시 오존이 생성되는 것이다. 그래서 소위 이런 환원반응이 일어나게 된다. 이 구속한 상대도 오존 분자일 수 있다. 이것은 매우 드문 경우이지만 결과적으로 두 개의 산소 분자가 생긴다.

$$O + O_3 \rightarrow 2O_2$$

이들 두 분해 반응의 합은 세 개의 산소 분자이다.

$$2O_3 + 빛 \rightarrow 3O_2$$

두 개의 오존 분자들의 분열은 세 개의 산소 분자를 방출한다. 따라서 어떤 면에서 이 분해반응은 합성반응의 역반응이다. 성층권 오존의 평형은 이 기체의 소멸과 생성률에 의해 결정된다. 모든 산소를 포함하고 있는 대기는 만약 충분히 강한 자외선에 노출되어 있다면 행성에서의 대기조차도 그런 순환에 의해서 특성화 될 수 있다. 지구 대기에서는 아주 작은 양의 오존이 안정적으로 정착되어 있는 것 같다. 성층권에서는 매 백만 개의 공기 분자 가운데 10개의 오존 분자가 있을 뿐이다.

샤프만의 이론은 오존 연구의 중요한 초석이었지만 모든 질문에 답을 하지는 못했다. 오존량을 실제 보다 5배나 많게 예측했다. 실질적으로 관측된 오존량을 정확하게 판단하기 위해서 우리는 대기에서 발견되는 다른 물질들과 또 화학반응을 고려하여야만 한다. 오존 농도의 양적인 예측은 매우 어려운 작업으로 수백 개의 방정식이 포함되어 있어 대형 컴퓨터의 틀에서 아주 긴 프로그램 코드와 그리고 장시간의 컴퓨터 계산이 요구되는 작업이다.

산소와 오존 분자의 분열이 일어나는 동안 자외선 복사의 에너지는 흡수되어 열로 변환된다. 이런 방법으로 오존층은 고에너지를 가진 태양의 자외선을 차단하는 필터로서 역할을 한다. 하틀리와 허긴스 밴드는 오존 스펙트럼에서 자외선을 흡수하는 오존의 고유성질을 보여 준다(그림 9.5). 이것은 지구상의 생명에게 왜 오존이 중요한지를 나타내주는 것이다. 모든 살아있는 창조물은 자외선에 매우 민감하므로 지구란 행성 표면에서 살아 있기 위해서는 자외선의 치명적 효과로부터 보호되어야 한다. 자외선 에너지는 세포를 파괴하고 유전적 물질인 DNA에 변형을 가져오기에 충분히 강하다.

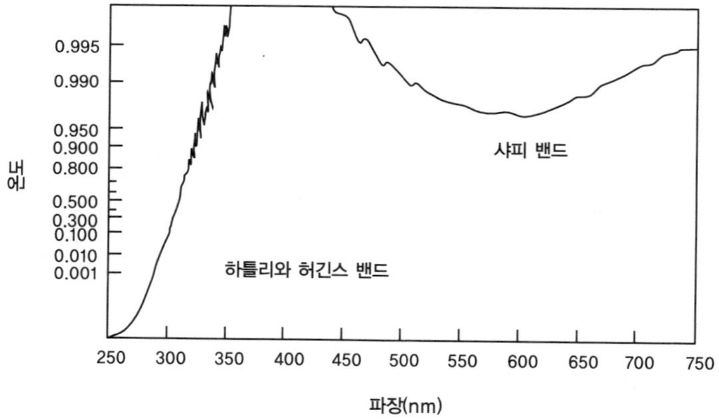

그림 9.5 자외선과 가시광선 범위에서 오존 스펙트럼의 흡수. 이 도표는 오존의 1 cm 층의 투과율을 나타내는데 기준은 해면기압과 0℃이다(0은 완전한 흡수고 1은 완전한 투과를 표시한다). Reproduced from S. Bakan and H. Hinzpeter, "Atmospheric Radiation," in *Landolt–Börnstein, Numerical Data and Functional Relationships in Science and Technology*, Group V, vol. 4b, *Meteorology: Physical and Chemical Properties of the Air* (Berlin: Springer-Verlag, 1988), 140.

피부암이나 백내장 등이 자외선으로 인해 발생할 수 있는 위험한 질병들로 잘 알려져 있다. 지구의 역사는 오존층의 형성이 바다를 떠나서 사는 창조물들의 진화를 위해서 없어서는 안 될 가장 필수적인 것이었다는 것을 말한다. 물은 자외선을 흡수하므로 물에 있는 물체들은 오랫동안 복사로부터 안전한 유일한 천국에 있었다. 그러니까 약 5억 년 전의 성층권 오존 농도가 현재 수준에 이르고 나서 생물이 안전하게 이주할 수 있는 땅이 되었다.

하늘에 있는 색 필터

샤피가 1881년에 오존이 하늘색과 관련되어 있다고 제시했을 때 그는 심각하게 받아들여지지 않았다. 당시 물리학자들은 레일리 경의 빛의 산란 이론에 열광하고 있었다. 하늘빛의 색과 편광은 쉽게 설명할 수 있는 것 같았다. 그래서 오존과 푸른 하늘색에 관한 개념은 망각의 늪으로 가라앉았다. 1950년 초기에 헐버트(Edward Olson Hulburt)는 박명 하늘을 관찰하기 시작했을 때 그것을 전혀 염두에 두지 않고 있었다. 그리고 그는 색깔 뒤에 숨어 있는 어떤 이상한 것이 있을 것이라고 전혀 의심하지 않았다. 오존에 대한 주제가 해결될 때까지 레일리 산란 이론은 인기가 있는 것 같았다. 그러나 헐버트(그림 9.6)가 미해군연구소에 연구자들이 모아온 두 세트의 관측 자료를 비교하는 동안 오존 문제를 우연히 발견하게 되었다.

새크라멘토 피크 위에 박명 하늘로부터 측정한 자료가 첫 번째 세트의 자료였다. 그 자료들은 서로 다른 위상, 즉 일몰이 시작되기 전에서 밤이 될 때까지 박명의 빛을 측정한 것이었다. 그런 측정은 진부한 임무였다. 천정의 밝기는 정오와 천문학적으로 밤이라고 정의되는 시간까지 계수로 약 700만 배 떨어지기 때문이다. 그렇게 넓은 편차를 가지고 변하는 빛의 양과 늦은 박명에는 약한 빛이라 거의 빛이 없는 것 같아 감지되지 못할 만한 빛

그림 9.6 헐버트. 1956년에 찍은 사진. 미국 광학회.

의 측정이 가능할 만큼 민감한 기기가 필요했다. 그래서 감도가 높은 전기 광전증폭관이 사용되었다. 그 당시에는 그런 현상을 가장 정확하게 측정을 할 수 있는 기기였다.

헐버트는 1930년대 이래로 그런 측정에 관심을 가지고 있었다. 왜냐하면 대기권의 상층부의 온도와 밀도를 연구하는 가장 좋은 방법인 것 같았기 때문이다. 그가 사용한 기술은 박명이 진행하는 사실에 의존하였는데, 그것은 태양이 수평선 밑으로 깊이 가라앉으면 대기의 상층부만 빛이 비추어진다는 것이다. 그 보다 낮은 층은 이미 지구의 곡선인 가장자리의 그림자로 가라앉았다. 만약 우리가 그 위로부터 관측된 모든 빛이 레일리 산란으로 인한 것이라고 가정하면 서로 다른 고도에 존재하는 산란 입자들의 수는 서로 다른 시간에 측정한 박명 하늘의 밝기로 계산될 수 있다. 1938년까지 헐버트는 그런 계산에 포함되는 공식들을 유도했다.[8]

이제 그는 이런 초기 발견들을 서로 독립된 특별한 자료에 대비해서 검토할 수 있었다. 그 특별한 자료는 대기 상층부의 직접적인 측정치였다. 이것은 세계 제2차대전 직후에 열린 흥분할 만한 새로운 연구 분야였다. 수많은 V-2 로켓이 독일에서 포획되었고 그것을 미국으로 가져와 미국과학자들에게 로켓 공법에 대한 기술을 얻는 경험을 쌓게 하였으며 마찬가지로 그것은 대기 상층부를 연구하기 위한 수단이기도 했다. 그 로켓은 일상적으로 고도 160 km에 도달했다. 해군연구실험실의 연구 대장으로서 헐버트가 로켓 탄두를 1947년에 기록한 것에서 보면 '짧은 수명을 가진 실험실' 이라는 것으로 변환하는 것을 주도했다.[9] 이런 로켓 실험실을 가지고 공기의 압력과 밀도를 측정하는 것이 가능할 수 있었다. 마찬가지로 오존층 이상의 고도에서 입사되는 태양의 복사 에너지를 측정하는 것이 가능할 수 있었다. 로켓 기상탐침은 새크라멘토 피크로부터 겨우 80 km 떨어진 군사 실험 기지인 화이트 샌드(White Sands)에서 집행되었다.

다음 단계는 로켓 측정치와 박명 자료를 비교하는 것이었다. 헐버트는 로켓 측정으로 얻은 자료를 가지고 새크라멘토 피크에서 하늘의 밝기에 대한 기대치를 계산했다. 그에게 놀라움을 준 것은 그가 예측한 박명 하늘의 밝기가 광전증폭관으로 측정한 값보다 2−4배 정도가 밝은 것이었다. 이런 차이는 실험에서 발생할 수 있는 오차 범위를 훨씬 넘는 것이었다. 그보다 더 나쁜 것은 그가 박명 하늘의 색을 예측하는 작업을 수행했는데 하늘이 너무 밝은 것은 고사하고 하늘의 색이 기대했던 색과 '다른' 색이 관찰되었다는 것이다. 레일리 이론만을 따르면 우리 머리 바로 위의 하늘은 일몰에서 반드시 푸르고 초록빛이 도는 회색으로 변하여야 한다. 이것은 완전히 우리 인간이 경험하는 것과는 전혀 모순되는 것이었다. 우리의 경험으로는 일몰 박명 동안에는 하늘은 그냥 파랗게 남아있고 색상만 단지 약간 변하는 것뿐이다.

무엇이 잘못 되었을까? 헐버트의 계산이 잘못 되었다는 것은 있을 수 없는 일이었다. 결국 레일리 산란이 전혀 포함되어 있지 않다는 것이었다. 레일리 산란은 그때까지 시험 단계에 있었다. 그러나 어쩌면 계산이 완전히 끝난 것이 아닐 수는 있었다. 그러면 공기 중에 다른 흡수물질이 있었나? 헐버트는 재빨리 알아차렸다. 거기에 오존이 있었다. 이 가스의 밀집은 기상탐침로켓으로 측정되었다. 그리고 실험실에 있는 과학자들은 그 자료를 분석했다. 실로 새크라멘토 피크 위에서 박명을 측정하는 동안에 아주 가까운 거리로 쏘아올린 로켓이 뉴 멕시코 상공의 총 오존량을 약 240 DU 또는 해면기압에서 두께가 2.4 mm라는 것을 밝혀냈다. 헐버트는 샤피에 의해 발견된 흡수 밴드에 의해 볼 수 있다는 것을 알았다. 바시 부부(Arlett and Étienne Vassy)의 최근 연구 덕택으로 흡수 양상들은 지금 상당한 정확도를 가지고 알려져 있다. 이 프랑스 화학자 부부 연구팀은 그것은 샤피가 예상한 것처럼 최대 흡수가 거의 600 nm에서 생긴다는 것을 지적했다. 따라서 가시광선 스펙트럼에서 오존은 첫째로 주황빛을 흡수하지만 아주 비효율적으로 적은 양을 흡수한다. 푸른빛의 짧은 파장쪽에서는 거의 영향을 받지 않는다. 이것이 샤피 밴드가 가스를 푸르게 보이게 만드는 방법이다.

가시광선을 흡수하는 오존의 효율은 자외선을 흡수하는 오존의 효율보다 1,000배 이상 적은 것으로 판명되었다. 그러므로 하틀리와 허긴스 밴드 때문에 해발기준으로 0.07 mm인 오존층은 300 nm 이하인 자외선 파장을 가진 빛이 입사되면 90%를 흡수한다. 비교해 보면 샤피 흡수는 너무 약해서 16.7 cm 두께를 가지고 똑같은 비율의 주황색을 흡수한다. 이런 숫자는 왜 낮 하늘에 성층권에 있는 오존이 푸른 하늘에 실질적으로 공헌을 할 수 없는 이유를 설명한다. 결국 그 당시에는 해면에서의 평균 대기압 조건에서 층 하나가 2–3 mm 두께와 대등했을 것이다. 그런 관계로 입사한 주황빛의 2% 보다 적게 흡수할 것이다.

이런 양상을 염두에 두고 헐버트는 박명 하늘의 밝기와 색 계산을 수정하였다. 그렇게 한 다음에는 모든 것이 다 잘 맞추어졌다. 새크라멘토 피크로부터 얻은 광학 자료는 화이트 샌드에서 나온 로켓 자료와 잘 일치했다. 이론적인 박명 하늘은 관측된 하늘의 밝기만큼 어둡다. 그래도 박명 하늘은 푸른 채로였다. 헐버트는 하늘빛에 오존의 강한 흡수효과에 많이 놀랐다. 한편 낮에는 미세한데 일몰에서는 관측된 푸른색의 2/3를 차지한다. 박명에서 모든 푸른색은 샤피 흡수에 의한 결과이다.

일몰현상에 내재된 기본 기하학을 보면 왜 그런지를 알 수 있다. 빛이 빗겨 입사하므로 광선이 오존층을 길게 통과하고 이것이 샤피 흡수효과를 강화한다. 그 흡수 밴드는 주황색을 40%까지 거를 수 있다. 이 정도 양이면 충분히 해가 지는 하늘에서 흔적을 남길 만하고 해가 지평선 밑으로 가라앉으면 두드러진다. 이런 선택 흡수는 박명 하늘의 밝기를 줄이고 색깔을 짧은 파장 쪽의 색으로 천이 시킨다. 그래서 오존은 온 하늘을 덮고 있는 색 필터 같은 기능을 하며 해가 지고 난 후 오랫동안 우리 머리 바로 위의 하늘을 파랗게 보이게 하는 것이다.

레일리 산란과 샤피 흡수는 전혀 다른 과정이지만 이 둘은 입사하는 태양빛에서 푸른색을 분리한다. 7장에서 보았듯이 레일리 산란에서 작은 입자들은 짧은 동안 들떠 있고 순간적으로 그들이 받은 에너지를 재복사한다. 이런 일들이 보다 짧은 파장 쪽에서 더 자주 일어나므로 산란된 빛은 압도적으로 푸른색이다. 산란하는 입자들은 그것들이 작은 에어로졸이건 분자이건 본래대로 남아 있다. 반대로 샤피 흡수는 오존 분자가 깨어지면서 생기는 것이다. 오존 분자가 태양빛의 가시광선의 광자와 부딪치면 분자가 가질 수 있는 에너지 보다 훨씬 더 많은 에너지를 받는다. 분자들은 진동 중의 늘어나는 상태에 있고 거기에서 세 개의 산소 중 한 개나 또는 두 개 원자가 앞뒤로 움직인다. 전형적으로 에너지가 너무 커서 분자 모양을 유지할 수 없고 한 번이나 두 번 정도 진동하고는 분자는 쪼개진다. 이런 아주 짧고 간단한 과정은 수 피코(pico = 10^{-12}) 초 동안 지속된다. 이런 짧은 해리 과정 동안 말 그대로 스펙트럼에서 넓게 퍼진 흡수 밴드를 볼 수 있게 한다(그림 9.7).[10]

레일리 산란과 샤피 흡수 사이의 차이에도 불구하고 결과적으로 나타나는 색상은 매우 비슷하다. 오직 경험이 많은 관측자만이 이 차이를 알아 볼 수 있다. 이 일치성에 헐버트가 놀란 것이다. 그것이 오랫동안 하늘의 푸른빛 뒤에 숨어 있었던 오존의 영향이었다. 1956년에 그의 연구 업적으로 미국광학 학회에서 프레드릭 아이브스(Frederic Ives) 메달을 수상할 때 헐버트는 다음과 같이 썼다.

> 등을 대고 누워서 위쪽을 주시하는 의심 없는 관측자는 해가 지는 동안 단지 머리 바로 위의 푸른 하늘만을 보기 때문에 해가 지기 전의 푸른 하늘이 해가 지는 동안과 박명의 어두움이 깔리는 동안에도 똑같은 푸른빛으로 남아 있는 것을 볼 수 있다. 언뜻 보기에 단순하고 만족할 만한 결과를 얻

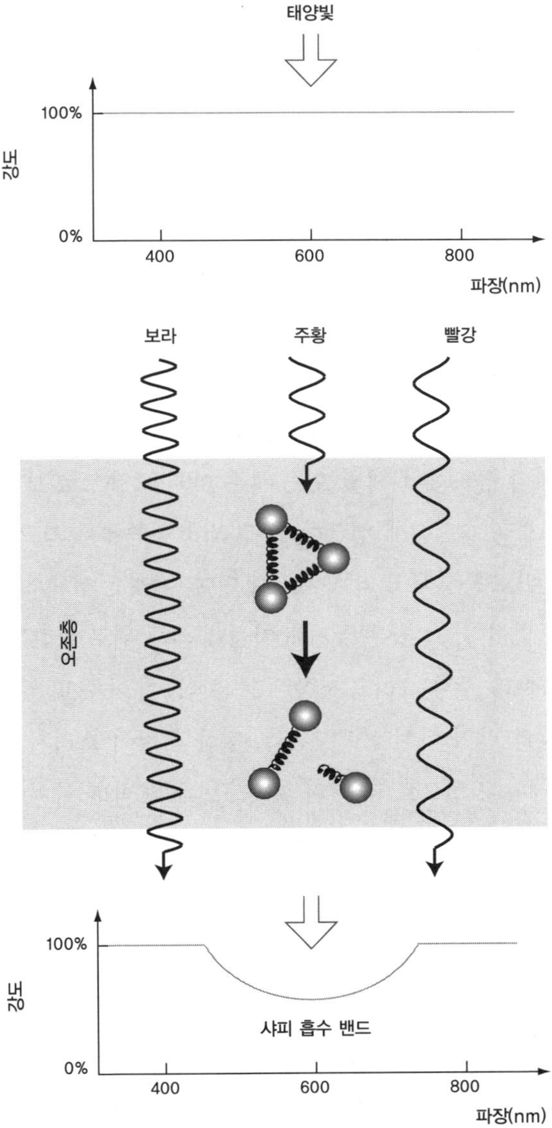

그림 9.7 오존의 샤피 흡수 밴드의 형성.

은 그는, 자연이 자유롭게 갖은 광학적 수단에 몰두해 있다는 것을 깨닫지 못한다.[11]

지구의 그림자 속

헐버트의 발견이 있을 즈음해서 프랑스 기상학자 뒤부아(Jean Dubois)는 또 다른 박명 현상에서 생기는 하늘색에 들어 있는 오존의 영향을 알았다. 많은 사람들이 태양이 지고 난후에 서쪽에 나타나는 따뜻한 색깔들에 황홀해한다. 그러나 그들의 등 뒤에 생기는 지구 그림자는 알아보지 못한다. 등 뒤에서는 지구 그림자가 떠오르고 있다. 해가 서쪽으로 지고 난 후 수 분 동안 지구 그림자가 동쪽에 회색빛 도는 푸른 아치 모양으로 보인다. 아치는 북쪽에서 남쪽으로 수평선에 접근한다. 그리고 동쪽에서 최고점에 도달한다(색판 23). 그 위로 분홍색 빛의 아치가 보인다. 이것은 서쪽 하늘의 박명으로부터 나오는 빛이다. 그 빛은 공기 분자들에 의해 뒤로 산란된 것이다. 시간이 지나감에 따라 주황 그리고 서쪽에 붉은색들이 아주 밝은 조각으로 줄어드는데, 이것을 박명 아치라고 부른다. 점차 색깔이 흐려지고 빛의 강도도 줄어든다. 태양이 밑으로 더 가라앉으면 반대쪽 박명 아치에 있는 뒤로 산란된 빛은 흐려지고 그 사이 떠오르는 지구 그림자는 뚜렷한 상단의 경계가 없이 짙은 푸른색을 띠고 있는 하늘의 천정으로 퍼져 들어간다. 지구 그림자의 마지막 흔적은 태양이 지고 나서 한 30분이면 모두 사라진다. 이런 현상이 태양이 뜨기 전에는 질 때와 반대 순서로 나타난다. 다른 말로 태양이 동쪽에서 뜨기 전에 지구 그림자는 서쪽으로 내려간다.[12]

때로 지구 그림자는 수평선에 낀 안개처럼 뿌옇게 된 연무(haze)층*과 혼

---

* 역자 주: 여기서부터 편의상 연무층을 안개층이라고 하겠다.

동된다. 그러나 그것과 안개층을 분리해서 말할 수 있다. 지구 그림자의 경우와 반대로 안개층은 해가 지기 전에 이미 보인다. 그리고 그 안개층에는 지구 그림자가 가지는 색상인 회색에 푸른 기가 도는 색상이 없다. 지구 그림자는 동쪽 수평선에 장애물이 없을 때만 보인다.

지구 그림자가 발견된 것이 아주 최근의 일이라는 것은 놀라운 일이다. 사실 박명의 색깔이 인간에게 오래도록 특별한 인상을 주기는 했지만 가끔 그런 상태를 신격화 했다(그리스의 새벽의 여신 에오스(Eos)처럼). 그래서 인지 아주 최근에서야 그것에 대한 상세한 기술이 이루어졌다. 기록 상 첫 번째 것은 남부 독일의 목사 풍크(Johann Casper Funck)에 의한 것이다. 그는 반대쪽 박명의 분홍색을 1716년에 언급했지만 지구 그림자를 빠뜨리고 보았다. 프랑스인 마리앙(Jacques le Marian)은 처음으로 1754년에 어두운 조각으로 기술했다. 30년 후에 지구 그림자는 청도계를 발명한 소쉬르(Horace Bénédict de Saussure)가 1787년에 몽블랑을 등반하는 동안 확인되었다(5장 참고). 19세기 중반에서야 지구 그림자의 관측이 있었는데 그때부터 지구 그림자란 말을 가지고 규칙적으로 기록을 남겼다. 그때 알프스는 대중적으로 엄청나게 인기가 폭증하고 있어서 모든 봉우리들이 처음으로 등반되었다. 높이 올라가는 등반에서 박명 현상은 가장 잘 볼 수 있는 것이었고 그것들에 대한 새로운 관심은 이해할 만한 것이다. 탁한 매질에 대한 연구를 시작하고 있던 틴들(John Tyndall)마저도 1868년에 스위스의 체르마트(Zermatt) 근처에 있는 마테르혼(Matterhorn)의 정상을 올랐다(6장 참고). 그는 그 산을 내려오면서 박명 현상을 기록했다.

지구 그림자에 대한 관심은 노을 현상에 대한 관심으로 문자 그대로 빛을 잃게 되었다. 해가 막 지고 난 후에 산은 반대로 분홍빛으로 빛을 내는 것 같다. 그리고 주변 풍경이 어두워지면서 더 밝게 빛을 내는 것 같다. 스위스, 오스트리아, 그리고 독일에서는 이것을 놀(독일어로 Alpenglühen)이라고 부른다. 1860년대까지 박명 하늘에서 빛의 반사로 점차적으로 변하는 지는 태양으로부터 나오는 빛의 반사라는 것에 의심의 여지가 없었다. 지구 그림자에 대한 자세한 연구는 1940년에 뒤부아(Jean Dubois)가 시작할 때까지 아무 것도 없었다. 3년 동안 그의 작업장은 또 다른 산의 정상이었는데, 프랑스와 스페인 접경 근처에 있는 피레네(Pyrenees) 산맥에 있는 피크 뒤 미디(Pic du Midi) 천문대였다. 왜냐하면 산에서 지구 그림자를 보는 것이 특별히 쉬웠기 때문이다. 산에서는 지구의 안개층 위에 관측하는 사람이 있을 수 있기 때문이다.

그것의 이름이 말하듯이 지구 그림자는 지구의 곡선인 가장자리의 그림자라고 오랫동안 생각되었다. 그것은 해가 뜨거나 질 때 반대편 박명 하늘에 투영되어진 것이라고 생각했다. 이런 견해에 가장 입맛에 맞는 주장은 해가 지면서 점차적으로 지구 그림자가 떠오른다는 것이다. 더군다나 아치는 북쪽 하늘에서 남쪽 하늘로 뻗어 있다는 것이다. 뒤부아는 이 설명이 너무 간단했다는 것을 입증했다. 지구 그림자가 가지는 유일무이한 회색빛에 푸른 기가 섞인 색이 암시하는 것을 스펙트럼으로 분석했다. 그의 분석은 의심의 여지를 남기지 않았다. 이 색은 오존의 샤피 흡수 밴드에 의한 것이다. 박명 동안에 천정에서 볼 수 있는 색과 같이 대기를 통과하는 햇빛의 긴 경로 때문에 볼 수 있게 되고 그것은 오존층의 광학적 효과로 강도가 더 강해진다(그림 9.8). 그래서 날씨가 맑은 때는 해가 진후 동쪽 하늘에 오존의 색깔이 있는 그림자를 본다.[13]

뒤부아는 우리 행성의 곡선으로 된 가장자리가 왜 그림자는 분명하게 알아 볼 수 있는 상층 경계선만 있는지를 설명하지 못했다. 앞서 언급한 바와 같이 경계는 해가 막 진 후에야 가장 또렷하게 보인다. 그리고 해가 완전히

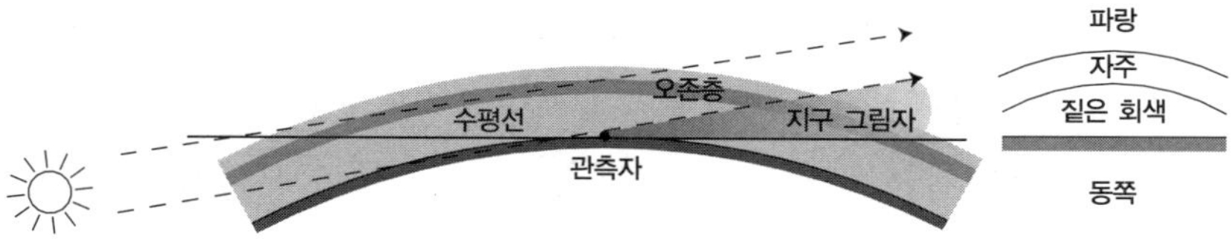

그림 9.8 박명 하늘빛에 미치는 오존층의 효과.

지고 나면 경계는 불분명하게 뭉그러진다. 이 관측은 부분적으로 동쪽을 보고 있는 관측자의 시선과 동쪽 하늘에 있는 그림자와 거의 근접하게 일치하는 것으로 설명될 수 있다. 그럼에도 불구하고 우리는 이것이 실질적으로 지구의 곡선 가장자리의 그림자라고는 말할 수 없다. 사실 지구 그림자를 보이게 만드는 오존층을 따라 태양빛이 빗겨 들어오는 것이다. 만약에 회색빛에 푸른 기가 섞인 색이 아니라면 그렇게 보이는 그림자는 거의 알아차리기 어렵다. 아마도 우리는 실질적으로 그것을 지구 그림자라고 보기 보다는 오존층의 색깔이 있는 그림자라고 간주할 것이다.

명도가 낮은 흐린 빛 보기

레일리 산란과 오존에 의한 빛의 흡수는 박명 하늘 광경에 영향을 미치는 요소만은 아니다. 그것은 또 마찬가지로 우리 눈이 명도가 낮은 빛에 적응하도록 하는데 영향을 미친다. 우리의 색깔 인지도는 아침 박명에서 밤이 되는 박명까지 과도기 동안 변한다.

낮 동안에는 우리는 먼저 원추세포에 의해서 본다. 이들 세포는 우리 눈의 망막에 있는 수없이 많은 빛을 감지하는 세포이다. 원추세포의 세 가지 형태는 빨강, 초록, 또는 파랑에 민감하다. 원추세포들은 초록빛에 가장 민감하다. 주위의 밝기가 줄어들면 박명 동안처럼 우리 눈은 원추세포로 보는 것에서 간상세포로 보는 것으로 변환한다. 간상세포는 원추세포 보다 빛에 민감하다. 또 간상세포는 밝고 어두운 것 사이에서만 구별할 수 있다. 간상세포는 특히 청록색 스펙트럼 대에 대해서 민감하다. 따라서 원추세포로 보는 것에서 간상세포로 보는 것으로 전환은 들어오는 빛이 적어진 상태에서 푸른색 표면이 빨간색 표면보다 더 밝게 나타나게 한다. 즉, 이 경우 두 표면이 낮 동안에는 똑같이 밝게 보였어도 푸른색 표면이 밝게 나타난다. 이런 현상은 체코의 생리학자 푸르키녜(Jan Purkinje)에 의해서 1825년에 발견되었다.[14]

남극의 오존 구멍

풍자적으로 성층권의 오존층은 어느 특정 시간에 구멍이 나타난다는 것으로 일반인들에게는 더 잘 알려져 있다. 이 현상은 1985년 영국의 남극 탐사 팀의 파먼(Joseph Farman)에 의해 발견되었다. 거의 30년 동안 파먼과 그의 동료들은 남극에 있는 영국 탐사 기지가 있는 할리 베이(Halley Bay) 상공에서 대기 안에 총 오존량을 측정했다. 오랜 기간 동안 꼼꼼히 조사했다. 거기서 그들은 남극의 봄(9–11월)에 총 오존 농도가 급격히 감소하는 것에 주목했다. 1970년대에서 1980년대 초까지 1950년대 후반과 1960년대 초반까지 똑같은 달에 기록된 오존의 농축도가 반으로 떨어진 것을 발견했다.[15] 이 발견은 곧 TOMS(Total Ozone Mapping Spectrophotometer; 총 오존 지도 만들기 분광광도계)로부터 얻은 자료에 의해 확인되었다. 1970년대 이래로 NASA의 몇 개의 위성에 부착해 있는 기계이다. 파먼과 동료는 그들의 발견을 출간했고 TOMS 과학자들은 그들이 발표한 자료가 자신들이 얻은 자료와 일치한다는 것만 보여주었다. 당시 그들은 놀랄 정도로 낮은 오존 농도를 기기오차 탓으로 돌려 그 발견을 놓쳤다. 일단 그것이 상당히 의미심장한 것이라고 인식한 뒤에 TOMS 측정들은 계절적으로 그 영역이 줄어든다는 것을 보여 주었다. 1980년 이후에는 남극대륙을 덮을 만큼 구멍이 확장되었다(그림 9.9).

파먼과 동료들은 대기에 있는 할로겐 같은 가스(특히 클로로플루오르카본(chlorofluorocarbons); CFCs)나 아산화질소(NOx)가 성층권 오존의 화학에 큰 영향을 미친다는 것을 알았다. 또 이런 것들이 곧 오존 감소의 주범이라는 것을 알았다. 프레온은 원래 염소와 플루오르와 탄소를 포함한 분자로 냉장고나 냉방장치에 냉매역할을 하고 스프레이 종류에 충전재로 도입된 것이

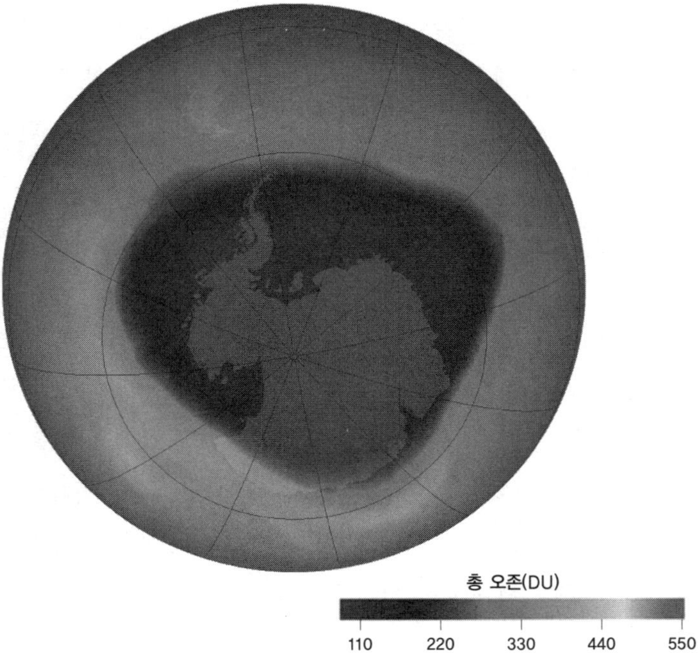

그림 9.9 2005년 10월 1일의 남극 오존 구멍. 나사 위성인 오라(Aura) 호에 탑재된 오존 측정장치에 의해 관측된 것이다. 지구 표면 위 각 지점 상공에 있는 오존 총 양은 회색 음영으로 표시하였다. 2005년에 8월 초와 10월 말에 구멍이 존재했고 9월 중순에 구멍이 최대가 되었다. NASA.

다. 이런 물질들의 몇몇은 오존을 분해하는 촉매 역할을 한다. 촉매제로서 그들의 상황은 오존 분자를 파괴한 후에 CFC 분자가 반응을 바꾸지 않은 채로 빠져나와 또 다른 오존 분자를 공격한다. 잘 알려진 바와 같이 남극대륙 바로 위의 오존 구멍은 이런 물질들에 의해 줄어든 오존량의 결과이다.

그런 물질들은 거의 북반구에서 사용되었는데 왜 남극에 오존 구멍이 생겼을까? 거기에는 두 가지 기상학적인 이유가 있다. 먼저 2-5년 사이에 방출된 모든 CFCs는 대기 중에 잘 섞이는 것으로 관측되었다. 관측에 의하면 평균적으로 CFC 분자들은 일세기 정도 대기 중에 머무를 수 있어 그들의 분포는 거의 균일하다고 볼 수 있다. 두 번째, 남극의 계절 순환이 특이성을 가지고 있다. 5월에 남극에 겨울이 오면 남극의 돌풍이라고 부르는 엄청난 기류를 형성하는데 이것이 아한대지방의 대기를 바꾸지 못하게 방해한다. 3개월이 넘는 동안 남극지방 공기는 그대로 남아 있게 된다. 반면에 온도는 끝없이 떨어진다. 남극대륙 상공에 있는 공기는 매우 건조해지고 구름이 생성되는 것이 억제된다. 즉, 물방울로 된 구름이 생길 수 없다. 남극에서 성층권의 온도는 -78℃ 밑으로 떨어지면서 질산과 물로 조성된 구름을 만들 수 있게 된다. 이런 소위 성층권 구름(PSCs)이 없는 데서 대부분의 염소와 브롬(취소)이 비활성 화합물로 결속되는데 이것들은 전혀 오존에 해가 없는 것들이다. 그러나 PSCs가 남극 겨울에 형성되면 대륙의 얼음 결정들의 표면은 촉매 오존이 해리가 일어나는 곳이다. 이런 기작원리가 효과가 있으려면 다른 유입물이 필요한데 그것이 강력한 자외선으로 약하게 결속된 분자를 깨지게 한다. 그 정도는 위에서 기술된 오존 화학반응이 방해 받지 않을 정도의 양이다. 남극지방의 겨울은 햇빛이 없으므로 남극의 봄은 오존해리가 일어날 수 있는데 필요한 것들이 모두 있는 때이다. 그래서 오존 구멍이 9월에서 10월 사이에 가장 크다. 남극의 계절적 돌풍 기류는 11월이 되어서야 없어지는데 오존이 해리된 공기의 일부가 남극지방을 떠나 적절한 위도에 뿌려진다. 그리고 그것이 뉴질랜드와 호주 그리고 남아메리카 상공의 총 오존량을 10% 정도 줄여주는 원인이 된다. 사람들은 어쩌면 북극에도 마찬가지로 오존 구멍이 있다고 추측할지도 모른다. 사실 북극 돌풍은 북반구 겨울 동안에 해마다 형성되는 것이 관측에서 나타난다. 그러나 이 회오리는 남극에서 생기는 것만큼 안정적이지 못해 가끔 따뜻하고 오존이 풍부한 공기를 북극 아한대지방으로 흘러 들어가게 한다. 한편 PSCs가 북극에도 역시 존재하는데 구멍을 형성하기에는 훨씬 적합하지 못하다. 결과적으로 북극에 오존 구멍이 있기 보다는 오히려 계절적 오존들이 북극에는 있다. 이것으로 우리는 단지 극지방에서 오존 해리가 문제가 된다는 것을 의미하지는 않는다. 오존 구멍을 형성하는 것만큼 극적이지는 않지만 성층권 오존의 일반적인 감소 추세는 중간 위도나 적도 위도에 해당하는 곳에서도 기록 보고되었다.

1980년대 중반에 세계는 오존 해리에 관한 소식으로 충격을 받았다. 결과적으로 그것이 인류에게 해를 끼친다는 것이다. 어떤 환경 문제에서도 국제 정치적 행동으로 빠르고 강력하게 CFCs 사용을 금지하는 확산운동은 없었다. 1998년까지 CFCs의 생산품을 50% 규제하라고 하는 1987년에 몬트리올(Montreal) 의정서는 상당히 주목할 만한 성과이다. 1990년에 런던에서 있었던 회의에서 몬트리올 의정서를 다시 강화해서 2000년까지는 CFCs 사용을 완전히 금지시키기로 했다. 코펜하겐과 베이징회담에서 더 많은 개선안이 만들어졌다. CFCs의 대기함유량 조차도 줄어들어가고 있다. 남극의 오존 구멍이 다시 만들어지지 않을 때까지 반세기가 걸릴 수 있다. 그러나 성공은 보장되지 않는다. 무엇보다도 먼저 성층권에서 일어나는 화학작용은 엄청나게 복잡하다. 그 문제를 풀려고 하는 과학자들은 한 문제를 해결하고 나면 또 다른 문제에 봉착하는 어려움을 겪고 있다. 더욱이 CFCs 규제는 성층권의 오존층에는 좋은 일이지만 21세기 동안 심각하게 증가하는 항공 수송에는 그렇지 않다. 오존층 화학작용에서 CFCs의 효과는 모순 속에 남아 있다.

오존이 박명 하늘 색깔에 일조를 한다지만 남극에서 계절적으로 해리가 일어나면 거기서 관측되는 하늘빛은 어떻게 변할까 궁금할 것이다. 똑같은 궁금증을 독일 브레머하펜(Bremerhaven)에 있는 알프레드 베그너 연구소(Alfred Wegener Institute)의 과학자들에게 물어 보았다. 1980년 이후로 그 연구소는 노이마이어(Neumayer) 연구 단지를 남극의 퀸 모드 랜드(Queen Maud Land)에 두고 있다. 그들은 지금까지 하늘색에 아무런 변화도 없었다고 했다. 적어도 육안으로는 말이다. 그러나 그렇다면 아무도 하늘을 제대로 바라보지 않은 것 같다. 아주 정확한 광학적 조사로는 오존 해리가 일어나는 하늘에서는 색의 변화가 검출될 수도 있다. 이 책을 쓸 때까지는 그런 작업은 없었고, 그래서 푸른 시간은 그 자체의 엄청나고 놀라운 모든 비밀을 그대로 간직하고 있다.[16]

10장

생명의 색

밤하늘을 관측하는 사람에게는 HD209458이라고 이름 붙은 별은 눈길을 끌지 못하는 모양을 하고 있다. 페가수스자리 안에 위치해 있고 사각형의 유명한 4개의 밝은 별들과 돌고래자리 사이 중간에 있어 쌍안경으로도 쉽게 볼 수 있다(그림 10.1). 1990년대에 HD209458은 우리의 태양이 지구로부터 150광년 거리에 있을 때와 매우 비슷한 모양을 하고 있다는 것을 알고 나서부터 천문학자들은 이 별에 관심을 가지게 되었다. 그 별은 우리가 낮에 보는 태양과 질량, 반지름, 그리고 광도가 거의 똑같다. 1977년에 그 별을 자세하게 관측하여야 하는 훨씬 더 흥미로운 이유를 발견해 내었다. 분광관측을 통해 이 별이 3.5일을 주기로 거의 앞뒤로 특성 있게 요동하며 돌고 있는 것을 알아냈다. 천문학자들은 이견 없이 이와 같은 움직임은 HD209458의 행성 동반자별에 의한 것이라고 결론지었다. 그 동반자별은 목성질량의 2/3 정도, 즉 지구 질량의 200배 정도의 질량을 가지는 행성이라고 결론짓고, 그 외계행성의 이름을 HD209458b라고 붙였다.

첫 번째 외계행성으로 궤도운동을 하고 있는 페가수스 51번 별을 발견했을 때인 1955년 이후로 천문학자들은 그런 천체들을 일과처럼 발견해 왔다. 그러나 HD209458을 궤도 운동하는 행성은 아주 특별한 위치에 있는 것으로 판명되었다. 1999년에 하버드 대학교의 샤르보노(David Charbonneau)와 동료들은 그 별의 밝기가 매 3.5일 마다 주기적으로 3시간 동안에 1.5% 떨어지는 것 같다고 발표했다(그림 10.2). 가장 그럴듯한 설명은 어두운 행성 앞에 밝은 별이 놓여 있다는 것이었다. 이것은 그 행성이 목성 보다 4배나 지름이 큰 거성이어야 한다는 것을 의미한다. 우리 시선 방향과 그 별의 궤도 평면이 일치하는 것은 우리에게 많은 관측을 할 수 있도록 했는데 그것은 다른 외계행성의 경우 불가능한 것이었다. 그래서 2002년에 HD209458은 항상 학계에서 주요 뉴스 거리였다. 샤르보노를 중심으로 하는 천문학자들 모임

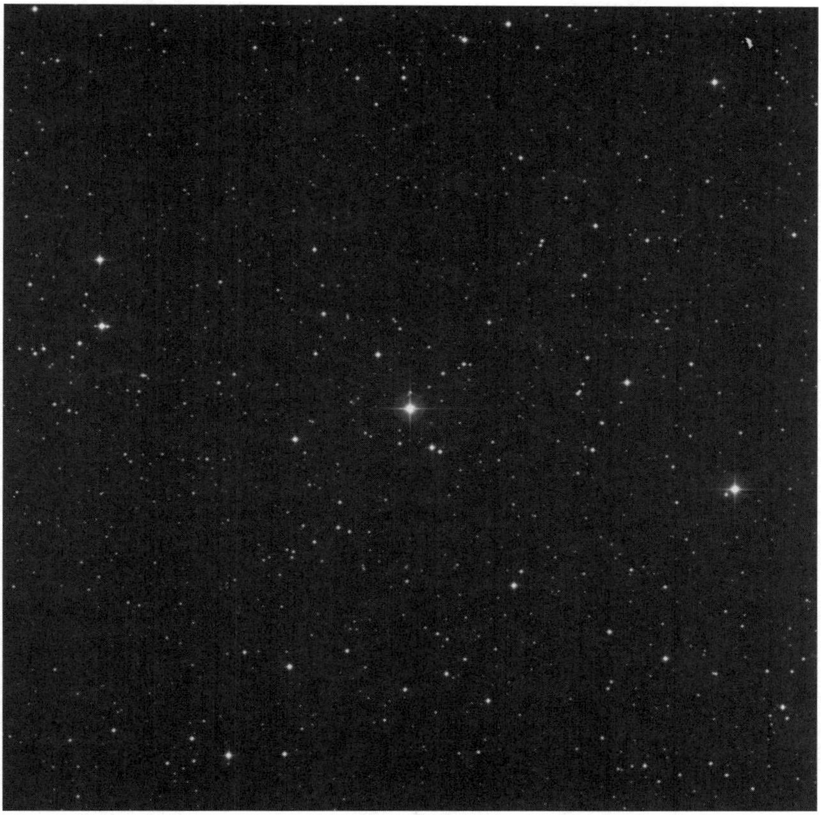

그림 10.1 1997년 이후 페가수스자리에 있는 HD209458(중앙)은 거대 가스형 행성 하나를 거느리고 있는 것으로 알려졌다. 십자는 망원경에서 일어나는 반사에 의해 생긴 것이다. 디지털 하늘 탐사 / 내셔널지오그래픽협회.

은 지금은 파사데나(Pasadena)에 있는 캘리포니아 공과대학에 있는데, 행성 HD209458b 주위에 있는 나트륨 가스층을 발견하기 위해 허블 우주 망원경을 사용했다. 그 후 얼마 지나지 않아 파리의 천체물리 연구소의 비달-마드자(Alfred Vidal-Madjar)가 이끄는 프랑스 천문학자 팀들이 그 행성에 수소 가스로 된 확장된 포피(envelope)가 있다는 것을 발견했다. 처음으로 우리 태양

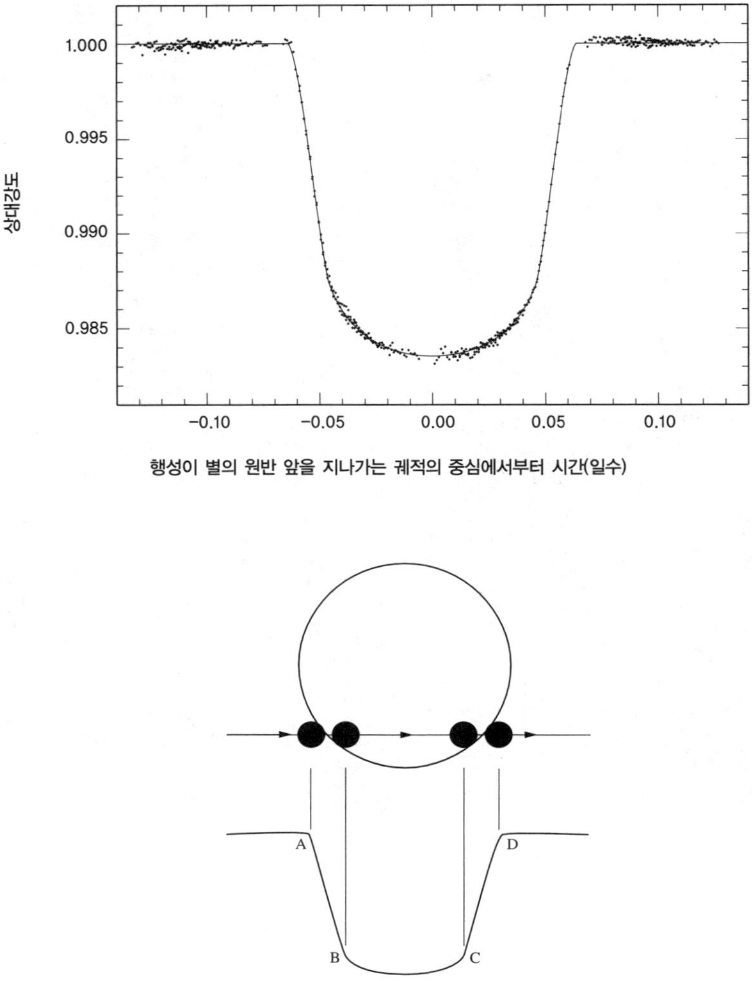

그림 10.2 매 3.5일마다 세 시간 동안 HD209458의 빛이 1.5% 감소된다(위). 이것은 그 별 앞에 하나의 행성이 놓여 지나가는 동안 일어나는 가시효과로 해석되었다(아래). 그림에서 검정색으로 채워진 원이 행성이고 커다란 열린 원이 별인데 A위치에서 행성이 별로 들어가면 밝기가 A에서 B로 떨어진다. B에서 C 사이는 행성이 별의 원반 앞을 지나가는 것이고 D점에서는 행성이 별 앞을 지나가는 것이 끝나는 곳이다. 브라운(Timothy Brown) / 미국 천문학회.

계 바깥에 행성이 대기를 가지고 있다는 것을 보여 주었다.

이 발견은 우리의 지구와 견줄만한 두 번째 지구를 발견할 수 있는 커다란 디딤판 같이 느껴졌다. 그리고 거기에 진화된 생명이 은둔해 있을 수도 있다고 느껴졌다. 불행히 HD209458b와 또 다른 외계행성들은 천문학자들의 꿈을 실현시키지 못한 것으로 판명되었다. '뜨거운 목성' 이라고 부르는 이런 천체들의 대부분은 가스가 풍부한 행성으로 그 행성들의 중심별을 아주 완벽하게 근접한 궤도운동을 하고 있다. 1,000에서 2,000켈빈 사이의 대기 온도를 가지고 있어 생명에게는 친화적이지 못하다. 더군다나 적어도 HD209458b 경우에는 대기가 더 많이 증발되어 있어 행성이 자체 포피를 혜성의 꼬리처럼 길게 늘어지게 한다.

그럼에도 불구하고 이것은 아주 흥분된 시기가 도래하는 시작이었다. 지구 질량을 가진 또다른 행성들이 태양이 아닌 다른 별들을 궤도운동하는 것을 발견하는 것은 단지 시간문제이다. 그런 천체가 존재한다는 것을 의심하는 천문학자들은 아무도 없다. 그러나 거기에 생명이 은둔하고 있는지 아닌지를 어떻게 말할 수 있을까? 만약 거의 가능성은 없는 것이겠지만 우리가 라디오나 TV방송을 받을 수 있다면 이 질문은 극적으로 종결을 볼 것이다. 그러나 지구에서 생명이 시작된 데서부터 라디오나 TV방송이 발명되는 데까지 30억 년 이상이 흘러갔다. 만약 우리가 외계에서 전송되는 TV방송이 있을 것을 기대한다면 우리는 사람이 살고 있는 세계를 너무 많이 그냥 지나쳤는지도 모른다. 행성의 대기를 공부하면서 다른 세계에서 생명을 발견할 수 있는 기약이 있을 것으로 여겨진다.

이것을 달성하기 위한 첫 번째 시도가 1990년에 있었다. 그 목표는 그렇게 멀리 떨어져있는 외계행성이 아니라 우리가 거주하는 우주 고향인 지구였다. 1989년 10월에 발사된 NASA 우주선 갈릴레오(Galileo) 호가 그해 12

월에 우리 행성 지구를 지나갔고 거기서 목성으로 가는 길에 우주선의 행성궤도 근접통과를 실시했다. 가장 가까운 지점이 960 km로 카리브 해 상공이었다. 갈릴레오가 1609년에 목성의 가장 큰 네 개의 달을 발견한 것을 기리기 위해서 그의 이름을 딴 우주선은 가시범위는 물론 적외선 부분의 빛을 포함한 전자기 복사를 분석할 수 있도록 카메라와 분광계로 장비를 갖추었다.

우주선 갈릴레오 호가 지구에 근접했을 때 그 기기들이 지구를 향했다. 그 기기들은 작고한 세이건(Carl Sagan)이 이끄는 팀에 의해 분석된 자료를 기록했다. 세이건은 뉴욕 주 코넬 대학교에서 행성천문학을 연구했고 천문학의 대중화로 명성을 얻었던 사람이다. 지구 표면 위에 사람이 만든 물체들을 분해하기에는 충분하지 못했지만, 그래도 그 팀은 그들의 측정치로부터 지구 상에 생명의 존재에 대한 힌트를 얻었다고 결론지었다. 대기 중의 구성요소인 산소, 오존, 수증기, 그리고 메탄은 특별히 주목할 만한 것이었다. 근본적 이유는 생명의 존재는 지구 대기의 조성에 대한 화학적 비평형을 유지할 필요가 있다는 것이다. '대기적 생물학적 증후' 이외에 행성 표면의 분광분석은 근적외선 파장 대에서 아주 날카로운 방출선을 보여준다. 그것은 식물의 잎에서 나타나는 전형적인 양상으로 그것이 바로 '표면 생물학적 증후' 이다. 그리고 그 뿐만 아니라 거기에 아주 좁은 밴드가 있는데 그것이 전파 투과로 생기는 펄스였다. 세이건과 그의 팀은 그것이 유일하게 지적생명에 의해 만들어지는 것이라고 결론지었다.

그로부터 수년이 흐른 지금 과학자들은 멀리 있는 행성들의 분광사진에서 잠정적인 생물학적 증후에 대해 격렬한 토론을 지속하고 있다. 다윈(Darwin)과 TPF(Terrestrial Planet Finder; 지구형 행성 탐사체)는 위성 탐사에 대한 준비가 시작되었다. 그리고 그것들이 2015년 이후에 외계태양계의 분광

사진을 제공할 것이다. 생명추적은 이런 물체들의 분광 사진에서 발견될 수 있을지도 모른다. 그러나 지금까지 해온 연구는 이런 과제가 매우 도전 적인 임무임을 시사한다.

푸른 행성

세이건과 동료들이 발견한 것은 우리에게 지구는 우주 안에 있는 오아시스라는 것을 상기시킨다. 우리 태양계에 있는 다른 행성들에 생명이 있을 것이라는 것은 배제할 수 없지만, 지구만이 오랜 시간에 걸쳐 지속적인 진화를 경험할 수 있었던 유일한 장소이다. 지구는 생명이 행성진화에 틀을 잡아가는 역할을 하는 유일한 곳이라고 알고 있다. 그리고 생명이 거주하는 곳으로 유일할 뿐만 아니라 지구의 겉보기 색이 매우 특별하다. 종종 지구를 푸른 행성이라고도 하는데 사실 그것은 맞지 않다. 약간 초록색 기가 있지만 천왕성과 명왕성도 마찬가지로 푸르게 보인다(색판 24). 그러나 이들 두 행성과 지구 사이에는 결정적인 차이가 있다. 천왕성과 해왕성은 가벼운 가스들로 만들어진 밀도가 높은 대기를 가지고 있는 거대한 가스 공이다. 그것들은 어쩌면 내부에 아주 작은 고체 핵을 가지고 있을 것이다. 또 액체 상태인 물이 존재하기에는 그 두 행성은 너무 차갑다. 물은 우리가 아는 범위에서 생명의 존재를 위한 필수 조건이다. 더욱이 그 두 행성의 대기가 푸른 것은 레일리 산란에 의한 것이 아니고 메탄 가스에 의해 태양빛의 주황색과 빨간색이 흡수되어서 파랗게 대기가 보인다는 것은 놀랄 일이 아니다. 메탄 가스는 이 두 행성의 대기에는 매우 풍부하다. 지구는 태양계에서 유일하게 레일리 산란에 의한 '레일리-블루(Rayleigh-blue)' 행성이다. 이 뛰어난 색이 행성 위에 생명의 존재와 관련되는 것일까?

지구는 우리가 알고 있는 생명을 형성할 수 있는 본거지로서 완벽하게 갖추어진 것 같고 동시에 적어도 레일리 산란이 관여되는 한 지구는 최상의 푸른 하늘을 가진다. 펜실베이니아 주립대학교의 기상학자 보아렌(Craig Bohren)과 프레이저(Alistair Fraser)는 컴퓨터 시뮬레이션으로 이것을 보여 주었다(그림 10.3). 지구 대기로 들어오는 태양빛이 완벽하게 레일리 산란에 의해 산란할 수 있는 대기를 가정하여 대기 중에 존재하는 공기 분자들의 양이 푸른색의 채도와 하늘의 밝기에 대비해 완벽에 가깝게 절충되는 것으로 판명된다. 공기의 양을 10배로 증가하면 하늘의 밝기가 밝아지는데 비해 푸른색 채도는 엷어지고 흐려진다. 반면에 공기의 양을 1/10로 줄이면 하늘색은 채도가 훨씬 더 늘어나지만 하늘이 더 어두워져서 색깔이 보이지 않게 된다.

분자량을 떠나서 지구를 둘러싸고 있는 공기의 조성도 푸른 하늘에 영향을 미친다. 산소는 이 문제에서는 세 가지 중요한 의미를 가진다. 먼저 질소와 함께 99%가 레일리 산란 입자들을 만든다. 두 번째 오존층–따라서 박명하늘의 푸른빛은 이들 가스로부터 유도된다. 마지막으로 산소는 두 개의 가장 중요한 '정화 매체' 이다. 즉, 하나는 오존(O_3)이고 다른 하나는 수산기(OH)이다. 이들의 높은 반응도 때문에 둘은 서로 다른 입자들과 붙고 공기 중에서 분리된다. 이것은 중요하다. 왜냐하면 에어로졸은 아주 적은 양으로도 푸른색의 채도를 심각하게 줄일 수 있기 때문이다.

우리가 오늘날 지구의 대기 조성을 지구형 행성인 금성과 화성의 대기와 비교하면 지구는 산소량이 월등히 뛰어나다(표 10.1). 이것이 지구 위에 유기적 생명이 있도록 하는 합리적인 이유인 것 같다. 이런 기체들은 지금도 오존층이 부족한 지구의 인접한 행성들에서처럼 어떤 생명도 거주하지 않는 아주 초창기 지구의 대기에서는 아마 거의 없었을 것이다. 현재의 지구 대기에는 이산화탄소의 적은 비율이 역시 주목할 만하다. 왜냐하면 이 기체

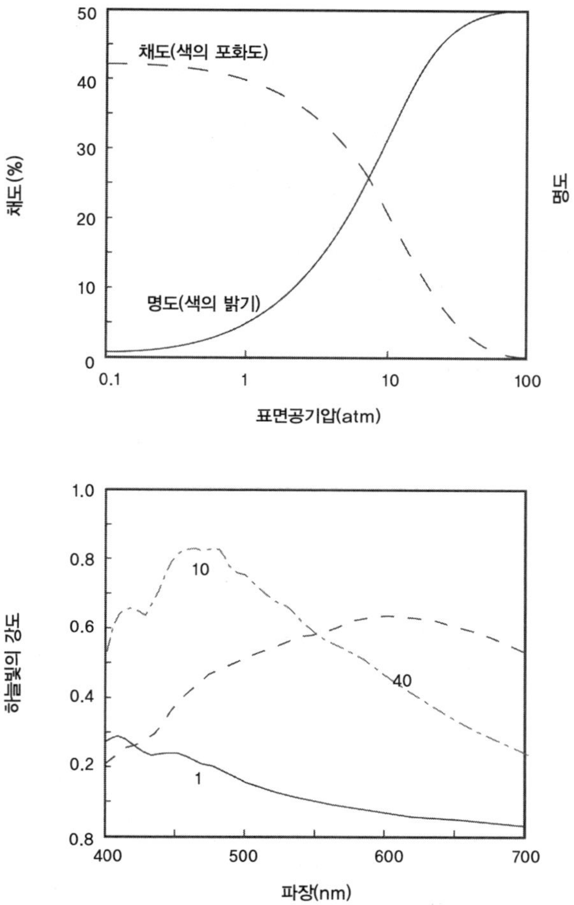

그림 10.3 지구 위에서 대기 가스의 현재양은 특히 레일리-블루 하늘의 시계를 이끌어 가고 있다. 기상학자 보아렌과 프레이저는 이것을 보여준다. 위의 도표는 푸른색의 채도를 나타내고(퍼센트(%); 파선) 그리고 하늘의 밝기(임의의 단위; 실선)는 공기압의 함수로 나타낸다. 공기압의 단위는 여기서 해면 기준으로 지구 대기의 기류 압이다. 아래 그림은 하늘의 가시광선 영역의 분광 강도 분포를 보여 준다(1; 실선). 마찬가지로 똑같은 조성을 가진 가정적인 대기지만 10배(1점 쇄선)와 40배(파선)의 질량을 가진 경우를 나타낸다. Reproduced from Craig F. Bohren and Alistair B. Fraser, "Colors of the Sky," *Physics Teacher* 23(1985), 271(above) and Craig F. Bohren, "Atmospheric Optics," in *Encyclopedia of Applied Physics,* ed. G.L. Trigg, (Weinheim: VCH Verlagsgesellschaft, 1995), 12:411 (below).

표 10.1

금성, 지구와 화성의 대기에서 관측된 성분들을 지구에 생명이 없을 때를 가정한 경우의 지구 대기성분과 비교

평가된 성분	금성	지구		화성
		생명이 없는 경우 (가정적인 경우)	지금과 같은 경우	
태양까지 거리 (백만 km)	108	150	150	228
반지름 (km)	6,049	6,371	6,371	3,390
태양조도 (Watt/m^2)	2,631	1,367	1,367	589
대기 중의 질소 함유량 (부피 당 %)	3.2	<2	78	2.7
대기 중의 산소 함유량 (부피 당 %)	아주 적은 양만 있음	아주 적은 양만 있음	21	아주 적은 양만 있음
이산화탄소 (부피 당 %)	96	98	0.035	95
표면 압력(atm)	90	60	1	0.0064
온실온난화(℃)	+446	+270 ± 50	+33	+3
평균표면온도(℃)	427	290 ± 50	15	−53

출처: James E. Lovelock, *Gaia: A new Look at Life on Earth*(Oxford: Oxford University Press, 1979), 39; Bruce M. Jakosky, "Atmospheres of the Terrestrial Planets," In *The New Solar System*, ed. by J. Keally Beatty, Carolyn Collins Petersen, and Andrew Chaikin, 4th ed. (Cambridge, Mass.: Sky Publishing Corp. 1999), 176.

는 금성이나 화성의 대기에는 압도적으로 많은 화학 조성분이다. 표면 온도에서 지구는 이 세 행성들 중에서 가장 살기가 좋은 행성이다. 지구에서만이 액체 상태의 물이 발견되었고 화성에서는 얼어 있는 상태의 물이 발견되었으며 금성에서는 가스 형태로 물이 존재한다.

아주 젊은 지구에는 아마도 푸른 하늘이 없었을 것이다. 한 가지 예로 많은 이산화탄소 가스와 물 분자가 푸른색의 채도를 심각하게 떨어트렸음에 틀림없다. 이 효과는 오늘 우리가 수평선 가까이에서 창백하게 탈색된 하늘을 보는 것과 같다. 그리고 그것은 어떻게 빛이 천정 방향 보다 35배나 더 많은 양의 공기에 의해 산란되는가에 대한 감을 가지게 하는 것이다. 젊은 지구의 대기는 두 배나 많은 이산화탄소 분자를 가지고 있다. 그래서 거기에는 아마도 레일리-블루가 거의 남아 있지 않을 것이다. 산소의 부족은 공기의 자정 능력을 떨어트리고 그것은 나아가서 젊은 지구의 많은 활화산에서 쏟아져 나오는 에어로졸을 대기 중에 오래 남아 있게 한다. 거기에는 오존층이 없으므로 박명 하늘에 어떤 오존의 푸른 시간도 없었을 것이다. 40억 년 전에 하늘은 아마 지금보다 훨씬 더 밝고 창백한 흰색이거나 에어로졸과 황산 구름으로 아마도 노란색을 띠기도 했을 것이다. 어떻든 지금과 같은 푸른 하늘이 되는 데에는 엄청나게 긴 시간이 걸렸다. 그 여정(旅程)에는 대기의 진화가 포함되어 있고 생명의 기원이 포함되어 있다. 만약에 우리가 푸른색이 어디서 생겼는지를 이해하기를 원한다면 우리는 태양계의 탄생이 시작된 시간으로 되돌아가야만 한다.

어떻게 거주할 수 있는 행성으로 만드나

태양과 태양계에 속해 있는 행성들은 46억 년 전에 원시성운에서 형성되었다. 그것은 기체와 티끌로 된 회전하는 원반이다. 오늘날 우리는 이 구름의 화학적 성질을 현재의 태양계의 화학 조성으로부터 알 수 있다. 우리는 다른 혼합물의 성분들 가운데 태양계는 최근에 초신성으로 폭발한 하나 또는 여러 별들의 잔해로부터 생장했다는 것을 안다. 이것이 젊은 행성 지구에 금이나 다른 무거운 금속들과 마찬가지로 방사능이 높은 물질의 존재를 설명할 수 있는 유일한 길이다. 컴퓨터 시뮬레이션은 이들 원반에 티끌이 보다 더 큰 물체로 뭉쳐진다고 제안한다. 그것을 원시행성이라고 부른다. 그들은 서로 충돌하고 1억 년의 세월이란 과정을 겪고 태양계의 내행성(수성, 금성, 지구, 그리고 화성)들을 형성한다. 그때 이미 태양계의 외행성으로 가스가 풍부한 행성(목성, 토성, 천왕성, 그리고 해왕성)들은 고체형 행성들과 심각하게 다른 양상을 하고 있다. 지구는 이웃행성인 금성과 화성을 많이 닮았다. 이미 이들 세 행성은 대기를 가지고 있는 것이 가능하지만 그런 대기들은 오늘날까지 존재하지는 못했을 것이다. 가끔 거대한 바위덩어리들은 원시성운으로부터 나와 대기 중에서 충돌해 부서진다. 그 충돌로 인해 생긴 에너지는 형성되어 있었던 어떤 대기도 증발시킨다.

원시행성 사이에 이런 충돌로 생긴 열은 그 자체 중력과 함께 젊은 지구 내부에 형성된 여러 층을 만드는 원인이 되며 그것은 양파 같이 겹겹이 싸여있는 층과 같다. 무거운 금속화합물은 핵을 형성하고 그 주위에 맨틀과 지각이 만들어진다. 44억 년 전에 이미 자리를 잡은 지구 핵은 대기 생성 역사의 중추적 역할을 한다. 왜냐하면 아주 깊은 곳에서 일어나는 방사능 붕괴는 화산을 조장하고 대륙의 표류와 산을 형성하는 원인이 되기 때문이다. 화산에서 나오는 가스는 원시대기를 형성하는데 그 가스 포피는 지금의 지구 대기와는 너무 많이 다르다. 그것의 주성분은 수증기(H_2O), 이산화탄소(CO_2), 질소 분자(N_2)와 소량의 메탄(CH_4), 암모니아(NH_3), 이산화황(SO_2) 그리고 수소(H_2)이다. 젊은 지구에는 큰 운석들이 연속적으로 떨어져 충돌하고 젊은 바다를 증발시킬 만큼 많은 에너지가 방출되므로 그런 지구는 생명에게 친화적인 곳이 아니었다.

약 38억 년 전에 우주에서 들어오는 폭탄세례가 점차 느려지게 되었고 그로부터 3억 년 뒤 그러니까 35억 년 전에는 처음으로 유기물이 나타났다. 서부 오스트리아의 와라우나(Warawoona) 그룹은 고생물학자들이 화석으로 남아 있는 것을 발굴조사하고 있다. 멀리 있는 호주의 오지에서 퇴적암들은 실제로 지구 역사와 같은 역사 동안에 판구조 변화와 화산 폭발, 그리고 날씨 등의 예외적인 환경에서도 변하지 않은 채로 남아있다. 물론 와라우나의 바위들은 비바람을 맞았고 그들의 붉은색은 퇴적암 속에 포함되어 있는 철의 산화로 생긴 것이다. 최초의 생명 형성에 대한 흔적을 이런 것에서 찾고자 하는 것이 어쩌면 아주 낙천적인 것 같다. 그러나 종종 퇴적암에 있는 스트로마톨라이트를 매우 빼어나게 닮은 물결 모양의 적층(積層)물과 호주의 보초(堡礁)와 카리브 해의 얕은 개펄에 존재하는 것으로 알려진 표면이 알갱이 모양인 미생물의 형성물을 발견했다. 1990년 초기에 스탠포드 대학교의 로베(Don Lowe)와 지리학자들 사이에 학문적으로 활동적인 동료들에 의해 이들의 구조가 발견되었다. 그러나 십년 뒤에 로베는 본래 자리에서 정년퇴임하였다. 바위 형성에 대한 나이 결정은 논리에 맞는 반면 그는 바위 구조는 무생물적 화학 과정이 원인이었다는 것을 받아 들여야 했다. 이 논란은 지금도 계속되고 있다.

와라우나로부터 초기 생명의 흔적으로 해석되는 다른 발견이 있다. 규질암은 바위를 얇게 저며 현미경으로 보았을 때 고생물학자들에게는 화석 박테리아처럼 보이는 미세 구조를 드러냈다. 그러나 이것에 대해 비판하는 견해들은 이들 구조는 단순히 열수작용에 의한 지질학적 결이라고 주장한다. 남아프리카에서 아주 오래된 바위형성물에서 발견된 것과 그린란드에서 발견된 것들이 비슷한 양상을 보인다. 이런 종(種)들이 논쟁의 불씨가 되는 만큼 남서쪽 그린란드에서 떨어진 아킬리아(Akilia) 섬에서 발견된 것들에 대한 해석을 둘러싸고 불확실한 것들이 더 많다. 그것들로부터 추정된 생명의 출현 연대는 3억 년 더 빠르다.

과학적인 논박들에도 불구하고 이와 같은 증거는 우리 행성이 격렬하게 시작된 이후에 지구 위에 생명이 자리 잡을 수 있는 첫 번째 기회를 가질 수 있었던 효과로 떠오르고 있는 것 같다. 몇몇 천체 생물학자들에게는 이런 것이 생명은 예외 없이 우주에 광범위하게 퍼져 있는 현상임을 말해 주는 것이다.

가장 최초의 녹조류는 물과 이산화탄소 원자를 쪼개는 태양 에너지를 이용해 광합성을 해서 탄수화물을 만들었다. 이런 과정들을 통해 산소 분자(O_2)는 자유롭게 되어 대기 중에 방출된다. 반면에 탄소는 공기에서 분리된다. 공기에서 이산화탄소를 추출하여 물에 용해시키면 산소 분자가 자유롭게 되어 푸르고 녹색인 녹조류가 대기의 조성을 지속적으로 바꾸기 시작한다. 즉, 퇴적암에 축적되는 탄소를 제공한다. 먼저 이런 과정을 통해 자유롭게 된 산소량이 다른 지구화학적 과정에 의해 소모될 수 있는 양을 초과하지 않는다. 그러나 약 20억 년 전까지 대기적 산소 농도는 오늘날 산소량의 1%에 달하였으며 계속 증가하고 있다. 약 7억 년 전에는 오늘의 산소량의 10%가 있었고 4억 년 전에는 공기 중의 산소는 체적 당 21%인 현재 산소비율에 도달하였다(그림 10.4).

이런 산소 농축의 증가율은 행성인 지구의 역사에 혁명을 일으켰다. 그때까지 대기는 줄어들었는데, 그것은 유기물에 의해 자유로워진 산소가 화학반응에 의해 빨리 소진되었다는 것을 의미한다. 바다와 공기 중에는 산소와 붙으면 산소와 작용하여 산화될 수 있는 화합물이 있다. 그러나 6억 년

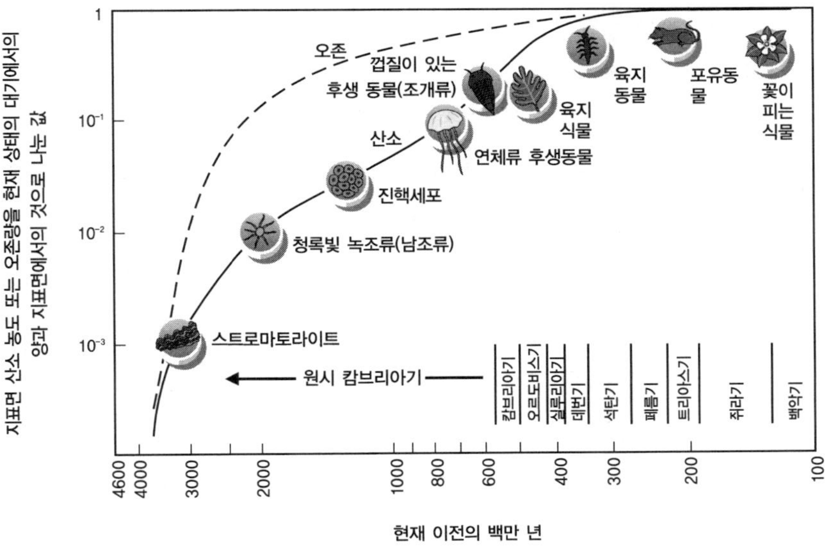

그림 10.4 지구의 현재 대기에서 산소는 질소 다음으로 가장 많은 원소이다. 식물의 광합성때문에 그런 높은 농축도가 저절로 생긴 것이다. 과거 30억 년에 걸쳐 지질학적 과정들에 의해 공기에서 탄수화물이 제거되었다. After Richard P. Wayne, *Chemistry of Atmospheres*, 3rd ed. (Oxford: Oxford University Press, 2000), 672.

전에는 성장하고 있는 박테리아의 집단이 산소를 생성하는 비율이 화학 반응에서 발생하는 산소 소모율을 능가했다. 결과적으로 먼저 대기가 산화되고 곧 바로 바다도 마찬가지로 산화되었다. 이미 공기와 물에 녹아 있어서 산소와 결합된 많은 화학 물질들도 산화되었다. 오직 산소가 없는 생태적 조건에서만 이런 물질들은 결합되지 않은 상태로 존재하고 있다. 물질대사가 이런 과정들로 작동 중에 있는 박테리아에 대해서 결과는 재난이었다. 결국 그들은 산소가 부족한 환경에 의존하게 되었다. 지구상에 생명의 역사에서 최악의 위기가 되게 한 앞서 압도적으로 많았던 혐기성(嫌氣性) 유기물들이 거의 대규모로 죽어서 없어진 것이다. 반면에 호기성(好氣性) 유기물들은 전성기가 시작되었다. 2억 년 이내에 산소를 사용하는 종들이 출현되어 물과 공기에 포함되었다.

그러나 이 기간 동안에 생명만이 급격한 변화를 겪은 것은 아니며 마찬가지로 하늘색도 많은 변화를 겪었다. 대기 속에서 산소의 화학적 반응은 상당히 많은 양의 산화된 에어로졸을 만들어냈을 것이며, 그로 인해 공기 중에서 산소가 제거되었을 것이 틀림없다. 미 산란으로 먼저 하늘빛을 하얗게 만든 많은 양의 크기가 큰 에어로졸은 레일리 산란된 푸른빛을 더 이상 흐리게 할 수 없었다. 대기 가스의 질량은, 오늘날의 대기 질량의 60배가 되는데, 그 사이 상당히 줄어들었고 그래서 다중 산란을 심각하게 줄였다. 동시에 산소 공급이 증가한 덕택에 성층권에 오존층이 형성될 수 있었다. 이것이 단지 오존의 푸른 시간을 가능하게 한 것은 아니고 지구를 태양 자외선으로부터 보호 받을 수 있게 하였다. 이 점이 아마 하늘을 푸르게 한 것일 수 있다. 오존층의 형성과 푸른 하늘은 즉시 건조한 땅 위로 식물과 동물들을 이주 정착할 수 있도록 했을 것이다.

한편 우리는 단지 푸른 하늘이 나타난 때를 거의 정확하게 추측할 수 있다. 지구 위에 살고 있는 생명이 하늘의 푸른색 형성에 영향을 미쳤을 것이 가장 있을 법한 일이다. 미생물이 현재 지구 대기조성에 강한 영향력을 가지고 있다는 것을 의심할 여지가 없다. 실제로 대기가 포함하고 있는 모든 산소는 광합성의 산물이다. 아마도 대기 중에 이산화탄소의 농도가 낮은 것도 같은 이유로 설명할 수 있을 것이다. 이산화탄소의 농도가 원시대기에서보다 천 분의 일로 줄었다. 초록 잎을 가진 식물은 땅 위에서 가장 활발한 광합성을 하고 있지만 초록 잎을 가진 식물들이 대기의 산소량을 증가시키는 근원은 아니다. 이것은 광합성으로 내 놓는 산소가 동물들의 호흡과 식물들의 부패로 균형이 잡히기 때문이다. 이와 반대로 바다에서 녹조류나 플랑크톤에 의한 해조 광합성은 산소의 알짜 소득원이 되고 이산화탄소는 바다의 퇴적암 속으로 묻어둔다.

어떤 전문가는 무생물적 과정도 역시 대기 중에 이산화산소를 없앨 수 있고 그래서 산란 입자들의 수를 줄일 수 있다고 생각한다. 이런 관점에 따라 대기의 높은 층에는 이산화탄소가 온실효과를 유발하고 결과적으로 대기 온도를 상승시켜 많은 양의 물을 증발시킨다. 그러면 강수(降水)는 공기 밖으로 이산화탄소를 씻어낸다. 지구 표면에서 이 가스는 탄산염 바위들의 형성으로 공기에서 고갈될 것이다.

생명의 영향력이 있든 없든 오늘의 지구 위에 탄소는 상당 부분이 바위와 결속되어 있다. 반면에 금성은 탄소의 대부분이 온실 가스인 이산화탄소 형태로 대기에 있다. 질소는 우리 대기에 포함되어 있고 그것은 현재 여전히 78%를 공기 부피 안에 차지하고 있다. 그러나 질소는 생물학적 과정에 의해 전혀 영향을 받지 않는다. 질소는 대부분이 화산분화구에서 나오는 기체로 45억 년 동안 방출되고 있다. 오히려 아르곤은 대기 중에 세 번째로 많은 것으로 방사능 붕괴의 생성물로 축적되어 있다.

지구의 대기가 어떻게 진화하였는지에 대한 간단한 스케치로 우리는 이해할 수 없는 수수께끼를 넘겼다. 청록빛 녹조류는 35억 년 전에 나타난 광경이고 지구는 지금까지 그것을 계속 살게 한 것으로 보인다. 더욱이 4억 년 전까지 바다는 매우 중요했는데 그것은 식물이 살 수 있어서만은 아니다. 물속에서 살 수 있기 위해서는 온도가 결빙 온도 이상이어야 한다. 거주하기에 가능한 가장 높은 온도는 물의 끓는점으로 결정한다. 단백질을 포함한 세포는 온도가 단지 60℃까지에서만 존재할 수 있다. 반면에 어떤 박테리아는 간헐천이나 '블랙 스모커'라 불리는 깊은 바닷속 열수분출공의 온도가 125℃ 되는 물이나 증기에서 번성한다. 따라서 지구의 표면 온도가

0–125℃ 사이에서 변동이 있을 수 있을 뿐이다.

지구에서 진화하는 생명이 살 수 있는 환경조건을 이렇게 좁게 제한하는 사람들은 지질학자나 생물학자들이었다. 그들의 주장을 신뢰하기 위해서는 그들의 의견이 또 다른 과학자들, 예를 들어 천문학자들의 의견과 일치하여야만 한다. 지난 수십 년 동안 천문학자들은 별의 진화와 구조에 대한 컴퓨터 모델을 만드는 데 엄청난 진전을 보였다. 그리고 천문학자들은 특히 태양을 가장 잘 이해하고 있다고 믿고 있다. 태양은 평균적인 별이다. 그리고 그것의 구조와 내부 성질들에 대해 그들은 당당하게 확신하고 있다. 예를 들어 태양의 중심부에서 평가된 온도는 1,500만 켈빈이고 이 값은 태양 내부를 관통하여 태양 표면에서 소리파의 특성적 형태에 의해 확인되었으며 태양의 온도 구조와 일치한다. 태양 진화의 표준 모형의 한 가지 양상은 태양의 에너지 출력이 지구의 초기 진화인 30억 년 동안은 30%까지 증가하였을 것이다. 그러나 이것은 하나의 역설이 되는데, 아주 일정한 생명권의 온도 상승은 태양 복사에너지의 증가에 모순이 되는 것 같으며 그런 온도 상승률은 지구 온도에 상당한 온도 상승 효과를 가져다주었을 것이다.

온실 안 지구

어두운 젊은 태양에 관한 역설에 대한 해답은 1824년에 푸리에(Jean Baptist Joseph Fourier)에 의해 처음으로 지적되었던 과정이 포함되어 있다.[1] 프랑스 수학자 푸리에는 지구의 대기는 온실에 버금간다고 주장했다. 거기서 태양빛은 밖으로 나가지 못하고 잡혀서 지구에서 다시 반사되어서 열복사를 가지고 있는 온실이라고 주장했다. 온실효과는 그가 말했던 대로 우리 행성의 표면을 데워 주었다. 푸리에는 이것이 지구에서 생명이 살 수 있는 기작원리라고 생각했다. 그것이 없었다면 지구는 얼어버렸을 것이고 우주 공간에서 거칠게 이동하면서 움직이는 생명이 없는 바위였을 것이다.

연구자들은 적외선 복사가 여러 종류의 가스에 어떤 영향을 미치는지를 알았을 때, 이 가정적인 과정의 원인을 이해하기 시작했다. 40년 후에 틴들은 질소와 산소 가스가 공기의 99%를 차지하고 있다는 것을 알았다. 그리고 그것이 온실효과에 아무런 영향을 미치지 않는다는 것을 알았다. 그 두 가지 기체 중에 어느 한 기체도 열 복사에너지 전파에 아무런 영향을 미치지 않기 때문이다. 이것은 수증기나 이산화탄소의 경우와는 전혀 다르다. 틴들은 그것에 대해서 다음과 같이 기술하고 있다.

> 눈에 띄지 않는(보이지 않는 열) 광선에 그렇게 파괴적인 작용을 하는 물 같은 증기는 비교적 빛에 투명하다. 태양에서 나와 지구에 도달하는 열과 지구로부터 복사되어 우주 공간으로 방출되어 나가는 열은 대기의 물 같은 증기의 특이한 작용에 의해 광범위하게 증가하게 된다. ... 비슷한 견해들은 공기 중에 분산되어 있는 탄산에도 적용된다. 반면에 탄화수소 증기의 어떤 미미한 혼합은 지구의 광선들에 커다란 효과를 만들 것이며 기후에도 그에 대응하는 변화를 줄 것이다.[2]

수증기와 이산화탄소는 가시광선은 투과시키지만 열복사나 자외선은 흡수하는 성질이 있다. 이런 성질을 가지고 있는 모든 가스들을 온실 가스라고 부른다. 푸리에와 틴들이 언급했듯이 그 가스들은 기후변화에 매우 큰 영향을 미친다. 우리 행성 지구에 도달하는 태양에너지의 대부분은 가시광선의 형태이다. 그리고 그것은 표면을 데우고 부분적으로 다시 적외선(열)으로 복사된다. 공기 중의 온실 가스는 이 복사열을 우주 공간으로 나가게 하는 것을 방해한다. 그래서 대기 밖으로 나가는 대신에 대기 안에 머무른다. 결과적으로 대기와 지구의 표면은 더워지게 된다.

틴들의 발견을 염두에 두고 30년 후에 스웨덴 화학자 아레니우스(Svante Arrhenius)는 이런 것들을 포함한 계산을 수행했는데, 계산으로부터 대기에 탄소 응축도가 50% 떨어지면 지구 대기 온도를 4–5℃ 떨어지게 한다는 결론에 도달했다. 아레니우스는 이와 같이 상대적으로 희박한 대기 가스 응축도에 나타나는 요동이 과거 천년 동안에 빙하기와 온난기를 조장했을 것이라고 추론했다. 그러나 그는 대기 중의 이산화탄소의 비율이 정말로 빙하기를 조장할 만큼 큰 폭으로 변동하는지는 알지 못했다.

자연적으로 발생하는 수증기 양과 대기 중의 이산화탄소는 지구의 평균 표면 온도를 −18℃에서 +15℃까지 높였다. 그래서 지구에서 식물이 살 수 있게 되었다. 이러한 자연적인 온실효과는 30억 년 이상 중대한 위기에서 지구의 생명을 보호하는 기후를 안정시킨 부분이다. '어두운 젊은 태양' 에 관한 역설을 되돌아보면 온실효과는 지구상의 생명에 대한 산파 역할을 했다. 동시에 대기와 지각의 상층부와 복합적으로 상호작용하는 부분이기도 하다. 만일 과거에 입사 태양에너지가 감소하여 지구의 표면 온도를 낮아지도록 했다면 이것은 풍화작용하는 바위들이 이산화탄소를 흡수할 수 있는 (온도에 의존하는) 용량을 감소시켰을 것이다. 따라서 대기에서 이산화탄소가 제거되었을 것이다. 동시에 이 온실 가스는 분화구에서 계속 분출되어 공기에 쌓여 있게 되었다. 결과적으로 온실효과는 증대되어 대기의 온도를 올렸음에 틀림없다. 그러나 이것이 다음으로 바위가 이산화탄소와 결속할 수 있는 비율을 증진시켰고 공기 중에 남아 있는 가스량은 일정 수준에서 안정되었다. 그래서 이산화탄소의 온실효과는 지구 표면의 온도를 조절하는 기작원리로 나타난다. 그러므로 태양의 출력에너지에 어느 정도 변동이 있어도 지구의 표면 온도를 일정하게 유지시킨다.

200년 전까지 지구의 대기는 상대적으로 평형 상태를 이루고 있었다. 반면에 온실효과는 온도를 안정시켰다. 물론 기후의 변동은 가끔 일어났다. 예를 들어 빙하기 기간 동안과 가끔 운석의 충돌이 있는 경우에 일어나지만 그 두 가지 중 하나가 6,500만 년 전 공룡이 소멸되게 한 것일 것이다. 그러나 대체로 지구상의 생명은 비교적 안전하다. 예를 들어 산소를 생산하므로 그 자체의 안정성을 스스로 도모하고 있다. 이것이 지구 대기의 본질적인 화학적 불안정과 다를 수는 없다. 식물의 광합성이 어느 순간 갑자기 멈춘다고 가정하면 지금처럼 공급되던 산소가 유기물과 화학반응에 의해 400만 년 안에 모두 소진될 것이다. 오늘의 산소량을 공급하는데 20억 년이 걸린 것과 비교하면 이것은 결정적으로 짧은 시간이다. 이 가스의 중요한 성질 때문에 산소량의 수준이 그렇게 떨어지는 것은 푸른 하늘의 종말을 의미하는 것과 같다.

생물권의 재발견

'어두운 젊은 태양' 에 관한 역설에 대한 대안 해법은 영국의 과학자 러브록(James Lovelock)에 의해 1970년대 초에 제기되었다. 그는 가이아(Gaia) 가설에서 살아 있는 존재는 공기 중에 있는 산소함유량을 조절하는 것만이 아니고 대기의 온도를 조절하기도 한다고 하였다. 러브록은 우리의 지구는 생명이 살 수 있는 최적화 상태로 구비되어 있다고 한다. 지구 표면의 평균 온도는 +13℃이고 대기의 산소 농축률은 21%로 고등 유기물에게 가장 적절한 수준에 있다. 이보다 약간 더 산소량이 많다면 숲에서 상당히 많은 화재가 발생할 수 있을 것이다. 반면에 만약 이 보다 더 적은 양의 산소가 있다면 많은 종들이 생존할 수 없게 될 것이다. 러브록는 이런 한계는 우연의 일치가 아니라 오히려 지구라는 행성의 유기물들에 의해서 결정된 것이라고 주장한다. 그는 지구상의 생물들은 그들의 이상적인 생명 조건을 유지하기 위하여 생물권과 대기 둘 다의 조성성분과 온도를 조절하고 있다. 러브록는 지구를 살아있는 유기물로 본다. 그는 그것을 그리스의 대지의 신의 이름을 따서 가이아(Gaia)라고 이름지었다.

이 이론은 러브록을 환경과학의 골칫덩어리로 만들었지만 그의 가설은 나름대로 장점이 있다. 오늘날 지구 대기의 이상적인 산소 농축률은 '어두운 젊은 태양'에 관한 역설에 대한 그의 해법이 설명하는 것과 같이 그 모델에 딱 들어맞는다. 러브록은 식물이 주위 환경의 온도와 태양빛과 계속 작용하여 공기의 온도를 안정화 시킬 수 있다고 주장한다. 그는 이 주장을 '데이지 세계(Daisyworld)' 모델로 묘사한다. '데이지 세계' 모델은 두 종류의 데이지가 살고 있는 가정적인 지구를 묘사한다. 검정색 데이지는 태양에너지를 흡수하여 대기를 데워주는 반면에 흰색 데이지는 태양빛을 반사하여 지구를 차갑게 식혀준다. 데이지 세계는 장기간에 걸쳐 입사되는 태양에너지의 증가가 모든 데이지가 다 흰색이 되는 점까지 흰색 데이지의 상대적 수효가 증가하여 상쇄되므로 온도가 크게 떨어져 더 이상 대기가 온도를 함유할 수 없게 될 것이다.

그러나 이 모델은 가이아 가설에 대한 증명을 만들어내지 못했다. 이 모델에 대한 비판은 단순히 생물권과 대기권의 목표지향적인 적응이란 러브록의 주장에 대해 전반적으로 반대한다. 이것이 산소를 생성하는 박테리아의 탓일 수도 있지 않았을까? 러브록은 그런 조절이 무의식적으로 일어날 수도 있다고 하는 논박으로 자신을 방어한다. 그러나 그의 이론에 대한 아주 심각한 도전이 6억 년 전에 오늘날의 산소 함량으로 지구 대기의 산소가 줄어든 변환에 있었다. 이 변환은 그 특별한 박테리아에 의해 생겼고, 박테리아는 후에 그것들이 만들어낸 산소로 해를 입어 없어졌다. 그것들의 광합성 작용으로 이들 박테리아는 거의 자신의 주거환경을 파괴했고, 그것은 결국 가이아 가설에 모순이 된다. 가이아 가설이 규명될 수 있을지가 의심스럽지만 러브록은 '우주선 지구' 위에 대기와 생물권 사이에 존재하는 복합적인 상호작용에 대해 많은 사람들의 안목을 키우는 값어치 있는 공헌을 여전히 하고 있다.

러브록이 제안한 동역학은 전적으로 새로운 것은 아니라는 것으로 밝혀진다. 오히려 그것은 우크라이나 태생 지질학자 베르나드스키(Vladimir Ivanovich Vernadsky)에 의해 20세기 초에 개발된 개념을 회상하는 것이다. 1916년에 모스크바 대학의 교수인 베르나드스키는 살아 있는 물질이 어떻게 태양에너지로 변환되어 행성을 변환시키는 힘이 될까에 대해 생각하기 시작했다. 그때 산호암초, 화석연료퇴적물, 그리고 탄산염바위들이 지구의 모양새 안에서 생명의 중요성의 증거가 된다는 것이 알려져 있었다. 그러나 베르나드스키에게 이런 통찰은 충분히 광역적이지 못했다. 그는 '지구 위에서 일어나는 화학적 반응의 일반적인 계도(系圖) 안에서 총체적인 유기물 세상'을 이해하기를 원했다.[3] 1차 세계대전에서 생존한 후에 볼셰비키(Bolshevik) 혁명과 그 직후시기에 베르나드스키는 1922년에 파리에 소르본 대학교로 강의를 하러 갔다. 1925년 후반에 그는 체코의 프라하로 떠나면서 《생물권(Biosfera)》이란 책을 썼다. 그것은 1926년 중반에 출판되었다. 베르나드스키에게 있어서 생물권은 생명이 환경에 따르는 변환효과를 가지는 영역인데 높게는 오존층으로부터 아래로는 바다 밑에서 지구 심층까지이다. 그는 우리 행성이 변화하는데 있어서 태양빛, 생명, 그리고 지구지각 상층과의 상호작용에 대한 경이로움을 감추지 못했다.

지구 위에 쏟아지는 복사는 생명이 없는 행성 표면에 알지 못하는 성질을 갖게 한다. 따라서 지구의 얼굴을 변화시킨다. 복사에 의해 활성화 되고, 생물권의 물질이 모이고 다시 태양에너지로 재분배하며, 궁극에는 지구 위에서 작용할 수 있는 자유에너지로 된다.

그러므로 지구의 바깥층은 단지 물질 영역으로서 일뿐만 아니라 에너지와 행성의 변환을 조절할 수 있는 근원이 있는 영역으로 생각되어야 한다. 상당한 부분은 외부적인 원인에 의한 우주론적 힘이 지구의 얼굴을 형성하고, 그 결과로 생물권은 역사적으로 행성의 다른 부분들과 다르다. 생물권은 독특한 행성 역할을 한다.[4]

베르나드스키는 그래서 지구 위에서 생명의 변환 능력을 이해하는 반면, 그것을 유지하기 위한 불확실한 균형을 알았다.

대기 변환 그리고 행성 가열

아레니우스는 산업혁명이 시작된 이래로 화석연료의 연소는 엄청난 양의 이산화탄소 양을 대기로 방출해왔음을 지적했다. 수치해석적 계산을 더 확대해서 그는 대기 중의 이산화탄소 농도가 두 배가되면 지구의 표면 온도가 5–6℃가 올라갈 것이라는 결과를 얻었다. 그는 이것을 문제라고 인식하지 못했다. 그는《완성 중인 세계(1906)》에서 낙관적으로 다음과 같이 썼다.

대기의 이산화탄소 증가율로 인해 우리는 지구의 훨씬 추운 지역에서도 기온 변화가 없는 더 좋은 기후를 즐길 수 있는 시대를 희망할 수 있고, 급속하게 퍼지는 인류를 위하여 지금보다 곡식이 더 많이 풍부해지는 시기를 바랄 수 있다.[5]

어쩌면 아레니우스의 견해는 추운 스캔디나비아 삶의 영향을 받았을지도 모른다. 30년 후에 영국전기산업연맹의 증기 기술자 캘린더(Guy Stewart Callendar)는 200곳의 기상측정소로부터 받은 자료를 분석하여 지구 표면의 공기 온도가 1880－1930년까지 이미 0.28℃ 올랐다고 결론을 내렸다. 그것을 그는 인위적으로 강화된 온실효과의 영향이라고 생각했다.[6] 아레니우스와 마찬가지로 캘린더는 이것을 좋은 현상이라고 생각했다. 유럽의 기후가 더워지는 것은 경작할 수 있는 땅이 늘어나며 새로운 빙하기 도래의 위협을 배제할 수 있는 결과를 줄 것이다. 1980년대가 돼서야 상트 페테르부르크(St. Petersburg)에 있는 러시아 수문학연구소의 미하일 부디코(Mikhail Budyko)와 동료는 같은 태도를 취했고 당시 소련 농업에 이익을 줄 것이라고 온도 상승의 장점을 언급했다.

산업혁명이래로 마침내 대기에 탄소 함유량이 증가했다는 사실과 인류가 대기의 화학 조성을 변화시켰다는 사실은 아레니우스시기에는 논의되지 않았다. 그러나 화석연료를 태워서 지구 대기 중에 이산화탄소가 축적되었다는 아레니우스와 캘린더의 가정에 몇 가지 의구심이 남았다. 19세기 후반부터 대기 보다는 바닷물에 더 많은 이산화탄소가 용해되어있다는 것이 알려졌다. 그래서 인류가 대기 중으로 방출한 이산화탄소는 바다가 흡수할 것이라고 가정하는 것은 가능한 것이었다. 그러나 이것은 과학적으로 입증된 것은 아니었다. 더욱이 어떤 사람도 바다에 이산화탄소가 함유되어 있는 양이 이미 포화 상태에 도달했는지 아닌지를 알지 못했다. 1957년에 해양학자 르벨(Roger Revelle)와 쥐스(Hans Suess)는 이 문제의 답을 얻기 위한 측정을 수행하기 위해서 연구원으로 지명되었다.

인류는 지금 과거에 일어날 수도 없었을 뿐만 아니라 미래에도 다시 생성

> 될 수 없는 것에 관한 지구물리학적인 실험을 수행하고 있다. 우리는 수억 년 이상 퇴적암 속에 축적되어 있는 응축된 탄소를 수 세기에 걸쳐 바다와 대기로 되돌려 보내고 있다. 적절하게 표현하자면 이런 실험은 날씨와 기후를 결정하는 과정에서 광범위한 통찰을 요구한다. 그러므로 대기, 바다, 생물권, 그리고 지각(地殼) 층 사이에서 이산화탄소가 구역별로 분할되어 있는 방법을 결정하는 시도는 우선적으로 중요하다.[7]

르벨은 1951년 이후부터 샌디에이고에 있는 스크립스(Scripps) 해양연구소 소장으로 있다. 그는 연구 경력을 쌓기 시작할 때부터 바닷물의 화학을 연구하고 있다. 그는 그것이 복잡하여 가끔 우회적 과정으로 특성화 된다는 것을 발견했다. 1950년대 동안 이산화탄소 분자가 대기 중에 머무를 수 있는 시간 범위를 60년에서부터 수천 년으로 평가했다. 르벨이 쥐스와 함께 논문을 쓸 때 이미 대기 중의 이산화탄소량을 정확하게 측정할 수 있었고 어쩌면 어느 정도 증가를 검출했을 수도 있는 한 사람을 발견하였다. 킬링(Charles Keeling)이라는 사람으로 패서디나에 있는 캘리포니아 공과대학에 있는 지구화학 분야의 박사후 과정 연구자이다. 1955년 봄에 킬링은 정확한 압력계를 설치하는 데 성공했다. 그 기기는 기체의 작은 양의 응축도도 측정할 수 있는 것이었다. 화학과 지붕 위에서 수행된 초기 측정에 따르면 이산화탄소의 농도는 315 ppm(parts per million)이었다. 킬링은 하루 동안 서로 다른 시간대, 서로 다른 날씨 조건에서 측정하였다. 그곳에서는 어떤 경우에도 이산화탄소 농도가 315 ppm으로 나왔다. 패서디나는 로스앤젤레스의 교외이다. 그래서 이 측정치는 인접한 곳에서 나오는 공기 오염에 영향을 받은 것 같다. 그래서 킬링은 요세미티(Yosemite) 국립공원으로 여정을 챙겼다. 공장이나 다른 산업 오염으로부터 아주 멀리 떨어진 그곳에서 그는 역시 이산화탄소 농도를 315 ppm으로 측정하였다. 이것은 대기가 얼마나 철저하게 잘 혼합되어 있는지를 보여주는 암시이다.

르벨은 킬링을 샌디에이고에 있는 스크립스 연구소로 데려 갔다. 그는 킬링이 이산화탄소의 농도가 어떻게 변하는지를 문서로 남기기를 원했다. 만약 그 수치가 그대로 안정적으로 변동이 없다면 바다와 생물권이 초과된 이산화탄소를 재빨리 결속하는 능력이 있다는 것을 보여 주는 것이다. 한편 이 증가는 바다의 한계적인 흡수능력 또는 느린 흡수율을 나타내는 것일 수도 있다. 그 당시에 일련의 포괄적인 측정이 이루어질 수 있는 좋은 계기가 있었다. 왜냐하면 국제지구물리학의 해가 막 시작되려고 했기 때문이다. 이것은 범세계적인 연구 프로그램으로 과학자들이 지구의 극에서 또 다른 극까지 범지구적으로 바다와 대기에 대한 관측을 조직적으로 수행하였다. 미국 측의 공헌 중 하나는 하와이 분화구 마우나 로아(Mauna Loa) 정상 가까이에 대기 관측소를 세운 것이었다. 이산화탄소 방출 근원지로부터 먼 곳에서의 이산화탄소 농도를 측정하기 위해 킬링은 그곳에 향상된 압력계를 설치하기를 원했다. 1958년 봄에 기기를 그 관측소로 가져갔다.

첫 번째 이산화탄소 농도 측정치는 314 ppm이었다. 그 수치는 캘리포니아에서 측정한 값과 거의 같았다. 그러나 그해 말에 측정한 농도는 318 ppm이었다. 그런데 그 다음해 봄에 다시 314 ppm으로 떨어졌다. 그 다음해(1959년) 이런 수치변동 양식은 반복되었다. 대기에 있는 이산화탄소는 연말에 심각하게 증가했고 봄에만 그 수치가 떨어졌다. 킬링과 동료들은 이런 양상은 생물권의 매년 탄소순환을 반영했다고 인식했다. 변동은 주로 북반구의 계절과 일치한다. 봄은 성장기의 시작점으로 지구의 식물들이 공기에서 이산화탄소를 빼앗아가고 다시 가을이 되면 성장기가 끝나는 계절이라 이산화탄소를 다시 대기 중으로 내놓는다.

킬링과 동료들은 계절에 따르는 변동 양상보다 먼저 지속적인 이산화탄소 증가 추세를 인식했다. 측정이 처음으로 시작된 1870년대 초 수치는 290 ppm 이상이었다. 그때부터 이산화탄소 농도는 1년에 2% 정도씩 늘어났다. 그리고 지난 3년 동안에는 3%씩 늘어났다. 이런 증가 추세는 계절의 변화를 가산했을 때 킬링 곡선(Keeling curve)(그림 10.5)으로 알려진 상승 곡선을 만들어낸다. 그것은 아마도 지구 온난화에 대한 논쟁에서 가장 잘 알려진 문헌 기록이다. 1970년에 이산화탄소 농도는 326 ppm, 1980년에 약 338 ppm, 1990년에 354 ppm, 그리고 2000년에 약 369 ppm이었다.

킬링과 후계자들에 의해 마우나 로아 천문대에서 측정된 대기에서 이산화탄소 농도에 대한 기록은 대기 중의 이산화탄소 농도에 대한 최근상황을 문서로 상세히 보고하고 있다. 또 그린란드와 남극에서 얼음 핵에 관한 연구는 이산화탄소 농도의 과거의 발달현황을 추적할 수 있게 하고 있다. 이

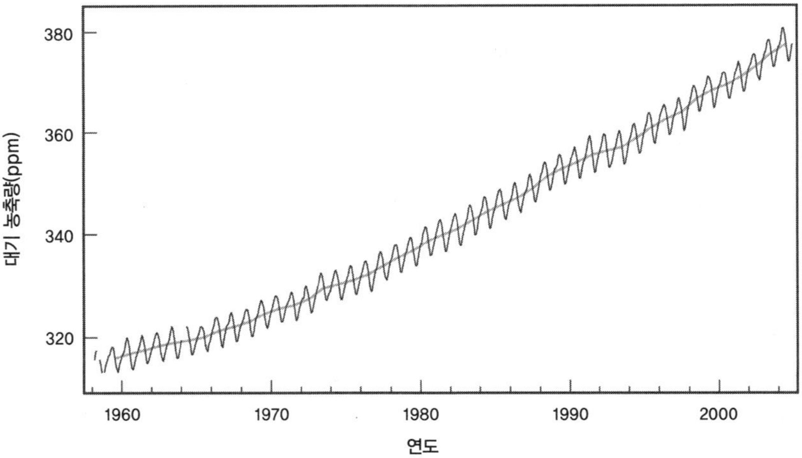

그림 10.5 공기 중의 이산화탄소 농도(단위: ppm)를 나타낸 것으로 하와이 마우나 로아에서 측정한 것이다. 지속적인 관측은 킬링에 의해 1958년에 처음으로 시작되었다. 이 곡선은 가끔 킬링 곡선이라고 부르기도 한다. NASA / NOAA.

것은 해마다 쌓이는 눈에 들어 있는 공기 방울을 분석하여 연구한 것이다. 1990년 중반에 프랑스-러시아 팀이 남극내륙에 있는 보스토크(Vostok) 기지 근처의 얼음 층을 3,300 m를 뚫었다. 중심핵에는 420,000년 전부터 있었던 공기방울이 들어 있다. 이렇게 긴 시간 동안에도 대기의 이산화탄소 농도는 세계 제2차대전 이후 만큼 높은 적이 없다.[8] 더욱이 기후학자들은 소위 대리자료(proxy data), 예를 들면 얼음에 포함되어 있는 동위원소 비율 같은 것을 사용하여 얼음 위에 눈이 내려앉기 전에 눈이 떨어지는 상태를 이용해서 공기의 온도를 알아냈다. 알고자 했던 모든 기간에 걸쳐 수집된 자료들은 대기의 이산화탄소 농도와 공기 온도 사이에 밀접한 관계가 있는 것을 보여주었다. 2000년경에 인간이 배출한 연간 탄소의 방출량이 60–70억 톤이었다. 이 양은 지금도 증가추세이다.

많은 측정들이 지구의 온난화에 의심의 여지가 없는 증거를 제공하고 있다. 그러나 1980년대 이래로 일반인들 사이에서는 지구온난화가 감지될 수 있는지 여부에 대하여 공론이 되풀이되고 있다. 기후의 변화는 극한적인 날씨 변화 하나하나를, 예를 들어 폭서(暴暑)나 한발(旱魃)같은 것을 꼭 집어서 기후가 심각하게 변하고 있다고 말할 수 없는 것이 사실이다. 그러나 20세기에 지구의 표면 온도가 0.6℃ 올라 간 것을 안다. 지난 1,000년 동안 20세기는 가장 더운 10년간이었다. 온도가 올라가는 계절이 길어지고 있고 여름에 남극의 얼음 두께가 지난 40여년 동안 40%가 줄어들었다.[9]

1990년 이후부터 매 5년마다, 기후학을 신뢰하는 탁월한 두뇌들로 구성된 '기후 변화에 관한 정부 간의 패널(Intergovernmental Panel on Climate Change, IPCC)' 은 측정한 자료를 분석하여 기후 모델을 만들어 문서화하고 기록한 것을 출판하였다. 2001년 보고서에서는 지금부터 2100년까지 온도가 1.4–5.8℃까지 증가할 것이라고 예측했다. 그 보고서는 이런 기후 발달에 대해 지금까지의 것과 다른 시나리오를 소개하고 있다. 이것은 미래 화석연료의 소모를 가정하고 대체 에너지 근원을 가정하여 만든 예측이다. 다음 번 IPCC 보고를 위한 첫 번째 계산은 이미 출판되었다. 계산 결과에 따르면 지금부터 2100년까지 온도가 4.0-4.5℃까지 증가한다고 예보하고 있다. 이런 수치상의 온도상승률은 그 기간에 이산화탄소 방출을 크게 줄이지 못 할 것이라는 가정을 두고 얻어진 결과이다. 한편 환경학자들은 100년 안에 온도가 2℃ 증가한다고 계산했다. 그리고 온도상승과 대기권에서 자체적 공기 혼합으로 이루어지는 기후 변화의 본질적인 위험은 언급하지 않고라도 그것은 지구생태계에 엄청난 해를 끼칠 것이다. 이런 것들을 모두 염두에 두면 지구가 더워지고 있는 추세가 하늘색에는 순간적인 효과를 미치는 것은 아니지만 그러나 그것으로는 조금도 위안이 되지 않는다.

다시 한 번 우리 우주의 이웃을 보면서

여기에 묘사된 그림은 금성, 지구 그리고 화성의 대기를 비교한 표 10.1을 다른 관점에서 보는 것으로 가치 있는 일이다. 이들 행성들의 초기 원시 대기는 거의 모두 비슷하게 화산재로 이루어졌다. 이들 세 행성의 대기는 질량과 태양의 복사에너지의 입사량에 따라 서로 다른 길로 진화하게 된 것 같다. 위에서 보았듯이 지구상의 지리학적 기록은 지구의 대부분의 역사 속에 액체 상태의 물이 지구 표면에 존재할 수 있었고 그것은 우리가 아는 바와 같이 생명의 진화에 필수적인 것이다. 서로 다른 시간 척도를 가지고 작용한 일련의 귀환 기작원리가 살 수 있는 환경을 유지하게 도와주었다. 금성이나 화성은 그런 기작원리가 모두 실패하였음에 틀림없거나 시간이 경과하는 도중에 멈추어 버렸음에 틀림없다.

금성은 지구와 같은 질량과 부피를 가지고 있다. 그런데 금성은 태양과 아주 가까이 있어서 우리 행성 지구가 받는 태양에너지보다 두 배나 많은 에너지를 받고 있다. 이것 때문에 금성이 전혀 다른 진화 과정을 시작했던 것 같다. 지각이 고체화 되는 때부터 바위에 보다 적은 양의 물이 갇혀 있다. 대신에 남아 있는 물은 바로 진화 초반부터 가스형태로 있었다. 입사되는 태양 에너지는 금성의 가스형태의 물을 증발시켜 행성 간 공간으로 달아나게 했고 반면에 많은 양의 이산화탄소는 대기에 남았다. 자연 상태에서 생기는 수증기 없이 탄산염바위 형성을 통해 대기에서 이 가스를 무기(無機)물적으로 제거하는 데에는 실패했다. 금성은 열을 대기권에 잡아두었다. 그리고 금성 표면의 온도는 견딜 수 없는 온도인 +427℃에서 안정되었다. 오늘날 이 행성의 하늘은 창백한 흰색으로 보이고 가끔 황산 구름으로 어둡게 보인다(그림 10.6).

화성의 대기는 다르게 진화했다. 화성에는 입사되는 태양 복사가 지구의 경우에 비해 반 밖에 안 된다. 화성의 대기는 온실 가스인 이산화탄소가 압

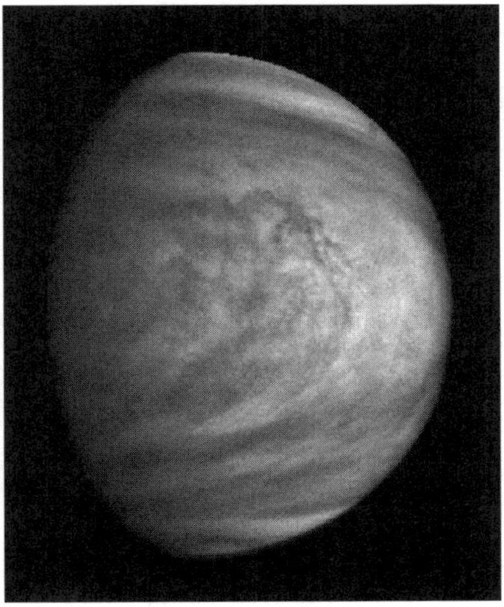

그림 10.6 밀도가 높은 지구에서 볼 수 있는 것 같은 구름 형태로 된 금성의 대기 NASA의 우주선 갈릴레오 호에 의해 자외선 빛으로 본 것임. NASA / 제트 추진 연구소.

도적으로 많지만 질량이 아주 적어서 온도 증가에 전혀 영향을 미치지 못한다. 오늘날 화성 표면온도의 중앙값은 −53℃이고 물은 극지방에 만년설 형태로 얼어 있다. 그러나 이것이 항상 그런 것은 아니고 거대한 하상(河床)들은 화성의 역사 속에 물이 있었다는 것을 증명한다. 화성은 몇 개의 분화구가 있다. 그들 중에 올림포스 몬스(Olympus Mons) 화산은 태양계에서 가장 큰 분화구이다. 그러나 이들 모두는 화산 활동이 멈춘 것이다. 화성의 화산 활동은 아마도 화성이 너무 작아서 빨리 식었기 때문에 멈추어졌으며, 따라서 온실 가스의 근본적 근원지가 폐쇄되었고, 대기가 지속적으로 식어가는 것을 막을 수 있는 어떤 것도 남아 있지 않았다. 마찬가지로 화성은 탄소-실리콘 순환에 진입할 수 없었다. 귀환 기작원리인 탄소-실리콘 순환은 지질학적으로 활동성 행성의 대기에 오랜 시간 동안 온도를 안정화 시키는 기작원리이다. 결국 '지질학적으로 비활동성 행성은 안정된 기후를 가질 수 없거나 또는 지질학적으로 오랫동안 대기를 유지할 수 없다', 라고 지질학자 캐스팅(James Kasting)과 대기 과학자 캐틀링(David Catling)은 결론지었다.[10] 화성 대기는 아주 적은 양으로 인해 현재 지구에서 보다 훨씬 더 하늘이 어둡다. 바람은 티끌을 휘저어 몰아쳐 날리고 그로 인해 화성의 하늘은 붉게 나타난다. 그리고 가끔 얼음 분자로 된 구름도 하늘에서 볼 수 있다(그림 10.7).

지구, 화성, 그리고 금성의 비교는 온실효과가 기후를 안정되게 할 수 있지만 어느 한계 내에서만 가능하다는 것을 보여준다. 아주 작은 진화 과정의 차이점은 오랜 시간 동안에 걸쳐 행성을 살 수 없는 곳으로 만들 수 있다. 그리고 어쩌면 레일리 산란된 빛으로 만들어진 푸른색으로 빛이 나지 않는 대기를 조장할 수 있다. 아주 멀리 있는 행성들의 대기에서 푸른색이 관측된 것이 거기에 생명이 살 수 있다는 것을 보장하지는 않지만 적어도

그림 10.7 화성의 분화구 구세프(Gusev) 가장자리 너머에 있는 구름. 2004년 11월에 화성 탐색 로봇 스피릿(Spirit) 호가 찍은 사진이다. NASA.

지구 위에서는 미생물이 해결사 역할을 한 아주 예외적인 진화의 산물이다.

책을 마치며

가장 불필요한 질문이지만 그래도 "왜?"이다.
턴도리 대죄(Tandori Dezsö)[1]

푸른 하늘의 역사를 따른 긴 여정을 마무리 짓게 되었다. 하늘이 왜 푸르냐고 하는 어린 아이의 질문으로 시작해서 우주의 구조로부터 생명의 역사와 지구 대기의 영향까지 쭉 살펴보았다.

하늘색을 설명하려고 여러 가지 많은 방법으로 시도했지만, 그 중에서 어느 것이 가장 유용한 것이라고 하나를 딱 부러지게 끄집어내지는 못했다. 단 한 가지 정확한 답을 원했던 독자들에게는 다소 실망스러운 일이다. 그러나 자연을 다변적으로 이해할 수 있는 열린 마음을 가진 독자에게는 다행한 일이다.

이 주제를 연구하면서 나는 오스트리아 물리학자 겸 철학자인 마흐를 향한 아인슈타인의 찬탄을 알았다. 이렇게 무조건적인 애정은 마흐가 우연히 분자 실체에 대한 초기 관점을 비판했다는 사실에서 생긴 호기심 같았다. 그때 아인슈타인은 분자의 존재를 지지하는 주요 발의자 가운데 한 사람이었다. 그리고 1910년 9월, 마흐는 뇌졸중을 겪은 후인데 아인슈타인은 빈(Vienna)에 있는 그의 집으로 방문했다. 일어나지도 못하고 누운 채로 지내야 했고 언어 능력까지 상실한 마흐는 분자가정에 대해 논의할 마음의 준비가 되어 있었다. 그리고 아인슈타인의 논리적 설명으로 그는 설득되었다. 그것은 그에게 초기에 깊은 감명을 주었던 다른 사람들이 근본적인 진실이라고 주장했던 것에 대한 마흐의 끊임없는 질문과 어느 면에서 상대성 이론 그 자체가 19세기에 유행한 표면적으로는 논쟁의 여지가 없어 보이는 역학적인 우주관에 대한 맹렬한 공격이었다는 것을 아인슈타인은 항상 강조했다. 마흐는 1916년에 죽었다. 마흐에 대해 회상하면서 아인슈타인은 자신에게 미친 그의 영향을 마흐의 부고란에 다음과 같이 썼다.

> 사물을 질서 있게 하기 위해서 유용하다고 입증된 개념들은 그 개념의 세속적인 원인을 망각한 채로 영구불변하게 주어진 것처럼 쉽게 권위를 얻는다. 그러면 그것들은 '사고(思考)의 필연성' 과 '주어진 연역(演繹)' 으로 소인(消印) 된다. 그런 과실은 오랜 시간 동안 과학의 진보 행로에 걸림돌이 된다.[2]

만약 우리가 이런 측면에서 푸른 하늘색의 역사를 바라본다면 자연에 관한 선입견을 가진 관념으로 그냥 관대하게 보아 넘기는 주제가 될 것이다. 즉, '사고의 필연성' 에 관한 관대함이다. 동시에 그것은 받아들인 지식에 모순이 될 수 있는 새로운 고찰을 포용할 준비이기도 하다.

우주론적 견해에서 지구에서 만끽하는 푸른 하늘은 그 말이 내포한 모든 의미에서 아주 특별한 현상이다. 어떻게 하늘이 푸르게 되었나에 대한 이야기는 우리 행성의 대기가 어떻게 변환되었나에 대한 이야기이다. 실로 빛, 색, 시각, 그리고 공기에 대한 우리의 이해가 빠르게 진전하는 만큼 지구 대기는 그렇게 빨리 변하게 되어 있다. 우리는 지금 우리 행성의 역사와 인류의 역사 가운데에 유일무이한 위치에 놓여 있다. 짧은 시간 안에 우리는 지금까지 '자연적' 인 것과 영구불변인 것을 바꾸어가고 있다. 이 감각으로 우리는 다른 사고를 포기해야 한다. 그것이 필연성이다. 환경에 관한 우리의 영향은 그의 돌발성과 크기에서 선례가 없었던 것이다. 우리 손자들이 살 세상을 결정하는 중요한 과정들 사이에서 우리는 지구 온난화와 오존의 해리로 지구 대기를 계속 바꾸고 있다. 푸른 하늘을 자세히 관찰하는 것이 아주 연약하고 순응성이 있는 영역으로서의 대기를 이해하려고 하는 첫 걸음이 될 수 있을지도 모른다. 우리가 알고 있는 행성들 가운데 최상의 행성인 지구의 미래를 원한다면 지구 대기를 어떻게 보살펴야 할지 빨리 알아야만 한다.

부록 A 박명 동안의 대기층의 높이를 측정하는 법

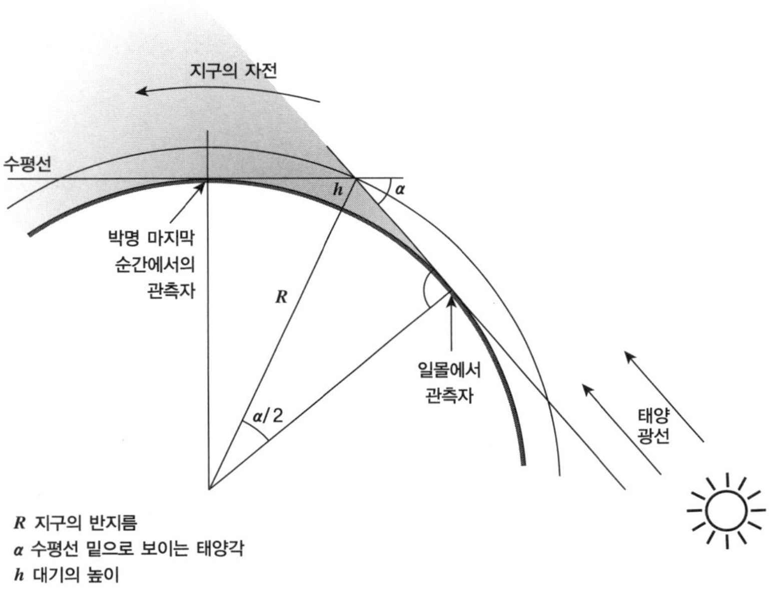

이반 무다드(Abu'Abd Allah Muhammad ibn Muadh)는 대기층의 높이를 측정하는 간단한 기하학을 그의 천재성이 두드러진 박명연구에서 사용했다(4장 참고). 위의 그림은 반지름이 *R*인 지구 둘레를 나타내고 두께가 *h*인 대기층이 덮여 있다. 지구 회전 때문에 대기의 빛은 낮 동안에 걸쳐 변한다. 이런 변화는 아침과 저녁 박명에서 더욱 극적이다. 저녁 박명은 수평선 아래 해가 지면서 시작된다. 이 순간에 관측자 상공에 있는 대기는 태양빛을 직접 받게 된다. 태양이 수평선 아래로 더 가라앉으면 대기층은 점차 지구의 그림자로 병합된다. 마침내는 아직은 태양빛을 직접 받고 있는 대기의 가장 상층부분이 수평선 아래로 가라앉는다. 이 순간이 천문학적 박명이 끝나고 밤이 시작되는 것을 의미한다. 그림에서 서쪽에서 저녁 박명의 마지막 빛이 사라질 때 α는 수평선 아래로 해가 지는 각이다. 태양의 하루 동안 움직인 행로로 알아낼 수 있다.

이반 무다드는 α각을 약 18도라고 결정했다. 그것은 요즘의 측정치와 완벽하게 일치하는 값이다.

그림으로부터 다음과 같은 것을 알 수 있다.

$$\cos\left(\frac{\alpha}{2}\right) = \frac{R}{R+h}$$

h에 대해서 풀면

$$h = R\,\frac{1-\cos\left(\frac{\alpha}{2}\right)}{\cos\left(\frac{\alpha}{2}\right)}$$

만약 지구의 반지름을 $R = 6371$ km를 대입하면 $\alpha = 18$도와 $h = 79.5$ km를 얻는다. 이것은 상당히 합리적인 값이고 간단한 관측에서부터 얻을 수 있는 가치 있는 견해이다.

부록 B

탁한 매질로서 푸른 눈

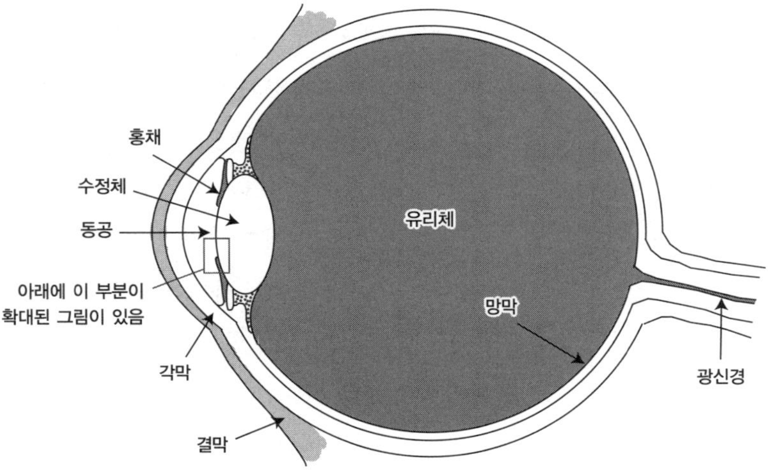

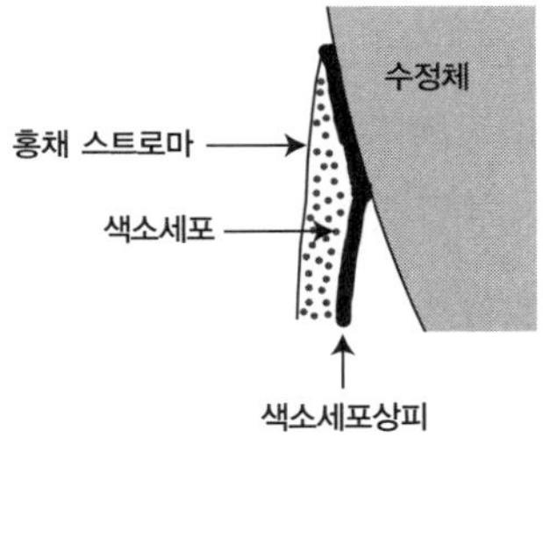

브뤼케가 카멜레온의 색이 변하는 것이 탁한 매질의 광학적 효과로 알려진 후(6장 참고), 베를린 태생 물리학자이자 생리학자인 헬름홀츠는 그것과 관련된 발견을 한다. 그는 우리 눈의 색은 탁한 매질의 또 다른 광학적 효과라는 것을 발견했다. 만약 눈을 해부학적으로 조사한다면 우리는 홍채의 색이 바로 눈의 색이라는 것을 알게 된다. 눈의 조리개는 주변 밝기에 따라 눈을 조절해 주는 역할을 한다. 즉, 동공을 크게 확대하거나 줄여서 빛이 눈으로 통과하는 양을 조절해 준다. 홍채는 두 층으로 이루어져 있다. 앞면에 있는 층은 스트로마(stroma)로 혈관이 퍼져 있는 기(基)조직이고 그 뒤에는 색소가 있는 상피로 되어 있는 데 거기에는 많은 양의 짙은 갈색과 검정색 색소가 들어 있는 세포로 되어 있다. 모든 인류의 눈에는 상피에 색소가 풍부한데 스트로마에 있는 색소의 양은 사람마다 매우 다르다. 금발머리를 가진 사람들은 전형적으로 스트로마에 있는 색소가 적고 그것이 짙은 색소로 된 상피 앞에서 탁한 매질의 기능을 하고 있다. 그들이 가진 푸른 눈이 바로 괴테가 지적한 근원 현상이다. 반면에 검은 머리색을 가진 사람들은 스트로마 안에 더 많은 색소가 있어서 고도로 밀집되어 그 자체 색이 눈동자 색이 되어 나타난다. 대부분 신생아들의 눈은 청록빛 눈동자를 가지고 태어나지만 몇 개월에서 일 년이 지나면 그 청록빛의 눈동자에서 색이 없어지게 된다. 이것은 태어난 후에 홍채에 색소가 증가한다는 것을 나타낸다.

부록 C 4제곱에 반비례하는 공식의 간단한 유도 방법

존 윌리엄 스트러트는 1870년에 3대 레일리 경이 되고 나서 빛의 산란 현상에 포함되어 있는 물리적 변수들에 대해 궁금해 했다(7장 참고). 산란된 빛의 파장에 대한 의존도에 관한 첫 번째 추측으로 그는 '비유의 원리(principle of similitude)'를 적용했다. 이 원리에는 입사광선의 파장의 함수로 산란된 빛의 강도를 나타내는 공식에서 변수들을 결합하는 것이 포함되어 있다. 그래서 그 공식에 포함되어 있는 변수의 단위를 조절할 수 있도록 한다.

스트러트는 산란된 빛의 강도를 I'과 산란되기 전의 빛의 강도를 I라고 하고 입사광선의 파장을 λ라고 했다. 이것은 광학적인 문제이므로 빛의 속력 c는 매우 중요할지도 모른다. 산란된 입자들의 부피를 V라고 하면 V도 마찬가지로 이 문제에 하나의 변수 역할을 할지도 모른다. 우리는 이 부피의 선형차원이 하늘빛의 편광 모양이 암시하는 바에 따르면 입사광선의 파장에 비해 많이 작다고 가정할 수 있다. 더욱이 입자들은 공간에 구형으로 무작위로 분포되어 있다고 볼 수 있다. 입자 주변의 매질의 밀도 D와 입자의 밀도 D'가 공식에 포함되어야 한다. 끝으로 입자와 관측자 사이의 거리 r도 공식에 포함될 수 있는 변수이다. 산란된 빛의 강도는 거리 r에 대해 줄어든다.

먼저 산란된 빛의 진폭(A')과 입사된 빛의 진폭(A)의 비, 즉 A'/A를 비교하자. A'과 A는 같은 단위를 가지고 있으므로 이들의 비는 단위가 없는 양이다. 따라서 D와 D'이 질량 단위를 포함한 유일한 물리량이다. 중요한 것은 이들이 D'/D 형태를 포함하여야 하는데 그것은 단위가 없으므로 구하려는 공식에 아무런 영향을 미치지 않는다는 점이다. 더욱이 빛의 속력은 우리가 바라고 요구하는 공식에 들어 갈 수 없다. 빛의 속력은 유일한 독립변수로 시간의 단위를 포함하고 있다(속력은 길이에 대한 시간의 비로 표시된다). 그러므로 A'/A는 세 가지 독립변수 V, r와 λ로 정의되어야 한다.

만약 큰 입자가 작은 입자 보다 훨씬 효율적으로 빛을 산란한다고 하면, A'/A는 입자의 부피 V에 비례한다고 볼 수 있다. 더욱이 입사파의 에너지는 산란된 파의 에너지와 같아야 한다. 이것은 오직 산란된 파의 강도가 입자로부터 거리가 멀어질수록 더욱 감소하는 경우에만 가능하다. 입자 주위에 반지름 r인 구의 표면적은 반지름 r의 제곱에 비례하여 증가하기 때문에 산란된 빛의 강도는 r^2에 반비례한다. 즉 공식으로 $1/r^2$이다. 이것이 산란된 빛의 총 강도가 원래 파의 강도가 같을 수 있는 필요조건이다. 다른 말로 사인파의 강도는 그 파의 진폭에 제곱에 비례한다. 뒤집어서 말하면 A'/A는 $1/r$에 비례한다. 따라서 지금까지 우리는

$$\frac{A'}{A} \approx \frac{V}{r}$$

을 얻었다.

여기서 단위차원이 맞지 않는다. 왼쪽 항은 단위가 없는 양인 반면에 오른쪽 항은 길이의 제곱인 차원을 갖는다. 주목할 것은 세 번째 변수 파장 λ의 단위는 길이이다.

그러면 오른쪽 변 분모에 파장 λ를 제곱해서 넣으면 양변의 단위가 서로 같게 조정된다.

$$\frac{A'}{A} \approx \frac{V}{r\lambda^2}$$

결국 파의 강도는 진폭의 제곱에 비례하므로 우리는 산란된 빛과 본래 입사된 빛의 강도 비를 얻을 수 있다.

$$\frac{I'}{I} \approx \left(\frac{A'}{A}\right)^2 \approx \frac{V^2}{r^2\lambda^4}$$

이 공식으로 스트러트는 원하는 결과를 얻었다. 만약 우리가 이 공식을 하나의 산란된 입자에서 일어난 산란을 기술한다면 V와 r은 상수로 남고 강도 비는 오직 파장 λ만의 함수로 표시될 수 있다. 이 결과를 작은 입자에서 산란된 빛의 4제곱에 반비례하는 레일리의 법칙이라고 한다.

부록 D
대기적 소광 현상과 아보가드로수

공기를 통해 광선이 전파할 때 공기 입자들(그리고 공기 중을 떠다니는 이물질들의 알갱이)에 의해 빛의 강도를 부분적으로 모든 방향으로 휘어지게 하고 빛의 색을 변하게 한다. 8장에서 기술한 것과 같이 이런 현상을 소광이라고 부른다. 대기 소광은 아마도 일몰 때 햇빛이 점점 약해지고 흐려지며 수평선으로 갈수록 붉게 되는 것으로 잘 알려져 있다고 본다. 수평선에 다다를수록 빛은 아주 밀도가 높은 공기층을 통과하여야 하고 빛을 산란시키는 많은 입자 알갱이들과 만나게 된다. 박명에서 태양의 겉보기 색은 대기 중에 있는 에어로졸 입자들에 흡수에 의해 영향을 받는다.

공기 부피 속에 산란 입자들은 이 입사 파장 보다 훨씬 작은 크기를 가진다. 레일리의 이론은 태양빛의 감소로부터 산란 입자들의 '개수 밀도(number density)'를 알 수 있는 데 사용된다. 또 아보가드로수를 가늠할 수도 있다. 다음에서 우리는 흡수 효과를 무시하고 또 산란 입자들이 균일하게 공기 안에 분포되어 있다고 가정한다.

그림 8.4(274 쪽)에서 의미하는 것 같이 우리는 초기에는 밝은 광선일수

록 모든 방향으로 산란에 의해 빛의 초기 강도가 훨씬 줄어드는 것을 기대할 수 있다. 덧붙여서 빛의 강도가 빛이 통과한 거리에 비례해서 줄어든다. 빛의 강도의 미소 변화를 dI라고 하면 dI는 초기 강도 I에 비례하고 공기를 통과한 경로 길이 dx에 비례한다.

$$dI = -h\,I\,dx$$

여기서 (−) 부호는 강도가 인자 h로 줄어든다는 것을 나타내고 h는 공기의 혼탁률을 나타내며 그 값은 공기가 얼마나 효율적으로 빛을 발산시키는가를 말한다.

양변을 I로 나누면

$$\frac{dI}{I} = -hdx$$

여기에 강도 I_0를 가진 매질을 포함하면 광선은 매질의 두께 x 만큼의 거리를 통과한 후 강도 I가 줄어들 것이다.

h는 우리가 고려하고자 하는 공기 부피에서는 상수라고 가정하면

$$\int_{I_0}^{I} \frac{dI}{I} = -\int_0^x h\,dx$$

로

$$I(x) = I_0 e^{-hx}$$

를 얻는다.

이것은 람베르트(Johann Heinrich Lambert) 이후에 보통 람베르트의 법칙으로 알려져 있지만 이것은 1729년 부게에 의해 처음으로 기술된 지수 법칙으로 〈빛의 단계적 변화에 대한 소고〉에 그의 소광 측정치와 그것에 대한

설명이 275-276쪽에 실려 있다.

빛의 산란에 관한 1899년 논문에서 레일리 경은 h에 대한 공식을 유도했는데 레일리 산란에 대한 그의 이론 범위에서 작은 산란 입자들에 대하여 다중 산란이 무시할 만큼 작다고 보고 유도하였다.

$$h = \frac{32\pi^3(n-1)^2}{3N\lambda^4}$$

여기서 n은 공기의 굴절률 (약 1.0003)이고 N은 단위 부피당 산란 입자의 수이고 λ는 빛의 파장이다. 따라서 굴절률이 알려진 공기를 통과한 경로를 따라 λ가 알려진 빛의 강도 감소를 측정하면 산란 입자들의 개수 밀도에 대한 정보를 알 수 있다. 만약 분자 가설을 받아들이면 아보가드로수는 8장에서 280-282쪽에 기술된 것처럼 결과가 생긴다.

주(nots)

All translations in the text are by the Götz Hoeppe and John Stewart unless otherwise noted.

PROLOGUE

1. Chuang Tzu, *The Inner Chapters*, trans. Angus Graham (London: Allen & Unwin, 1981), 43.

2. Dietrich Wildung, "Ägyptisch Blau," in *Blau: Farbe der Ferne*, ed. Hans Gercke (Heidelberg: Verlag Das Wunderhorn, 1990), 53.

3. L. Levy-Erell, "Die Ewe: Ein Negerstamm der Goldküste," *Atlantis* (Berlin), no. 6 (1930): 348.

4. Diana Birch, *Ruskin on Turner* (London: Cassell, 1990), 29.

5. Ludwig Friedrich Kämtz, *Lehrbuch der Meteorologie* (Halle: Gebauer'sche Buchhandlung, 1836), 34–35.

6. Leonhard Euler, *Briefe über verschiedene Gegenstände der Naturlehre* (Leipzig: Verlag der Dyck'schen Buchhandlung, 1792), 178–79.

7. Albert Heim, *Luftfarben* (Zurich: Hofer, 1912), 24.

8. Hermann Ethé, *Zakarija ben Muhammed ben Mahmud el-Kazwini's Kosmographie: Die Wunder der Schöpfung* (Leipzig: Fue's Verlag, 1868), 347.

9. Gottfried Wilhelm Muncke, "Atmosphäre," in *Johann Samuel Traugott Gehler's Physikalisches Wörterbuch, neu berarbeitet von Brandes, Gmelin, Horner, Muncke, Pfaff* (Leipzig: E. B. Schwickert, 1825), 1:506.

CHAPTER 1 Of Philosophers and the Color Blue

1. Aratos, *Phaenomena*, trans. Douglas Kidd (Cambridge: Cambridge University Press, 1997).

2. *Odyssey*, bk. 3, lines 1–3; Homer, *The Odyssey*, trans. A. T. Murray (Cambridge, Mass.: Harvard University Press, 1919), 81.

3. *Odyssey*, bk. 5, lines 130–32; Homer, *The Odyssey*, 191–93.

4. W. E. Gladstone, *Homer's Perception and Use of Colour*, vol. 3 in *Studies on Homer and the Homeric Age* (Oxford: Oxford University Press, 1858). See also Elizabeth Henry Bellmer, "The Statesman and the Ophthalmologist: Gladstone and Magnus on the Evolution of Human Colour Vision, One Small Episode of the Nineteenth-Century Darwinian Debate," *Annals of Science* 56 (1999): 25–45.

5. *Iliad*, bk. 24, lines 93–95; Homer, *The Iliad*, trans. A. T. Murray (Cambridge, Mass.: Harvard University Press, 1925), 2:569.

6. *De anima* 418b7–9; Aristotle, *On the Soul, Parva Naturalia, On Breath*, trans. W. S. Hett, Loeb Classical Library (London: Heinemann, 1964), 105.

7. *De sensu* 439b19–28; Aristotle, *On the Soul, Parva Naturalia, On Breath*, 233.

8. *De sensu* 440a7–12; Aristotle, *On the Soul, Parva Naturalia, On Breath*, 233–34.

9. *Cratylus* 396c; *The Dialogues of Plato*, trans. B. Jewett, 4th ed. (Oxford: Clarendon Press, 1953), 3:56. *Phaedrus* 270a; *The Dialogues of Plato*, 3: 178.

10. Aristophanes, *The Acharnians, The Clouds, Lysistrata*, trans. Alan H. Sommerstein (London: Penguin, 1973), 121–22.

11. *Meteorologica* 341b6ff; Aristotle, *Meteorologica*, trans. H. D. P. Lee (Cambridge, Mass.: Harvard University Press, 1952), 21.

12. *Meteorologica* 366b14–19; Aristotle, *Meteorologica*, 209.

13. Hermann Diels and Walther Kranz, *Die Fragmente der Vorsokratiker*, 18th ed. (Zurich/Hildesheim: Weidmann, 1989), 1:95.

14. *Iliad*, bk. 14, line 288; Homer, *The Iliad*, trans. A. T. Murray (Cambridge, Mass.: Harvard University Press, 1925), 2:89.

15. Diels and Kranz, *Die Fragmente der Vorsokratiker*, 2:151; Hermann Schmitz, "Die Luft und als Was Wir Sie spüren," in *Luft*, ed. Bernd Busch (Cologne: Wienand, 2003), 76–84.

16. *Meteorologica* 342b2–11; Aristotle, *Meteorologica*, 37.

17. Theophrastus (Pseudo-Aristotle), *De coloribus* 793b34–794a15; Aristotle, *Minor Works*, trans. W. S. Hett, Loeb Classical Library (Cambridge, Mass.: Harvard University Press, 1952), 19.

CHAPTER 2 A Blue Mixture: Light and Darkness

1. Otto Spies, "Al-Kindi's Treatise on the Cause of the Blue Colour of the Sky," *Journal of the Bombay Branch of the Royal Asiatic Society*, n.s., 13 (1937): 17.

2. *Optics*, bk. 1, chap. 3, sec. 44; A. I. Sabra, *The Optics of Ibn Al-Haytham: Books I–III, On Direct Vision* (London: Warburg Institute, 1989), 1:29.

3. *Optics*, bk. 3, chap. 7, sec. 19; Sabra, *The Optics of Ibn Al-Haytham*, 1:287.

4. Hermann Ethé, *Zakarija ben Muhammed ben Mahmud el-Kazwini's Kosmographie: Die Wunder der Schöpfung*, 1st half-vol. (Leipzig: Fue's Verlag, 1868), 323.

5. Abu al-Rayhan Muhammad Ibn Ahmad al-Biruni, *The Exhaustive Treatise on Shadows*, trans. and commentary by E. S. Kennedy (Aleppo: Institute for the History of Arabic Science, University of Aleppo, 1976), 31.

6. Eilhard Wiedemann, "Ansichten von muslimischen Gelehrten über die blaue Farbe des Himmels," in *Arbeiten aus den Gebieten der Physik, Mathematik, Chemie; Julius Elster und Hans Geitel gewidmet* (Braunschweig: Friedrich Vieweg, 1915), 124–25.

7. Exodus 24, 9–10; *The Bible*, Authorized Version for the Bible Society based on the King James Version (Oxford: Oxford University Press, 1994), 74.

8. Ezekiel 1:26; *The Bible*, 74.

9. Genesis 1:6–7; *The Bible*, 5.

10. *Opus maius*, 9th div., chap. I; Roger Bacon, *The Opus Maius of Roger Bacon*, trans. Robert Belle Burke (Philadelphia: University of Pennsylvania Press, 1928), 2:482.

11. Ibid., 2:482.

12. *On the Composition of the World*, bk. 7, chap. 16; Ristoro d'Arezzo, *Della Composizione del Mondo di Ristoro d'Arezzo* (Milan: G. Daelli e Comp., 1864), 282.

13. Ibid., 283.

14. A comprehensive account of ancient observations of star colors is given by Franz Boll, "Antike Beobachtungen farbiger Sterne," *Abhandlungen der Königlich Bayerischen Akademie der Wissenschaften, Philosophisch-philologische und historische Klasse* (1916), 1. Abhandlung.

CHAPTER 3 Aerial Perspective

1. Carol Vogel, "Leonardo Notebook Sells for $30.8 Million," *New York Times*, November 12, 1994, p. 1; Harry Bellet, "La Longue lignée des propriétaires du Codex Leicester," *Le Monde (Paris)*, February 7, 1997, p. 23. I thank Mr. Stephen C. Massey, former director of books and manuscripts at Christie's, New York, for additional information concerning the auction.

2. *Codex Atlanticus*, fol. 119v; David C. Lindberg, *Theories of Vision from Alkindi to Kepler* (Chicago: University of Chicago Press, 1976), 155.

3. Translated by Samuel Edgerton from a Latin copy of *Della pittura*. Samuel Y. Edgerton, Jr., "Alberti's Color Theory: A Medieval Bottle Without Renaissance Wine," *Journal of the Warburg and Courtauld Institutes* 32 (1969): 122.

4. *Codex Urbinas*, fol. 75v; Martin Kemp, *The Science of Art: Optical Themes in Western Art from Brunelleschi to Seurat* (New Haven, Conn.: Yale University Press, 1990), 268.

5. *Codex Trivulzianus*, fol. 39r; Janis C. Bell, "Color Perspective, c. 1492," *Achademia Leonardi Vinci* 5 (1992): 72.

6. *Bibliotheque Nationale, Cod. BN 2038*, fol. 25v; Janis C. Bell, "Color Perspective, c. 1492," 71.

7. *Bibliotheque Nationale, Cod BN 2038*, fol. 18v; Jean Paul Richter, *The Literary Works of Leonardo da Vinci*, 3rd ed. (London: Phaidon Press, 1883), 1:236–37.

8. MS C, fol. 18r; Edward MacCurdy, *The Notebooks of Leonardo da Vinci*, 2 vols. (London: Jonathan Cape, 1938), 2:296.

9. MS H, fol. 77 [29]v; MacCurdy, *The Notebooks of Leonardo da Vinci*, 1:411.

10. *Codex Leicester*, fol. 4r; MacCurdy, *The Notebooks of Leonardo da Vinci*, 1:418–20.

11. *Codex Leicester*, fol. 36r; MacCurdy, *The Notebooks of Leonardo da Vinci*, 1:420–21.

CHAPTER 4 A Color of the First Order

1. Richard S. Westfall, *Never at Rest: A Biography of Isaac Newton* (Cambridge: Cambridge University Press, 1980), 59.

2. Westfall, *Never at Rest*, 64.

3. Alan E. Shapiro, *The Optical Papers of Isaac Newton*, vol. 1, *The Optical Lectures 1670–1672* (Cambridge: Cambridge University Press, 1984), 10.

4. *Opticks*, bk. 1, pt. 1, prop. 2; Isaac Newton, *Opticks, or A Treatise of the Reflections, Refractions, Inflections & Colours of Light*, based on the 4th ed. (1730) (New York: Dover, 1952), 32–33.

5. *Opticks*, bk. 1, pt. 2, prop. 2, def.; Newton, *Opticks*, 124–25.

6. *Opticks*, bk. 2, pt. 1; Newton, *Opticks*, 199–200.

7. *Opticks*, bk. 2, pt. 3, prop. 5; Newton, *Opticks*, 251.

8. *Opticks*, bk. 2, pt. 3, prop. 7; Newton, *Opticks*, 257.

9. Alan Shapiro, "Newton's Experiments on Diffraction and the Delayed

Publication of the *Opticks*," in *Isaac Newton's Natural Philosophy*, ed. Jed Z. Buchwald and I. Bernard Cohen (Cambridge, Mass.: MIT Press, 2001), 47–76.

10. Westfall, *Never at Rest*, 374.

11. Robert Boyle, *The General History of the Air, Designed and Begun by the Honorable Robert Boyle [1692]*, vol. 12 in *The Works of Robert Boyle* (London: Pickering & Chatto, 2000), 12.

12. Simon Shapin, *The Scientific Revolution* (Chicago: University of Chicago Press, 1996), 40.

13. Johann Caspar Funck, *Liber de coloribus coeli* (Ulm: Daniel Bartholomaei, 1716).

14. J. D. Forbes, "The Colours of the Atmosphere Considered with Reference to a Previous Paper 'On the Colour of Steam under Certain Circumstances.'" *Transactions of the Royal Society of Edinburgh* 14 (1840): 378.

15. Jean-Henri Hassenfratz, "Sur les altérations que la lumière du soleil éprouve en traversant l'atmosphère," *Annales de Chimie* (Paris) 66 (1808): 54–62.

16. Johann Heinrich Lambert, "Sur la perspective aérienne," in *Nouveaux Mémoires de l'Académie Royale des Sciences et des Belles-Lettres* (1774), 75–76.

17. Jean-Antoine Nollet, *Leçons de Physique Expérimentale* (Paris: Hippolyte-Louis Guerin & Louis-François Delatour, 1764), 6:17–19. In wondering about the appearance of Earth as seen from the moon, Nollet's most famous predecessor is the astronomer Johannes Kepler, who considered this theme in his book *Somnium* (1609); see Stephen J. Dick, *Plurality of Worlds: The Origins of the Extraterrestrial Life Debate from Democritus to Kant* (Cambridge: Cambridge University Press, 1982).

18. J. C. P. Erxleben, *Anfangsgründe der Naturlehre*, 4th ed. (Göttingen: Johann Christian Dieterich, 1787), 306.

19. Leonhard Euler, *Briefe über verschiedene Gegenstände aus der Naturlehre* (Leipzig: Verlag der Dyckschen Buchhandlung, 1792), 1:180.

20. Humphry Davy, "An Essay on Heat, Light and the Combinations of Light," in *The Collected Works of Sir Humphry Davy*, vol. 2, *Early Miscellaneous Papers*, ed. John Davy (London: Smith, Elder and Co, 1839), 3–86.

21. Davy, "An Essay on Heat," 29–30.

CHAPTER 5 Basic Phenomenon, or Optical Illusion?

1. Alexander von Humboldt, "Ueber einen Versuch den Gipfel des Chimborazo zu ersteigen," in *Kleinere Schriften* (Stuttgart: J. G. Cotta'scher Verlag, 1853), 1:150.

2. The cyanometer readings taken during the Atlantic crossing are published in Alexander von Humboldt, "Couleur azurée du ciel et couleur de la mer a sa surface," in *Relations Historiques aux Régions Équatoriales du Nouveau Continent* (Paris: F. Schoell, 1814), 1:248–56. A summary of the cyanometer recordings is available in Humboldt's *Ideen zu einer Geographie der Pflanzen* (Leipzig: Akademische Verlagsgesellschaft, 1960 [1807]), 110–12.

3. Humboldt, "Ueber einen Versuch," 156.

4. Humboldt, *Ideen zu einer Geographie der Pflanzen*, 176.

5. Georg Wilhelm Muncke, "Ueber subjective Farben und gefärbte Schatten," *Journal für Chemie und Physik* 30 (1820): 81.

6. Johann Wolfgang von Goethe, *Zur Naturwissenschaft überhaupt, besonders zur Morphologie, Erfahrung, Betrachtung, Folgerung, durch Lebensereignisse verbunden*, vol. 12 in *Sämtliche Werke nach Epochen seines Schaffens, Münchner Ausgabe* (Munich: Hanser-Verlag, 1989), 570.

7. Idem, 570.

8. *Maximen und Reflexionen* (1828), §575; Johann Wolfgang von Goethe, *Wilhelm Meisters Wanderjahre, Maximen und Reflexionen*, vol. 17 in *Sämtliche Werke nach Epochen seines Schaffens, Münchner Ausgabe* (Munich: Hanser Verlag, 1991), 824.

9. Johann Wolfgang von Goethe, *Italienische Reise*, vol. 15 in *Sämtliche Werke nach Epochen seines Schaffens, Münchner Ausgabe* (Munich: Hanser Verlag, 1992), 102.

10. Idem, 609.

11. Description in Goethe's *Tag- und Jahres-Heften für 1790*; Johann Wolfgang von Goethe, "Zur Farbenlehre," vol. 10 in *Sämtliche Werke nach Epochen seines Schaffens, Münchner Ausgabe* (Munich: Hanser Verlag, 1989), 1004.

12. Letter to Carl Friedrich von Zelter dated June 22, 1808; Goethe, "Zur Farbenlehre," 998.

13. *Enthüllung der Theorie Newtons: Des ersten Bandes zweiter, polemischer Teil*; Goethe, "Zur Farbenlehre," 275–472.

14. Marjorie Hope Nicholson, *Newton Demands the Muse: Newton's* Opticks *and Eighteenth Century Poets* (Princeton, N.J.: Princeton University Press, 1946).

15. *Zur Farbenlehre*, Didaktischer Teil, § 154–55; Goethe, "Zur Farbenlehre," 69.

16. Werner Heisenberg, "Das Naturbild Goethes und die technisch-wissenschaftliche Welt," *Jahrbuch der Goethe-Gesellschaft* (Frankfurt am Main), n.s., 29 (1967): 27–42.

17. Gottfried Wilhelm Muncke, "Atmosphäre," in *Johann Samuel Traugott Gehlers Physikalisches Wörterbuch, neu berarbeitet von Brandes, Gmelin, Horner, Muncke, Pfaff* (Leipzig: E. B. Schwickert, 1825), 1:454.

CHAPTER 6 A Polarized Sky

1. Ernst Wilhelm von Brücke, "Ueber die Farben, welche trübe Medien im auffallenden und durchfallenden Lichte zeigen," *Annalen der Physik und Chemie*, 3rd ser., 28 (1853): 382.

2. Idem, 384.

3. Jacques Babinet, "Sur un nouveau point neutre dans l'atmosphère," *Comptes Rendus* (Paris) 11 (1840): 618–20.

4. Quoted in John Tyndall, "On the Blue Colour of the Sky, the Polarization of Skylight, and on the Polarization of Light by Cloudy Matter Generally," *Philosophical Magazine*, 4th ser., 37 (1869): 389.

5. Idem, 385.

6. John Tyndall, "On the Action of Rays of High Refrangibility upon Gaseous Matter." *Philosophical Transactions of the Royal Society of London* 160 (1870): 347.

7. John Tyndall, "On a New Series of Chemical Reactions Produced by Light," *Proceedings of the Royal Society of London* 17 (1868): 97.

8. Tyndall, "On the Action of Rays," 347.

9. Rudolf Clausius, "Ueber das Vorhandenseyn von Dampfbläschen in der Atmosphäre und ihren Einfluss auf die Lichtreflexion und die Farben derselben," *Annalen der Physik und Chemie*, 3rd ser., 28 (1853): 556.

CHAPTER 7 Lord Rayleigh's Scattering

1. The draft of Maxwell's lecture is reprinted in P. M. Harman, ed., *The Scientific Letters and Papers of James Clerk Maxwell, Vol. I: 1846–1862* (Cambridge: Cambridge University Press, 1990), 675–79.

2. John William Strutt, "Some Experiments on Colour," *Nature* 3 (1871): 235.

3. John William Strutt, "On the Light from the Sky, Its Polarization and Colour," *Philosophical Magazine*, 4th ser., 41 (1871): 107.

4. Idem, 111.

5. The spectral distribution of skylight had been measured three years previously by A. de la Rive, "Note sur un photomètre destiné a mesurer la transparence de l'air," *Annales de Chimie et de Physique* (Paris), 4th ser., 12 (1867): 243–49.

6. Quoted by Robert John Strutt, *Life of John William Strutt, Third Baron Rayleigh*, 2nd ed. (Madison: University of Wisconsin Press, 1968 [1924]), 54.

7. A. Lallemand, "Sur la polarisation et la fluorescence de l'atmosphère," *Comptes Rendus* (Paris) 75 (1872): 707–11.

8. George Gabriel Stokes, "On Change of Refrangibility of Light," *Philosophical Transactions of the Royal Society of London* (1852): pt. 1, 463–562.

9. Quoted by Francis Everitt, "James Clerk Maxwell," in *Dictionary of Scientific Biography* (New York: Charles Scribner's Sons, 1974), 9:210.

10. This comparison is made by Craig F. Bohren and Donald R. Huffman, *Absorption and Scattering of Light by Small Particles* (New York: John Wiley, 1983), 10.

CHAPTER 8 Molecular Reality

1. Rayleigh quotes Maxwell's letter in his paper, "On the Transmission of Light Through an Atmosphere Containing Small Particles in Suspension," *Philosophical Magazine*, 5th ser., 47 (1899): 376. The letter is reprinted at full length in P. M. Harman, *The Scientific Letters and Papers of James Clerk Maxwell, Vol. II: 1862–1873* (Cambridge: Cambridge University Press, 1995): 919–20.

2. Pierre Bouguer, *Traité d'Optique sur la Gradation de la Lumière* (Paris: Imprimerie de H. L. Guerin & L. F. Delatour, 1760).

3. John William Strutt (third Lord Rayleigh), "On the Transmission of Light," 382.

4. Ludwig Valentin Lorenz, "Lysbevaegelsen i og uden for en af plane Lysbolger belyst Kugle," *Det Kongelige Danske Videnskabernes Selskabs Skrifter*, no. 6, *Naturvidenskabelig og mathematisk Afdeling* 6 (1890): 1–62.

5. Albert Einstein, "Über die von der molekularkinetischen Theorie der Wärme geforderte Bewegung von in ruhenden Flüssigkeiten suspendierten Teilchen," *Annalen der Physik* (Leipzig), 4th ser., 17 (1905): 549–60; idem., "Zur Theorie der Brownschen Bewegung," *Annalen der Physik* (Leipzig), 4th ser., 19 (1905): 371–81.

6. Quoted by Mary Jo Nye, *Molecular Reality: A Perspective on the Scientific Work of Jean Perrin* (London/New York: Macdonald/American Elsevier, 1972), 161.

7. Albert Einstein, "Theorie der Opaleszenz von homogenen Flüssigkeiten und Flüssigkeitsgemischen in der Nähe ihres kritischen Zustands," *Annalen der Physik* (Leipzig), 4th ser., 33 (1910): 1295.

8. Rayleigh reiterates this viewpoint much later in "Colours of Sea and Sky," *Nature* 83 (1910): 48–50.

9. C. V. Raman, "The molecular scattering of light," in *Nobel Lectures Physics 1922–1941*, 267–75 (Amsterdam: Elsevier, 1965), 267–75.

10. P.J.E. Peebles and J. T. Yu, "Primeval Adiabatic Perturbations in an Expanding Universe," *Astrophysical Journal* 162 (1970): 815–36; Qingjuan Yu, David N. Spergel, and Jeremiah P. Ostriker, "Rayleigh Scattering and Microwave Background Fluctuations," *Astrophysical Journal* 558 (2001): 23–28.

11. Cited by R. B. Lindsay, "John William Strutt, third Baron Rayleigh," in *Dictionary of Scientific Bibliography* (New York: Charles Scribner's Sons), vol. 13 (1976), 105.

CHAPTER 9 Ozone's Blue Hour

1. Angelika Lochmann and Angelika Overath, *Das blaue Buch: Lesarten einer Farbe* (Nördlingen: Franz Greno, 1982), 208–9.

2. William Least Heat Moon, *Blue Highways: A Journey into America* (Boston: Little, Brown, 1982).

3. A. Houzeau, "Preuve de la présence dans l'atmosphère d'un nouveau principe gazeux, l'oxygène naissant," *Comptes Rendus* (Paris), 46 (1858): 89–91.

4. A. Cornu, "Sur la limite ultra-violette du spectre solaire," *Comptes Rendus* (Paris) 88 (1879): 1101–8; ibid., "Sur l'absorption par l'atmosphère des radiations ultra-violettes," *Comptes Rendus* (Paris) 91 (1879): 1285–90.

5. P. Hautefeuille and J. Chappuis, "Sur la liquéfaction de l'ozone et sur sa couleur à l'état gazeux," *Comptes Rendus* (Paris) 91 (1880): 522–25.

6. C. Fabry and H. Buisson, "Ètude de l'extrémitè ultra-violette du spectre solaire," *Journal de Physique et le Radium*, ser. 6, vol. 2 (1921): 197–226.

7. S. Chapman, "On Ozone and Atomic Oxygen in the Upper Atmosphere," *Philosophical Magazine*, 7th ser., 10 (1930): 369–83.

8. E. O. Hulburt, "The Brightness of the Twilight Sky and the Density and Temperature of the Atmosphere," *Journal of the Optical Society of America* 28 (1938): 227–36.

9. E. O. Hulburt, "The Upper Atmosphere of the Earth," *Journal of the Optical Society of America* 37 (1947): 412.

10. Heiner Flöthmann, Christian Beck, Reinhard Schinke, Clemens Woywod, and Wolfgang Domcke, "Photo-dissociation of ozone in the Chappuis band. II. Time-dependent wave-packet calculations and interpretation of diffuse vibrational structures," *Journal of Chemical Physics* 107 (1997): 7296–313.

11. Edwin Olson Hulburt, "Some Recent Papers in the *Journal of the Optical Society of America*," *Journal of the Optical Society of America* 46 (1956): 9.

12. Aden Meinel and Marjorie Meinel, *Sunsets, Twilights and Evening Skies* (Cambridge: Cambridge University Press, 1983), chap. 4; David K. Lynch and William Livingston, *Color and Light in Nature* (Cambridge: Cambridge University Press, 2001), 33–45.

13. Jean Dubois, "L'ombre de la Terre," *Comptes Rendus* (Paris) 222 (1946): 671–72; ibid., "Résultats de nouvelles recherches sur l'Ombre de la Terre," *Comptes Rendus* (Paris) 226 (1948): 1180–83.

14. A computer-based demonstration of the Purkinje phenomenon can be found in Peter Kaiser's Web book, *The Joy of Visual Perception* (www.yorku.ca/eye/).

15. J. C. Farman, B. G. Gardiner, and J. D. Shanklin, "Large losses of total ozone in Antarctica reveal seasonal ClO_x/NO_x interaction," *Nature* 315 (1985): 207–10.

16. This situation is now changing. Upon my request, Wolfgang Meyer, in 2005 head of Neumayer station, regularly took color photographs of the twilight sky throughout his residence in Antarctica. Professor Raymond Lee of the United States Naval Academy is about to analyze these images for the anticipated color change during maximal ozone depletion.

CHAPTER 10 The Color of Life

1. Jean Baptiste Joseph Fourier, "Remarques Générales sur les Températures du globe terrestre et des espaces planétaires," *Annales de Chimie et de Physique* (Paris), 27 (1824) 136–67.

2. John Tyndall, "On the absorption and radiation of heat by gases and vapours, and on the physical connexion of radiation, absorption and conduction," *Philosophical Magazine*, 4th ser., 22 (1861): 276–77.

3. Quoted by Vaclav Smil, *The Earth's Biosphere: Evolution, Dynamics and Change* (Cambridge, Mass.: MIT Press, 2002), 4.

4. V. I. Vernadsky, *The Biosphere* (New York: Copernicus Press, 1998), 44.

5. Cited by Gale E. Christensen, *Greenhouse: The 200-year Story of Global Warming* (New York: Walker and Co., 1999), 115.

6. G. S. Callendar, "The Artificial Production of Carbon Dioxide and Its Influence on Temperature," *Quarterly Journal of the Royal Meteorological Society* 64 (1938): 223–37.

7. Roger Revelle and Hans S. Suess, "Carbon Dioxide Exchanges Between Atmosphere and Ocean and the Question of an Increase of Atmospheric CO_2 During the Past Decades," *Tellus* 9 (1957): 19–20.

8. J. R. Petit, J. Jouzel, D. Raynaud, et al., "Climate and Atmospheric History of the past 420,000 Years from the Vostok Ice Core, Antarctica," *Nature* 399 (1999): 429–36.

9. For a summary of the evidence for climatic change in the twentieth century, see John Houghton, *Global Warming: The Complete Briefing*, 3rd ed. (Cambridge: Cambridge University Press, 2004), chap. 4.

10. James F. Kasting and David Catling, "Evolution of a Habitable Planet," *Annual Review of Astronomy and Astrophysics* 41 (2003): 443.

EPILOGUE

1. Dezsö Tandori, *Birds and Other Relations: Selected Poetry of Dezsö Tandori*, trans. Bruce Berlind (Princeton, N.J.: Princeton University Press, 1986), 21.

2. Albert Einstein, "Ernst Mach." *Physikalische Zeitschrift* 17 (1916): 102.

참고문헌 및 추천문헌

Gage, John. *Color and Culture: Practice and Meaning from Antiquity to Abstraction.* Boston: Little, Brown and Co., 1993. (A standard work by an art historian, containing many references.)

Gercke, Hans, ed. *Blau: Farbe der Ferne.* Heidelberg:Verlag Das Wunderhorn, 1990. (A comprehensive volume on the color blue in art and history; in German.)

Greenler, Robert. *Rainbows, Halos and Glories.* Cambridge: Cambridge University Press, 1980. (A field guide for the naked-eye exploration of the atmosphere.)

Kemp, Martin. *The Science of Art: Optical Themes in Western Art from Brunelleschi to Seurat.* New Haven, Conn.: Yale University Press, 1990. (A fascinating overview of the art and science of perspective and color.)

Lynch, David K., and William Livingston. *Color and Light in Nature.* 2nd ed. Cambridge: Cambridge University Press, 2001. (An updated sequel to Minnaert's book, including concise explanations and many stunning photographs.)

Minnaert, Marcel. *The Nature of Light and Colour in the Open Air.* New York: Dover Publications, 1954. (The classic work on visual observation of the daytime sky, it has inspired and accompanied generations of observers.)

Pastoureau, Michel. *Blue:The History of a Color.* Princeton, N.J.: Princeton University Press, 2001. (A cultural history of the color blue, with many references.)

CHAPTER 1 Of Philosophers and the Color Blue

Aristotle. *Meteorology.* Trans. H.D.P. Lee. Cambridge, Mass.: Harvard University Press, 1952. (One of several translations; available in larger academic libraries.)

Barnes, J., ed. *The Cambridge Companion to Aristotle*. Cambridge: Cambridge University Press, 1995.

Boyer, Carl B. *The Rainbow: From Myth to Mathematics*. Princeton, N.J.: Princeton University Press, 1987 [1959]. (Comprehensive study of historical explanations of the rainbow.)

Gladstone, W. E. *Homer's perception and use of colour*. Vol. 3 of *Studies on Homer and the Homeric Age*. Oxford: Oxford University Press, 1858.

Gottschalk, H. B. "The De Coloribus and Its Author." *Hermes* 92 (1964): 59–85. (Argues for Theophrastus as the author of *De coloribus*.)

Guerlac, Henri. "Can there be colors in the dark? Physical color theory before Newton." *Journal of the History of Ideas* 47 (1986): 3–20. (A fresh critical review of a classical problem.)

Lee, Raymond L., Jr., and Alistair Fraser. *The Rainbow Bridge: Rainbows in Art, Myth, and Science*. University Park: University of Pennsylvania Press, 2001. (A comprehensive monograph on the rainbow, with up-to-date treatment of the relevant physics and colorimetry.)

Lindberg, David C. *The Beginnings of Western Science: The European Tradition in Philosophical, Religious and Institutional Context, 600 B.C. to A.D. 1450*. Chicago: University of Chicago Press, 1992. (Contains an overview of Greek cosmology and puts Greek science into its social context.)

Lyons, John. "Color in Language." In *Colour: Art & Science*, edited by Trevor Lamb and Jeanne Bourriau, 194–224. Cambridge: Cambridge University Press, 1995. (A succinct summary of the debate on the meaning of color terms.)

Taub, Liba. *Ancient Meteorology*. London: Routledge, 2003. (A very good overview of the subject, focusing on rules for weather prediction.)

CHAPTER 2 A Blue Mixture: Light and Darkness

Bacon, Roger. *The "Opus Majus" of Roger Bacon*. Translated from the Latin by Robert Belle Burke. 2 vols. Philadelphia: University of Pennsylvania Press, 1928.

Lindberg, David C. *Theories of Vision from Al-Kindi to Kepler*. Chicago: University of Chicago Press, 1976. (Comprehensive source for the optical tradition of the Islamic and Christian Middle Ages.)

Meier, Christel. *Gemma Spiritalis: Methode und Gebrauch der Edelsteinallegorese vom frühen Christentum bis ins 18. Jahrhundert*. Munich: Wilhelm Fink Verlag,

1977. (A detailed account of the allegoresis of gems, focusing on the Middle Ages.)
Ribémont, Bernard, ed. *Observer, Lire, Écrire le Ciel au Moyen Age*. Paris: Klincksieck, 1991.
Ristoro d'Arezzo. *Della Composizione del Mondo*. Milan: G. Daelli e Comp., 1864 [1282].
Sabra, A. I. *The Optics of Ibn Al-Haytham: Books I–III, On Direct Vision*. 2 vols. London: The Warburg Institute, 1989. (Translation of al-Haytham's major work.)
Sauvanon, Jeanine. *La Cathédrale de Chartres: Miroir de la Nature*. Le Coudray: Éditions Legué-Houvet, 2004. (Illustrated guide to the stained glass windows of Chartres Cathedral.)
Spies, Otto. "Al-Kindi's treatise on the cause of the blue colour of the sky." *Journal of the Bombay Branch of the Royal Asiatic Society*, n.s., 13 (1937): 7–19. (A revised translation, relying mostly on the Oxford manuscript of al-Kindi's treatise.)
Turner, H. R. *Science in Medieval Islam*. Austin: University of Texas Press, 1995. (Illustrated introduction to Arab science, good for a first overview.)
Wiedemann, Eilhard. "Anschauungen von muslimischen Gelehrten über die blaue Farbe des Himmels." In *Arbeiten aus den Gebieten der Physik, Mathematik, Chemie, Julius Elster und Hans Geitel gewidmet*, 118–126. Brunswick: Friedrich Vieweg Verlag, 1915. (First paper relating the rediscovery of the Istanbul manuscript of al-Kindi's treatise on the blue sky.)

CHAPTER 3 Aerial Perspective

Arasse, Daniel. *Leonard de Vinci: Le rhytme du monde*. Paris: Hazan, 1997. (Monumental study with a critical assessment of Leonardo's scholarly development; after much praise for Leonardo as an other-worldly genius, Arasse succeeds in demonstrating how much he was a child of his times.)
Bell, Janis. "Color Perspective, c. 1492." *Achademia Leonardi Vinci* 5 (1992): 64–77.
Bell, Janis. "Aristotle as a Source for Leonardo's Theory of Colour Perspective after 1500." *Journal of the Warburg and Courtauld Institutes* 56 (1993): 100–18. (Two fascinating papers that reveal how Leonardo increasingly turned to Aristotelian concepts of optics and cosmology.)
Edgerton, Samuel Y., Jr. "Alberti's Colour Theory: A Medieval Bottle without Renaissance Wine." *Journal of the Warburg and Courtauld Institutes* 32 (1969): 109–34. (A critical account of Alberti's color theory.)

Hall, Marcia B. *Color and Meaning: Practice and Theory in Renaissance Painting.* Cambridge: Cambridge University Press, 1992. (Comprehensive account of Renaissance theories of color and their impact on the practices of painters from Duccio to Tintoretto.)

Harrison, Edward R. *Darkness at Night: A Riddle of Cosmology.* Cambridge, Mass.: Harvard University Press, 1987. (A fascinating and accessible account.)

Kemp, Martin. *Leonardo da Vinci: The Marvellous Works of Nature and Man.* London: J. M. Dent & Sons, 1981. (Useful introduction to Leonardo's varied works.)

MacCurdy, Edward, ed. *The Notebooks of Leonardo da Vinci.* 2 vols. London: Jonathan Cape, 1938.

Richter, Jean Paul, ed. *The Literary Works of Leonardo da Vinci.* 3rd ed. London: Phaidon Press, 1970 [1883]. (Accessible compendium of Leonardo's writings; criticized by recent scholarship for misrepresenting Leonardo's train of thought by splitting it into many subject matters.)

CHAPTER 4 A Color of the First Order

Boyle, Robert. *The General History of the Air.* Vol. 12 in *The Works of Robert Boyle.* London: Pickering & Chatto, 2000 [1692].

Claudius, Rudolf. "Ueber das Vorhandenseyn von Dampfbläschen in der Atmosphäre und ihren Einfluß auf die Lichtreflexion und die Farben derselben." *Annalen der Physik und Chemie*, 3rd ser., 28 (1853): 543–56. (A mid-nineteenth century Newtonian explanation of the blue color of the sky, invoking bubbles of water floating in the air; this hypothesis was soon ruled out by observations.)

Forbes, J. D. "The Colours of the Atmosphere Considered with Reference to a Previous Paper 'On the Colour of Steam under Certain Circumstances.'" *Transactions of the Royal Society of Edinburgh* 14 (1840): 375–91. (A nineteenth-century review containing a critical evaluation of Newton's theory.)

Newton, Isaac. *Opticks, or A Treatise of the Reflections, Refractions, Inflections & Colours of Light.* Reprint of the 4th ed. (1730). New York: Dover Publications, 1952. (One of several reprints of what is probably Newton's most accessible book.)

Sabra, A. I. "The Authorship of the Liber de Crepusculis, an Eleventh-Century Work on Atmospheric Refraction." *Isis* 58 (1967): 77–85 (A medieval treatise on twilight, with an estimate of the height of the atmosphere; until then wrongly ascribed to Ibn al-Haytham.)

Sabra, A. I. *Theories of Light from Descartes to Newton*. London: Oldbourne, 1967. (A detailed survey of optics in the seventeenth century.)

Shapin, Steven. *The Scientific Revolution*. Chicago: University of Chicago Press, 1997.

Shapin, Steven, and Simon Schaffer. *Leviathan and the Air-Pump: Boyle, Hobbes, and the Experimental Life*. Princeton, N.J.: Princeton University Press, 1985. (An account of the seventeenth-century discussion on the mechanical properties of air; already a classic in the burgeoning field of science studies.)

Shapiro, Alan E. *The Optical Papers of Isaac Newton*. Vol. 1, *The Optical Lectures 1670–1672*. Cambridge: Cambridge University Press, 1984.

Shapiro, Alan E. *Fits, Passions, and Paroxysms: Physics, Method, and Chemistry and Newton's Theories of Colored Bodies and Fits of Easy Reflection*. Cambridge: Cambridge University Press, 1993. (Detailed scholarly account of Newton's theory of the colors of bodies and the reactions of his critics up to the mid-19th Century.)

Westfall, Richard S. "Isaac Newton's Coloured Circles twixt two Contiguous Glasses." *Archive for History of Exact Science* 2 (1965): 181–96. (Study of an unpublished manuscript of Newton describing his first measurements of the colored rings.)

Westfall, Richard S. *Never at Rest: A Biography of Isaac Newton*. Cambridge: Cambridge University Press, 1980. (The standard biography of Newton.)

CHAPTER 5 Basic Phenomenon, or Optical Illusion?

Beguelin, N., de. "Sur les Ombres Colorées." *Histoire de l'Académie Royale des Sciences et Belles Lettres (Berlin)*, (1767): 27–40. (An important eighteenth-century paper on colored shadows.)

Brandes, H. W. "Kyanometer." In *Johann Samuel Traugott Gehler's Physikalisches Wörterbuch, neu bearbeitet von Brandes, Gmelin, Horner, Muncke, Pfaff*, vol. 5, 1367–72. Leipzig: E. B. Schwickert, 1829.

Churma, Michael E. "Blue shadows: Physical, physiological and psychological causes." *Applied Optics* 33 (1994): 4719–22. (Overview of the modern interpretation of colored shadows.)

Goethe, John Wolfgang v. *Goethe's Theory of Colors*. Translated by Charles Lock Eastlake. London: John Murray, 1840 [1810]. (There are several English editions of Goethe's book, but Eastlake's translation remains the classic and has been reprinted in abridged versions.)

Humboldt, Alexander von, and Aimé Bonpland. *Ideen zu einer Geographie der Pflanzen nebst einem Naturgemälde der Tropenländer.* Leipzig: Akademische Verlagsgesellschaft, 1960 [1807]. (Humboldt's summary of his measurements with the cyanometer.)

Humboldt, Alexander von. "Ueber einen Versuch den Gipfel des Chimborazo zu ersteigen." Vol. 1 in *Kleinere Schriften*, 133–57. Stuttgart: J. G. Cotta'scher Verlag, 1853. (Humboldt's account of his ascent of Chimborazo.)

Muncke, G. W. "Ueber subjective Farben und gefärbte Schatten." *Journal für Chemie und Physik* 30 (1820): 74–88. (Paper containing Muncke's assertion that the sky's blue color is an optical illusion.)

Reid, Neil, and Friedrich Steinle. "Exploratory Experimentation: Goethe, Land, and Color Theory." *Physics Today* 55 (July 2002): 43–49. (A portrayal of Goethe's experimental technique as a forerunner of the methods later employed in electromagnetism by Faraday and Ampère.)

Saussure, H. B. de. "Description d'un cyanomètre ou d'un appareil destiné à mesurer la transparence de l'air." *Memorie della Accademia delle scienze di Torino* 4 (1788–89): 409–25. (Saussure's original description of the cyanometer.)

Sepper, Dennis L. *Goethe contra Newton: Polemics and the Project for a New Science of Color.* Cambridge: Cambridge University Press, 1988. (A useful introduction that places Goethe's critique of Newton's optics in context.)

CHAPTER 6 A Polarized Sky

Bohren, Craig F. *Clouds in a Glass of Beer: Simple Experiments in Atmospheric Physics.* New York: John Wiley and Sons, 1987. (An entertaining book that includes a good, brief introduction to methods for observing skylight polarization.)

Brücke, Ernst-Wilhelm von. "Ueber die Farben, welche trübe Medien im auffallenden und durchfallenden Lichte zeigen." *Annalen der Physik und Chemie*, 3rd ser., 28 (1853): 363–85. (Brücke's paper on turbid media.)

Brücke, Ernst-Wilhelm von. *Untersuchungen über den Farbenwechsel des africanischen Chamäleons.* Leipzig: Wilhelm Engelmann, 1893. (Brücke's account of his investigation of the chameleon's color changes, contains extensive historical notes.)

Buchwald, Jed Z. *The Rise of the Wave Theory of Light: Optical Theory and Experiment in the Early Nineteenth Century.* Chicago: University of Chicago Press, 1989.

Coulson, K. L. *Polarization and Intensity of Light in the Atmosphere.* Hampton: A. Deepak Publishing, 1988. (Contains a good historical review of early studies of sky polarization and presents modern measurements of skylight intensity and polarization in great detail.)

Hey, J. D. "From Leonardo to the Graser: Light Scattering in Historical Perspective. Part I." *South African Journal of Science* 79 (1983): 1–27. (Useful review of early work on light scattering, focusing on Tyndall.)

Können, G. P. *Polarized Light in Nature.* Cambridge: Cambridge University Press, 1985. (A comprehensive manual for visual observers, includes a section on how to see Haidinger's brush.)

Lipson, S. G., H. Lipson, and D. S. Tannhauser. *Optical Physics.* 3rd ed. Cambridge: Cambridge University Press, 1995. (A readable introduction to optics with emphasis on modern aspects.)

Park, David. *The Fire Within the Eye: A Historical Essay on the Nature and the Meaning of Light.* Princeton, N.J.: Princeton University Press, 1997. (An entertaining history of light; unfortunately, polarization is omitted.)

Roslund, C., and C. Beckman. "Disputing Viking navigation by polarized skylight." *Applied Optics* 33 (1994): 4754–55.

Tyndall, John. "On the Blue Colour of the Sky, the Polarization of Skylight, and on the Polarization of Light by Cloudy Matter generally." *Philosophical Magazine*, 4th ser., 37 (1869): 384–94.

Tyndall, John. "On the Action of Rays of high Refrangibility upon Gaseous Matter." *Philosophical Transactions of the Royal Society of London* 160 (1870): 333–65.

Tyndall, John. *Six Lectures on Light, Delivered in America in 1872–1873.* London: Longmans, Green, and Co., 1873. (Tyndall's popular lectures; vivid descriptions with many metaphors and analogies.)

Wehner, Rüdiger. "Polarized-Light Navigation by Insects." *Scientific American* 235 (July 1976): 106–15. (A review of Wehner's early work on polarized light perception in desert ants.)

CHAPTER 7 Lord Rayleigh's Scattering

Bohren, Craig F. *Clouds in a Glass of Beer: Simple Experiments in Atmospheric Physics.* New York: John Wiley and Sons, 1987. (Describes simple, but often thought-provoking everyday observations and experiments on multiple scattering and polarization.)

Bohren, Craig F. "Atmospheric Optics." In *Encyclopedia of Applied Physics*. Edited by G. L. Trigg. Vol. 12, 405–34. Weinheim: VCH Verlagsgesellschaft, 1995.

Bohren, Craig F., and Alistair Fraser. "Colors of the Sky." *Physics Teacher* 23 (1985): 267–72.

Chandrasekhar, Subramonyam. *Radiative Transfer*. Oxford: Clarendon Press, 1950. (A highly sophisticated treatment by an eminent astrophysicist on light scattering and the transfer of energy in atmospheres, from those of the planets to those of the stars.)

Daston, Lorraine. "The Cold Light of Facts and the Facts of Cold Light: Luminescence and the Transformation of the Scientific Fact, 1600–1750." *EMF—Early Modern France* 3 (1997): 17–44. (Identifies a historical watershed in the interpretation of luminescence—and of scientific "facts" more generally.)

Hartley, Walter N. "On the Limit of the Solar Spectrum, the Blue of the Sky and the Fluorescence of Ozone." *Nature* 39 (1889): 474–77.

Hey, J. D. "From Leonardo to the Graser: Light Scattering in Historical Perspective. Part II." *South African Journal of Science* 79 (1983): 310–24. (Useful sequel to Hey's paper mentioned in the references to Chapter 6.)

Lallemand, A. "Sur la polarisation et la fluorescence de l'atmosphère." *Comptes Rendus Hebdomaires de l'Academie des Sciences de Paris* 75 (1872): 707–11.

Lipson, S. G., H. Lipson, and D. S. Tannhauser. *Optical Physics*. 3rd ed. Cambridge: Cambridge University Press, 1995. (A very good introduction to wave optics, includes modern topics such as critical point opalescence.)

Mahajan, Sanjoy, E. S. Phinney, and Peter Goldreich. *Order of Magnitude Physics: The Art of Approximation in Science* (forthcoming). (Dimensional analysis remains as important a tool today as it was for Rayleigh; this text has many stunning examples demonstrating its power.)

Maxwell, James Clerk. "Experiments on Colour, as perceived by the Eye, with Remarks on Colour-Blindness." *Proceedings of the Royal Society of Edinburgh* 21 (1854): 275–98. (Maxwell's account of his experiments with the color tops and his invention of colorimetry.)

Sherman, Paul. *Colour Vision in the Nineteenth Century: The Young-Helmholtz-Maxwell-Theory*. Bristol: Adam Hilger, 1981. (A summary of the work of nineteenth-century pioneers in the study of color vision.)

Stokes, George Gabriel. "On the Composition and Resolution of Streams of Polarized Light from different Sources." *Transactions of the Cambridge Philosophical Society* 9 (1853): 399–416. (Rayleigh's explanation of skylight polarization is a direct application of the argument made by Stokes in this paper.)

Strutt, John William. "Some Experiments on Colour." *Nature* 3 (1871): 234–36. (Rayleigh's account of his experiments with colored disks.)

Strutt, John William. "On the Light from the Sky, Its Polarization and Colour." *Philosophical Magazine*, 4th ser., 41 (1871a): 107–20, 274–79. (If there is one classic paper on the color of the sky, this is it.)

Strutt, John William. "On the Scattering of Light by small Particles." *Philosophical Magazine*, 4th ser., 41 (1871b): 447–54. (Sequel to the aforementioned paper.)

Strutt, John William (= Lord Rayleigh). "On the Transmission of Light through an Atmosphere containing Small Particles in Suspension." *Philosophical Magazine*, 5th ser., 47 (1899): 375–84. (Contains Rayleigh's derivation of equations of light scattering in a Maxwellian framework, and the hypothesis of air molecules as the atmospheric light scatterers.)

Strutt, Robert John. *Life of John William Strutt, Third Baron Rayleigh*. London: Edward Arnold & Co., 1924. (The fourth baron writing about his father, the third lord.)

Young, A. T. "Rayleigh Scattering." *Physics Today* 35 (January 1982): 42–48. (This paper clarifies different uses of the term scattering, contrasting Rayleigh scattering with the Raman effect.)

Young, Thomas. "On the Theory of Light and Colours." *Philosophical Transactions of the Royal Society of London* 92 (1802): 12–48. (Original description of the tristimulus theory of color vision; first presented at Royal Society's Bakerian lecture of 1801.)

CHAPTER 8 Molecular Reality

Einstein, Albert. "Theorie der Opaleszenz von homogenen Flüssigkeiten und Flüssigkeitsgemischen in der Nähe ihres kritischen Zustands." *Annalen der Physik (Leipzig)*, 4th vol., 33 (1910): 1275–98. (Paper containing Einstein's derivation of the inverse fourth power law from assumptions entirely different from those made by Rayleigh.)

Fowle, Frederick E. "Avogadro's Constant and Atmospheric Transparency." *Astrophysical Journal* 40 (1914): 435–42. (An astronomer's attempt to determine Avogadro's number from atmospheric extinction.)

Loschmidt, Johann Joseph. "Zur Grösse der Luftmolecüle." *Sitzungsberichte der kaiserlichen Akademie der Wissenschaften (Vienna), Mathematisch-naturwissenschaftliche Classe*, 52 (1866): 395–413. (Loschmidt's paper on the size of air molecules.)

Nye, Mary Jo. *Molecular Reality: A Perspective on the Scientific Work of Jean Perrin.* London/New York: Macdonald/American Elsevier, 1972. (Readable account of Perrin's scientific work in the contemporary context.)

Pais, Abraham. *Subtle Is the Lord: The Science and the Life of Albert Einstein.* Oxford: Oxford University Press, 1982. (A scientific biography of Einstein for readers with a strong background in physics; includes a detailed account of his work on critical opalescence.)

Perrin, Jean. "Mouvement Brownien et Réalité Moléculaire." *Annales de Chimie et de Physique*, ser. 8, 18 (1909): 1–109.

Perrin, Jean: *Atoms.* Translated by D. L. Hammick. London: Constable, 1916 [1914].

Renn, Jürgen. "Einstein's Invention of Brownian Motion." *Annalen der Physik* (Leipzig) 14, suppl. (2005): 23–37. (Einstein seems to have been unaware of observations of Brownian motion when he found a theory explaining its characteristics; this paper shows how he realized that some such microscopic motion should exist.)

Smoluchowski, Marian von. "Molekular-kinetische Theorie der Opaleszenz von Gasen im kritischen Zustande, sowie einiger verwandter Erscheinungen." *Annalen der Physik* (Leipzig), 4th vol., 25 (1908): 205–26.

Strutt, Robert John. "Scattering of Light by Dust-free Air, with Artificial Reproduction of the Blue Sky: Preliminary Note." *Proceedings of the Royal Society of London*, ser. A, 94 (1918): 453–59. (While Brücke and Tyndall claimed to have reproduced the blue sky in the laboratory, this feat was only achieved with the fourth Lord Rayleigh's experiments.)

Venkataraman, G. *Raman and His Effect.* Hyderabad: Universities Press, 1995. (An entertaining little book on the Raman effect.)

CHAPTER 9 Ozone's Blue Hour

Adams, C. N., G. N. Plass, and G. W. Kattawar. "The Influence of Ozone and Aerosols on the Brightness and Color of the Twilight Sky." *Journal of the Atmospheric Sciences* 31 (1974): 1662–74.

Anderson, S. M., and K. Mauersberger. "Ozone absorption spectroscopy in search of low-lying electronic states." *Journal of Geophysical Research* D100 (1995): 3033–48.

Dubois, Jean. "Contribution a l'étude de l'ombre de la terre." *Annales de Géophysique* 7 (1951): 103–35. (Jean Dubois was the first to demonstrate that

ozone has a visible influence on the colors of the sky; this paper reviews his work of several years of observation.)
Hey, J. D. "From Leonardo to the Graser: Light Scattering in Historical Perspective. Part V." *South African Journal of Science* 82 (1986): 356–60. (Useful as its preceding papers, quoted in Chapters 6 and 7; this paper is focused on the fourth Baron Rayleigh.)
Hulburt, E. O. "Explanation of the Brightness and Color of the Sky, Particularly the Twilight Sky." *Journal of the Optical Society of America* 43 (1953): 113–18. (Hulburt's original paper on the influence of ozone on the colors of twilight.)
Meinel, Aden, and Marjorie Meinel. *Sunsets, Twilights and Evening Skies.* Cambridge: Cambridge University Press, 1983. (An entertaining, informative and beautiful book; unfortunately out of print.)
Rozenberg, V. I. *Twilight: A Study in Atmospheric Optics.* New York: Plenum Press, 1965.
Somerville, Richard C. J. *The Forgiving Air: Understanding Environmental Change.* Berkeley and Los Angeles: University of California Press, 1996.

CHAPTER 10 The Color of Life

Bohren, Craig F. "Multiple scattering and some of its observable consequences." *American Journal of Physics* 55 (1987): 524–33. (Important speculations on how the sky's color depends on the mass of air.)
Bohren, Craig F., and Alistair B. Fraser. "Colors of the Sky." *Physics Teacher* 23 (1985): 267–72.
Budyko, M. I., A. B. Ronov, and A. L. Yanshin. *History of the Earth's Atmosphere.* Berlin: Springer-Verlag, 1987. (Summarizes the path-breaking work done on the subject at the Russian State Hydrological Institute in St. Petersburg; their enthusiasm about the allegedly beneficial effects of global warming has largely subsided.)
Charbonneau, David, Timothy M. Brown, David W. Latham, and Michel Mayor. "Detection of Planetary Transits across a Sun-Like Star." *Astrophysical Journal* 529 (2000): L45–L48.
Charbonneau, David, Timothy M. Brown, Robert W. Noyes, and Ronald L. Gilliland. "Detection of an Extrasolar Planet Atmosphere." *Astrophysical Journal* 568 (2002): 377–84.

Christensen, Gale E. *Greenhouse: The 200-Year History of Global Warming*. New York: Walker and Co., 1999.
Hitchcock, D. R., and J. E. Lovelock. "Life Detection by Atmospheric Analysis." *Icarus* 7 (1967): 149–59.
Houghton, John. *Global Warming: The Complete Briefing*. 3rd ed. Cambridge: Cambridge University Press, 2004. (Probably the best summary of the scientific evidence for global warming, its consequences, and strategies of mitigation.)
Kasting, J. F. "Earth's Early Atmosphere." *Science* 259 (1993): 920–26. (A comparison of Earth's atmosphere with those of the planets Venus and Mars.)
Kasting, James F., and David Catling. "Evolution of a Habitable Planet." *Annual Review of Astronomy and Astrophysics* 41 (2003): 429–63. (Update on Kasting's 1993 paper, places the evolution of Earth in the context of recent studies of extrasolar planets.)
Knoll, Andrew. *Life on a Young Planet: The First Three Billion Years of Evolution on Earth*. Princeton, N.J.: Princeton University Press, 2003. (A gripping tale of the co-evolution of microbial life and Earth's early atmosphere.)
Lovelock, J. *The Ages of Gaia: A Biography of our Living Planet*. Oxford: Oxford University Press, 1988.
Nørretranders, Tor. *Den bla Himmel*. Copenhagen: Munksgaard, 1987. (This Danish book on the color of the sky contains intriguing speculations on its evolution.)
Revelle, Roger, and Hans S. Suess. "Carbon Dioxide Exchanges Between Atmosphere and Ocean and the Question of an Increase of Atmospheric CO_2 During the Past Decades." *Tellus* 9 (1957): 18–27. (This paper has inspired much subsequent research on climate change.)
Sagan, Carl, W. Reid Thompson, Robert Carlson, Donald Gurnett, and Charles Hord. "A Search for Life on Earth with the *Galileo* Spacecraft." *Nature* 365 (1993): 714–21.
Seagar, Sara, E. L. Turner, J. Schafer and E. B. Ford. "Vegetation's Red Edge: A Possible Spectroscopic Biosignature of Extraterrestrial Plants." *Astrobiology* 5 (2005): 372–90.
Smil, Vaclav. *The Earth's Biosphere: Evolution, Dynamics, and Change*. Cambridge, Mass.: MIT Press, 2002. (Contains a wealth of material on the biosphere, from the history of its discovery to the molecular biology of bacteria and the search for life on other planets.)
Turney, Jon. *Lovelock & Gaia: Signs of Life*. Duxford: Icon Books, 2003.
Vernadsky, Vladimir. *The Biosphere*. Translated by David B. Langmuir. New York: Copernicus Press, 1997 [1927]. (First integral English translation of Vernad-

sky's classic text *Biosfera*; even though it seems that Vernadsky was wrong in almost every detail, his general outlook is valid—and it makes an inspiring reading.)

Vidal-Madjar, A., A. Lecavelier des Etangs, J.-M. Désert, G. E. Ballester, R. Ferlet, G. Hébrard, and M. Mayor. "An Extended Upper Atmosphere Around the Extrasolar Planet HD209458b." *Nature* 422 (2003): 143–46.

찾아보기

하늘은 왜 푸를까?

– 고대로부터 이어 온 하늘색에 대한 의문들 –

지은이 • 괴츠 횝페
옮긴이 • 장경애
펴낸이 • 조승식
펴낸곳 • 도서출판 이치 Ichi SCIENCE
등록 • 제9-128호
주소 • 142-877 서울시 강북구 수유2동 258-20
www.bookshill.com
E-mail • bookswin@unitel.co.kr
전화 • 02-994-0583
팩스 • 02-994-0073

2009년 3월 25일 1판 1쇄 인쇄
2009년 3월 30일 1판 1쇄 발행

값 18,000원

ISBN 978-89-91215-90-0

* 잘못된 책은 구입하신 서점에서 바꿔 드립니다.
· 이 도서는 (주)도서출판 북스힐에서 기획하여
도서출판 이치사이언스에서 출판된 책으로
도서출판 북스힐에서 공급합니다.
142-877 서울시 강북구 수유2동 258-20
전화 • 02-994-0071 팩스 • 02-994-0073